Formeln und Tabellen Elektrotechnik

Wilfried Plaßmann, Detlef Schulz (Hrsg.)
Vieweg Formeln und Tabellen Elektrotechnik

Beiträge und Mitarbeiter

Mathematik	Prof. Dr. Arnfried Kemnitz
Physik	Dr. Horst Steffen
Werkstoffkunde	Prof. Dipl.-Ing. Egon Döring
Elektrotechnik	Reinhard von Liebenstein Dr. Horst Steffen
Elektronik	Peter Döring
Technische Kommunikation/ Technisches Zeichnen	Peter Döring Heribert Gierens †
Datentechnik	Dr. Dieter Conrads Heribert Gierens †
Automatisierungstechnik	Günter Wellenreuther Dieter Zastrow
Messtechnik	Prof. Dr. Wilfried Plaßmann
Energietechnik	Reinhard von Liebenstein
Nachrichtentechnik	Prof. Dipl.-Ing. Egon Döring Prof. Dr. Wilfried Plaßmann
Signal- und Systemtheorie	Prof. Dr. Wilfried Plaßmann

www.springer-vieweg.de

Wilfried Plaßmann • Detlef Schulz (Hrsg.)

Formeln und Tabellen Elektrotechnik

Arbeitshilfen für das technische Studium

2., korrigierte Auflage

Mit über 1700 Stichworten

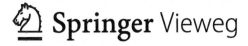 Springer Vieweg

Herausgeber
Wilfried Plaßmann   Detlef Schulz
Bad Nenndorf, Deutschland   Hamburg, Deutschland

Die erste Auflage erschien unter dem Titel „Böge/Plaßmann (Hrsg.), Formeln und Tabellen Elektro-technik".

ISBN 978-3-8348-0525-6   ISBN 978-3-8348-2023-5 (eBook)
DOI 10.1007/978-3-8348-2023-5

Die Deutsche Nationalbibliothek verzeichnet diese Publikation in der Deutschen Nationalbibliografie; detaillierte bibliografische Daten sind im Internet über http://dnb.d-nb.de abrufbar.

Springer Vieweg
© Springer Fachmedien Wiesbaden 2007, 2014
Springer Vieweg ist eine Marke von Springer DE. Springer DE ist Teil der Fachverlagsgruppe Springer Science+Business Media.
www.springer-vieweg.de

Vorwort zur 2., korrigierten Auflage

Diese Formelsammlung erscheint in der 2., korrigierten Auflage und wendet sich an Ingenieure und Techniker in Ausbildung und Beruf. Die Unterteilung in 12 Kapitel erleichtert die Zuordnung zur speziellen Aufgabe, innerhalb der Kapitel können Informationen zu den interessierenden Themen schnell gefunden werden:

- In der linken Spalte sind die Begriffe auswählbar,
- in der mittleren Spalte folgen Erläuterungen zu den Begriffen,
- in der rechten Spalte zeigen Formeln den physikalischen Zusammenhang und die Einordnung in das elektrotechnische Gesamtsystem.

Tabellen und Diagramme geben einen Überblick über technische Daten und erleichtern die Entscheidung über die Einsatzmöglichkeiten. Ein umfangreiches Sachwortverzeichnis ermöglicht das zielgerechte Auffinden der gesuchten Begriffe.

Herausgeber, Autoren und Verlag danken für die Hinweise auf Fehler und sind auch weiterhin für Vorschläge zur Verbesserung des Werkes dankbar. Bitte verwenden Sie dazu die E-Mail-Adressen

wilfried.plassmann@hs-hannover.de und
detlef.schulz@hsu-hh.de.

Hannover und Hamburg, Januar 2014

Wilfried Plaßmann
Detlef Schulz
Herausgeber

Inhaltsverzeichnis

Vorwort V

1 Mathematik 1
1 Arithmetik 1
    1.1   Mengen 1
    1.2   Zahlenmengen 1
    1.3   Grundrechenarten 1
    1.4   Binomische Formeln 1
    1.5   Bruchrechnung 1
    1.6   Potenzrechnung 2
    1.7   Wurzelrechnung 2
    1.8   Logarithmen 3
    1.9   Mittelwerte 4
    1.10 Absolutbetrag 4
    1.11 Intervalle 4
    1.12 Komplexe Zahlen 5
2 Gleichungen 7
    2.1   Gleichungsarten 7
    2.2   Äquivalente Umformungen 7
    2.3   Lineare Gleichungen 7
    2.4   Quadratische Gleichungen 7
    2.5   Kubische Gleichungen 7
    2.6   Polynome 8
    2.7   Auf algebraische Gleichungen zurückführbare Gleichungen 8
    2.8   Transzendente Gleichungen 8
    2.9   Lineare Gleichungssysteme 8
3 Planimetrie 9
    3.1   Geraden und Strecken 9
    3.2   Winkel 9
    3.3   Projektionen 10
    3.4   Dreiecke 11
    3.5   Vierecke 12
    3.6   Reguläre n-Ecke 14
    3.7   Kreise 15
    3.8   Symmetrie 17
    3.9   Ähnlichkeit 18
4 Stereometrie 19
    4.1   Prismen 19
    4.2   Zylinder 19
    4.3   Pyramiden 20
    4.4   Kegel 21
    4.5   Cavalierisches Prinzip 22
    4.6   Polyeder 22
    4.7   Kugeln 23

5   Funktionen 24
     5.1   Definition und Darstellungen 24
     5.2   Verhalten von Funktionen 24
     5.3   Einteilung der elementaren Funktionen 25
     5.4   Ganze rationale Funktionen 26
     5.5   Gebrochene rationale Funktionen... 28
     5.6   Irrationale Funktionen 29
     5.7   Transzendente Funktionen 29
6   Trigonometrie 31
     6.1   Definition der trigonometrischen Funktionen 31
     6.2   Trigonometrische Funktionen für beliebige Winkel 32
     6.3   Beziehungen für den gleichen Winkel 33
     6.4   Graphen der trigonometrischen Funktionen 33
     6.5   Reduktionsformeln 33
     6.6   Sinussatz und Kosinussatz 34
     6.7   Arkusfunktionen 34
7   Analytische Geometrie 36
     7.1   Koordinatensysteme 36
     7.2   Geraden 37
     7.3   Kreise 38
     7.4   Kugeln 38
     7.5   Kegelschnitte 38
8   Differenzial- und Integralrechnung 41
     8.1   Folgen 41
     8.2   Reihen 42
     8.3   Grenzwerte von Funktionen 43
     8.4   Ableitung einer Funktion 45
     8.5   Integralrechnung 47

2   **Physik** 51
1   Einführung 51
     1.1   Physikalische Größen 51
     1.2   SI-System 51
2   Mechanik 51
     2.1   Kinematik 51
            2.1.1   Gleichförmige Bewegung 51
            2.1.2   Gleichmäßig beschleunigte Bewegung 51
            2.1.3   Freier Fall 52
            2.1.4   Senkrechter Wurf 52
            2.1.5   Schiefer Wurf 52
            2.1.6   Kreisbewegung, Rotation 53
     2.2   Dynamik 53
            2.2.1   Newtonsche Axiome 53
            2.2.2   Kraft 53
            2.2.3   Impuls, Drehimpuls 54
            2.2.4   Arbeit, Energie 54
            2.2.5   Leistung, Wirkungsgrad 55
            2.2.6   Trägheitsmoment 56
            2.2.7   Drehmoment 56

3   Flüssigkeiten und Gase 57
    3.1   Druck 57
    3.2   Auftrieb 57
    3.3   Hydrodynamik 57
4   Thermodynamik 58
    4.1   Temperaturskalen, Ausdehnung von Stoffen 58
    4.2   Ideale Gase 58
    4.3   Wärmeleitung, Wärmestrahlung 59
5   Harmonische Schwingungen 59
    5.1   Ungedämpfte Schwingungen 59
    5.2   Gedämpfte Schwingungen 60
    5.3   Erzwungene Schwingungen, Resonanz 60
6   Wellen 61
    6.1   Ausbreitung 61
    6.2   Reflexion, Brechung 61
    6.3   Beugung 61
7   Optik 62
    7.1   Geometrische Optik, Abbildung durch Linsen 62
    7.2   Photometrie 63
8   Naturkonstante 64

3   **Werkstoffkunde** 65

1   Stoffe 65
    1.1   Eigenschaften der Stoffe 65
    1.2   Atombau und Periodensystem 65
    1.3   Aufbau der festen Körper 66
    1.4   Chemische Grundzusammenhänge 67
    1.5   Elektrochemie 67
2   Elektrische Leitfähigkeit 68
    2.1   Leitungsmechanismus 68
    2.2   Isolator 69
    2.3   Halbleiter 69
    2.4   Normalleiter 69
    2.5   Supraleiter 70
    2.6   Halleffekt 70
3   Elektrische Leiter 71
    3.1   Normalleiter 71
    3.2   Halbleiter 71
    3.3   Supraleiter 72
4   Magnetische Leitfähigkeit 73
    4.1   Modellvorstellung 73
    4.2   Verhalten von Materie im Magnetfeld 73
    4.3   Magnetisierung 75
    4.4   Magnetisierungskurve 75
    4.5   Permeabilität 76
5   Magnetika 76
    5.1   Weichmagnetika 76
    5.2   Hartmagnetika (Dauermagnete) 77

6   Dielektrische Eigenschaften 77
    6.1   Modellvorstellungen zur dielektrischen Polarisation 77
    6.2   Materialeinteilung 78
          6.2.1   Dielektrische Materialien 78
          6.2.2   Elektrische Materialien 78
7   Dielektrika 79
    7.1   Natürliche anorganische Dielektrika 79
    7.2   Natürliche organische Dielektrika 80
    7.3   Künstliche anorganische Dielektrika 80
    7.4   Künstliche organische Dielektrika 80
    7.5   Silikone 81
8   Literaturhinweise 81

4   Elektrotechnik 83

1   Grundbegriffe 83
2   Der Gleichstromkreis 83
    2.1   Kirchhoffsche Gesetze 83
    2.2   Schaltung von Widerständen 84
    2.3   Energie, Leistung, Wirkungsgrad 85
3   Das Elektrische Feld 85
    3.1   Grundgrößen 85
    3.2   Kondensatoren 86
          3.2.1   Kapazität 86
          3.2.2   Schaltungen mit Kondensatoren 87
4   Das Magnetische Feld 87
    4.1   Grundgrößen 87
    4.2   Kräfte im Magnetfeld 88
          4.2.1   Kräfte auf Ladungen 88
    4.3   Materie im Magnetfeld 89
          4.3.1   Definitionen 89
          4.3.2   Stoffmagnetismus 90
    4.4   Magnetische Kreise 90
5   Induktion 91
    5.1   Induktionsgesetz 91
    5.2   Induktivität von Spulen 91
    5.3   Ein- und Ausschaltvorgänge 92

5   Elektronik 93

1   Dioden 93
    1.1   Begriffe 93
    1.2   Gleichrichter 94
    1.3   Glättung, Siebung 95
    1.4   Spannungsstabilisierung 96
2   Transistor (Bipolar) 97
    2.1   Grenz- und Kennwerte 99
    2.2   Ersatzschaltbild mit h-Parameter 100
3   Feldeffekttransistoren (unipolare Transistoren) 102
    3.1.   Sperrschicht-FET (selbstleitend) 102
    3.2.   Insulated-Gate-FET (MOS-FET) 103
    3.3.   Ersatzschaltbild mit y-Parameter 104

4   Bipolar-Transistor als Verstärker 105
    4.1   Grundschaltungen des bipolaren Transistors 106
    4.2   Arbeitspunkteinstellung, -stabilisierung 108
    4.3   Dimensionierung von Schaltungen 109
5   FET-Transistor als Verstärker 112
    5.1   Arbeitspunkteinstellung und -stabilisierung 113
    5.2   Dimensionierung von Schaltungen 113
6   Mehrstufige Verstärker 116
7   Endstufen 117
8   Operationsverstärker 118
9   Elektronische Schalter, Kippstufen 121
    9.1   Transistor als Schalter 121
    9.2   Kippschaltungen mit Transistoren 122
    9.3   Kippschaltungen mit Operationsverstärker 124
10 Optoelektronik 126
11 Leistungselektronik 128

6   **Technische Kommunikation/Technisches Zeichnen** 133

1   Grundlagen der zeichnerischen Darstellung 133
    1.1   Normen für technische Zeichnungen 133
    1.2   Darstellung und Bemaßung von Körpern 134
    1.3   ISO-Toleranzsystem 136
    1.4   Projektion 137
    1.5   Schnitte 138
    1.6   Gewinde und Schrauben 138
    1.7   Normteile und Konstruktionselemente 139
    1.8   Wichtige Normteile des Maschinenbaues 144
2   Schaltungsunterlagen 147
    2.1   VDE-Bestimmungen (Auszug) 147
    2.2   Diagramme 148
    2.3   Schaltzeichen nach DIN EN 61082 und DIN EN 60617 149
    2.4   Elektrische Betriebsmittel 151
    2.5   Schaltungsunterlagen der Energietechnik 154

7   **Datentechnik** 157

1   Grundlagen 157
    1.1   Begriffe 157
    1.2   Grundverknüpfungen 158
    1.3   Gesetze und Regeln der Schaltalgebra 159
    1.4   Normalform einer binären Funktion 159
    1.5   Ersatz der Grundfunktion durch NAND- und NOR-Technik 160
    1.6   Schaltungsvereinfachung 161
2   Zahlen in Rechenanlagen 162
    2.1   Zahlensysteme 162
    2.2   Rechnen mit Dualzahlen 163
    2.3   Darstellung im Einer- und Zweierkomplement 163
3   Codes 164

4   Digitale Grundschaltungen 166
    4.1   Schaltnetze 166
    4.2   Schaltwerke 167
           4.2.1   Allgemein 167
           4.2.2   Flip-Flops 168
           4.2.3   Schieberegister, Zähler, Frequenzteiler 169
5   Integrierte Schaltkreise der Digitaltechnik 171
    5.1   Begriffe 171
    5.2   Standardbausteine 175
           5.2.1   Technische Daten 175
           5.2.2   TTL- und CMOS-Familie (IC-Auswahl) 177
    5.3   Programmierbare Logikbausteine 178
6   Mikrocomputertechnik 180
    6.1   Begriffe 180
    6.2   Mikroprozessoren 182
           6.2.1   Blockbild 8085 CPU 182
           6.2.2   Kurzbeschreibung 183
           6.2.3   Steuersignale und Interrupts 184
7   Halbleiterspeicher 184
    7.1   Begriffe 184
    7.2   Schreib-Lese-Speicher 187
    7.3   Festwertspeicher 188
    7.4   Speichersysteme 189
8   Mikrocontroller 190
    8.1   Mikrocontroller 190
    8.2   Mikrocontroller der 8051-Familie (Auswahl) 190
           8.2.1   Anschlüsse und Anschlussbelegung 190
           8.2.2   Speicherorganisation 192
           8.2.3   Special Function Register 193
           8.2.4   Portregister 194
           8.2.5   Flags 195
           8.2.6   Interrupt 195
           8.2.7   Zeitgeber/Zähler (Timer/Counter) 196
           8.2.8   Serielle Schnittstelle 197

8   Steuerungstechnik 199
1   Grundlagen der Steuerungstechnik 199
    1.1   Steuerung und Regelung 199
    1.2   Merkmale von Steuerungen 199
2   Speicherprogrammierbare Steuerungen SPS 201
    2.1   Die Hardware einer SPS 201
    2.2   Programmierung einer SPS 201
           2.2.1   Programmiersprachen 202
           2.2.2   Programmieren grundlegender Funktionen nach EN 61131-3
                   und STEP 7 (Auswahl) 202
    2.3   Programmbeispiel: Wendeschützschaltung 206
3   Ablaufsteuerungen mit SPS 208
    3.1   Grundlagen 208
    3.2   Ablaufkette 209
    3.3   Befehlsausgabe, Aktionen, Aktionsblock 210

3.4 Programmbeispiel: 211
   3.4.1 Realisierung mit SR-Speicherfunktionen 213
   3.4.2 Realisierung mit der Ablaufsprache AS nach EN 61131-3 215
   3.4.3 Realisierung mit der Ablaufsprache AS nach S7-GRAPH 216

9 Messtechnik 217

1 Grundlagen 217
   1.1 Begriffe 217
   1.2 Einheiten 218
   1.3 Messabweichung, Messfehler 218
   1.4 Mittelwerte, Häufigkeitsverteilungen, Vertrauensbereich 220
2 Messverfahren zur Messung elektrischer Größen (Auswahl) 221
   2.1 Spannungs- und Strommessung 221
   2.2 Widerstands- und Impedanzmessung 222
   2.3 Wirkleistungsmessung 223
   2.4 Messung von L, C, Gütefaktor und Verlustfaktor 224
3 Messung von nichtelektrischen Größen (Auswahl) 225
   3.1 Widerstandsaufnehmer 225
   3.2 Kapazitive Aufnehmer 226
   3.3 Induktive Aufnehmer 226
   3.4 Drehzahlmessung, Drehfrequenzmessung 227
   3.5 Weg- und Winkelmessung 227
4 Messdatenaufbereitung 227
5 Bussysteme für die Messtechnik 229
   5.1 IEC-Bus 229
   5.2 Aktor-Sensor-Interface, ASI 231
   5.3 DIN-Messbus, DIN 66 348, Teil 2 232

10 Energietechnik 233

1 Elektrische Maschinen 233
   1.1 Transformatoren 233
      1.1.1 Begriffe 233
      1.1.2 Kühlarten 233
      1.1.3 Leerlauf 233
      1.1.4 Belastung 233
      1.1.5 Leerlaufversuch 234
      1.1.6 Kurzschlussversuch 234
      1.1.7 Wirkungsgrad 235
      1.1.8 Drehstromtransformatoren 235
      1.1.9 Parallelschalten von Transformatoren 236
      1.1.10 Spartransformatoren 236
      1.1.11 Drosselspulen 236
   1.2 Drehstrommaschinen 237
      1.2.1 Asynchronmaschinen 237
      1.2.2 Synchronmaschinen 240
   1.3 Gleichstrommaschinen 241
   1.4 Auswahl von Motoren 242
2 Elektrische Energietechnik 248
   2.1 Energieträger 248

2.2   Elektrische Energieerzeugung 248
       2.2.1 Drehstromnetz 249
       2.2.2 Netzstrukturen 249
2.3   Betriebsmittel der Energietechnik 250
       2.3.1 Kabel 250
       2.3.2 Leitungen 252
       2.3.3 Spannungsfall auf Kabeln und Leitungen 254
2.4   Kurzschlussstromberechnung 255
2.5   Kompensationsanlagen 256

11 Nachrichtentechnik 257

1   Begriffe, Grundlagen 257
2   Signale 259
    2.1   Signale im Zeit- und Frequenzbereich 259
    2.2   Zufällige (stochastische) Signale, Rauschen 260
    2.3   Verzerrungen 262
3   Kenngrößen einer Übertragungsstrecke / eines Systems 263
4   Zweitore, Vierpole 264
    4.1   Grundbegriffe 264
    4.2   Zweitorgleichungen und Zusammenschaltung von zwei Zweitoren 265
    4.3   Betriebskenngrößen mit Lastadmittanz $\underline{Y}_a = 1/\underline{Z}_a$ bzw.
           Eingangsadmittanz $\underline{Y}_e = 1/\underline{Z}_e$ 269
    4.4   Spezielle Zweitore 271
           4.4.1 Allgemein 271
           4.4.2 Wellenparameter längssymmetrischer passiver Zweitore 271
           4.4.3 Häufig verwendete Zweitore 271
5   Leitungen, Kabel 272
    5.1   Anordnungen, Leitungsbeläge 272
    5.2   Leitungsgleichungen, Lösungen 274
    5.3   Leitungskenngrößen 274
    5.4   Leitungen mit beliebiger Lastimpedanz am Leitungsende 275
    5.5   Sonderfälle 275
    5.6   Daten von Leitungen 276
    5.7   Hochfrequenzleitungen 277
           5.7.1 Hochfrequenz-Koaxialkabel 277
           5.7.2 Hohlleiter 278
           5.7.3 Streifenleitungen 279
    5.8 s-Parameter 280
           5.8.1 Signalflussdiagramm 280
           5.8.2 Leistungsverstärkung 281
    5.9   Kreisdiagramm 282
           5.9.1 Grundlagen 282
           5.9.2 s-Parameter im Kreisdiagramm 283
6   Modulation 284
    6.1   Grundlagen 284
    6.2   Sinusträger, mit Analogsignal moduliert 284
    6.3   Sinusträger, mit Digitalsignal moduliert 288
    6.4   Pulsträgermodulation, Träger uncodiert 288

7 Filter 290
   7.1   Begriffe 290
   7.2   Passive R-C-Tiefpassfilter 291
   7.3   Passive R-C-Hochpassfilter 292
   7.4   Schwingkreis als Bandpass und Bandsperre 294
   7.5   Bandfilter 294
8 Empfängerschaltungstechnik 295
9 Ton- und Bildübertragung 296
   9.1   Rundfunk-Stereoübertragung 296
   9.2   Fernseh-Bildübertragung 297
       9.2.1 Farbfernseh-Bildübertragung (analog) 297
       9.2.2 Farbfernsehbildübertragung (digital) 299
10 Mehrfachübertragung – Multiplexverfahren 300
11 Richtfunktechnik 301
12 Nachrichtenübertragung über Satellit 302
13 Lichtwellenleiter (LWL) 303
14 Funkmesstechnik – Radar 305
15 Elektroakustik – Grundbegriffe 306
16 Vermittlungstechnik – Verkehrstheorie 307
17 Kommunikations- und Datennetze 308
   17.1 Lokale Kommunikations- und Datennetze, LAN 308
   17.2 Öffentliche Kommunikations- und Datennetze (Auswahl) 309
18 Optimierte Nachrichten- und Datenübertragung 310
   18.1 Quellenkodierung 310
   18.2 Kanalkodierung 311

12 Signal- und Systemtheorie 313

1 Einführung 313
2 Grundbegriffe 313
3 Periodische nichtsinusförmige zeitkontinuierliche Signale 314
4 Nichtperiodische zeitkontinuierliche Signale 315
   4.1   Fouriertransformation 315
   4.2   Laplacetransformation 317
5 Spezielle Signale 320
6 Leistung 321
7 Faltungsintegral 321
8 Abtasttheorem 321
9 Nichtkontinuierliche (zeitdiskrete) Signale 322
   9.1   Diskrete Fouriertransformation (DFT) 322
   9.2   z-Transformation 323
10 Zufällige (stochastische, nichtdeterministische) Signale 324
11 Signalerkennung bei gestörter Übertragung 329

Sachwortverzeichnis 331

1 Arithmetik

1.1 Mengen

Menge

Definition durch Aufzählung der Elemente oder durch Angabe einer die Elemente charakterisierenden Eigenschaft

$M = \{1, -1\}$
$M = \{x \,|\, x^2 - 1 = 0\}$

Vereinigung A ∪ B zweier Mengen A und B

Besteht aus denjenigen Elementen, die in A oder in B enthalten sind

$A \cup B =$
$\{x \,|\, x \in A \text{ oder } x \in B\}$

Durchschnitt $A \cap B$ zweier Mengen A und B

Besteht aus denjenigen Elementen, die sowohl in A als auch in B enthalten sind

$A \cap B =$
$\{x \,|\, x \in A \text{ und } x \in B\}$

1.2 Zahlenmengen

$\mathbb{N}$

Menge der natürlichen Zahlen

$\{1, 2, 3, ...\}$

$\mathbb{Z}$

Menge der ganzen Zahlen

$\{..., -3, -2, -1, 0, 1, 2, 3, ...\}$

$\mathbb{Q}$

Menge der rationalen Zahlen

$\left\{\dfrac{m}{n} \,\middle|\, m, n \in \mathbb{Z}, n \neq 0\right\}$

$\mathbb{R}$

Menge der reellen Zahlen

$\mathbb{C}$

Menge der komplexen Zahlen

$\{z = a + bi \,|\, a, b \in \mathbb{R}, i = \sqrt{-1}\}$

$\mathbb{Z}^*$

Menge der ganzen Zahlen ohne die Null

$\{..., -3, -2, -1, 1, 2, 3, ...\}$

$\mathbb{Q}^*$

Menge der rationalen Zahlen ohne die Null

$\left\{\dfrac{m}{n} \,\middle|\, m, n \in \mathbb{Z}^*\right\}$

$\mathbb{R}^*$

Menge der reellen Zahlen ohne die Null

$\{x \,|\, x \in \mathbb{R}, x \neq 0\}$

$\mathbb{Q}^+$

Menge der positiven rationalen Zahlen

$\left\{\dfrac{m}{n} \,\middle|\, m, n \in \mathbb{N}\right\}$

$\mathbb{R}^+$

Menge der positiven reellen Zahlen

$\{x \,|\, x \in \mathbb{R}, x > 0\}$

1.3 Grundrechenarten

Addition — Summand plus Summand gleich Summe — $4 + 5 = 9$
Subtraktion — Minuend minus Subtrahend gleich Differenz — $7 - 2 = 5$
Multiplikation — Faktor mal Faktor gleich Produkt — $3 \cdot 8 = 24$
Division — Dividend geteilt durch Divisor gleich Quotient — $87 : 3 = 29$

1.4 Binomische Formeln

Erste
Zweite
Dritte

$$(a + b)^2 = a^2 + 2ab + b^2$$
$$(a - b)^2 = a^2 - 2ab + b^2$$
$$(a + b)(a - b) = a^2 - b^2$$

1.5 Bruchrechnung

Definition

Ein Bruch ist ein Quotient, der Zähler ist der Dividend, und der Nenner ist der Divisor.

$$\frac{m}{n} = m : n$$

Mathematik
Arithmetik

Kehrwert eines Bruchs	Zähler und Nenner von $\dfrac{m}{n}$ vertauschen	$\dfrac{n}{m}$
Erweitern eines Bruchs	Zähler und Nenner mit derselben Zahl multiplizieren	$\dfrac{a}{b} = \dfrac{a \cdot c}{b \cdot c} = \dfrac{ac}{bc}$ $(c \neq 0)$
Kürzen eines Bruchs	Zähler und Nenner durch dieselbe Zahl dividieren	$\dfrac{a}{b} = \dfrac{a : b}{b : c}$ $(c \neq 0)$
Addieren und Subtrahieren gleichnamiger Brüche	Die Zähler addieren oder subtrahieren und den Nenner beibehalten; gleichnamig bedeutet: gleicher Nenner	$\dfrac{a}{c} + \dfrac{b}{c} = \dfrac{a+b}{c}$ $\dfrac{a}{c} - \dfrac{b}{c} = \dfrac{a-b}{c}$
Addieren und Subtrahieren ungleichnamiger Brüche	Brüche durch Erweitern gleichnamig machen (auf den Hauptnenner bringen)	$\dfrac{a}{b} + \dfrac{c}{d} = \dfrac{a \cdot d}{b \cdot d}$ $+ \dfrac{c \cdot b}{d \cdot b} = \dfrac{ad + bc}{bd}$ $\dfrac{a}{b} - \dfrac{c}{d} = \dfrac{a \cdot d}{b \cdot d}$ $- \dfrac{c \cdot b}{d \cdot b} = \dfrac{ad - bc}{bd}$
Multiplizieren von Brüchen	Zähler mit Zähler und Nenner mit Nenner multiplizieren	$\dfrac{a}{b} \cdot \dfrac{c}{d} = \dfrac{a \cdot c}{b \cdot d} = \dfrac{ac}{bd}$
Dividieren von Brüchen	Mit dem Kehrwert multiplizieren	$\dfrac{a}{b} : \dfrac{c}{d} = \dfrac{a}{b} \cdot \dfrac{d}{c} = \dfrac{ad}{bc}$

1.6 Potenzrechnung

Definition Potenz	Zahl der Form a^x (gesprochen: a hoch x) a heißt Basis (Grundzahl), x Exponent (Hochzahl) der Potenz	a^x
Addieren und Subtrahieren	Potenzen kann man nur addieren oder subtrahieren, wenn sie in Basis und Exponent übereinstimmen.	$pa^n \pm qa^n =$ $(p \pm q)\, a^n$
Multiplizieren und Dividieren bei gleicher Basis	Addieren bzw. Subtrahieren der Exponenten	$a^n \cdot a^m = a^{n+m}$ $\dfrac{a^n}{a^m} = a^{n-m}$
Multiplizieren und Dividieren bei gleichem Exponenten	Multiplizieren bzw. Dividieren der Basen	$a^n \cdot b^n = (a \cdot b)^n$ $\dfrac{a^n}{b^n} = \left(\dfrac{a}{b}\right)^n$
Potenzieren einer Potenz	Multiplizieren der Exponenten	$(a^n)^m = a^{n \cdot m}$

1.7 Wurzelrechnung

Definition n-te Wurzel	Zahl der Form $\sqrt[n]{a} = a^{1/n}$ (gesprochen: n-te Wurzel aus a); a heißt Radikand, n Wurzelexponent der Wurzel	$\sqrt[n]{a}$

Quadratwurzel (Wurzel)	Wurzelexponent $n = 2$	$\sqrt[2]{a} = \sqrt{a}$
Addieren und Subtrahieren	Wurzeln kann man nur addieren oder subtrahieren, wenn sie in Radikand und Wurzelexponent übereinstimmen.	$p\sqrt[n]{a} \pm q\sqrt[n]{a} = (p \pm q)\sqrt[n]{a}$
Multiplizieren bei gleichem Radikanden	Wurzeln mit gleichem Radikanden und den Wurzelexponenten n, m werden multipliziert, indem man aus dem in die $(m + n)$-te Potenz erhobenen Radikanden die nm-te Wurzel zieht.	$\sqrt[n]{a} \cdot \sqrt[m]{a} = \sqrt[n \cdot m]{a^{m+n}}$
Dividieren bei gleichem Radikanden	Wurzeln mit gleichem Radikanden und den Wurzelexponenten n und m werden dividiert, indem man aus dem in die $(m - n)$-te Potenz erhobenen Radikanden die nm-te Wurzel zieht.	$\dfrac{\sqrt[n]{a}}{\sqrt[m]{a}} = \sqrt[n \cdot m]{a^{m-n}}$
Multiplizieren und Dividieren bei gleichem Wurzelexponenten	Wurzeln mit gleichem Wurzelexponenten werden multipliziert bzw. dividiert, indem man die Radikanden multipliziert bzw. dividiert.	$\sqrt[n]{a} \cdot \sqrt[n]{b} = \sqrt[n]{ab}$ $\dfrac{\sqrt[n]{a}}{\sqrt[n]{b}} = \sqrt[n]{\dfrac{a}{b}}$
Radizieren einer Wurzel	Man zieht die Wurzel aus einer Wurzel, indem man die Wurzelexponenten multipliziert.	$\sqrt[n]{\sqrt[m]{a}} = \sqrt[m \cdot n]{a}$
Potenzieren einer Wurzel	Eine Wurzel wird potenziert, indem man den Radikanden potenziert.	$\left(\sqrt[n]{a}\right)^m = \sqrt[n]{a^m}$
Rationalmachen des Nenners	Man erweitert den Bruch so, dass die Wurzel im Nenner wegfällt.	$\dfrac{a}{\sqrt{b}} = \dfrac{a\sqrt{b}}{b}$

1.8 Logarithmen

Definition Logarithmus	Zahl der Form $\log_a b$ (gesprochen: Logarithmus b zur Basis a); b heißt Numerus, a Basis des Logarithmus	$\log_a b$, $a, b \in \mathbb{R}^+, a \neq 1$
Dekadische Logarithmen (Zehnerlogarithmen)	Basis $a = 10$	$\log_{10} b = \lg b$
Natürliche Logarithmen (Nepersche Logarithmen)	Basis $e = 2,718\,281\,82 \ldots$ (Eulersche Zahl)	$\log_e b = \ln b$
Binäre oder duale Logarithmen (Zweierlogarithmen)	Basis $a = 2$	$\log_2 b = \operatorname{ld} b$
Logarithmus eines Produkts	Summe der Logarithmen der einzelnen Faktoren	$\log_a (u \cdot v) = \log_a u + \log_a v$
Logarithmus eines Bruches (Quotienten)	Differenz der Logarithmen von Zähler (Dividend) und Nenner (Divisor)	$\log_a \dfrac{u}{v} = \log_a u - \log_a v$
Logarithmus einer Potenz	Mit dem Exponenten multiplizierter Logarithmus der Basis	$\log_a (u^r) = r \cdot \log_a u$

Mathematik
Arithmetik

Logarithmus einer Wurzel	Durch den Wurzelexponenten dividierter Logarithmus des Radikanden	$\log_a \sqrt[n]{u} = \dfrac{1}{n}\log_a u$
Logarithmen mit verschiedenen Basen	Basen a und c	$\log_a u = \dfrac{\log_c u}{\log_c a}$

1.9 Mittelwerte

Arithmetisches Mittel	Zwei Zahlen a, $b \in \mathbb{R}$: die Hälfte ihrer Summe; n reelle Zahlen $a_1, a_2, \dots , a_n$: der n-te Teil ihrer Summe	$\bar{x} = \dfrac{a+b}{2}$ $\bar{x} = \dfrac{a_1 + a_2 + \dots + a_n}{n}$
Geometrisches Mittel	Zwei Zahlen a, $b \in \mathbb{R}^+$: die Quadratwurzel aus ihrem Produkt; n positive reelle Zahlen $a_1, a_2, \dots ,a_n$: die n-te Wurzel aus ihrem Produkt	$\bar{x}_g = \sqrt{a \cdot b}$ $\bar{x}_g = \sqrt[n]{a_1 \cdot a_2 \cdot \dots \cdot a_n}$
Harmonisches Mittel	Zwei Zahlen a, $b \in \mathbb{R}^*$: Zwei geteilt durch die Summe ihrer Kehrwerte; n von Null verschiedene reelle Zahlen $a_1, a_2, \dots , a_n$: n geteilt durch die Summe ihrer Kehrwerte	$\bar{x}_h = \dfrac{2}{\dfrac{1}{a}+\dfrac{1}{b}}$ $\bar{x}_h = \dfrac{n}{\dfrac{1}{a_1}+\dfrac{1}{a_2}+\dots+\dfrac{1}{a_n}}$
Quadratisches Mittel	Zwei Zahlen a, $b \in \mathbb{R}$: die Quadratwurzel der halben Summe ihrer Quadrate; n reelle Zahlen $a_1, a_2, \dots , a_n$: die Quadratwurzel des n-ten Teils der Summe ihrer Quadrate	$\bar{x}_q = \sqrt{\dfrac{a^2 + b^2}{2}}$ $\bar{x}_q = \sqrt{\dfrac{a_1^2 + a_2^2 + \dots + a_n^2}{n}}$

1.10 Absolutbetrag

Definition Absolutbetrag (Betrag)	Der Absolutbetrag $|a|$ einer Zahl a stellt auf der Zahlengeraden den Abstand der Zahl a vom Nullpunkt dar.	$|a| = \begin{cases} a & \text{für } a \geq 0 \\ -a & \text{für } a < 0 \end{cases}$

Eigenschaften

$|-a| = |a|$

$|a| \geq 0; \ |a| = 0 \Leftrightarrow a = 0$

$|a \cdot b| = |a| \cdot |b|$

$\left|\dfrac{a}{b}\right| = \dfrac{|a|}{|b|}$ für $b \neq 0$; $\qquad \left|\dfrac{1}{b}\right| = \dfrac{1}{|b|}$ für $b \neq 0$

$|a^n| = |a|^n$ für $n \in \mathbb{N}$; $\qquad \left|\dfrac{1}{a^n}\right| = \dfrac{1}{|a|^n}$ für $n \in \mathbb{N}, \ a \neq 0$

$|a + b| \leq |a| + |b|$ (so genannte Dreiecksungleichung)

1.11 Intervalle

Beschränkte Intervalle

$[a, b] = \{x \mid x \in \mathbb{R} \text{ und } a \leq x \leq b\}$ $\qquad$ (abgeschlossenes Intervall)

$(a, b) = \{x \mid x \in \mathbb{R} \text{ und } a < x < b\}$ $\qquad$ (offenes Intervall)

$[a, b) = \{x \mid x \in \mathbb{R} \text{ und } a \leq x < b\}$ $\qquad$ (halboffenes Intervall)

$(a, b] = \{x \mid x \in \mathbb{R} \text{ und } a < x \leq b\}$ $\qquad$ (halboffenes Intervall)

Nicht beschränkte Intervalle	Halboffenes Intervall, nach rechts unbeschränkt: $[a, \infty) = \{x \mid x \in \mathbb{R} \text{ und } x \geq a\}$ Offenes Intervall, nach rechts unbeschränkt: $(a, \infty) = \{x \mid x \in \mathbb{R} \text{ und } x > a\}$ Halboffenes Intervall, nach links unbeschränkt: $(-\infty, a] = \{x \mid x \in \mathbb{R} \text{ und } x \leq a\}$ Offenes Intervall, nach links unbeschränkt: $(-\infty, a) = \{x \mid x \in \mathbb{R} \text{ und } x < a\}$ Offenes Intervall, nach links und nach rechts unbeschränkt: $(-\infty, \infty) = \{x \mid x \in \mathbb{R}\}$

1.12 Komplexe Zahlen

Algebraische Form

Zahlen der Form $z = a + bi$, $a, b \in \mathbb{R}$, $i^2 = -1$;
a heißt Realteil, b Imaginärteil von z, i mit $i^2 = -1$
imaginäre Einheit

$z = a + bi$,
$a, b \in \mathbb{R}$,
$i^2 = -1$

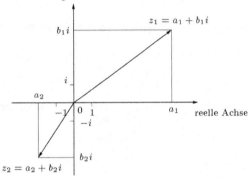

Darstellung komplexer Zahlen in der Gaußschen
Zahlenebene

Konjugiert komplexe Zahlen

Komplexe Zahlen mit gleichem Realteil und
entgegengesetzt gleichem Imaginärteil

$z = a + bi$ und
$\bar{z} = a - bi$

Trigonometrische Form

Zahlen der Form $z = r(\cos \varphi + i \sin \varphi)$;
r heißt Modul oder Absolutbetrag (also $r = |z|$),
φ Argument von z

$z = r(\cos \varphi + i \sin \varphi)$,
$r \in \mathbb{R}, r \geq 0$,
$0 \leq \varphi < 2\pi$

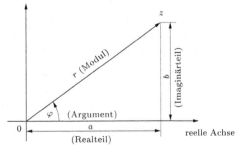

Algebraische und trigonometrische Form
einer komplexen Zahl z

Mathematik
Arithmetik

Zusammenhang algebraische und trigonometrische Form

$$r = \sqrt{a^2 + b^2}, \quad \tan \varphi = \frac{b}{a}$$

$$a = r \cos \varphi, \quad b = r \sin \varphi$$

Addieren komplexer Zahlen

Addition der Realteile und Addition der Imaginärteile

$z_1 + z_2 = (a_1 + b_1 i) + (a_2 + b_2 i) = (a_1 + a_2) + (b_1 + b_2) i$

Subtrahieren komplexer Zahlen

Subtraktion der Realteile und Subtraktion der Imaginärteile

$z_1 - z_2 = (a_1 + b_1 i) - (a_2 + b_2 i) = (a_1 - a_2) + (b_1 - b_2) i$

Multiplizieren komplexer Zahlen

Multiplikation wie algebraische Summen

$z_1 \cdot z_2 = (a_1 + b_1 i) (a_2 + b_2 i) = (a_1 a_2 - b_1 b_2) + (a_1 b_2 + a_2 b_1) i$

Dividieren komplexer Zahlen

Erweitern mit der konjugiert komplexen Zahl des Nenners (Divisors)

$$\frac{z_1}{z_2} = \frac{a_1 + b_1 i}{a_2 + b_2 i} =$$

$$\frac{a_1 a_2 + b_1 b_2}{a_2^2 + b_2^2} +$$

$$\frac{b_1 a_2 - a_1 b_2}{a_2^2 + b_2^2} i$$

$$(z_2 \neq 0)$$

Potenzieren komplexer Zahlen

Moivresche Formel (für komplexe Zahlen in trigonometrischer Form)

$z^n - [r (\cos (\varphi + i \sin (\varphi))]^n = r^n (\cos n \varphi + i \sin n \varphi)$

$(n \in \mathbb{N})$

Radizieren komplexer Zahlen

$w^n = z = r (\cos \varphi + i \sin \varphi)$, $n \in \mathbb{N}$, besitzt n verschiedene Lösungen $w_1, w_2, \ldots, w_n$ (die n-ten Wurzeln aus z).

$$w_k = \sqrt[n]{r} \left(\cos \frac{\varphi + 2 (k-1) \pi}{n} + i \sin \frac{\varphi + 2 (k-1) \pi}{n} \right),$$

$$k = 1, 2, \ldots, n$$

2 Gleichungen

2.1 Gleichungsarten

Identische Gleichung (Identität)

Gleichung zwischen zwei algebraischen Ausdrücken, die bei Einsetzen beliebiger Zahlenwerte anstelle der darin aufgeführten Buchstabensymbole erhalten bleibt

$a(b + c) = ab + ac$
$a^n a^m = a^{n+m}$

Bestimmungsgleichung

Gleichung, in der Variable (Unbekannte) auftreten, die durch eine Rechnung bestimmt werden sollen

$x + 2 = 3$
Lösung: $x = 1$;
$2x + 1 = x^2 - 2$
Lösungen: $x = 3$
und $x = -1$

Funktionsgleichung

Gleichung zur Definition einer Funktion

$y = 2x + 1$;
$y = 2x^2 - x$
$- 3\sqrt{x} + 4$

2.2 Äquivalente Umformungen

Addition

Addition einer Zahl a auf beiden Seiten einer Gleichung

$x - a = b \Leftrightarrow$
$x = b + a$

Subtraktion

Subtraktion einer Zahl a von beiden Seiten einer Gleichung

$x + a = b \Leftrightarrow$
$x = b - a$

Multiplikation

Multiplikation beider Seiten einer Gleichung mit der gleichen Zahl $a \neq 0$

$\dfrac{x}{a} = b \Leftrightarrow x = b \cdot a$

Division

Division beider Seiten einer Gleichung durch die gleiche Zahl $a \neq 0$

$ax = b \Leftrightarrow x = \dfrac{b}{a}$

2.3 Lineare Gleichungen

Allgemeine Form

Lösung: $x = -\dfrac{b}{a}$

$ax + b = 0,$
$a \neq 0$

Normalform

Lösung: $x = -c$

$x + c = 0$

2.4 Quadratische Gleichungen

Allgemeine Form

Lösungen: $x_1 = \dfrac{1}{2a}(-b + \sqrt{b^2 - 4ac})$,

$x_2 = \dfrac{1}{2a}(-b - \sqrt{b^2 - 4ac})$

$ax^2 + bx + c = 0,$
$a \neq 0$

Normalform

Lösungen: $x_{1,2} = -\dfrac{p}{2} \pm \sqrt{D}, \quad D = \dfrac{p^2}{4} - q$

D heißt Diskriminante der Normalform.

$x^2 + px + q = 0$

Satz von Vièta

Für eine quadratische Gleichung $x^2 + px + q = 0$ in Normalform

$p = -(x_1 + x_2)$,
$q = x_1 x_2$

2.5 Kubische Gleichungen

Normalform

Lösungen lassen sich mit Hilfe der so genannten Cardanischen Formeln berechnen.

$x^3 + rx^2 + sx + t = 0$

Mathematik
Gleichungen

Spezialform für $t = 0$	Lösungen: $\qquad\qquad\qquad\qquad\qquad x^3 + rx^2 + sx = 0$ $$x_1 = 0, \quad x_2 = -\frac{r}{2} + \sqrt{\frac{r^2}{4} - s}, \quad x_3 = -\frac{r}{2} - \sqrt{\frac{r^2}{4} - s}$$

2.6 Polynome

Polynom	Ausdruck der Form $P_n(x) = a_n x^n + a_{n-1} x^{n-1} + \ldots + a_2 x^2 + a_1 x + a_0$ mit $a_0, a_1, a_2, \ldots, a_{n-1}, a_n \in \mathbb{R}, a_n \neq 0, n \in \mathbb{N}$ $\qquad P_n(x) = \sum_{k=0}^{n} a_k x^k$

2.7 Auf algebraische Gleichungen zurückführbare Gleichungen

Bruchgleichungen	Bestimmungsgleichungen mit Bruchtermen, bei denen die Variable (auch) im Nenner auftritt $\qquad \dfrac{P(x)}{Q(x)}$
Wurzelgleichungen	Bestimmungsgleichungen, bei denen die Variable (auch) unter einer Wurzel vorkommt $\qquad 11 - \sqrt{x+3} = 6$ Lösung: $x = 22$; $\sqrt{x + 2 + \sqrt{2x + 7}} = 4$ Lösung: $x = 9$

2.8 Transzendente Gleichungen

Exponentialgleichungen	Bestimmungsgleichungen, bei denen die Variable (auch) im Exponenten einer Potenz steht $\qquad 3^x = 4^{x-2} \cdot 2^x$ Lösung: $x = 2{,}826\,780\ldots$; $e^{2x+3} = e^{x-4}$ Lösung: $x = -7$
Logarithmische Gleichungen	Bestimmungsgleichungen, bei denen die Variable (auch) im Argument eines Logarithmus vorkommt $\qquad \log_7(x^2 + 19) = 3$ Lösungsmenge: $L = \{18, -18\}$; $\lg(6x + 10) - \lg(x - 3) = 1$ Lösung: $x = 10$
Trigonometrische Gleichungen	Bestimmungsgleichungen, in denen die Variable (auch) im Argument einer trigonometrischen Funktion auftritt $\qquad \sin^2 x - 1 = -0{,}5$ Lösungsmenge: $L = \{x \mid x = 45° + k \cdot 180°, k \in \mathbb{Z}\}$

2.9 Lineare Gleichungssysteme

Definition	System aus m Bestimmungsgleichungen mit n Variablen ($m, n \in \mathbb{N}, m \geq 2$)
Zwei lineare Gleichungen mit zwei Variablen	Lösung: $x = \dfrac{b_2 c_1 - b_1 c_2}{a_1 b_2 - a_2 b_1}, \quad y = \dfrac{a_1 c_2 - a_2 c_1}{a_1 b_2 - a_2 b_1}$ $\qquad a_1 x + b_1 y = c_1$ $\qquad a_2 x + b_2 y = c_2$ (Nenner $\neq 0$)

3 Planimetrie

3.1 Geraden und Strecken

Gerade	Beidseitig unbegrenzte gerade Linie; kürzeste Verbindung zweier Punkte P_1 und P_2	$g = P_1P_2 = P_2P_1$
Parallelen	Parallele Geraden, Geraden ohne Schnittpunkt	$AB \parallel CD$ oder $g \parallel h$
Strahl oder Halbgerade	Teil einer Geraden, der von einem Punkt einer Geraden aus in einer Richtung läuft	s
Strecke	Abschnitt einer Geraden zwischen zwei Punkten (A und B heißen die Endpunkte der Strecke, alle anderen Punkte der Strecke bilden das Innere)	$\overline{AB}$
Länge oder Betrag	Länge der Strecke AB	$|\overline{AB}|$

3.2 Winkel

Winkel	Zwei Strahlen g und h, die von demselben Punkt S ausgehen, können durch eine Drehung um S ineinander überführt werden, durch die der Winkel zwischen ihnen bestimmt wird. Die Strahlen heißen die Schenkel des Winkels, der Punkt S heißt Scheitelpunkt.	$\sphericalangle\,(g, h)$

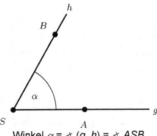

Winkel $\alpha = \sphericalangle\,(g, h) = \sphericalangle\,ASB$

Gradmaß	Ein Vollwinkel wird in 360 gleiche Teile eingeteilt (Sexagesimaleinteilung)	1 Vollwinkel = 360°
Minuten, Sekunden	1 Grad = 60 Minuten, 1 Minute = 60 Sekunden	$1° = 60'$, $1' = 60''$
Nullwinkel	Winkel α mit $\alpha = 0°$	$\alpha = 0°$
Rechter Winkel	Winkel α mit $\alpha = 90°$	$\alpha = 90°$
Gestreckter Winkel	Winkel α mit $\alpha = 180°$	$\alpha = 180°$
Vollwinkel	Winkel α mit $\alpha = 360°$	$\alpha = 360°$
Spitzer Winkel	Winkel, der größer als 0 und kleiner als ein rechter Winkel ist	$0° < \alpha < 90°$
Stumpfer Winkel	Winkel, der größer als ein rechter Winkel ist	$\alpha > 90°$
Überstumpfer Winkel	Winkel, der größer als ein gestreckter Winkel ist	$\alpha > 180°$

Mathematik
Planimetrie

Komplementwinkel	Winkel, die sich zu 90° ergänzen	α und $\beta = 90° - \alpha$
Supplementwinkel	Winkel, die sich zu 180° ergänzen	α und $\beta = 180° - \alpha$
Scheitelwinkel	Gegenüberliegende Winkel an zwei sich schneidenden Geraden	
Nebenwinkel	Benachbarte Winkel an zwei sich schneidenden Geraden	
Stufenwinkel	Gleichliegende Winkel an von einer Geraden geschnittenen Parallelen	
Wechselwinkel	Entgegengesetzt liegende Winkel an von einer Geraden geschnittenen Parallelen	
Halbgleichliegende Winkel	Winkelpaare an von einer Geraden geschnittenen Parallelen, die weder Stufenwinkel noch Wechselwinkel sind	

3.3 Projektionen

Parallelprojektion

Abbildung eines ebenen Gegenstandes durch parallele Strahlen auf eine Gerade

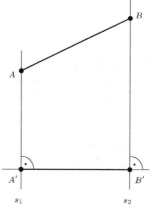

Senkrechte Parallelprojektion einer Strecke $\overline{AB}$

Zentralprojektion

Abbildung eines ebenen Gegenstandes durch Strahlen, die alle durch einen festen Punkt Z (Zentrum oder Projektionszentrum) gehen, auf eine Gerade

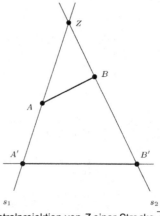

Zentralprojektion von Z einer Strecke $\overline{AB}$

3.4 Dreiecke

Dreieck

Besteht aus drei nicht auf einer Geraden liegenden Punkten A, B, C und den Strecken $\overline{AB}$, $\overline{AC}$, $\overline{BC}$

$\Delta\ (ABC)$

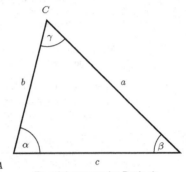

Bezeichnungen im Dreieck

Winkelsumme

Beträgt in jedem Dreieck 180°

$\alpha + \beta + \gamma = 180°$

Dreiecksungleichungen

Die Summe zweier Seitenlängen im Dreieck ist stets größer als die dritte.

$a + b > c$
$a + c > b$
$b + c > a$

Außenwinkel

Supplementwinkel α', β', γ' der Dreieckswinkel α, β, γ

$\alpha' + \beta' + \gamma' = 360°$

Umfang

Summe der Seitenlängen

$u = a + b + c$

Flächeninhalt

Hälfte der Grundseite multipliziert mit der Höhe

$A = \frac{1}{2} \cdot$ Grundseite $\cdot$ Höhe

Spitzwinklige Dreiecke

Alle drei Innenwinkel kleiner als 90°

α, β, $\gamma < 90°$

Rechtwinklige Dreiecke

Ein Winkel gleich 90°

$\alpha = 90°$ oder
$\beta = 90°$ oder
$\gamma = 90°$

Stumpfwinklige Dreiecke

Ein Winkel größer als 90°

$\alpha > 90°$ oder
$\beta > 90°$ oder
$\gamma > 90°$

Gleichschenklige Dreiecke

Zwei gleich lange Seiten

$a = b$ oder
$a = c$ oder
$b = c$

Gleichseitige Dreiecke

Drei gleich lange Seiten

$a = b = c$

Umkreis

Kreis durch die drei Eckpunkte des Dreiecks

Inkreis

Kreis, der die drei Dreiecksseiten von innen berührt

Mittelsenkrechte

Senkrechte durch den Mittelpunkt der Dreiecksseiten

Mathematik
Planimetrie

Höhe	Der Teil des Lotes von einem Eckpunkt auf die gegenüberliegende Seite, der von dem Eckpunkt und dieser Seite (beziehungsweise ihrer Verlängerung) begrenzt wird	h_a, h_b, h_c
Winkelhalbierende	Gerade durch den Scheitelpunkt eines Winkels, so dass die beiden Winkel zwischen Gerade und je einem Schenkel gleich sind	w_α, w_β, w_γ
Seitenhalbierende (Median)	Verbindungsstrecke einer Ecke mit dem Mittelpunkt der gegenüberliegenden Seite	s_a, s_b, s_c
Kathetensatz	In einem rechtwinkligen Dreieck ist das Quadrat über einer Kathete gleich dem Rechteck aus Hypotenuse und zugehörigem Hypotenusenabschnitt.	$a^2 = pc$, $b^2 = qc$
Satz des Pythagoras	In einem rechtwinkligen Dreieck ist die Summe der Quadrate über den Katheten gleich dem Quadrat der Hypotenuse.	$a^2 + b^2 = c^2$
Höhensatz	In einem rechtwinkligen Dreieck ist das Quadrat über der Höhe auf der Hypotenuse gleich dem Rechteck aus den beiden durch die Höhe gebildeten Hypotenusenabschnitten.	$h^2 = pq$
Kongruenz	Geometrische Figuren heißen kongruent, wenn sie deckungsgleich sind.	
Kongruenzsatz WSW	Dreiecke sind kongruent, wenn sie in einer Seite und den beiden anliegenden Winkeln übereinstimmen.	
Kongruenzsatz SWW	Dreiecke sind kongruent, wenn sie in einer Seite und einem anliegenden sowie dem gegenüberliegenden Winkel übereinstimmen.	
Kongruenzsatz SSW	Dreiecke sind kongruent, wenn sie in zwei Seiten und dem der längeren Seite gegenüberliegenden Winkel übereinstimmen.	
Kongruenzsatz SWS	Dreiecke sind kongruent, wenn sie in zwei Seiten und dem von ihnen eingeschlossenen Winkel übereinstimmen.	
Kongruenzsatz SSS	Dreiecke sind kongruent, wenn sie in den drei Seiten übereinstimmen.	

3.5 Vierecke

Viereck	Besteht aus vier Punkten A, B, C, D, von denen keine drei auf einer Geraden liegen, und den Strecken $\overline{AB}$, $\overline{BC}$, $\overline{CD}$, $\overline{DA}$	□ $(ABCD)$

Bezeichnungen im Viereck

Diagonalen	Verbindungsstrecken gegenüberliegender Punkte	e, f
Winkelsumme	Beträgt in jedem Viereck 360°	$\alpha + \beta + \gamma + \delta$ $= 360°$
Ungleichung	Das Produkt der Diagonalenlängen ist kleiner oder gleich der Summe der Produkte der Längen je zwei gegenüberliegender Seiten.	$ef \leq ac + bd$
Umfang	Summe der Seitenlängen	$u = a + b + c + d$
Flächeninhalt	$A = \dfrac{1}{2}(ad \sin \alpha + bc \sin \beta) = \dfrac{1}{2}(ab \sin \beta + cd \sin \delta)$	
Trapez	Zwei Seiten zueinander parallel	$a \parallel c$ oder $b \parallel d$
Parallelogramm	Beide jeweils einander gegenüberliegende Seiten parallel	$a \parallel c$ und $b \parallel d$
Rhombus	Parallelogramm mit gleich langen Seiten	$a \parallel c, b \parallel d$ und $a = b = c = d$
Rechteck	Parallelogramm mit vier rechten Winkeln	$\alpha = \beta = \gamma = \delta =$ 90°
Quadrat	Rechteck mit gleich langen Seiten	$\alpha = \beta = \gamma = \delta =$ 90° und $a = b = c = d$
Drachen	Viereck mit zwei Paaren gleich langer benachbarter Seiten	$a = b, c = d$ oder $a = d, b = c$
Sehnenviereck	Alle vier Eckpunkte liegen auf einem Kreis.	$\alpha + \gamma = \beta + \delta =$ 180°

Sehnenviereck

Satz von Ptolemäus	In einem Sehnenviereck ist das Produkt der Diagonalenlängen gleich der Summe der Produkte der Längen je zwei gegenüberliegender Seiten.	$ef = ac + bd$
Satz von Brahmagupta	In einem Sehnenviereck verhalten sich die Längen der Diagonalen wie die Summen der Produkte der Längen jener Seitenpaare, die sich in den Endpunkten der Diagonalen treffen.	$\dfrac{e}{f} = \dfrac{ab + cd}{ad + bc}$

Mathematik
Planimetrie

Tangentenviereck

Alle vier Seiten berühren denselben Kreis.

$a + c = b + d$

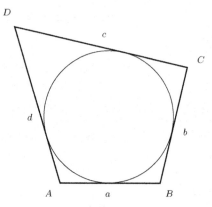

Tangentenviereck

3.6 Reguläre *n*-Ecke

n-Eck

Besteht aus *n* Punkten, den Eckpunkten des *n*-Ecks, und *n* Seiten, den Strecken zwischen den Eckpunkten

Reguläres (regelmäßiges) n-Eck

Alle Seiten sind gleich lang und alle Innenwinkel sind gleich groß. Alle Eckpunkte liegen auf einem Kreis, dem Umkreis des *n*-Ecks, und alle Seiten sind Tangenten eines einbeschriebenen Kreises, dem Inkreis des *n*-Ecks. Die Seiten sind Sehnen des Umkreises.
Durch die Verbindungsstrecken der Eckpunkte mit dem Mittelpunkt des Umkreises wird das reguläre *n*-Eck in *n* kongruente Dreiecke zerlegt.

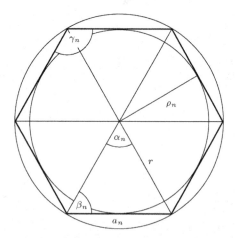

Bezeichnungen im regulären *n*-Eck

Ein reguläres Dreieck ist ein gleichseitiges Dreieck, ein reguläres Viereck ist ein Quadrat.

Innenwinkel

Summe der Innenwinkel ist $(n - 2) \cdot 180°$, alle Innenwinkel γ_n sind gleich groß.

$$\gamma_n = \frac{n - 2}{n} \cdot 180°$$

Basiswinkel

Halber Innenwinkel

$$\beta_n = \frac{1}{2}\gamma_n = \frac{n-2}{n}\cdot 90°$$

Zentriwinkel

Winkel am Mittelpunkt

$$\alpha_n = \frac{360°}{n}$$

Umfang

Summe der Seitenlängen

$$u_n = n\,a_n$$

Flächeninhalt

Summe der Flächeninhalte der n kongruenten Dreiecke (ρ_n ist Inkreisradius)

$$A_n = \frac{1}{2}n\,a_n\,\rho_n$$

Übersicht über die regulären n-Ecke für kleine n (r = Umkreisradius)

n	Innen-winkel γ_n	Zen-tri-win-kel α_n	Seitenlänge a_n	Umfang u_n	Flächeninhalt A_n
3	60°	120°	$r\sqrt{3}$	$2\,r\cdot 2,5980\ldots$	$\frac{3}{4}\sqrt{3}r^2$
4	90°	90°	$r\sqrt{2}$	$2\,r\cdot 2,8284\ldots$	$2\,r^2$
5	108°	72°	$\frac{r}{2}\sqrt{10-2\sqrt{5}}$	$2\,r\cdot 2,9389\ldots$	$\frac{5}{8}\sqrt{10+2\sqrt{5}}r^2$
6	120°	60°	r	$2\,r\cdot 3$	$\frac{3}{2}\sqrt{3}r^2$
8	135°	45°	$r\sqrt{2-\sqrt{2}}$	$2\,r\cdot 3,0614\ldots$	$2\sqrt{2}r^2$
10	144°	36°	$\frac{r}{2}(\sqrt{5}-1)$	$2\,r\cdot 3,0901\ldots$	$\frac{5}{4}\sqrt{10-2\sqrt{5}}r^2$
12	150°	30°	$r\sqrt{2-\sqrt{3}}$	$2\,r\cdot 3,1058\ldots$	$3\,r^2$

3.7 Kreise

Kreis

Geometrischer Ort aller Punkte der Ebene, die von einem festen Punkt M einen konstanten Abstand r haben; M heißt Mittelpunkt, r Radius des Kreises.

$k\,(M, r)$

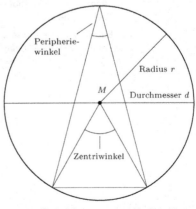

Bezeichnungen am Kreis

Mathematik
Planimetrie

Peripherie- oder Umfangswinkel	Winkel, deren Scheitelpunkt ein Punkt der Kreisperipherie ist und deren Schenkel Sekanten des Kreises sind
Zentri- oder Mittelpunktswinkel	Winkel, deren Scheitelpunkt der Kreismittelpunkt ist

Kreisumfang

Radius r, Durchmesser $d = 2\,r$ $\qquad u = 2\pi r = \pi d$

Kreisfläche

Radius r, Durchmesser $d = 2\,r$

$$A = \pi r^2 = \frac{\pi}{4} d^2$$

Kreiszahl π

Verhältnis des Umfangs zum Durchmesser eines beliebigen Kreises

$\pi =$
3,141 592 653 5 …

Kreissektor (Kreisausschnitt)

Der Teil der Fläche eines Kreises, der von den Schenkeln eines Zentriwinkels und dem zugehörigen Kreisbogen begrenzt wird; Kreisradius r, Zentriwinkel α, Länge l_α des Kreisbogens, Fläche A_α des Kreissektors

$$l_\alpha = \frac{\alpha}{180°}\pi r,$$

$$A_\alpha = \frac{\alpha}{360°}\pi r^2 = \frac{1}{2} r\, l_\alpha$$

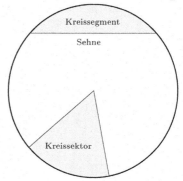

Kreissektor und Kreissegment

Kreissegment (Kreisabschnitt)

Der Teil der Fläche eines Kreises, der von einer Sehne $\overline{AB}$ und einem der zugehörigen Kreisbögen $\overparen{AB}$ oder $\overparen{BA}$ begrenzt wird; Kreisradius r, Zentriwinkel α, Länge s der zugehörigen Sehne, Höhe h des Kreissegments, Länge l_α des Kreisbogens, Fläche A_α des Kreissegments

$$l_\alpha = \frac{\alpha}{180°}\pi r,$$

$$A_\alpha = \frac{1}{2}[r\, l_\alpha - s\,(r - h)]$$

Kreise und Geraden

Ein Kreis und eine Gerade können drei grundsätzlich verschiedene Lagen zueinander haben: Die Gerade ist eine Passante, eine Tangente oder eine Sekante für den Kreis.

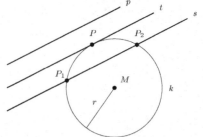

Sekante s, Tangente t, Passante p und Kreis k

Winkelsätze am Kreis	Alle Peripheriewinkel über der gleichen Sehne sind gleich groß. Jeder Peripheriewinkel über dem Durchmesser ist ein rechter Winkel (Satz von Thales). Jeder Peripheriewinkel ist halb so groß wie der Zentriwinkel über dem gleichen Kreisbogen (über der gleichen Sehne). Jeder Peripheriewinkel ist genauso groß wie der Sehnentangentenwinkel (Winkel zwischen Sehne und Tangente an den Kreis durch einen der Endpunkte der Sehne).
Sehnensatz	Schneiden sich in einem Kreis zwei Sehnen, so ist das Produkt der Längen der Abschnitte der einen Sehne gleich dem Produkt der Längen der Abschnitte der anderen Sehne.
Sekantensatz	Schneiden sich zwei Sekanten eines Kreises außerhalb des Kreises, so ist das Produkt der Längen der Abschnitte vom Sekantenschnittpunkt bis zu den Schnittpunkten von Kreis und Sekante für beide Sekanten gleich.
Sekantentangentensatz	Geht eine Sekante eines Kreises durch einen festen Punkt außerhalb des Kreises, und legt man durch diesen Punkt die Tangente an den Kreis, dann ist das Produkt der Längen der Abschnitte von diesem Punkt bis zu den Schnittpunkten von Kreis und Sekante gleich dem Quadrat der Länge des Abschnitts der Tangente von diesem Punkt bis zu dem Berührpunkt von Kreis und Tangente.

Bogenmaß

Neben dem Gradmaß gibt es das Bogenmaß zur Winkelmessung. Beim Bogenmaß wird die Größe eines Zentriwinkels α in einem beliebigen Kreis durch das Verhältnis des zugehörigen Kreisbogens b zum Radius r des Kreises angegeben. Der Quotient b/r heißt Bogenmaß des Winkels α. Die Einheit des Bogenmaßes ist der Radiant (rad). Man schreibt arc α (Arcus α) für das Bogenmaß des Winkels α.

$$\text{arc}\,\alpha = \frac{b}{r}$$

$$2\,\pi\,\text{rad} = 360°$$

$$1\,\text{rad} = \frac{360°}{2\pi} \approx 57{,}2958°$$

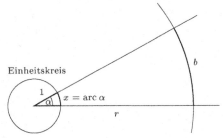

Gradmaß (α) und Bogenmaß (x = arc α) eines Winkels

3.8 Symmetrie

Punktsymmetrie (Zentralsymmetrie)

Eine ebene Figur F heißt punkt- oder zentralsymmetrisch, wenn sich in ihrer Ebene ein Punkt P angeben lässt, so dass F durch eine Spiegelung an P in sich übergeführt wird. Der Punkt P heißt Symmetriezentrum.

Achsensymmetrie (Axialsymmetrie)

Eine ebene Figur F heißt achsen- oder axialsymmetrisch, wenn sich in ihrer Ebene eine Gerade g angeben lässt, so dass F durch eine Spiegelung an g in sich übergeführt wird. Die Gerade g heißt Symmetrieachse.

3.9 Ähnlichkeit

Zentrische Streckung

Abbildung, bei der für jedes Element Bild Q und Urbild P auf einem Strahl durch einen festen Punkt Z, dem Zentrum, liegen und für jedes Element das Verhältnis der Länge der Strecke vom Bild zum Zentrum zu der Länge der Strecke vom Urbild zum Zentrum konstant ist.

$$\frac{|\overline{ZQ}|}{|\overline{ZP}|} = k$$

(k konstant)

Erster Strahlensatz

Werden zwei Strahlen mit gleichem Anfangspunkt (Zentrum) von Parallelen geschnitten, so verhalten sich die Längen der Abschnitte eines Strahls wie die Längen entsprechender Abschnitte des anderen Strahls.

$a_1 : a_2 = b_1 : b_2$

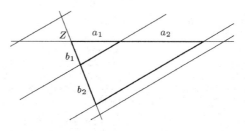

Erster Strahlensatz: $a_1 : a_2 = b_1 : b_2$

Zweiter Strahlensatz

Werden zwei Strahlen mit gleichem Anfangspunkt von Parallelen geschnitten, so verhalten sich die Längen der zwischen den Strahlen liegenden Abschnitte wie die Längen der zugehörigen vom Anfangspunkt aus gemessenen Abschnitte auf den Strahlen.

$c_1 : c_3 = a_1 : a_3$

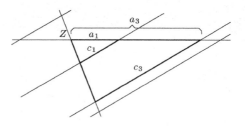

Zweiter Strahlensatz: $c_1 : c_3 = a_1 : a_3$

Ähnliche Figuren

Geometrische Figuren heißen ähnlich, wenn sie nach geeigneter Parallelverschiebung, Drehung, Spiegelung durch zentrische Streckung zur Deckung gebracht werden können.
Beispiele: Zwei Quadrate mit beliebigen Seitenlängen, zwei Kreise mit beliebigen Radien und beliebigen Mittelpunkten, zwei gleichseitige Dreiecke mit beliebigen Seitenlängen

4 Stereometrie

4.1 Prismen

Allgemeines Prisma

Gleitet eine Gerade, ohne ihre Richtung zu ändern, im Raum an den Begrenzungslinien eines ebenen n-Ecks (n = 3, 4, …) entlang, so beschreibt sie eine prismatische Fläche. Schneiden zwei parallele Ebenen die prismatische Fläche, dann schließen sie zusammen mit dem zwischen ihnen liegenden Abschnitt der prismatischen Fläche einen Teil des Raums vollständig ein. Ein solcher Körper heißt Prisma oder genauer n-seitiges Prisma. Die Schnitte der Ebenen mit der prismatischen Fläche sind kongruente n-Ecke. Diese n-Ecke heißen Grundfläche und Deckfläche des Prismas. Die Seitenflächen des Prismas heißen Mantelflächen. Die Kanten der Seitenflächen heißen Mantellinien. Die Mantelflächen sind Parallelogramme.
Gleitet die Gerade senkrecht zur Ebene der Grundfläche, dann heißt das Prisma gerade.

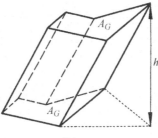

Prisma

Volumen Prisma: $V = A_G \cdot h$ (A_G = Grundfläche)
Oberfläche Prisma: $A_O = A_M + 2\,A_G$ (A_M = Summe der Mantelflächen)

**Parallelepiped
(Parallelflach, Spat)**

Prisma mit einem Parallelogramm als Grundfläche.

Quader

Gerades Prisma mit einem Rechteck als Grundfläche

Quadratische Säule

Quader mit einem Quadrat als Grundfläche

Würfel

Quader mit lauter gleich langen Kanten

4.2 Zylinder

Allgemeiner Zylinder

Wird eine Gerade (Erzeugende) im Raum längs einer ebenen geschlossenen Kurve (Leitkurve) parallel verschoben (also ohne ihre Richtung zu verändern), so entsteht eine Zylinderfläche. Ein Zylinder ist ein Körper, der von einer Zylinderfläche und zwei parallelen ebenen Flächenstücken begrenzt wird. Die ebenen Begrenzungsflächenstücke müssen nicht senkrecht auf der erzeugenden Gerade stehen.
Ein Zylinder ist ein Körper mit gleichbleibendem Querschnitt.

Der Teil der Zylinderfläche zwischen den parallelen Begrenzungs-
flächenstücken heißt Mantelfläche des Zylinders, die parallelen
Flächenstücke sind Grund- und Deckfläche des Zylinders.
Grundfläche und Deckfläche sind zueinander kongruent. Die zwischen
den Flächenstücken liegenden Strecken der Erzeugenden heißen
Mantellinien, sie sind alle parallel und gleich lang. Der senkrechte
Abstand zwischen Grund- und Deckfläche ist die Höhe des Zylinders.
Prismen sind spezielle Zylinder, nämlich solche mit n-Ecken als
Grundfläche.
Ein Zylinder heißt gerade, wenn die Mantellinien senkrecht auf Grund-
und Deckfläche stehen. Ein nicht gerader Zylinder heißt schiefer
Zylinder. Ein Zylinder mit einer Kreisfläche als Grundfläche heißt
Kreiszylinder.

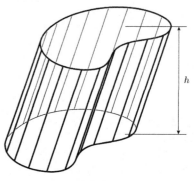

Zylinder

Volumen Zylinder: $V = A_G \cdot h$ (A_G = Grundfläche)
Oberfläche Zylinder: $A_0 = A_M + 2\,A_G$ (A_M = Mantelfläche)

Gerader Kreiszylinder

Zylinder mit senkrecht auf Grund- und Deckfläche stehenden
Mantellinien und mit einer Kreisfläche als Grundfläche

Hohlzylinder

Gerader Kreiszylinder (Kreis mit Radius R), aus dem ein kleinerer
gerader Kreiszylinder (konzentrischer Kreis mit Radius r, $r < R$)
ausgeschnitten ist

4.3 Pyramiden

Allgemeine Pyramide

Gleitet ein von einem festen Punkt S des Raums ausgehender Strahl
an den Begrenzungslinien eines ebenen n-Ecks ($n = 3,4, \ldots$) entlang,
in dessen Ebene der Anfangspunkt S des Strahls nicht liegt, so
beschreibt der gleitende Strahl eine Pyramidenfläche. Eine Pyramide
ist der Körper, der von dem n-Eck und dem zwischen ihm und dem
Punkt S liegenden Abschnitt der Pyramidenfläche begrenzt wird. Das
n-Eck heißt Grundfläche, der Punkt S Spitze, der zum Körper
gehörende Teil der Pyramidenfläche ist die Mantelfläche der
Pyramide. Die Kanten der Grundfläche heißen Grundkanten, die
Kanten der Mantelfläche Seitenkanten, und die ebenen Flächen der
Mantelfläche sind die Seitenflächen. Der Abstand der Spitze S von der
Ebene der Grundfläche ist die Höhe der Pyramide. Alle Seitenflächen
einer Pyramide sind Dreiecke.
Ist das n-Eck ein reguläres n-Eck, dann heißt die Pyramide reguläre
(n-seitige) Pyramide.

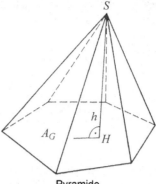

Pyramide

Volumen Pyramide: $V = \frac{1}{3} A_G \cdot h$ (A_G = Grundfläche)

Oberfläche Pyramide: $A_O = A_M + A_G$ (A_M = Mantelfläche)

Gerade quadratische Pyramide

Pyramide mit Quadrat als Grundfläche und Spitze senkrecht über dem Mittelpunkt des Quadrats

4.4 Kegel

Allgemeiner Kegel

Wird eine Gerade (Erzeugende) im Raum längs einer ebenen geschlossenen Kurve (Leitkurve) so bewegt, dass sie durch einen festen Punkt, die Spitze S, geht, so entsteht eine Kegelfläche. Ein Kegel ist ein Körper, der von einer Kegelfläche und einem nicht durch deren Spitze gehenden ebenen Flächenstück begrenzt wird.
Der Teil der Kegelfläche zwischen dem ebenen Flächenstück und der Spitze heißt Mantelfläche, das ebene Flächenstück Grundfläche des Kegels. Die zwischen Grundfläche und Spitze liegenden Strecken der Erzeugenden heißen Mantellinien. Der senkrechte Abstand der Spitze zur Ebene der Grundfläche ist die Höhe des Kegels.
Pyramiden sind spezielle Kegel, nämlich Kegel mit n-Ecken als Grundfläche.
Hat die Grundfläche einen Mittelpunkt (wie Kreis oder Ellipse) und liegt die Spitze senkrecht über diesem Mittelpunkt, so heißt der Kegel gerade, andernfalls schief. Ein Kegel mit einer Kreisfläche als Grundfläche heißt Kreiskegel.

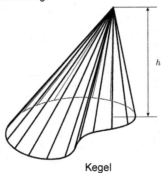

Kegel

Volumen Pyramide: $V = \frac{1}{3} A_G \cdot h$ (A_G = Grundfläche)

Oberfläche Pyramide: $A_O = A_M + A_G$ (A_M = Mantelfläche)

Gerader Kreiskegel	Kegel mit einer Kreisfläche als Grundfläche und der Spitze S senkrecht über dem Kreismittelpunkt

4.5 Cavalierisches Prinzip

Cavalierisches Prinzip

Körper mit inhaltsgleichem Querschnitt in gleichen Höhen haben gleiches Volumen.
Beispiele: Prismen und Zylinder sowie Pyramiden und Kegel mit gleicher Grundfläche und gleicher Höhe

4.6 Polyeder

Polyeder

Ein Körper, der von lauter Ebenen begrenzt wird.
Die Begrenzungsebenen sind die Flächen des Polyeders. Schnittlinien von Flächen heißen Kanten. Die Kanten schneiden sich in den Ecken des Polyeders.
Polyeder sind die dreidimensionale Verallgemeinerung von Polygonen: Ein Polygon wird von lauter Geraden begrenzt.

Konvexes Polyeder

Polyeder mit der Eigenschaft, dass mit zwei beliebigen Punkten die gesamte Verbindungsstrecke der Punkte zum Polyeder gehört.
Beispiele: Prismen und Pyramiden mit konvexer Grundfläche

Eulerscher Polyedersatz

Gilt für konvexe Polyeder, wobei e die Anzahl der Ecken, k die Anzahl der Kanten und f die Anzahl der Flächen sind

$$e + f = k + 2$$

Platonische Körper (konvexe reguläre Polyeder)

Konvexe Polyeder, bei denen in jeder Ecke gleich viele Flächen zusammenstoßen und alle Flächen kongruente reguläre (regelmäßige) n-Ecke sind.
Es gibt genau fünf verschiedene platonische Körper: Tetraeder, Würfel (Hexaeder), Oktaeder, Dodekaeder und Ikosaeder.

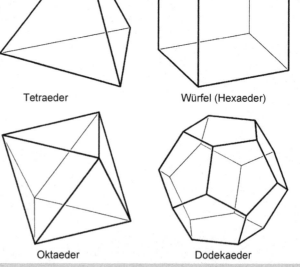

Tetraeder	Würfel (Hexaeder)
Oktaeder	Dodekaeder

Ikosaeder

4.7 Kugeln

Kugel

Geometrischer Ort aller Punkte des Raumes, die von einem festen Punkt M einen konstanten Abstand r haben; M heißt Mittelpunkt, r Radius der Kugel

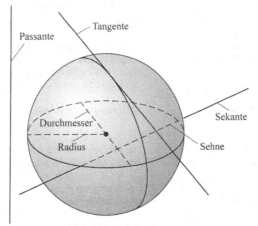

Bezeichnungen an der Kugel

Kugelvolumen	Radius r, Durchmesser d	$V = \frac{4}{3}\pi r^3 = \frac{\pi}{6}d^3$
Kugeloberfläche	Radius r, Durchmesser d	$A_O = 4\pi r^2 = \pi d^2$
Kugelsegment (Kugelabschnitt)	Der durch eine Ebene abgeschnittene Teil einer Kugel; Kugelradius r, Radius ρ des von der Ebene ausgeschnittenen Kreises, Höhe h des Kugelsegments, Volumen V des Kugelsegments, Oberfläche A_O des Kugelsegments	$\rho = \sqrt{h\sqrt{2r-h}}$, $V = \frac{1}{6}\pi h(3\rho^2 + h^2) = \frac{1}{3}\pi h^2(3r - h)$, $A_O = 2\pi rh + \pi\rho^2 = \pi(2rh + \rho^2)$
Kugelkappe	Mantelfläche eines Kugelsegments	Flächeninhalt Kugelkappe: $A = 2\pi rh$
Kugelsektor (Kugelausschnitt)	Einem Kugelsegment ist ein Kegel zugeordnet, dessen Grundfläche der Schnittkreis des Kugelsegments und dessen Spitze der Kugelmittelpunkt ist. Der Gesamtkörper aus Kugelsegment und zugeordnetem Kegel heißt Kugelsektor (Kugelausschnitt). Volumen V des Kugelsektors, Oberfläche A_O des Kugelsektors	$V = \frac{2}{3}\pi r^2 h$, $A_O = \pi r(2h + \rho)$

5 Funktionen

5.1 Definition und Darstellungen

Funktion

Zuordnung, die jeder Zahl x einer gegebenen Zahlenmenge D eine Zahl y einer Zahlenmenge W zuordnet. $\quad$ $y = f(x)$ oder $x \rightarrow f(x)$
Die Zuordnung ist eindeutig, das heißt, jeder Zahl x wird genau eine Zahl y zugeordnet.
Eine Funktion besteht aus drei Teilen: der Zuordnungsvorschrift f, dem Definitionsbereich D und dem Wertebereich W.
Die Menge der Bilder ist die Bildmenge $f(D)$ mit $f(D) \subseteq W \subseteq \mathbb{R}$, ihre Elemente sind die Funktionswerte.
Zwei Funktionen sind genau dann gleich, wenn sowohl die Zuordnungsvorschriften als auch die Definitionsbereiche als auch die Wertebereiche übereinstimmen.

Funktionsgleichung (explizite Darstellung)

Die Zuordnungsvorschrift für eine Funktion ist im Regelfall eine Gleichung, die Funktionsgleichung. $\quad$ $y = f(x),$ $f : D \rightarrow W$
Dabei heißt x unabhängige Variable oder Argument der Funktion und y abhängige Variable.

Funktionsgleichung (implizite Darstellung)

Gleichung muss eindeutig nach y auflösbar sein $\quad$ $F(x, y) = 0$

Funktionsgleichung (Parameterdarstellung)

Die Werte von x und y werden als Funktion einer Hilfsvariablen t (Parameter) angegeben. $\quad$ $x = \varphi(t),$ $y = \psi(t)$

Graph (Schaubild, Kurve) einer Funktion

Zeichnung der Funktion; die geordneten Zahlenpaare $(x, y) = (x, f(x))$ (Reihenfolge!) mit $x \in D$ werden in ein Koordinatenkreuz eingetragen. In einem kartesischen Koordinatensystem ist die waagerechte Achse die x-Achse oder Abszissenachse, die senkrechte Achse ist die y-Achse oder Ordinatenachse. Die Zahl x ist die Abszisse und y die Ordinate eines Punktes $(x \mid y)$ mit den Koordinaten x und y.

Wertetabelle

Eintragung geordneter Zahlenpaare $(x, y) = (x, f(x))$ in eine Tabelle für ausgewählte Argumente x (Elemente des Definitionsbereichs D)

5.2 Verhalten von Funktionen

Monotone Funktion

Eine Funktion mit der Gleichung $y = f(x)$ heißt in einem bestimmten Bereich $B \subseteq D$
monoton wachsend, wenn aus $x_1 < x_2$ stets $f(x_1) \leq f(x_2)$ folgt,
streng monoton wachsend, wenn aus $x_1 < x_2$ stets $f(x_1) < f(x_2)$ folgt,
monoton fallend, wenn aus $x_1 < x_2$ stets $f(x_1) \geq f(x_2)$ folgt,
streng monoton fallend, wenn aus $x_1 < x_2$ stets $f(x_1) > f(x_2)$ folgt
(x_1, x_2 beliebige Punkte aus B).

Symmetrische Funktion

Funktion, deren Graph symmetrisch zur y-Achse (für die Funktionsgleichung $y = f(x)$ gilt $f(x) = f(-x)$ für alle $x \in D$, so genannte gerade Funktion) oder symmetrisch zum Koordinatenursprung (für die Funktionsgleichung gilt $f(-x) = -f(x)$ für alle $x \in D$, so genannte ungerade Funktion) ist.

Beschränkte Funktion	Funktion, die sowohl nach oben (die Funktionswerte übertreffen eine bestimmte Zahl $b \in \mathbb{R}$ nicht) als auch nach unten (die Funktionswerte unterschreiten eine bestimmte Zahl $a \in \mathbb{R}$ nicht) beschränkt ist	$a \leq f(x) \leq b$ für alle $x \in D$
Injektive Funktion	Zu verschiedenen Argumenten gehören stets verschiedene Bilder.	$x_1 \neq x_2 \Rightarrow$ $f(x_1) \neq f(x_2)$
Surjektive Funktion	Funktion, deren Bildmenge gleich dem Wertebereich ist	$f(D) = W$
Bijektive Funktion	Funktion, die sowohl injektiv als auch surjektiv ist. Die Bildmenge ist gleich dem Wertebereich, jedes Bild besitzt genau ein Urbild.	
Periodische Funktion	Funktion, deren Funktionsgleichung die Bedingung $f(x + T) = f(x)$ erfüllt, wobei T eine Konstante (feste reelle Zahl) ist. Das kleinste positive T mit dieser Eigenschaft ist die Periode, der absolut größte Funktionswert die Amplitude der Funktion.	$f(x + T) = f(x)$ (T konstant)
Umkehrfunktion (inverse Funktion)	Funktion, die durch Vertauschen von x und y aus einer bijektiven Funktion $y = f(x)$ entsteht. Der Graph der Umkehrfunktion entsteht durch Spiegelung des Graphen der bijektiven Funktion an der Winkelhalbierenden $y = x$.	$y = f^{-1}(x)$, $f^{-1} : W \to D$
Reelle Funktion	Funktion einer reellen unabhängigen Variablen, deren Definitions- und Wertebereich nur reelle Zahlen enthalten	
Komplexe Funktion	Funktion, deren unabhängige Variable eine komplexe Zahl z ist	$w = f(z)$

5.3 Einteilung der elementaren Funktionen

Elementare Funktion	Funktion, deren Funktionsgleichung durch einen geschlossenen analytischen Ausdruck dargestellt werden kann. Elementare Funktionen sind durch Formeln definiert, die nur endlich viele mathematische Operationen mit der unabhängigen Variablen x und den Koeffizienten enthalten. Man teilt die elementaren Funktionen in algebraische Funktionen und transzendente Funktionen ein.	
Algebraische Funktion	Funktion, deren Funktionsgleichung durch eine algebraische Gleichung dargestellt werden kann. ($p_0, p_1, \ldots, p_n$ sind Polynome in x beliebigen Grades.)	$p_0(x) + p_1(x)\,y +$ $p_2(x)\,y^2 + \ldots +$ $p_n(x)\,y^n = 0$
Transzendente Funktion	Elementare Funktion, die nicht algebraisch ist	
Rationale Funktion	Algebraische Funktion, für die die Funktionsgleichung $y = f(x)$ als eine explizite Formel angegeben werden kann, in der auf die unabhängige Variable x nur endlich viele rationale Rechenoperationen (Addition, Subtraktion, Multiplikation und Division) angewandt werden. Bei einer rationalen Funktion ist $f(x)$ ein Polynom (dann ist $y = f(x)$ eine ganze rationale Funktion) oder ein Quotient aus Polynomen (dann heißt $y = f(x)$ eine gebrochene rationale Funktion).	

Mathematik
Funktionen

Irrationale Funktion	Algebraische Funktion, die nicht rational ist	
Ganze rationale Funktion	Funktion mit nebenstehender Gleichung ($a_0, a_1, a_2, \ldots, a_{n-1}, a_n \in \mathbb{R}, a_n \neq 0, n \in \mathbb{N}, n \geq 0$). Ist n der Grad des Polynoms, so nennt man die Funktion ganze rationale Funktion n-ten Grades.	$y = a_n x^n + a_{n-1} x^{n-1} + \ldots + a_2 x^2 + a_1 x + a_0 = \displaystyle\sum_{k=0}^{n} a_k x^k$
Konstante Funktion	Ganze rationale Funktion vom Grad 0	$y = a_0$
Lineare Funktion	Ganze rationale Funktion vom Grad 1	$y = a_1 x + a_0$
Quadratische Funktion	Ganze rationale Funktion vom Grad 2	$y = a_2 x^2 + a_1 x + a_0$
Kubische Funktion	Ganze rationale Funktion vom Grad 3	$y = a_3 x^3 + a_2 x^2 + a_1 x + a_0$
Gebrochene rationale Funktion	Funktion mit nebenstehender Gleichung ($a_0, a_1, \ldots, a_n, b_0, b_1, \ldots, b_m \in \mathbb{R}, a_n, b_m \neq 0, n \in \mathbb{Z}, n \geq 0, m \in \mathbb{Z}$). Für $n < m$ heißt die Funktion echt gebrochene rationale Funktion, für $n > m$ heißt sie unecht gebrochene rationale Funktion.	$y = \dfrac{\displaystyle\sum_{i=0}^{n} a_i x^i}{\displaystyle\sum_{k=0}^{m} b_k x^k}$
Gebrochene lineare Funktion	Gebrochene rationale Funktion mit $n = 1$ und $m = 1$	$y = \dfrac{a_1 x + a_0}{b_1 x + b_0}$

5.4 Ganze rationale Funktionen

Konstante Funktion	Der Graph einer konstanten Funktion ist eine Parallele zur x-Achse, und zwar im Abstand n.	$y = f(x) = n$ ($n \in \mathbb{R}$)
Lineare Funktion	Der Graph einer linearen Funktion ist eine Gerade mit der Steigung m und dem Achsenabschnitt n auf der y-Achse.	$y = f(x) = mx + n$ ($m, n \in \mathbb{R}, m \neq 0$)
Proportionalfunktion	Lineare Funktion mit $n = 0$	$y = mx$ ($m \in \mathbb{R}, m \neq 0$)
Quadratische Funktion	Der Graph einer quadratischen Funktion ist eine Parabel. Für spezielle Koeffizienten a_2, a_1, a_0 in der Funktionsgleichung erhält man spezielle Parabeln.	$y = f(x) = a_2 x^2 + a_1 x + a_0$ ($a_2, a_1, a_0 \in \mathbb{R}, a_2 \neq 0$)
Normalparabel	Der Punkt $S(0\|0)$ ist der Scheitelpunkt der Normalparabel, sie ist symmetrisch zur y-Achse und nach oben geöffnet.	$y = x^2$

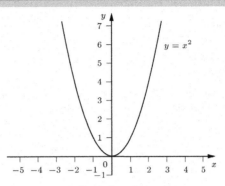

Normalparabel

Verschobene Normalparabel

Eine verschobene Normalparabel hat dieselbe Form wie die Normalparabel, der Scheitelpunkt liegt jedoch im Punkt $S\left(-\dfrac{a_1}{2}\middle|a_0 - \dfrac{a_1^2}{4}\right)$

$y = x^2 + a_1 x + a_0$

Gespiegelte Normalparabel

Spiegelung der Normalparabel an der x-Achse

$y = -x^2$

Gespiegelte verschobene Normalparabel

Eine gespiegelte verschobene Normalparabel hat dieselbe Form wie die Normalparabel, der Scheitelpunkt liegt im Punkt $S\left(\dfrac{a_1}{2}\middle|a_0 + \dfrac{a_1^2}{4}\right)$, sie ist nach unten geöffnet.

$y = -x^2 + a_1 x + a_0$

Allgemeine Parabel

Für $a_2 > 0$ ist die Parabel nach oben, für $a_2 < 0$ nach unten geöffnet. Für $|a_2| > 1$ ist die Parabel im Vergleich zur Normalparabel gestreckt und für $|a_2| < 1$ gestaucht. Der Scheitelpunkt ist

$S(x_S|y_S) = S\left(-\dfrac{a_1}{2a_2}\middle|a_0 - \dfrac{a_1^2}{4a_2}\right)$.

Der Wert $D = a_1^2 - 4a_2 a_0$ heißt Diskriminante der quadratischen Funktion $y = a_2 x^2 + a_1 x + a_0$. Gilt $D > 0$, so hat die zugehörige Parabel zwei Schnittpunkte mit der x-Achse. Für $D = 0$ gibt es einen Schnittpunkt (der Schnittpunkt ist dann ein Berührpunkt), für $D < 0$ gibt es keinen Schnittpunkt mit der x-Achse.

$y = a_2 x^2 + a_1 x + a_0$

Scheitelform der quadratischen Funktion

$x_S = -\dfrac{a_1}{2a_2}, \; y_S = a_0 - \dfrac{a_1^2}{4a_2}$

$y - y_S = a_2(x - x_S)^2$

Kubische Funktion

Der Graph einer kubischen Funktion ist eine kubische Parabel. Das Verhalten der Funktion hängt wesentlich von dem Koeffizienten a_3 und der Diskriminante $D = 3a_3 a_1 - a_2^2$ ab. Wenn $D \geq 0$ ist, dann ist die Funktion für $a_3 > 0$ monoton wachsend und für $a_3 < 0$ monoton fallend. Für $D < 0$ besitzt die Funktion ein Maximum und ein Minimum.

$y = f(x) = a_3 x^3 + a_2 x^2 + a_1 x + a_0$
$(a_3, a_2, a_1, a_0 \in \mathbb{R}, \; a_3 \neq 0)$

Mathematik
Funktionen

Kubische Normalparabel	$a_3 = 1$, $a_2 = 0$, $a_1 = 0$, $a_0 = 0$	$y = x^3$
Gespiegelte kubische Normalparabel	$a_3 = -1$, $a_2 = 0$, $a_1 = 0$, $a_0 = 0$	$y = -x^3$

Ganze rationale Funktion n-ten Grades

Der Graph einer ganzen rationalen Funktion n-ten Grades ist eine zusammenhängende Kurve, die von links aus dem Unendlichen kommt und nach rechts im Unendlichen verschwindet. Dabei hängt der Kurvenverlauf vom Grad n der Funktion und vom Vorzeichen von a_n ab.

$$y = a_n x^n + a_{n-1} x^{n-1} + \ldots + a_2 x^2 + a_1 x + a_0$$
$$= \sum_{k=0}^{n} a_k x^k$$

$(a_0, a_1, a_2, \ldots, a_{n-1}, a_n \in \mathbb{R}, a_n \neq 0, n \in \mathbb{N})$

Potenzfunktion

Die Graphen der Potenzfunktionen heißen für $n \geq 2$ Parabeln n-ter Ordnung.
Die Kurve der Funktion $y = a x^n$ ist im Vergleich zur Kurve der Funktion $y = x^n$ für $|a| < 1$ gestaucht, für $|a| > 1$ gestreckt und für $a < 0$ an der x-Achse gespiegelt.

$y = a x^n$
$(n \in \mathbb{N}, a \in \mathbb{R}, a \neq 0)$

5.5 Gebrochene rationale Funktionen

Gebrochene rationale Funktion

Eine gebrochene rationale Funktion $y = f(x)$ kann immer als Quotient zweier ganzer rationaler Funktionen dargestellt werden (sowohl Zähler als auch Nenner sind Polynome in x).

$$y = \frac{\sum_{i=0}^{n} a_i x^i}{\sum_{k=0}^{m} b_k x^k}$$
$$= \frac{P_n(x)}{P_m(x)}$$

Nullstelle

Eine Zahl x_0 ist eine Nullstelle von $y = f(x) = \dfrac{P_n(x)}{P_m(x)} = \dfrac{P(x)}{Q(x)}$,

wenn $P(x_0) = 0$, $Q(x_0) \neq 0$ ist.

Pol

Eine Stelle $x = x_p$ heißt ein Pol der Funktion $y = \dfrac{P(x)}{Q(x)}$,

wenn $Q(x_p) = 0$, $P(x_p) \neq 0$ ist.
Ist $x = x_p$ eine k-fache Nullstelle des Nenners $Q(x)$ und gilt $P(x_p) \neq 0$,

dann heißt x_p ein Pol k-ter Ordnung von $y = \dfrac{P(x)}{Q(x)}$.

Normalform einer gebrochenen rationalen Funktion

Zwei Polynome $P(x)$ und $Q(x)$ heißen teilerfremd, wenn alle ihre Nullstellen verschieden sind.
Jede gebrochene rationale Funktion lässt sich als Quotient zweier teilerfremder Polynome darstellen.

$y = \dfrac{P(x)}{Q(x)}$,

$P(x)$ und $Q(x)$ teilerfremd

Partialbruchzerlegung	Zerlegung einer gebrochenen rationalen Funktion $y = f(x) = \dfrac{P_n(x)}{P_m(x)}$
	in eine Summe von Brüchen

5.6 Irrationale Funktionen

Irrationale Funktion	Algebraische Funktion, die nicht rational ist
Wurzelfunktion	Eine Wurzelfunktion ist streng monoton wachsend und für ungerade n eine ungerade Funktion. $y = \sqrt[n]{x}$ $(n \in \mathbb{N}, n \geq 2)$

Kurvenverlauf von Wurzelfunktionen

$$n \in \mathbb{N}, n \geq 2:$$
$$n \text{ ungerade } (n = 3, 5, 7, \ldots):$$

$$x \to +\infty \Rightarrow y \to +\infty$$
$$x \to -\infty \Rightarrow y \to -\infty$$

5.7 Transzendente Funktionen

Transzendente Funktion	Elementare Funktion, die nicht algebraisch ist

Exponentialfunktion

Für $a > 1$ ist die Funktion $y = a^x$ streng monoton wachsend mit $y \to 0$ für $x \to -\infty$ und $y \to \infty$ für $x \to \infty$. $y = a^x,$ $a \in \mathbb{R}^+$

Für $0 < a < 1$ ist die Funktion $y = a^x$ streng monoton fallend mit $y \to \infty$ für $x \to -\infty$ und $y \to 0$ für $x \to \infty$.

Der Graph der Funktion nähert sich um so schneller der x-Achse, je größer $|\ln a|$ ist, für $a > 1$ also je größer a ist und für $a < 1$ je kleiner a ist.

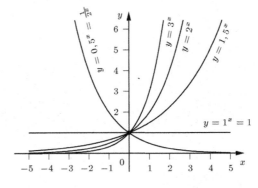

Graphen von Exponentialfunktionen

Mathematik
Funktionen

Logarithmusfunktion

Für $a > 1$ ist die Funktion $y = \log_a x$ streng monoton wachsend mit $y \to \infty$ für $x \to \infty$ und $y \to -\infty$ für $x \to 0$, $x > 0$. Für $x > 1$ gilt $\log_a x > 0$, für $x = 1$ gilt $\log_a 1 = 0$, und für x mit $0 < x < 1$ gilt $\log_a x < 0$.
Für $0 < a < 1$ ist die Funktion $y = \log_a x$ streng monoton fallend mit $y \to -\infty$ für $x \to \infty$ und $y \to \infty$ für $x \to 0$, $x > 0$. Für $x > 1$ gilt $\log_a x < 0$, für $x = 1$ gilt $\log_a 1 = 0$, und für x mit $0 < x < 1$ gilt $\log_a x > 0$.
Der Graph der Funktion nähert sich für alle a um so schneller der y-Achse, je größer $|\ln a|$ ist, für $a > 1$ also je größer a ist und für $a < 1$ je kleiner a ist.

$y = \log_a x$,
$a \in \mathbb{R}^+$, $a \neq 1$

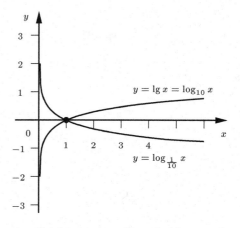

Graphen von Logarithmusfunktionen

6 Trigonometrie

6.1 Definition der trigonometrischen Funktionen

Hypotenuse, Katheten

In einem rechtwinkligen Dreieck ist die Hypotenuse die dem rechten Winkel gegenüberliegende Dreiecksseite, die beiden anderen Seiten (also die Schenkel des rechten Winkels) sind die Katheten.
Die Ankathete eines Winkels α in einem rechtwinkligen Dreieck ist die Kathete, die auf einem Schenkel von α liegt. Die andere Kathete heißt Gegenkathete von α.

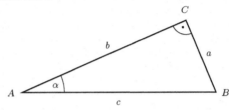

a Gegenkathete von α, *b* Ankathete von α, *c* Hypotenuse

Sinus

$$\sin \alpha = \frac{\text{Gegenkathete}}{\text{Hypotenuse}} \qquad\qquad \sin \alpha = \frac{a}{c}$$

Kosinus

$$\cos \alpha = \frac{\text{Ankathete}}{\text{Hypotenuse}} \qquad\qquad \cos \alpha = \frac{b}{c}$$

Tangens

$$\tan \alpha = \frac{\text{Gegenkathete}}{\text{Ankathete}} \qquad\qquad \tan \alpha = \frac{a}{b}$$

Kotangens

$$\cot \alpha = \frac{\text{Ankathete}}{\text{Gegenkathete}} \qquad\qquad \cot \alpha = \frac{b}{a}$$

Einige spezielle Werte der trigonometrischen Funktionen (auch Winkelfunktionen oder Kreisfunktionen oder goniometrische Funktionen genannt)

Gradmaß φ	0°	30°	45°	60°	90°
Bogenmaß b	0	$\frac{\pi}{6}$	$\frac{\pi}{4}$	$\frac{\pi}{3}$	$\frac{\pi}{2}$
sin	0	$\frac{1}{2}$	$\frac{\sqrt{2}}{2}$	$\frac{\sqrt{3}}{2}$	1
cos	1	$\frac{\sqrt{3}}{2}$	$\frac{\sqrt{2}}{2}$	$\frac{1}{2}$	0
tan	0	$\frac{\sqrt{3}}{2}$	1	$\sqrt{3}$	–
cot	–	$\sqrt{3}$	1	$\frac{\sqrt{3}}{2}$	0

Merkregel

Gradmaß φ	0°	30°	45°	60°	90°
sin φ	$\frac{1}{2}\sqrt{0}$	$\frac{1}{2}\sqrt{1}$	$\frac{1}{2}\sqrt{2}$	$\frac{1}{2}\sqrt{3}$	$\frac{1}{2}\sqrt{4}$

6.2 Trigonometrische Funktionen für beliebige Winkel

Definition der trigonometrischen Funktionen am Einheitskreis (Kreis mit dem Radius $r = 1$) für beliebige Winkel

Ist der Mittelpunkt des Einheitskreises der Koordinatenursprung O, dann legt ein beliebiger Punkt $P = P(x \mid y)$ einen Winkel α fest, nämlich den Winkel zwischen der x-Achse und der Geraden durch O und P. Dabei wird α in mathematisch positiver Richtung, also gegen den Uhrzeigersinn, gemessen.

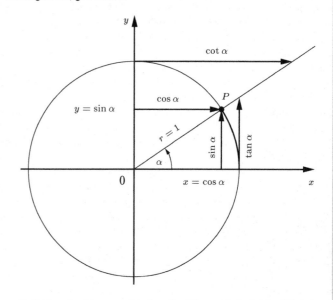

Definition der trigonometrischen Funktionen für beliebige Winkel

Mit den vorzeichenbehafteten Koordinaten x und y des Punktes P werden dann die trigonometrischen Funktionen definiert durch

Sinus: $\quad \sin \alpha = y$
Kosinus: $\quad \cos \alpha = x$
Tangens: $\quad \tan \alpha = \dfrac{y}{x}$
Kotangens: $\quad \cot \alpha = \dfrac{x}{y}$

Vorzeichen der trigonometrischen Funktionen in den einzelnen Quadranten

Quadrat	sin	cos	tan	cot
I	+	+	+	+
II	+	–	–	–
III	–	–	+	+
IV	–	+	–	–

6.3 Beziehungen für den gleichen Winkel

Umrechnungsformeln für beliebige Winkel α

$$\tan\alpha = \frac{\sin\alpha}{\cos\alpha} = \frac{1}{\cot\alpha} \qquad \cot\alpha = \frac{\cos\alpha}{\sin\alpha} = \frac{1}{\tan\alpha}$$

$$\sin^2\alpha + \cos^2\alpha = 1 \qquad \tan\alpha \cdot \cot\alpha = 1$$

$$1 + \tan^2\alpha = \frac{1}{\cos^2\alpha} \qquad 1 + \cot^2\alpha = \frac{1}{\sin^2\alpha}$$

Umrechnungsformeln für Winkel im ersten Quadranten, also für Winkel α mit $0° < \alpha < 90°$

	$\sin\alpha$	$\cos\alpha$	$\tan\alpha$	$\cot\alpha$
$\sin\alpha =$	$\sin\alpha$	$\sqrt{1-\cos^2\alpha}$	$\dfrac{\tan\alpha}{\sqrt{1+\tan^2\alpha}}$	$\dfrac{1}{\sqrt{1+\cot^2\alpha}}$
$\cos\alpha =$	$\sqrt{1-\sin^2\alpha}$	$\cos\alpha$	$\dfrac{1}{\sqrt{1+\tan^2\alpha}}$	$\dfrac{\cot\alpha}{\sqrt{1+\cot^2\alpha}}$
$\tan\alpha =$	$\dfrac{\sin\alpha}{\sqrt{1-\sin^2\alpha}}$	$\dfrac{\sqrt{1-\cos^2\alpha}}{\cos\alpha}$	$\tan\alpha$	$\dfrac{1}{\cot\alpha}$
$\cot\alpha =$	$\dfrac{\sqrt{1-\sin^2\alpha}}{\sin\alpha}$	$\dfrac{\cos\alpha}{\sqrt{1-\cos^2\alpha}}$	$\dfrac{1}{\tan\alpha}$	$\cot\alpha$

6.4 Graphen der trigonometrischen Funktionen

Sinuskurve, Kosinuskurve

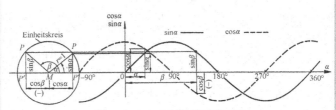

Sinuskurve und Kosinuskurve

Tangenskurve, Kotangenskurve

Tangenskurve und Kotangenskurve

6.5 Reduktionsformeln

Reduktionsformeln für beliebige ganze Zahlen k

$\sin(360° \cdot k + \alpha) = \sin\alpha$
$\cos(360° \cdot k + \alpha) = \cos\alpha$
$\tan(180° \cdot k + \alpha) = \tan\alpha$
$\cot(180° \cdot k + \alpha) = \cot\alpha$

Mathematik
Trigonometrie

Reduktionsformeln für negative Winkel	$\sin(-\alpha) = -\sin\alpha$ $\cos(-\alpha) = \cos\alpha$ $\tan(-\alpha) = -\tan\alpha$ $\cot(-\alpha) = -\cot\alpha$

Reduktionsformeln auf einen Winkel zwischen 0° und 90°

Funktion	$\beta = 90° \pm \alpha$	$\beta = 180° \pm \alpha$	$\beta = 270° \pm \alpha$	$\beta = 360° - \alpha$
$\sin\beta$	$+\cos\alpha$	$\mp\sin\alpha$	$-\cos\alpha$	$-\sin\alpha$
$\cos\beta$	$\mp\sin\alpha$	$-\cos\alpha$	$\pm\sin\alpha$	$+\cos\alpha$
$\tan\beta$	$\mp\cot\alpha$	$\pm\tan\alpha$	$\mp\cot\alpha$	$-\tan\alpha$
$\cot\beta$	$\mp\tan\alpha$	$\pm\cot\alpha$	$\mp\tan\alpha$	$-\cot\alpha$

6.6 Sinussatz und Kosinussatz

Sinussatz

In einem beliebigen Dreieck verhalten sich die Längen der Seiten wie die Sinuswerte der gegenüberliegenden Winkel.

$$\frac{\sin\alpha}{a} = \frac{\sin\beta}{b} = \frac{\sin\gamma}{c}$$

Kosinussatz

In einem beliebigen Dreieck ist das Quadrat einer Seitenlänge gleich der Summe der Quadrate der beiden anderen Seitenlängen minus dem doppelten Produkt der Längen dieser beiden anderen Seiten und dem Kosinus des von ihnen eingeschlossenen Winkels.

$a^2 = b^2 + c^2 - 2bc\cos\alpha,$
$b^2 = a^2 + c^2 - 2ac\cos\beta,$
$c^2 = a^2 + b^2 - 2ab\cos\gamma$

6.7 Arkusfunktionen

Arkusfunktionen (zyklometrische Funktionen, inverse trigonometrische Funktionen)

Umkehrfunktionen der trigonometrischen Funktionen

Definition

Der Definitionsbereich der entsprechenden trigonometrischen Funktion wird in Monotonieintervalle zerlegt, so dass für jedes Monotonieintervall eine Umkehrfunktion erhalten wird. Die Arkusfunktion wird entsprechend dem zugehörigen Monotonieintervall mit dem Index k gekennzeichnet.

Schreibweisen

Arkussinus $\qquad\qquad y = \text{arc}_k \sin x$
Arkuskosinus $\qquad\quad\; y = \text{arc}_k \cos x$
Arkustangens $\qquad\quad y = \text{arc}_k \tan x$
Arkuskotangens $\qquad y = \text{arc}_k \cot x$

**Definitions- und
Wertebereiche
der Arkusfunktionen**

Arkusfunktion	Definitionsbereich	Wertebereich	Gleichbedeutende trigonometrische Funktion
$y = \text{arc}_k \sin x$	$-1 \leq x \leq 1$	$k\pi - \dfrac{\pi}{2} \leq y \leq k\pi + \dfrac{\pi}{2}$	$x = \sin y$
$y = \text{arc}_k \cos x$	$-1 \leq x \leq 1$	$k\pi \leq y \leq (k+1)\,\pi$	$x = \cos y$
$y = \text{arc}_k \tan x$	$-\infty < x < \infty$	$k\pi - \dfrac{\pi}{2} < y < k\pi + \dfrac{\pi}{2}$	$x = \tan y$
$y = \text{arc}_k \cot x$	$-\infty < x < \infty$	$k\pi < y < (k+1)\,\pi$	$x = \cot y$

**Hauptwerte
der Arkusfunktionen
($k = 0$)**

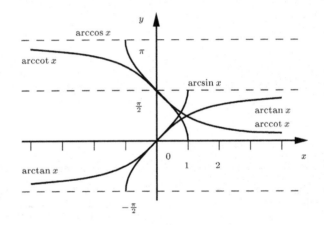

Hauptwerte der Arkusfunktionen

Die Hauptwerte schreibt man ohne den Index $k = 0$.

7 Analytische Geometrie

7.1 Koordinatensysteme

Kartesisches Koordinatensystem der Ebene

Die Koordinatenachsen stehen senkrecht aufeinander, die Achsen haben den gleichen Maßstab und bilden ein Rechtssystem. Ein beliebiger Punkt P der Ebene kann dann durch seine kartesischen Koordinaten beschrieben werden: $P(x\,|\,y)$ mit x als Abszisse und y als Ordinate.

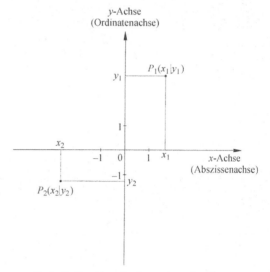

Kartesisches Koordinatensystem der Ebene

Polarkoordinatensystem der Ebene

Besteht aus einem festen Punkt, dem Pol O, und einer von ihm ausgehenden fest gewählten Achse, der Polarachse, auf der eine Orientierung und ein Maßstab festgelegt sind. Ein beliebiger Punkt P der Ebene lässt sich dann durch seine Polarkoordinaten beschreiben: $P(r\,|\,\varphi)$, wobei r der Abstand des Punktes P vom Pol O ist und φ der Winkel, den der Strahl vom Pol O durch den Punkt P mit der Polarachse bildet.

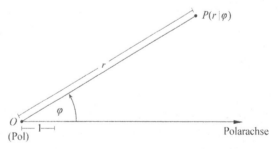

Polarkoordinatensystem der Ebene

Zusammenhang zwischen kartesischen und Polarkoordinaten der Ebene

$$x = r \cos \varphi, \qquad r = \sqrt{x^2 + y^2}$$

$$y = r \sin \varphi, \qquad \cos \varphi = \frac{x}{\sqrt{x^2 + y^2}}, \qquad \sin \varphi = \frac{y}{\sqrt{x^2 + y^2}}$$

Kartesisches Koordinatensystem des Raums	Die Koordinatenachsen sind drei paarweise aufeinander senkrecht stehende Geraden, die sich in einem Punkt, dem Koordinatenursprung, schneiden und ein Rechtssystem bilden. Auf allen drei Achsen sind die Maßstäbe gleich. Ein beliebiger Punkt P des Raums kann dann durch seine kartesischen Koordinaten beschrieben werden: $P(x\,|\,y\,|\,z)$, wobei x, y und z die senkrechten Projektionen des Punktes auf die drei Koordinatenachsen sind.

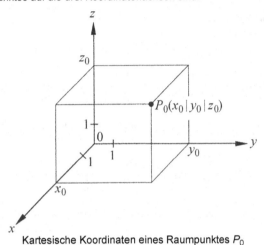

Kartesische Koordinaten eines Raumpunktes P_0

7.2 Geraden

Allgemeine Geradengleichung	$a \neq 0$ oder $b \neq 0$	$ax + by + c = 0$
Hauptform oder Normalform der Geradengleichung	Division der allgemeinen Geradengleichung durch $b \neq 0$; m heißt Steigung und n y-Achsenabschnitt der Gerade.	$y = mx + n$
Punktsteigungsform der Geradengleichung	Gerade mit Steigung m durch den Punkt $P_1 = P\,(x_1\,|\,y_1)$	$y = m\,(x - x_1) + y_1$
Zweipunkteform der Geradengleichung	Gerade durch die Punkte $P_1 = P\,(x_1\,|\,y_1)$ und $P_2 = P\,(x_2\,|\,y_2)$ mit $x_1 \neq x_2$	$y = \dfrac{y_2 - y_1}{x_2 - x_1}(x - x_1)$ $+ y_1$ oder $\dfrac{y - y_1}{x - x_1} = \dfrac{y_2 - y_1}{x_2 - x_1}$
Achsenabschnittsform der Geradengleichung	Gerade mit Achsenabschnitt x_0 auf der x-Achse und Achsenabschnitt y_0 auf der y-Achse mit $x_0 \neq 0$ und $y_0 \neq 0$ (die Gerade geht also durch die Punkte $P_1\,(x_0\,|\,0)$ und $P_2\,(0\,|\,y_0)$)	$\dfrac{x}{x_0} + \dfrac{y}{y_0} = 1$
Hessesche Normalform der Geradengleichung	Es ist $d \geq 0$ der Abstand des Koordinatenursprungs O von der Geraden g, also die Länge des Lotes von O auf die Gerade g (Fußpunkt F), und φ mit $0 \leq \varphi < 2\pi$ der Winkel zwischen der positiven x-Achse und dem Lot $\overline{OF}$.	$x \cos\varphi + y \sin\varphi$ $- d = 0$

Mathematik
Analytische Geometrie

7.3 Kreise

Kreisgleichung — Kreismittelpunkt im Ursprung, Radius r — $x^2 + y^2 = r^2$

Mittelpunktsform oder Hauptform der Kreisgleichung — Mittelpunkt $M = M(x_m \mid y_m)$, Radius r — $(x - x_m)^2 + (y - y_m)^2 = r^2$

Allgemeine Form der Kreisgleichung — Es gilt $a^2 + b^2 - c = r^2 > 0$. — $x^2 + y^2 + 2\,ax + 2\,by + c = 0$

Parameterdarstellung der Kreisgleichung — Kreis mit Mittelpunkt $M(x_m \mid y_m)$, Radius r. Die beiden Koordinaten x und y werden jeweils als Funktion einer Hilfsvariablen t angegeben. — $x = x_m + r\cos t,$ $y = y_m + r\sin t,$ $0 \le t < 2\pi$

Tangente — Gerade, die eine Kurve, also den Graph einer Funktion $y = f(x)$, in einem Punkt $P(a \mid f(a))$ berührt, aber nicht schneidet

Normale — Gerade durch den Punkt $P(a \mid f(a))$ einer Funktion $y = f(x)$, die senkrecht auf der Tangente an die Kurve der Funktion in diesem Punkt P steht

Normale am Kreis — Normale des Kreises mit der Gleichung $(x - x_m)^2 + (y - y_m)^2 = r^2$ durch den Punkt $P_1(x_1 \mid y_1)$ —
$$y = \frac{y_1 - y_m}{x_1 - x_m}(x - x_1) + y_1 \quad \text{oder}$$
$$\frac{y - y_1}{x - x_1} = \frac{y_1 - y_m}{x_1 - x_m}$$

Tangente am Kreis — Tangente des Kreises mit der Gleichung $(x - x_m)^2 + (y - y_m)^2 = r^2$ im Punkt $P_1(x_1 \mid y_1)$ —
$$y = -\frac{x_1 - x_m}{y_1 - y_m}(x - x_1) + y_1 \quad \text{oder}$$
$$(x_1 - x_m)(x - x_1) + (y_1 - y_m)(y - y_1) = 0$$

7.4 Kugeln

Kugelgleichung — Mittelpunkt im Ursprung eines (dreidimensionalen) kartesischen Koordinatensystems, Radius r — $x^2 + y^2 + z^2 = r^2$

Mittelpunktsform oder Hauptform der Kugelgleichung — Mittelpunkt $M = M(x_m \mid y_m \mid z_m)$, Radius r — $(x - x_m)^2 + (y - y_m)^2 + (z - z_m)^2 = r^2$

7.5 Kegelschnitte

Definition Kegelschnitt — Schnittfigur einer Ebene und des Mantels eines geraden Doppelkreiskegels

Ein gerader Kreiskegel entsteht durch Rotation einer Geraden (die Erzeugende oder Mantellinie) in einem festen Punkt (der Spitze) um eine vertikale Achse, wobei sich die rotierende Gerade entlang eines Kreises bewegt (also mit einem Kreis als Leitkurve), der in einer Ebene senkrecht zur Rotationsachse liegt. Ein gerader Doppelkreiskegel besteht aus zwei gleichen geraden Kreiskegeln, deren Rotationsachsen parallel sind und deren Spitzen sich berühren.

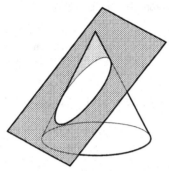

Kegelschnitt Ellipse   Kegelschnitt Parabel

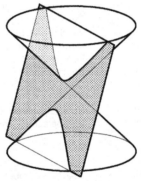

Kegelschnitt Hyperbel

Allgemeine Gleichung eines Kegelschnitts

Diese Gleichung enthält als Sonderfälle auch Gleichungen von Punkten, Geraden, Geradenpaaren und imaginären Kurven.

$Ax^2 + 2Bxy + Cy^2 + Dx + Ey + F = 0$

Ellipse

Geometrischer Ort aller Punkte einer Ebene, für die die Summe der Abstände von zwei festen Punkten F_1 und F_2 konstant ist. Die Punkte F_1 und F_2 heißen Brennpunkte der Ellipse. Bezeichnet man den Abstand eines beliebigen Punktes P_1 der Ellipse zu F_1 mit r_1 und den Abstand von P_1 zu F_2 mit r_2, also $|\overline{P_1 F_1}| = r_1$, $|\overline{P_1 F_2}| = r_2$, dann gilt $r_1 + r_2 = 2a$ mit einer Konstanten a.

Normalform der Ellipsengleichung

a = halbe Länge der Hauptachse, b = halbe Länge der Nebenachse, Ellipsenachsen fallen mit den Koordinatenachsen zusammen

$$\frac{x^2}{a^2} + \frac{y^2}{b^2} = 1$$

Mittelpunktsform der Ellipsengleichung

Ellipsenmittelpunkt $M(x_m | y_m)$, Ellipsenachsen parallel zu den Koordinatenachsen

$$\frac{(x - x_m)^2}{a^2} + \frac{(y - y_m)^2}{b^2} = 1$$

Mathematik
Analytische Geometrie

Hyperbel	Geometrischer Ort aller Punkte einer Ebene, für die der Betrag der Differenz der Abstände von zwei festen Punkten F_1 und F_2 konstant ist. Die Punkte F_1 und F_2 heißen Brennpunkte der Hyperbel. Bezeichnet man den Abstand eines beliebigen Punktes P_1 der Hyperbel zu F_1 mit r_1 und den Abstand von P_2 zu F_2 mit r_2, also $|\overline{P_1 F_1}| = r_1$, $|\overline{P_1 F_2}| = r_2$, dann gilt $|r_1 - r_2| = 2a$ mit einer Konstanten a. Die Hyperbel ist nicht zusammenhängend, sie besteht aus zwei getrennten symmetrischen Ästen.	
Normalform der Hyperbelgleichung	a = halbe Länge der Hauptachse, e = Abstand der Brennpunkte vom Mittelpunkt, b aus $a^2 + b^2 = e^2$	$\dfrac{x^2}{a^2} - \dfrac{y^2}{b^2} = 1$
Mittelpunktsform der Hyperbelgleichung	Mittelpunkt $M(x_m \mid y_m)$, Hauptachse parallel zur x-Achse	$\dfrac{(x - x_m)^2}{a^2} - \dfrac{(y - y_m)^2}{b^2} = 1$
Parabel	Geometrischer Ort aller Punkte einer Ebene, die von einem festen Punkt F (Brennpunkt) und einer festen Geraden l (Leitlinie) den gleichen Abstand besitzen. Der Punkt, der in der Mitte zwischen dem Brennpunkt F und der Leitlinie l liegt, ist der Scheitelpunkt S. Die Gerade durch die Punkte F und S heißt Parabelachse.	
Normalform der Parabelgleichung	Scheitelpunkt im Koordinatenursprung, x-Achse ist Parabelachse, Parabel nach rechts geöffnet	$y^2 = 2\,px,$ $p > 0$
Scheitelpunktsform der Parabelgleichung	Scheitelpunkt $S(x_s \mid y_s)$, Parabelachse parallel zur x-Achse, Parabel nach rechts geöffnet	$(y - y_s)^2 = 2\,p\,(x - x_s),$ $p > 0$

8 Differenzial- und Integralrechnung

8.1 Folgen

Folge

Besteht aus Zahlen einer Menge, die in einer bestimmten Reihenfolge angeordnet sind. $(a_n) = (a_1, a_2, a_3, \ldots)$
Die Zahlen der Folge heißen Glieder der Folge.

Endliche Folge
Unendliche Folge

Hat eine Folge endlich viele Glieder, so heißt die Folge endlich, andernfalls unendlich.

Konstante Folge

Alle Folgenglieder gleich $\quad (a_n) = (a, a, a, \ldots)$

Monotone Folge

Eine Folge (a_n) heißt
monoton wachsend, wenn $a_1 \leq a_2 \leq a_3 \leq \ldots \leq a_n \leq \ldots$ gilt,
streng monoton wachsend, wenn $a_1 < a_2 < a_3 < \ldots < a_n < \ldots$ gilt,
monoton fallend, wenn $a_1 \geq a_2 \geq a_3 \geq \ldots \geq a_n \geq \ldots$ gilt,
streng monoton fallend, wenn $a_1 > a_2 > a_3 > \ldots > a_n > \ldots$ gilt.

Alternierende Folge

Folge (a_n), deren Glieder abwechselnd unterschiedliche Vorzeichen haben.

Beschränkte Folge

Eine Folge (a_n) heißt nach oben beschränkt, wenn es eine konstante Zahl K_o gibt, so dass für alle Glieder $a_n \leq K_o$ gilt, nach unten beschränkt, wenn es eine konstante Zahl K_u gibt, so dass für alle Glieder $a_n \geq K_u$ gilt, und beschränkt, wenn die Folge sowohl nach oben als auch nach unten beschränkt ist, wenn es also zwei Zahlen K_u, K_o gibt mit $K_u \leq a_n \leq K_o$ für alle $n \in \mathbb{N}$.

Arithmetische Folge

Die Differenz je zweier aufeinanderfolgender Glieder ist konstant.
$(a_n) = (a, a + d,$
$a + 2\,d, a + 3\,d, \ldots,$
$+ (n - 1)\,d, \ldots)$

Geometrische Folge

Der Quotient je zweier aufeinanderfolgender Glieder ist konstant.
$(a_n) = (a, aq,$
$aq^2, aq^3, \ldots,$
$aq^{n-1}, \ldots)$

Grenzwert einer Folge
Konvergente Folge
Divergente Folge

Die Folge (a_n) besitzt den Grenzwert (Limes)
$\lim\limits_{n \to \infty} a_n = a$ (gesprochen: Limes a_n gleich a), wenn
sich nach Vorgabe einer beliebig kleinen positiven
Zahl ε ein $n_0 \in \mathbb{N}$ so finden lässt, dass für alle
$n \geq n_0$ gilt $|a - a_n| < \varepsilon$.
Besitzt (a_n) den Grenzwert a, so sagt man, dass
(a_n) gegen a konvergiert. Eine Folge, die einen
Grenzwert besitzt, heißt konvergent. Eine Folge,
die keinen Grenzwert besitzt, heißt divergent.

$\lim\limits_{n \to \infty} a_n = a$ oder
$(a_n) \to a$

Nullfolge

Folge mit Grenzwert 0

Rechenregeln für konvergente Folgen

$$\lim_{n \to \infty} (a_n + b_n) = \lim_{n \to \infty} a_n + \lim_{n \to \infty} b_n$$

$$\lim_{n \to \infty} (a_n - b_n) = \lim_{n \to \infty} a_n - \lim_{n \to \infty} b_n$$

$$\lim_{n \to \infty} (a_n \cdot b_n) = \lim_{n \to \infty} a_n \cdot \lim_{n \to \infty} b_n$$

$$\lim_{n \to \infty} \frac{a_n}{b_n} = \frac{\lim\limits_{n \to \infty} a_n}{\lim\limits_{n \to \infty} b_n}, \text{ falls } b_n \neq 0 \text{ und } \lim_{n \to \infty} b_n \neq 0$$

Grenzwerte konvergenter Folgen

$$\lim_{n\to\infty} \sqrt[n]{q} = 1 \quad (q > 0)$$

$$\lim_{n\to\infty} \sqrt[n]{n} = 1$$

$$\lim_{n\to\infty} \frac{c_r\, n^r + c_{r-1}\, n^{r-1} + \ldots + c_1 n + c_0}{d_s\, n^s + d_{s-1}\, n^{s-1} + \ldots + d_1 n + d_0} = \begin{cases} \dfrac{c_r}{d_r} & \text{für } r = s \\ 0 & \text{für } r < s \end{cases}$$

$$\lim_{n\to\infty} \frac{\log_a n}{n} = 0 \quad (a > 0.\ \ a \neq 1)$$

$$\lim_{n\to\infty} q^n = 0 \quad (|q| < 1)$$

$$\lim_{n\to\infty} nq^n = 0 \quad (|q| < 1)$$

$$\lim_{n\to\infty} \frac{a^n}{n!} = 0$$

$$\lim_{n\to\infty} \left(1 + \frac{1}{n}\right)^n = e = 2{,}718\ 281\ 828\ 4\ldots$$

8.2 Reihen

Reihe

Summe der Glieder einer Folge

$a_1 + a_2 + \ldots + a_n + \ldots$

Unendliche Reihe

Summe der Glieder einer unendlichen Folge. Das Zeichen ∞ bedeutet, dass die Reihe nicht abbricht. Sie besteht aus unendlich vielen Summanden.

$a_1 + a_2 + \ldots + a_n + \ldots = \displaystyle\sum_{k=1}^{\infty} a_k$

Partialsummen (Teilsummen)

$s_1 = a_1,\ s_2 = a_1 + a_2,\ \ldots,\ s_n = a_1 + a_2 + a_3 + \ldots + a_n = \displaystyle\sum_{k=1}^{n} a_k, \ldots$

Konvergente unendliche Reihe

Die Folge (s_n) der Partialsummen konvergiert, besitzt also einen Grenzwert s. Dieser Grenzwert s heißt die Summe der Reihe.

$s = \displaystyle\lim_{n\to\infty} s_n = \displaystyle\sum_{k=1}^{\infty} a_k$

Divergente unendliche Reihe

Eine unendliche Reihe, bei der die Folge der Partialsummen keinen Grenzwert besitzt.

Rechenregeln für konvergente Reihen

Konvergieren die Reihen $\displaystyle\sum_{k=1}^{\infty} a_k$ und $\displaystyle\sum_{k=1}^{\infty} b_k$, so konvergieren auch die

Reihen $\displaystyle\sum_{k=1}^{\infty} (a_k + b_k)$ und $\displaystyle\sum_{k=1}^{\infty} c \cdot a_k, c \in \mathbb{R}$, und es gilt

$$\sum_{k=1}^{\infty} (a_k + b_k) = \sum_{k=1}^{\infty} a_k + \sum_{k=1}^{\infty} b_k$$

$$\sum_{k=1}^{\infty} c \cdot a_k = c \sum_{k=1}^{\infty} a_k$$

Arithmetische Reihe	Summe der Glieder einer arithmetischen Folge $(a_n) = (a, a + d, a + 2d, a + 3d, \dots, a + (n-1)d, \dots)$. Unendliche arithmetische Reihen sind divergent. Für die Partialsummen gilt $s_n = \sum_{k=1}^{n}(a + (k-1)d) = \frac{n}{2}(a_1 + a_n)$.
Geometrische Reihe	Summe der Glieder einer geometrischen Folge $(a_n) = (a, aq, aq^2, aq^3, \dots, aq^{n-1}, \dots)$. Für die Partialsummen gilt $s_n = \sum_{k=1}^{n} aq^{k-1} = a\frac{1-q^n}{1-q}$ $(q \neq 1)$. Für $|q| < 1$ konvergiert die unendliche geometrische Reihe und hat den Grenzwert $s = \lim_{n\to\infty} s_n = \sum_{k=1}^{\infty} aq^{k-1} = \lim_{n\to\infty} a\frac{q^n-1}{q-1} = \frac{a}{1-q}$. Für $q > 1$ und $q \leq -1$ divergiert die unendliche geometrische Reihe.
Harmonische Reihe	Summe der Glieder einer Folge $(a_n) = \left(\frac{1}{n}\right)$. Unendliche harmonische Reihen sind divergent.
Alternierende Reihe	Summe der Glieder einer alternierenden Folge. Eine alternierende Reihe $\sum_{k=1}^{\infty} a_k$, bei der die $(|a_n|)$ eine monoton fallende Nullfolge bildet, ist konvergent (Leibnizsches Konvergenzkriterium).

8.3 Grenzwerte von Funktionen

Grenzwert an einer endlichen Stelle	Die Funktion $y = f(x)$ besitzt an der Stelle $x = a$ den Grenzwert $\lim_{x\to a} f(x) = A$ (gesprochen: Limes $f(x)$ gleich A für x gegen a), wenn sich nach Vorgabe einer beliebig kleinen positiven Zahl ε eine zweite positive Zahl $\delta = \delta(\varepsilon)$ so finden lässt, dass für alle x mit $|x - a| < \delta(\varepsilon)$ gilt $|f(x) - A| < \varepsilon$ eventuell mit Ausnahme der Stelle a.	$\lim_{x\to a} f(x) = A$ oder $f(x) \to A$ für $x \to a$
Einseitige Grenzwerte	Die Funktion $y = f(x)$ besitzt an der Stelle $x = a$ den linksseitigen Grenzwert A, wenn sich die Funktion $f(x)$ bei unbegrenzter Annäherung von x von links an a unbegrenzt an A nähert. Die Funktion $y = f(x)$ besitzt an der Stelle $x = a$ den rechtsseitigen Grenzwert A, wenn sich die Funktion $f(x)$ bei unbegrenzter Annäherung von x von rechts an a unbegrenzt an A nähert. Die Funktion $y = f(x)$ besitzt an der Stelle $x = a$ den Grenzwert A, wenn an dieser Stelle sowohl der linksseitige als auch der rechtsseitige Grenzwert existieren und gleich sind ($= A$).	$\lim_{\substack{x\to a\\ x<a}} f(x) = $ $\lim_{x\to a-0} f(x) = A$ $\lim_{\substack{x\to a\\ x>a}} f(x) = $ $\lim_{x\to a+0} f(x) = A$ $\lim_{\substack{x\to a\\ x<a}} f(x) = $ $\lim_{\substack{x\to a\\ x>a}} f(x) = A$ $\Rightarrow \lim_{x\to a} f(x) = A$

Mathematik
Differenzial- und Integralrechnung

Grenzwert im Unendlichen

Die Funktion $y = f(x)$ besitzt für $x \to \infty$ den Grenzwert A, wenn es zu jedem beliebigen $\varepsilon > 0$ ein hinreichend großes $\omega = \omega(\varepsilon)$ gibt, so dass $|f(x) - A| < \varepsilon$ für alle $x > \omega(\varepsilon)$ gilt.

$$\lim_{x \to \infty} f(x) = A$$

Die Funktion $y = f(x)$ besitzt für $x \to -\infty$ den Grenzwert A, wenn es zu jedem beliebigen $\varepsilon > 0$ ein hinreichend großes $\omega = \omega(\varepsilon)$ gibt, so dass $|f(x) - A| < \varepsilon$ für alle $x < -\omega(\varepsilon)$ gilt.

$$\lim_{x \to -\infty} f(x) = A$$

Rechenregeln für Grenzwerte

Gilt $\lim\limits_{x \to a} f(x) = F$ und $\lim\limits_{x \to a} g(x) = G$ für zwei Funktionen $f(x)$ und $g(x)$,

so existieren auch die folgenden Grenzwerte:

$$\lim_{x \to a} [f(x) + g(x)] = \lim_{x \to a} f(x) + \lim_{x \to a} g(x) = F + G$$

$$\lim_{x \to a} [f(x) - g(x)] = \lim_{x \to a} f(x) - \lim_{x \to a} g(x) = F - G$$

$$\lim_{x \to a} [c \cdot f(x)] = c \cdot \lim_{x \to a} f(x) = c \cdot F \quad (c \in \mathbb{R})$$

$$\lim_{x \to a} [f(x) \cdot g(x)] = \lim_{x \to a} f(x) \cdot \lim_{x \to a} g(x) = F \cdot G$$

$$\lim_{x \to a} \frac{f(x)}{g(x)} = \frac{\lim\limits_{x \to a} f(x)}{\lim\limits_{x \to a} g(x)} = \frac{F}{G} \quad (g(x) \neq 0, G \neq 0)$$

Stetigkeit einer Funktion

Eine Funktion $y = f(x)$ heißt an der Stelle $x = a$ stetig, wenn $f(x)$ an der Stelle a definiert ist und der Grenzwert $\lim\limits_{x \to a} f(x)$ existiert

und gleich $f(a)$ ist.

Das ist genau dann der Fall, wenn es zu jedem vorgegebenen $\varepsilon > 0$ ein $\delta = \delta(\varepsilon) > 0$ gibt, so dass $|f(x) - f(a)| < \varepsilon$ für alle x mit $|x - a| < \delta$ gilt. Eine an jeder Stelle ihres Definitionsbereichs stetige Funktion $y = f(x)$ heißt stetig.

Der Graph einer stetigen Funktion ist eine zusammenhängende Kurve.

Unstetigkeitsstellen

Eine Unstetigkeitsstelle ist eine Stelle $x = a$ einer Funktion $y = f(x)$, an der die Funktion nicht stetig ist.

Eine Funktion, die mindestens eine Unstetigkeitsstelle besitzt, heißt unstetig.

Die Kurve einer Funktion ist an einer Unstetigkeitsstelle unterbrochen. Die häufigsten Unstetigkeitsstellen sind Sprungstellen und Pole.

Sprungstelle

An einer Sprungstelle $x = a$ sind der rechtsseitige Grenzwert $\lim\limits_{x \to a+0} f(x)$

und der linksseitige Grenzwert $\lim\limits_{x \to a-0} f(x)$ voneinander verschieden.

Die Funktion $f(x)$ springt beim Durchlaufen des Punktes $x = a$ von einem auf einen anderen endlichen Wert.

Pol (Unendlichkeitsstelle)

Ein Pol oder eine Unendlichkeitsstelle $x = a$ einer Funktion

$y = f(x) = \dfrac{g(x)}{h(x)}$ ist eine Stelle, für die der Nenner von $f(x)$ den Wert 0

hat und der Zähler von 0 verschieden ist, also $h(a) = 0$ und $g(a) \neq 0$.

Die Funktion strebt bei Annäherung an einen Pol nach (plus oder minus) Unendlich. Die Kurve der Funktion läuft an einer solchen Stelle ins Unendliche.

8.4 Ableitung einer Funktion

Ableitung
Differenzierbare Funktion

Existiert für eine Funktion $y = f(x)$ mit dem Definitionsbereich D der nebenstehende Grenzwert, dann nennt man $f'(x_0)$ die Ableitung der Funktion $f(x)$ an der Stelle $x = x_0$ (gesprochen: f Strich von x_0). Die Funktion $f(x)$ heißt dann differenzierbar in x_0.
Eine Funktion $y = f(x)$ heißt (generell) differenzierbar, wenn sie an jeder Stelle ihres Definitionsbereichs differenzierbar ist. Dann heißt die durch $g(x) = f'(x)$ definierte Funktion $y' = f'(x)$ die Ableitung oder die Ableitungsfunktion von $f(x)$.

$$f'(x_0) = \lim_{x \to x_0} \frac{f(x) - f(x_0)}{x - x_0}$$

$$(x_0 \in D)$$

$$y' = f'(x)$$

Stetig differenzierbare Funktion

Funktion $y = f(x)$, die differenzierbar ist und deren Ableitung $f'(x)$ eine stetige Funktion ist

Differenziationsregeln

Konstante Funktion:
$y = f(x) = c$ ($c \in \mathbb{R}$, konstant) $\Rightarrow y' = 0$
Faktorregel:
$y = c \cdot f(x)$ ($c \in \mathbb{R}$, konstant) $\Rightarrow y' = c \cdot f'(x)$
Summenregel:
$y = f(x) + g(x) \Rightarrow y' = f'(x) + g'(x)$
$y = f(x) - g(x) \Rightarrow y' = f'(x) - g'(x)$
Produktregel:
$y = f(x) \cdot g(x) \Rightarrow y' = f'(x) \cdot g(x) + f(x) \cdot g'(x)$
Quotientenregel:
$$y = \frac{f(x)}{g(x)} \quad (g(x) \neq 0) \quad \Rightarrow y' = \frac{f'(x) \cdot g(x) - f(x) \cdot g'(x)}{g^2(x)}$$

Kettenregel:
Ist $y = F(x)$ eine zusammengesetzte Funktion, also $F(x) = f(h(x))$, und setzt man $z = h(x)$, dann ist $y = F(x)$ differenzierbar, wenn die Funktionen $y = f(z)$ und $z = h(x)$ differenzierbar sind, und es gilt
$$y' = F'(x) = \frac{df}{dz} \cdot \frac{dh}{dx} = f'(z) \cdot h'(x) = f'(h(x)) \cdot h'(x)$$

Höhere Ableitungen

Ist die Funktion $y = f(x)$ differenzierbar oder zumindest in einem ganzen Intervall ihres Definitionsbereichs differenzierbar, so kann dort also an jeder Stelle die Ableitung $f'(x)$ gebildet werden. Dann ist $y = f'(x)$ wieder eine Funktion von x. Ist diese Funktion wieder differenzierbar, so nennt man diese Ableitung der (ersten) Ableitung die zweite Ableitung der Ausgangsfunktion $y = f(x)$, geschrieben $f''(x)$. Entsprechend kann es auch eine dritte, vierte, ... Ableitung von $f(x)$ geben.

Ableitungen einiger rationaler Funktionen

$y = c$ (c konstant) $\Rightarrow y' = 0$
$y = x \qquad\qquad \Rightarrow y' = 1$
$y = x^n \qquad\qquad \Rightarrow y' = n\,x^{n-1}$
$y = c_n x^n + c_{n-1} x^{n-1} + \ldots + c_2 x^2 + c_1 x + c_0$
$\qquad\qquad \Rightarrow y' = n\,c_n x^{n-1} + (n-1)\,c_{n-1} x^{n-2} + \ldots + 2\,c_2 x + c_1$

$y = \dfrac{1}{x} \qquad\qquad \Rightarrow y' = -\dfrac{1}{x^2}$

$y = \dfrac{1}{x^n} \qquad\qquad \Rightarrow y' = -\dfrac{n}{x^n + 1}$

$y = \dfrac{x^m}{x^n} \qquad\qquad \Rightarrow y' = \dfrac{(m-n)\,x^m}{x^{n+1}}$

Mathematik
Differenzial- und Integralrechnung

Ableitungen einiger irrationaler Funktionen

$$y = \sqrt{x} \quad \Rightarrow y' = \frac{1}{2\sqrt{x}}$$

$$y = \sqrt[n]{x} \quad \Rightarrow y' = \frac{1}{n\sqrt[n]{x^{n-1}}}$$

$$y = \frac{\sqrt[m]{x}}{\sqrt[n]{x}} \quad \Rightarrow y' = \frac{n-m}{mn}\frac{\sqrt[m]{x}}{\sqrt[n]{x^{n+1}}}$$

Ableitungen der trigonometrischen Funktionen

$$y = \sin x \quad \Rightarrow y' = \cos x$$
$$y = \cos x \quad \Rightarrow y' = -\sin x$$
$$y = \tan x \quad \Rightarrow y' = \frac{1}{\cos^2 x} \quad \left(x \neq (2k+1)\frac{\pi}{2}, k \in \mathbb{Z} \right)$$
$$y = \cot x \quad \Rightarrow y' = -\frac{1}{\sin^2 x} \quad (x \neq k\pi, k \in \mathbb{Z})$$

Ableitungen von Exponentialfunktionen

$$y = e^x \quad \Rightarrow y' = e^x = y$$
$$y = a^x \quad \Rightarrow y' = e^x \ln a \quad (a \in \mathbb{R}, a > 0 \text{ konstant})$$

Ableitungen von Logarithmusfunktionen

$$y = \ln x \quad \Rightarrow y' = \frac{1}{x} \quad (x > 0)$$

$$y = \log_a x \quad \Rightarrow y' = \frac{1}{x}\log_a e = \frac{1}{\ln a} \cdot \frac{1}{x}$$

$(a \in \mathbb{R}, a > 0, a \neq 1 \text{ konstant}, x > 0)$

Tangente

Gerade, die den Graph einer Funktion $y = f(x)$ in einem Punkt berührt, aber nicht schneidet.
Die Funktion $f(x)$ hat in dem Punkt $P(a\,|\,f(a))$ genau dann eine Tangente, wenn die Funktion in a differenzierbar ist.
Gleichung der Tangente an die Kurve im Punkt $P(a\,|\,f(a))$

$y = f'(a)\,(x - a) + f(a)$

Extremwerte von Funktionen

Eine Funktion $y = f(x)$ besitzt an der Stelle $x = a$ ein relatives Maximum, wenn es eine Umgebung von a gibt, in der alle Funktionswerte kleiner als an der Stelle $x = a$ sind. Dieser Funktionswert $f(a)$ heißt relatives Maximum.

$f(x) < f(a)$ für $x \neq a$

Entsprechend besitzt eine Funktion $y = f(x)$ an der Stelle $x = a$ ein relatives Minimum, wenn es eine Umgebung von a gibt, in der alle Funktionswerte größer als an der Stelle $x = a$ sind. Der Funktionswert $f(a)$ heißt dann relatives Minimum. Das absolute oder globale Maximum einer Funktion $y = f(x)$, die in einem abgeschlossenen Intervall $[c, d]$ differenzierbar ist, ist entweder ein relatives Maximum, oder es wird am Rand, also für $x = c$ oder $x = d$, angenommen. Entsprechend ist das absolute oder globale Minimum ein relatives Minimum, oder es wird an einem der Intervallränder $x = c$ oder $x = d$ angenommen. Ein Extremwert (Extremum, relatives Extremum) einer Funktion ist ein Funktionswert $f(a)$, der ein relatives Minimum oder ein relatives Maximum ist.

$f(x) > f(a)$ für $x \neq a$

8.5 Integralrechnung

Stammfunktion einer Funktion $y = f(x)$

Eine differenzierbare Funktion $F(x)$ mit demselben Intervall I als Definitionsbereich wie $y = f(x)$, falls für alle $x \in I$ gilt $F'(x) = f(x)$.
Die Funktion $f(x)$ heißt dann integrierbar.
Mit $F(x)$ ist auch $F(x) + c$ für eine beliebige Konstante c eine Stammfunktion.

$$F'(x) = f(x)$$

Unbestimmtes Integral von $y = f(x)$

Gesamtheit aller Stammfunktionen
$\{F(x) + C \,|\, C \in \mathbb{R}\}$
(gesprochen: Integral über $f(x)\, dx$).
Das Zeichen $\int$ heißt Integralzeichen und $f(x)$ Integrand. Die Variable x nennt man Integrationsvariable und C Integrationskonstante.

$$\int f(x)\, dx = F(x) + C$$

Integrationsregeln

Faktorregel:
$$\int cf(x)\, dx = c \int f(x)\, dx \qquad (c \in \mathbb{R})$$

Potenzregel:
$$\int x^n\, dx = \frac{1}{n+1} x^{n+1} + C$$

Summenregel:
$$\int (f(x) + g(x))\, dx = \int f(x)\, dx + \int g(x)\, dx$$

Integrand ein Bruch, in dem der Zähler die Ableitung des Nenners ist:
$$\int \frac{f'(x)}{f(x)}\, dx = \ln |f(x)| + C$$

Partielle Integration:
Lässt sich die Funktion $f(x)$ als Produkt zweier Funktionen $g(x) = u(x)$ und $h(x) = v'(x)$ darstellen, also $f(x) = g(x) \cdot h(x) = u(x) \cdot v'(x)$, dann gilt
$$\int u(x)\, v'(x)\, dx = u(x)\, v(x) - \int u'(x)\, v(x)\, dx$$

Substitutionsmethode:
Durch Substitution $x = \varphi(t)$ der unabhängigen Variablen einer Funktion $y = f(x)$, also Einführung einer neuen Variablen t, ergibt sich für das unbestimmte Integral
$$\int f(x)\, dx = \int f(\varphi(t))\, \varphi'(t)\, dt$$

Unbestimmte Integrale einiger rationaler Funktionen

$$\int a\, dx = ax + C$$

$$\int x\, dx = \frac{1}{2} x^2 + C$$

$$\int x^n\, dx = \frac{x^{n+1}}{n+1} + C$$

$$\int (a_n x^n + a_{n-1} x^{n-1} + \ldots + a_1 x + a_0)\, dx$$
$$= \frac{a_n}{n+1} x^{n+1} + \frac{a_{n-1}}{n} x^n + \ldots + \frac{a_1}{2} x^2 + a_0 x + C$$

$$\int \frac{1}{x}\, dx = \ln |x| + C$$

$$\int \frac{1}{x^n}\, dx = -\frac{1}{n-1} \frac{1}{x^{n-1}} + C \qquad (n \neq 1)$$

$$\int \frac{x^m}{x^n} = \frac{1}{m-n+1} \frac{x^{m+1}}{x^n} + C \quad (n \neq m+1)$$

Mathematik
Differenzial- und Integralrechnung

Unbestimmte Integrale einiger irrationaler Funktionen

$$\int \sqrt{x}\,dx = \frac{2}{3}x^{3/2} + C$$

$$\int \sqrt[n]{x}\,dx = \frac{n}{n+1}\sqrt[n]{x^{n+1}} + C$$

$$\int \frac{\sqrt[m]{x}}{\sqrt[n]{x}}\,dx = \frac{mn}{n-m+mn}\frac{\sqrt[m]{x^{m+1}}}{\sqrt[n]{x}} + C$$

Unbestimmte Integrale der trigonometrischen Funktionen

$$\int \sin x\,dx = -\cos x + C$$

$$\int \cos x\,dx = \sin x + C$$

$$\int \tan x\,dx = -\ln|\cos x| + C$$

$$\int \cot x\,dx = \ln|\sin x| + C$$

Unbestimmte Integrale von Exponentialfunktionen

$$\int e^x\,dx = e^x + C$$

$$\int a^x\,dx = \frac{1}{\ln a}\cdot a^x + C \qquad (a \in \mathbb{R}, a > 0 \text{ konstant})$$

Unbestimmte Integrale von Logarithmusfunktionen

$$\int \ln x\,dx = x\cdot(\ln x - 1) + C \qquad (x > 0)$$

$$\int \log_a x\,dx = \frac{1}{\ln a}\cdot x\cdot(\ln x - 1) + C \qquad (a \in \mathbb{R}, a > 0 \text{ konstant}, x > 0)$$

Bestimmtes Integral

Ist $y = f(x)$ eine beschränkte Funktion mit einem abgeschlossenen Intervall $D = [a, b]$ als Definitionsbereich, dann ist das bestimmte Integral $\int_a^b f(x)\,dx$ von $f(x)$ definiert durch nebenstehenden

$$\int_a^b f(x)\,dx = \lim_{n\to\infty}\sum_{k=1}^{n} f(\xi_k)\Delta x_k$$

Grenzwert, falls dieser existiert und unabhängig von der Wahl der Zahlen x_k und ξ_k ist (gesprochen: Integral von a bis b über $f(x)\,d(x)$). Die Funktion $f(x)$ heißt dann im Intervall $[a, b]$ integrierbar.

Das Zeichen $\int$ heißt Integralzeichen, a die untere Integrationsgrenze, b die obere Integrationsgrenze, $f(x)$ der Integrand und x die Integrationsvariable.

Gilt $f(x) \geq 0$ für alle $x \in [a, b]$, dann ist $\int_a^b f(x)\,dx$

gleich dem Inhalt der von der Kurve (Graph der Funktion $y = f(x)$) und der x-Achse zwischen $x = a$ und $x = b$ berandeten Fläche.

Hauptsatz der Differenzial- und Integralrechnung

Liefert den Zusammenhang zwischen bestimmtem und unbestimmtem Integral einer Funktion $y = f(x)$. Ist die Funktion $y = f(x)$ mit $D = [a, b]$ im Intervall $[a, b]$ integrierbar und besitzt $f(x)$ eine Stammfunktion $F(x)$, so gilt nebenstehende Gleichheit.

$$\int_a^b f(x)\,dx = F(b) - F(a)$$

Eigenschaften des bestimmten Integrals

Vertauschung der Integrationsgrenzen:

$$\int_a^b f(x)\, dx = -\int_a^b f(x)\, dx$$

Zusammenfassen der Integrationsintervalle:

$$\int_a^b f(x)\, dx + \int_b^c f(x)\, dx = \int_a^c f(x)\, dx$$

Gleiche untere und obere Integrationsgrenze:

$$\int_a^a f(x)\, dx = 0$$

Linearität:

Existieren die bestimmten Integrale $\int_a^b f(x)\, dx$ und $\int_a^b g(x)\, dx$,

so gilt für beliebige $c_1, c_2 \in \mathbb{R}$

$$\int_a^b (c_1 \cdot f(x) + c_2 \cdot g(x))\, dx = c_1 \int_a^b f(x)\, dx + c_2 \int_a^b g(x)\, dx$$

Bogenlänge (Länge eines Kurvenstücks)

Lässt sich der Bogen durch eine stetig differenzierbare Funktion $y = f(x)$, $f : [a, b] \to W$ beschreiben, dann kann die Bogenlänge s wie nebenstehend berechnet werden.

$$s = \int_a^b \sqrt{1 + [f'(x)]^2}\, dx$$

1 Einführung

1.1 Physikalische Größen

Größe
Maßzahl, Einheit

Größe = Maßzahl · Einheit
Beispiel: Größen 100 V → Maßzahl 100; Einheit 1 V

Skalare

Größen, die allein durch ihre Maßzahl und Einheit bestimmt sind
Beispiele: Temperatur, Masse, Energie, Leistung, Widerstand

Vektoren

Größen, die außerdem noch eine Richtungsangabe benötigen.
Beispiele: Kraft, Geschwindigkeit, elektrische und magnetische Feldstärke

1.2 SI-System

SI-Basisgrößen		SI-Basiseinheiten	
Name	Zeichen	Name	Zeichen
Zeit	t	Sekunde	s
Länge	l	Meter	m
Masse	m	Kilogramm	kg
Stromstärke	I	Ampere	A
Temperatur	T	Kelvin	K
Lichtstärke	I_L	Candela	cd
Stoffmenge	n	Mol	mol

SI-Vorsätze					
Potenz	Name	Zeichen	Potenz	Name	Zeichen
10^{18}	Exa	E	10^{-1}	Dezi	d
10^{15}	Peta	P	10^{-2}	Zenti	c
10^{12}	Tera	T	10^{-3}	Milli	m
10^{9}	Giga	G	10^{-6}	Mikro	m
10^{6}	Mega	M	10^{-9}	Nano	n
10^{3}	Kilo	k	10^{-12}	Piko	p
10^{2}	Hekto	h	10^{-15}	Femto	f
10^{1}	Deka	da	10^{-18}	Atto	a

2 Mechanik

2.1 Kinematik

2.1.1 Gleichförmige Bewegung

Geschwindigkeit

Bei einer gleichförmigen Bewegung ist die Geschwindigkeit konstant und der Quotient aus zurückgelegtem Weg und der dafür benötigten Zeit

$$v = \frac{s}{t}$$

s zurückgelegter Weg in m
s_0 Strecke zur Zeit $t = 0$ in m
v Geschwindigkeit in m/s
t benötigte Zeit in s

2.1.2 Gleichmäßig beschleunigte Bewegung

Geschwindigkeit

v Geschwindigkeit in m/s

$$v = \frac{ds}{dt} = \dot{s}$$

Physik
Mechanik

Beschleunigung	a Beschleunigung in m/s^2	$a = \dfrac{dv}{dt} = \dot{v} = \ddot{s}$
Zurückgelegter Weg	s Ort in m s_0 Strecke zur Zeit $t = 0$ in m v_0 Anfangsgeschwindigkeit in m/s a Beschleunigung in m/s^2 t benötigte Zeit in s	$s = s_0 + v_0 t + \dfrac{1}{2} a t^2$
Erreichte Geschwindigkeit	v Geschwindigkeit in m/s v_0 Anfangsgeschwindigkeit in m/s a Beschleunigung in m/s^2 t benötigte Zeit in s	$v = v_0 + at$

2.1.3 Freier Fall

Fallzeit	g Erdbeschleunigung = 9,81 m/s^2 h Fallhöhe in m	$t_F = \sqrt{\dfrac{2h}{g}}$
Geschwindigkeit beim Auftreffen	v_e Endgeschwindigkeit in m/s	$v_e = \sqrt{2hg}$

2.1.4 Senkrechter Wurf

Flughöhe	h_s maximale Flughöhe in m t_F Flugzeit in s zum Auftreffen auf dem Boden in s	$h_s = h_0 + \dfrac{v_0^2}{2g}$
Flugzeit	v_e Endgeschwindigkeit in m/s h_0 Anfangshöhe in m v_0 Anfangsgeschwindigkeit in m/s	$t_F = \dfrac{v_0 + \sqrt{v_0^2 + 2h_0 g}}{g}$
Geschwindigkeit beim Auftreffen	g Erdbeschleunigung = 9,81 m/s^2	$v_e = -\sqrt{v_0^2 + 2h_0 g}$

2.1.5 Schiefer Wurf

Flughöhe	t_F Flugzeit in s v_0 Anfangsgeschwindigkeit in m/s	$h_{max} = h_0 + \dfrac{v_0^2 \cdot \sin^2 \alpha}{2g}$
Flugzeit	h_0 Anfangshöhe in m α Startwinkel, gemessen gegen die Horizontale g Erdbeschleunigung = 9,81 m/s^2	$t_F =$ $\dfrac{v_0 \cdot \sin \alpha}{g} +$ $\dfrac{\sqrt{(v_0 \cdot \sin \alpha)^2 + 2gh_0}}{g}$
Flugweite	x_w Flugweite in m	$x_w = v_0 \cdot t_F \cdot \cos \alpha$

2.1.6 Kreisbewegung, Rotation

Frequenz; Periodendauer

v_u Umfangsgeschwindigkeit in m/s

$$f = \frac{1}{T}$$

Bahngeschwindigkeit; Umfangsgeschwindigkeit

ω Winkelgeschwindigkeit oder Kreisfrequenz in 1/s

φ Winkel im Bogenmaß, in rad

$$v_u = \omega\, r$$

Winkelgeschwindigkeit; Kreisfrequenz

r Radius des Kreises in m

n Drehzahl in 1/min

f Frequenz in Hz

T Zeit für eine Umdrehung in s, Periodendauer

α Winkelbeschleunigung in $1/\text{s}^2$

$$\omega = \frac{\Delta\varphi}{\Delta t} \qquad \omega = 2\pi f$$

2.2 Dynamik

2.2.1 Newtonsche Axiome

1. Axiom: Trägheitsgesetz

Jeder Körper beharrt im Zustand der Ruhe oder der gleichförmig geradlinigen Bewegung, solange er nicht durch äußere Kräfte gezwungen wird, diesen Zustand zu ändern.

2. Axiom: Aktionsgesetz

Die zeitliche Änderung der Bewegungsgröße (Impuls) ist gleich der resultierenden Kraft $\vec{F}$.

$$\vec{F} = \frac{\Delta\vec{p}}{\Delta t}$$

$$\vec{p} = m\vec{v}$$

3. Axiom: Wechselwirkungsgesetz actio = reactio

Wirkt ein Körper 1 auf einen Körper 2 mit der Kraft F_{12}, so wirkt der Körper 2 auf den Körper 1 mit einer gleich großen, entgegengesetzten Kraft F_{21}.

$$\vec{F}_{12} = -\vec{F}_{21}$$

2.2.2 Kraft

Einheit

Die Kraft $\vec{F}$ ist ein Vektor mit der Einheit $|F|\ [F] = 1\ \text{N}$ (Newton).

$$1\,\text{N} = 1\,\frac{\text{kg m}}{\text{s}^2}$$

Kraft

F Kraft in N

m Masse in kg

a Beschleunigung in m/s^2

$$F = m\,a$$

Rückstellkraft einer Feder

F_F Rückstellkraft einer Feder in N

c Federkonstante in N/m

x Auslenkung der Feder in m

$$F_F = -c\,x$$

Kräfte auf Schiefen Ebenen

F_H Hangabtriebskraft in N

F_N Normalkraft in N

m Masse in kg

g Erdbeschleunigung

α Neigungswinkel der Schiefen Ebene

$$F_N = mg\cos\alpha$$

Physik
Mechanik

Reibungskraft	F_R Reibungskraft in N F_N Normalkraft in N μ Reibungszahl	$F_R = \mu\, F_N$
Zentrifugalkraft	F_Z Zentrifugalkraft in N m Masse in kg ω Winkelgeschwindigkeit in 1/s r Radius des Kreises in m	$F_Z = m\, \omega^2\, r$
Gravitationskraft	F_G Gravitationskraft N γ Gravitationskonstante m_1 Masse 1 in kg m_2 Masse 2 in kg r_{12} Abstand zwischen den Massen in m Gravitationsgesetz	$F_G = \dfrac{\gamma\, m_1 m_2}{r_{12}^2}$ $\gamma = 6{,}67259 \cdot 10^{-11}\, \dfrac{\text{Nm}^2}{\text{kg}^2}$

2.2.3 Impuls, Drehimpuls

Impuls	p Impuls in kg m/s m Masse in kg v Geschwindigkeit in m/s Δp Impulsänderung in kg m/s Δt Zeitdifferenz in s	$p = m\, v$ $\vec{F} = \dfrac{\Delta \vec{p}}{\Delta t}$
Impulserhaltungssatz	Wirken auf ein System keine äußeren Kräfte, so ist der Gesamtimpuls konstant.	$p_1 + p_2 + p_3 + \ldots + p_n$ oder $= \text{const}$ $\sum_i p_i = \text{const}$
Drehimpuls	L Drehimpuls in kg m^2/s J Trägheitsmoment in kg m^2 ω Winkelgeschwindigkeit in 1/s ΔL Drehimpulsänderung in kg m^2/s Δt Zeitdifferenz in s	$L = J\, \omega$ $M = \dfrac{\Delta L}{\Delta t}$
Drehimpulserhaltungssatz	Wirken auf ein System keine äußeren Drehmomente, so ist der Gesamtdrehimpuls konstant.	$L_1 + L_2 + L_3 + \ldots + L_n$ oder $= \text{const}$ $\sum_i L_i = \text{const}$

2.2.4 Arbeit, Energie

Einheit	Besitzt ein Körper Energie, so kann er Arbeit verrichten. Arbeit und Energie haben die gleiche Einheit. Es gibt verschiedene Energieformen.	$1\,\text{J} = 1\,\text{Nm} = 1\dfrac{\text{kg m}^2}{s^2}$ $[W] = 1\,\text{Nm} = 1\,\text{J (Joule)}$
Arbeit, Energie	Arbeit = Kraft mal Weg W Energie in J F Kraft in N s Strecke in m	$W = F\, s$
Lageenergie oder potenzielle Energie	W_{pot} potenzielle Energie in J m Masse in kg g Erdbeschleunigung h Höhenunterschied in m	$W_{pot} = m\, g\, h$

Bewegungsenergie oder kinetische Energie, Translation	W_{kin}^{trans} Energie in J m Masse in kg v Geschwindigkeit in m/s	$W_{kin}^{trans} = \frac{1}{2} m v^2$
Bewegungsenergie oder kinetische Energie, Rotation	W_{kin}^{rot} Energie in J J Trägheitsmoment in kg m^2 ω Winkelgeschwindigkeit in 1/s	$W_{kin}^{rot} = \frac{1}{2} J \omega^2$
Elastische Energie einer Feder	W_{elas} elastische Energie in J c Federkonstante in N/m x Auslenkung der Feder in m	$W_{elas} = \frac{1}{2} c x^2$
Reibungsenergie	W_R Reibungsenergie in J F_N Normalkraft in N μ Reibungszahl s Strecke in m	$W_R = \mu F_N s$ $W_R = \mu m g s$
Energieerhaltungssatz	In einem abgeschlossenen System ist die Summe aller Energien zu jedem Zeitpunkt konstant.	$W_1 + W_2 + W_3 + ... + W_n$ $= const$

2.2.5 Leistung, Wirkungs-grad

Einheit	$[P] = 1 \frac{J}{s} = 1\,W$ (Watt)	$1\,W = 1 \frac{J}{s} = 1 \frac{Nm^2}{s^3}$
Leistung	P Leistung in W W Arbeit oder Energie in J t Zeit in s	$P = \frac{W}{t}$
Leistung bei gradliniger Bewegung	P Leistung in W F Kraft in N v Geschwindigkeit in m/s	$P = F v$
Leistung bei Rotation	P Leistung in W F Kraft in N d Durchmesser des Kreises in m ω Winkelgeschwindigkeit in 1/s P Leistung in W M Drehmoment in Nm	$P = F \pi d \omega$ $P = M \omega$
Wirkungsgrad	η Gesamtwirkungsgrad P_{ab} abgegebene Leistung in W P_{zu} zugeführte Leistung in W	$\eta = \frac{P_{ab}}{P_{zu}}$

$$\xrightarrow{P_{zu}} \boxed{\text{System}} \xrightarrow{P_{ab}}$$
$$\downarrow P_v$$

Zusammengesetzter Wirkungsgrad	$\eta_{1,2,3}$ Einzelwirkungsgrade. Der Gesamtwirkungsgrad ist gleich dem Produkt der Einzelwirkungsgrade.	$\eta = \eta_1 \cdot \eta_2 \cdot \eta_3 ...$

2.2.6 Trägheitsmoment

Definition

Das Trägheitsmoment hängt von der Massenverteilung des Körpers und von der Lage der Massenpunkte zur Drehachse ab. Die Auswertung des Integrals liefert für die speziellen Körper, wenn die Drehachse durch dem Massenmittelpunkt verläuft, folgende Werte:

$$J = \int_{Vol} r^2 dm \quad [J] = 1\,kg\,m^2$$

Punktmasse

m Masse in kg
r Abstand von der Drehachse in m

$$J = mr^2$$

Stab, Achse durch Stabmitte

m Masse in kg
l Länge des Stabes in m

$$J = \frac{1}{12} ml^2$$

Vollzylinder, Drehachse gleich Längsachse

m Masse in kg
r Radius in m

$$J = \frac{1}{2} mr^2$$

Hohlzylinder, Drehachse gleich Längsachse

m Masse in kg
r_a Außenradius in m
r_i Innenradius in m

$$J = \frac{1}{2} m\,(r_a^2 + r_i^2)$$

Dünner Ring, Drehachse senkrecht zum Ring

m Masse in kg
r Radius in m

$$J = mr^2$$

Kugel, Drehachse durch den Mittelpunkt

m Masse in kg
r Radius in m

$$J = \frac{2}{5} mr^2$$

Satz von Steiner

Wird dann angewendet, wenn die Drehachse nicht durch den Massenmittelpunkt verläuft, sondern im Abstand a dazu.
J Trägheitsmoment
J_s Trägheitsmoment bezüglich einer Achse durch den Schwerpunkt
m Gesamtmasse des rotierenden Körpers in kg
a Abstand Drehachse zum Massenmittelpunkt

$$J = J_s + m\,a^2$$

2.2.7 Drehmoment

Das Drehmoment ist ein Vektor, der senkrecht auf der Ebene steht, die durch den Kraftvektor und den Vektor, der von der Drehachse zum Angriffspunkt der Kraft verläuft, festgelegt ist.

Drehmoment

$\vec{M}$ Drehmoment in Nm
$\vec{r}$ Vektor von der Drehachse zum Angriffspunkt der Kraft in m
$\vec{F}$ angreifende Kraft in N
α Winkel zwischen $\vec{r}$ und $\vec{F}$

$$\vec{M} = \vec{r} \times \vec{F}$$

$$M = r\,F\,\sin\alpha$$

3 Flüssigkeiten und Gase

3.1 Druck

Druck

Druck = Kraft durch Fläche

p Druck in Pa

F Kraft in N

A Fläche in m^2

$$p = \frac{F}{A}$$

$$[p] = 1 \text{ Pa} = 1\frac{\text{N}}{\text{m}^2}$$

Hydrostatischer Druck in Flüssigkeiten

p Druck in Pa

ρ Massendichte in kg/m^3

g Erdbeschleunigung

h Höhe der Flüssigkeit in m

$$p = \rho g h$$

Schweredruck in Luft, barometrische Höhenformel

p Druck in Pa

p_0 Druck am Boden in Pa

ρ_0 Dichte der Luft am Boden

g Erdbeschleunigung

Höhe über der Erdoberfläche in m nach
DIN 5450: $p_0 = 101325$ Pa; $\rho_0 = 1,293$ kg/m^3

$$p = p_0\, e^{\frac{\rho_0 g h}{p_0}}$$

3.2 Auftrieb

Auftriebskraft; Gesamtkraft

F_A Auftriebskraft in N

F_G Gewichtskraft in N

F_{ges} gesamte Kraft auf einen Körper in N

g Erdbeschleunigung

ρ_K Dichte des Körpers in kg/m^3

ρ_M Dichte des Mediums in kg/m^3

V_K Volumen des Körpers in m^3

durch den Körper verdrängtes Volumen in m^3
Ist der Körper vollständig im Medium eingetaucht, ist $V_K = V_M$.

$$F_A = g\, \rho_M V_M$$

$$F_{ges} = F_G - F_A$$

$$F_{ges} = g\, (\rho_K V_K - \rho_M V_M)$$

3.3 Hydrodynamik

Kontinuitätsgleichung

ρ Dichte der Flüssigkeit in kg/m^3

v_1, v_2 Geschwindigkeiten an verschiedenen Stellen in m/s

A_1, A_2 Querschnittsflächen an verschiedenen Stellen in m^2

$\dot{V}$ Volumenstrom in m^3/s

$\dot{m}$ Massenstrom in kg/s

$$\rho v_1 A_1 = \rho v_2 A_2 = \text{const}$$

$$\dot{V} = \frac{\dot{m}}{\rho} = vA = \text{const}$$

Bernoulli-Gleichung

p_{ges} gesamter Druck in Pa

p Betriebsdruck in Pa

p_{dyn} dynamischer Druck oder Staudruck in Pa

p_G Schweredruck in Pa

ρ Dichte der Flüssigkeit in kg/m^3

v Geschwindigkeit in m/s

Δh $h_2 - h_1$, Höhenunterschied in m

g Erdbeschleunigung

$$p_{ges} = p + p_{dyn} + p_G$$

$$p_{ges} = p + \frac{1}{2}\rho v^2 + \rho g \Delta h$$

Innere Reibung	F_R Reibungskraft in N A Fläche in m^2 η Viskosität in Pa s $\Delta v/\Delta x$ Geschwindigkeitsgefälle	$F_R = \eta\, A\, \dfrac{\Delta v}{\Delta x}$

4 Thermodynamik

4.1 Temperaturskalen, Ausdehnung von Stoffen

Kelvin – Celsius	T Temperatur in K ϑ Temperatur in °C	$T = (\vartheta + 273,15)\ \text{K}$
Celsius – Fahrenheit	ϑ Temperatur in °C ϑ_F Temperatur in °F	$\vartheta = \dfrac{5}{9}(\vartheta_F - 32)°\,\text{C}$
Lineare Ausdehnung	l_0 Ausgangslänge in m Δl Längenänderung in m ΔT Temperaturdifferenz in K α_l linearer Ausdehnungskoeffizient in 1/K	$\dfrac{\Delta l}{l_0} = \alpha_l\, \Delta T$
Volumenausdehnung	V_0 Ausgangslänge in m ΔV Längenänderung in m ΔT Temperaturdifferenz in K α_V Volumen Ausdehnungskoeffizient in 1/K α_l linearer Ausdehnungskoeffizient in 1/K	$\dfrac{\Delta V}{V_0} = \alpha_V\, \Delta T$ $\alpha_V \approx 3\,\alpha_l$

4.2 Ideale Gase

Allgemeine Gleichung idealer Gase	p Druck in Pa V Volumen in m^3 n Anzahl der Mole R universelle Gaskonstante T Temperatur in K	$pV = nRT$
Spezielle Gasgleichung	p Druck in Pa V Volumen in m^3 m Masse des Gases in kg R_s spezielle Gaskonstante T Temperatur in K	$pV = mR_s\, T$
Universelle Gaskonstante	R universelle Gaskonstante p_0 = 101325 Pa, Druck bei 0 °C V_0 = 22,41383 dm^3/mol, Volumen bei 0 °C T_0 = 273,15 K, Temperatur bei 0 °C in K	$R = \dfrac{p_0 V_0}{T_0}$ $R = 8,31441\,\dfrac{\text{J}}{\text{mol K}}$
Spezielle Gaskonstante	p_0 = 101325 Pa, Druck bei 0 °C ρ_0 Dichte des Gases bei 0 °C in kg/m^3 T_0 = 273,15 K, Temperatur bei 0 °C in K	$R_s = \dfrac{p_0}{\rho_0 T_0}$
Volumen Ausdehnungs-koeffizient	α_V Volumen Ausdehnungskoeffizient in 1/K	$\alpha_v = \dfrac{1}{273,15K}$

Mittlere kinetische Energie der Gasmoleküle	W_{kin}	kinetische Energie in J	$\overline{W_{kin}} = \dfrac{3}{2} kT$
	k	Boltzmann-Konstante	
	T	Temperatur in K	$k = 1{,}38066 \cdot 10^{-23} \dfrac{J}{K}$

Wärmeenergie	ΔW_Q	Änderung der Wärmeenergie in J	$\Delta W_Q = m\, c\, \Delta T$
	C	Wärmekapazität in J/K	
	m	Masse in kg	
	c	spezifische Wärmekapazität in J/(kg K)	$\Delta W_Q = C\, \Delta T$
	ΔT	Temperaturänderung in K	

4.3 Wärmeleitung, Wärmestrahlung

Wärmeleitung	ΔW_Q	Änderung der Wärmeenergie in J	$\dfrac{\Delta W_Q}{\Delta t} = -\lambda\, A\, \dfrac{\Delta T}{\Delta x}$
Wärmestrahlung	Δt	Zeitdifferenz in s	
	λ	Wärmeleitfähigkeit	
	A	Fläche in m^2	$[\lambda] = 1\dfrac{W}{K \cdot m}$
	ΔT	Temperaturdifferenz in K	
	Δx	Materialstärke in m	

	S	Leistung in W	$S = A\, \varepsilon\, \sigma\, (T_2^4 - T_1^4)$
	A	Fläche in m^2	
	ε	Emissionskoeffizient ($\varepsilon < 1$)	$\sigma = 5{,}67 \cdot 10^{-8}\dfrac{W}{m^2 K^4}$
	σ	Stefan-Boltzmann-Konstante	
	$T_{1,2}$	Temperaturen in K	

5 Harmonische Schwingungen

5.1 Ungedämpfte Schwingungen

Frequenz; Kreisfrequenz	f	Frequenz in Hz (Hertz)	$f = \dfrac{1}{T}\quad \omega = 2\,\pi\,f = \dfrac{2\,\pi}{T}$
	T	Periodendauer oder Schwingungszeit in s	
	ω	Kreisfrequenz	

Harmonische Schwingung	y	Momentanwert oder Augenblickswert	$y(t) = \hat{y}\,\sin(\omega_0 t + \varphi)$
	$\hat{y}$	Amplitude oder Spitzenwert	
	ω_0	Kreisfrequenz in 1/s	
	t	Zeit in s	
	φ	Phasenverschiebung in rad	

Fadenpendel mit kleiner Amplitude; Federpendel; elektrischer Schwingkreis	T	Periodendauer oder Schwingungszeit in s	$T = 2\,\pi\sqrt{\dfrac{l}{g}}$
	l	Länge des Fadenpendels in m	
	g	Erdbeschleunigung	
	m	Masse in kg	$T = 2\,\pi\sqrt{\dfrac{m}{c}}$
	c	Federkonstante in N/m	
	L	Induktivität einer Spule in H	$T = 2\,\pi\sqrt{LC}$
	C	Kapazität eines Kondensators in F	

5.2 Gedämpfte Schwingungen

Harmonische Schwingung

y Momentanwert oder Augenblickswert
$\hat{y}$ Amplitude oder Spitzenwert
δ Abklingkoeffizient in 1/s
ω Kreisfrequenz in 1/s
t Zeit in s

$$y(t) = \hat{y}\, e^{-\delta t} \sin(\omega t + \varphi)$$

Gütefaktor

Q Gütefaktor
ω_0 Kreisfrequenz, ungedämpft, in 1/s
δ Abklingkoeffizient in 1/s

$$Q = \frac{\omega_0}{2\,\delta}$$

Zeitkonstante

τ Zeitkonstante in s
δ Abklingkoeffizient in 1/s

$$\tau = \frac{1}{\delta}$$

Kreisfrequenz

ω Kreisfrequenz, gedämpft, 1/s
ω_0 Kreisfrequenz, ungedämpft, in 1/s
δ Abklingkoeffizient in 1/s

$$\omega = \sqrt{\omega_0^2 - \delta^2}$$

5.3 Erzwungene Schwingungen, Resonanz

Momentanwert der erzwungenen Schwingung

y Momentanwert oder Augenblickswert
$\hat{y}$ Amplitude oder Spitzenwert
Ω Kreisfrequenz des Erregers in 1/s
φ Phasenwinkel zwischen System und Kraft
t Zeit in s

$$y(t) = \hat{y}\sin(\Omega t + \varphi)$$

Amplitude als Funktion der Erregerfrequenz Ω

$F(t)$ angreifende Kraft in N
Ω Kreisfrequenz des Erregers in 1/s
m Masse des schwingenden Systems in kg
ω_0 Eigenkreisfrequenz des ungedämpften Systems in 1/s
δ Abklingkoeffizient in 1/s

$$F(t) = \hat{F} \cdot \cos(\Omega \cdot t)$$

$$\hat{y} = \frac{\hat{F}/m}{\sqrt{(\omega_0^2 - \Omega^2)^2 + (2\delta\,\Omega)^2}}$$

Phasenverschiebung zwischen System und Erreger

φ Phasenwinkel zwischen schwingendem System und angreifender Kraft
ω_0 Eigenkreisfrequenz des ungedämpften Systems in 1/s
δ Abklingkoeffizient in 1/s
Ω Kreisfrequenz des Erregers in 1/s

$$\tan\varphi = \frac{2\delta\,\omega_0}{(\omega_0^2 - \Omega^2)}$$

6 Wellen

6.1 Ausbreitung

Phasengeschwindigkeit

c Phasengeschwindigkeit in m/s
λ Wellenlänge in m
f Frequenz in Hz

$$c = \lambda f$$

Wellenzahl

k Wellenzahl in 1/m
λ Wellenlänge in m

$$k = \frac{2\pi}{\lambda}$$

Ausbreitung einer ebenen Welle in x-Richtung

y Momentanwert oder Augenblickswert
$\hat{y}$ Amplitude oder Spitzenwert
t Zeit in s
T Periodendauer oder Schwingungszeit in s
x Strecke in m
λ Wellenlänge in m
ω Kreisfrequenz in 1/s
k Wellenzahl in 1/m

$$y = \hat{y}\sin\left[2\pi\left(\frac{t}{T} - \frac{x}{\lambda}\right)\right]$$

$$y = \hat{y}\sin(\omega t - k x)$$

Stehende Wellen, Überlagerung zweier entgegengesetzt laufender Wellen gleicher Frequenz und gleicher Amplitude

y_{res} resultierende Auslenkung
$\hat{y}$ gleiche Amplitude der einzelnen Wellen
ω Kreisfrequenz in 1/s
t Zeit in s
k Wellenzahl in 1/m

$$y_{res} = 2\hat{y}\sin(\omega t)\cos(k x)$$

6.2 Reflexion, Brechung

Reflexionsgesetz

α Einfallswinkel
β Ausfallswinkel

$$\alpha = \beta$$

Brechungsgesetz

n Brechungsindex
c Phasengeschwindigkeit im Medium in m/s
c_0 Phasengeschwindigkeit im Vakuum ($\cong$ Luft) in m/s
α_1 Winkel im Medium 1
α_2 Winkel im Medium 2
c_1 Phasengeschwindigkeit im Medium 1 in m/s
c_2 Phasengeschwindigkeit im Medium 2 in m/s
n_1 Brechungsindex Medium 1
n_2 Brechungsindex Medium 2

$$n = \frac{c}{c_0}$$

$$\frac{\sin\alpha_1}{\sin\alpha_2} = \frac{c_1}{c_2} = \frac{n_2}{n_1}$$

6.3 Beugung

Einfachspalt Auslöschung tritt für die Winkel. α_{min} Intensitätsverteilung

m Ordnungszahl
b Breite des Spaltes
λ Wellenlänge
I_0 einfallende Intensität

$$\sin\alpha_{min} = \frac{m\lambda}{b},$$

$$m = 1, 2, 3 \ldots$$

$I_{\alpha Spalt}$ Intensität als Funktion des Winkels

$$I_{\alpha\,Spalt} = I_0 \frac{\sin^2\left(\dfrac{\pi b}{\lambda}\sin\alpha\right)}{\left(\dfrac{\pi b}{\lambda}\sin\alpha\right)^2}$$

Gitter maximale Verstärkung tritt auf für die Winkel. α_{min} **Intensitätsverteilung**

m	Ordnungszahl
g	Gitterkonstante, Abstand der einzelnen Spalte
b	Breite eines Spaltes im Gitter
λ	Wellenlänge
p	Anzahl der Strahlen, die zur Interferenz gelangen
$I_{\alpha\ Spalt}$	Intensität als Funktion des Winkels eines Spaltes
$I_{\alpha\ Gittert}$	Intensität als Funktion des Winkels des Gitters

Beugung am Gitter

$$\sin\alpha_{max} = \frac{n\lambda}{g},$$
$$m = 1, 2, 3\ldots$$

$$I_{\alpha\ Gitter} =$$

$$I_{\alpha\ Spalt} \cdot \frac{\sin^2\left(\dfrac{pg\,\pi}{\lambda}\sin\alpha\right)}{\sin^2\left(\dfrac{g\,\pi}{\lambda}\sin\alpha\right)}$$

Frequenz, die der Beobachter wahrnimmt. Quelle und Beobachter bewegen sich entsprechend der angegebenen Pfeilrichtungen

	Quelle	Beobachter			
Schall-Wellen	→	→	f_B	Frequenz, die der Beobachter wahrnimmt in Hz	$f_B = f_Q\dfrac{c - v_B}{c - v_Q}$
	→	←	f_Q	Frequenz der Quelle in Hz	$f_B = f_Q\dfrac{c + v_B}{c - v_Q}$
	←	→	c	Phasengeschwindigkeit der Welle in m/s	$f_B = f_Q\dfrac{c - v_B}{c + v_Q}$
	←	←	v_B	Geschwindigkeit des Beobachters in m/s	$f_B = f_Q\dfrac{c + v_B}{c + v_Q}$
Elektromagnetische Wellen	Annäherung von Quelle und Beobachter		v_Q	Geschwindigkeit der Quelle in m/s	
			c	Lichtgeschwindigkeit	$f_B = f_Q\sqrt{\dfrac{c + v}{c - v}}$
			v	Relativgeschwindigkeit zwischen Quelle und Beobachter	
	Entfernung von Quelle und Beobachter		f_B	Frequenz, die der Beobachter wahrnimmt in Hz	$f_B = f_Q\sqrt{\dfrac{c - v}{c + v}}$
			f_Q	Frequenz der Quelle in Hz	

7 Optik

7.1 Geometrische Optik, Abbildung durch Linsen

Brennweite einer Linse in Luft

f	Brennweite in m
n	Brechungsindex des Glases
r_1	Krümmungsradius auf einer Seite in m
r_2	Krümmungsradius auf der anderen Seite in m

$$\frac{1}{f} = (n-1)\left(\frac{1}{r_1} - \frac{1}{r_2}\right)$$

Bauformen

bi-konvex	plan-konvex	bi-konkav	plan-konkav
$r_1 > 0$	$r_1 = \infty$	$r_1 < 0$	$r_1 = \infty$
$r_2 < 0$	$r_2 < 0$	$r_2 > 0$	$r_2 > 0$
$f > 0$	$f > 0$	$f < 0$	$f < 0$

Linsenformel für dünne Linsen

b Bildweite, Abstand Bild zur Linsenmitte, in m

g Gegenstandsweite, Abstand Gegenstand zur Linsenmitte, in m

F Brennpunkt

Alle Größen links von der Linse sind negativ zu nehmen.

$$\frac{1}{f} = \frac{1}{b} + \frac{1}{-g}$$

Abbildungsmaßstab

β Abbildungsmaßstab

B Bildgröße

G Gegenstandsgröße

$$\beta = \frac{B}{G} = \frac{b}{g}$$

Brechkraft Dioptrie

D Dioptrie in 1/m

f Brennweite in m

$$D = \frac{1}{f}$$

7.2 Photometrie

Gesetz nach Stefan-Boltzmann

M_e insgesamt von einem schwarzen Strahler ausgesendete Strahlungsleistung in W/m²

T absolute Temperatur in K

σ Stefan-Boltzmann-Konstante

$$M_e(T) = \sigma \cdot T^4$$

$$\sigma = 5.670 \cdot 10^{-8} \, \frac{W}{m^2 K^4}$$

Wiensches Verschiebungsgesetz, gibt die Lage des Maximums der emittierten Strahlung eines Schwarzen Körpers an

λ_{max} Wellenlänge des Maximums der emittierten Strahlung in µm

T absolute Temperatur in K

$$\lambda_{max} \cdot T = const$$
$$= 2898 \, \mu m \, K$$

Plancksche Strahlungsformel, gibt die spektrale Strahldichte als Funktion der Wellenlänge und der Temperatur T an

$L_{e,\lambda}$ spektrale Strahlungsdichte als Funktion der Wellenlänge von

λ Wellenlänge der Strahlung in µm

T absolute Temperatur in K

Ω_0 Raumwinkel

c_1, c_2 Zusammenfassung von Naturkonstanten

$$c_1 = 2\,hc^2 = 1{,}191 \cdot 10^{-16} \, Wm^2$$

$$c_2 = \frac{hc^2}{k} = 1{,}439 \cdot 10^{-2} \, mK$$

h Plancksches Wirkungsquantum

$h = 6{,}626 \cdot 10^{-34} \, Js$

k Boltzmann-Konstante

$k = 1{,}381 \cdot 10^{-23} \, J/K$

$$L_{e,\lambda}(\lambda, T) =$$
$$\frac{c_1}{\lambda^5} \frac{1}{e^{c_2/\lambda T} - 1} \frac{1}{\Omega_0}$$

8 Naturkonstante

Avogadro-Konstante	N_A	$6{,}0221367 \cdot 10^{23}$ mol^{-1}
Boltzmann-Konstante	k	$1{,}380658 \cdot 10^{-23}$ J/K
Elektrische Feldkonstante	ε_0	$8{,}8541878 \cdot 10^{-12}$ As/(Vm)
Elementarladung	e_0	$1{,}60218 \cdot 10^{-19}$ As
Gravitationskonstante	γ	$6{,}67259 \cdot 10^{-11}$ N m^2/kg^2
Lichtgeschwindigkeit im Vakuum	c	$2{,}99792458 \cdot 10^{8}$ m/s
Magnetische Feld- konstante	μ_0	$4\,\pi \cdot 10^{-7}$ (Vs)/(Am)
Plancksches Wirkungsquantum	h	$6{,}62607 \cdot 10^{-34}$ Js
Ruhemasse des Elektrons	m_{0e}	$9{,}1093897 \cdot 10^{-31}$ kg
Ruhemasse des Protons	m_{0P}	$1{,}6726231 \cdot 10^{-27}$ kg
Stefan-Boltzmann- Konstante	σ	$5{,}67051 \cdot 10^{-8}$ W/(m^2 K^4)
Universelle Gaskonstante	R	$8{,}31441$ J/(mol K)

1 Stoffe

1.1 Eigenschaften der Stoffe

Werkstoffe

Der Begriff der Stoffe wird auf die in der Praxis nutzbaren *Werkstoffe* begrenzt. In der Elektrotechnik werden Werkstoffe vorwiegend durch elektrische und magnetische Felder beansprucht.
Von den zurzeit bekannten 104 Elementen sind die meisten Metalle.

Nichtmetalle
Halbmetalle

Nur 15 Elemente zählen zu den *Nichtmetallen* und etwa 8 Elemente fallen unter die heute besonders interessanten *Halbmetalle* oder *Übergangselemente*.

1.2 Atombau und Periodensystem

Orbitalmodell
Spin

Bohrsches Atommodell

Hauptquantenzahl

Nebenquantenzahl

PSE

Atome bestehen aus dem Atomkern mit *Protonen* und (Ausnahme Wasserstoff) *Neutronen* sowie der Atomhülle mit *Elektronen*. Wenngleich das *Orbitalmodell* die Aufenthaltsräume der Elektronen als räumliche Oszillatoren, mit 2 Elektronen entgegengesetzten *Spins* je Orbital nach *Pauli*, genau beschreibt, genügt für die meisten Betrachtungen das *Bohrsche Atommodell*, mit der Näherungsvorstellung von Kugelschalen für die Elektronenhüllen. In der klassischen Beschreibung werden den 7 möglichen Elektronenschalen die Buchstaben K bis Q zugeordnet, die den *Hauptquantenzahlen* 1 bis 7 mit ihren *Hauptenergieniveaus* entsprechen. Die weitere Unterteilung in *Unterenergieniveaus* erfolgt durch die *Nebenquantenzahlen* mit den Buchstaben s, p, d, und f. Ordnet man die Elemente nach der Zahl der Protonen im Kern, so gelangt man zum *Periodensystem der Elemente* (PSE). Das Periodensystem wird in *Perioden* I...VII entsprechend den 7 Schalen K...Q waagerecht und 8 *Hauptgruppen* sowie den *Nebengruppen* senkrecht aufgeteilt.

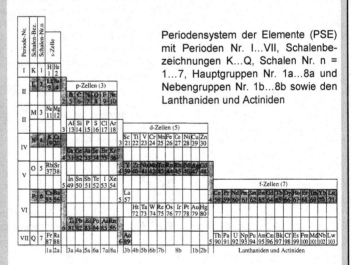

Periodensystem der Elemente (PSE) mit Perioden Nr. I...VII, Schalenbezeichnungen K...Q, Schalen Nr. n = 1...7, Hauptgruppen Nr. 1a...8a und Nebengruppen Nr. 1b...8b sowie den Lanthaniden und Actiniden

Übergangselemente

Die Metalle, als Mehrzahl der Elemente, sind links und unten im PSE, die Nichtmetalle rechts oben zu finden. Die Halbmetalle, auch *Übergangselemente* genannt, bilden die Grenze.

HAUPTGRUPPEN

Metalle — Übergangselemente
Nichtmetalle — Edelgase

Kurzform des Periodensystems der Elemente (nur Hauptgruppen)

1.3 Aufbau der festen Körper

Feste Stoffe basieren auf Bindungskräften in den Atomhüllen. Die Bindungsarten sind:

Ionen-Bindung
Atom-Bindung

1) *Ionen-* oder *heteropolare Bindung* durch Ladungsaustausch.
2) *Atom-*, *homöopolare oder kovalente Bindung* mit gemeinsamen Elektronen(paaren) benachbarter Atome.

Metallische Bindung

3) *Metallische Bindung* mit Abgabe von Leitungselektronen (Elektronengas).

Van-der-Waals-Bindung

4) *Van-der-Waals-* oder *zwischenmolekulare Bindung* über Dipolbildung benachbarter Teilchen.

Führen die Bindungskräfte zu räumlich regelmäßigen Strukturen, entstehen Kristalle, im anderen Fall heißt der Körper amorph.

Polykristall
Einkristall
Elementarzelle
Kristallgitter:

Die Zusammenlagerung vieler (kleiner) Kristalle liefert *Polykristalle*, sehr große, gleichmäßig gewachsene Kristalle heißen *Einkristalle*.
Die kleinste Einheit der Kristallstruktur ist die *Elementarzelle* (*EZ*), deren Vielfaches im Raum führt zum *Raum-* oder *Kristallgitter*. Die metallografisch wichtigsten Elementarzellen sind

kp
krz
kfz
hdp
dia

1) *Kubisch primitive EZ* (*kp*)
2) *Kubisch-raumzentrierte EZ* (*krz*)
3) *Kubisch-flächenzentrierte EZ* (*kfz*)
4) *Hexagonal dichteste Packung* (*hdp*)
5) *Diamantgitter* (*dia*)

Würfel / kp

1)

+ 1 Atom in Raummitte / krz

2)

+ 1 Atom in jeder Flächenmitte / kfz

3)

hdp / 4)

Elementarzellen mit Gitterkonstanten a, b, c
(Erläuterungen siehe oben)

5)

Diamantgitter: Entstehung des Diamantgitters aus zwei ineinander gestellten kfz-Gittern. Der Versatz der kfz-Gitter beträgt eine ¼ Raum-Diagonale.

Gitterfehler

Unregelmäßiger Aufbau der Kristallgitter führt zu Gitterfehlern, bei denen man *nulldimensionale* (Leerstellen, Frenkel-Defekt), *eindimensionale* (Versetzungen) und *zweidimensionale* (Korngrenzen) *Fehler* unterscheidet.

1.4 Chemische Grund-
zusammenhänge

Anorganische Stoffe

Organische Stoffe

Analyse; Synthese
Reaktionsgleichung

Atome vermögen über die Valenzelektronen miteinander zu reagieren. *Anorganische* Stoffe liegen vor, wenn die Ionenbindungen überwiegen. Ist das Kohlenstoffatom mit überwiegend kovalenter Bindung im Mittelpunkt, handelt es sich um *organische* Stoffe. Das gleichfalls vierwertige Silicium bildet die *Silicone*.

Bei der Untersuchung, *Analyse*, und dem Aufbau, *Synthese*, von Stoffen bedient sich die Chemie der *Formelsprache* und der *Reaktionsgleichungen* unter Benutzung der Elementsymbole, z. B.:

$$C_2H_5OH \quad + \quad 3O_2 \quad \rightarrow \quad 2CO_2 \quad + \quad 3H_2O$$

1 Mol	+	3 Mol	→	2 Mol	+	3 Mol
Ethanol		Sauerstoff		Kohlendioxid		Wasser

Oxydation
Reduktion
Redox-Reaktion
Hydroxide
Basen, Säuren

J. N. Brönsted, dänischer
Chemiker (1879–1947)
Protolyse

Oxydation ist allgemein die Elektronenabgabe und *Reduktion* die Elektronenaufnahme eines Moleküles oder Ions. Die zwangsweise Verkopplung beider Vorgänge ist die *Redox-Reaktion*.

Metalloxide können mit Wasser *Hydroxide* bilden, einwertige OH-Gruppe, *Basen* oder Laugen. Nichtmetalloxide bilden mit Wasser *Säuren*, mit Säurewasserstoff und nicht selbständig beständigem Säurerest oder *Radikal*. Nach *Brönstedt* Säuren *Protonenspender* und Basen *Protonenfänger*. Die Protonenübergangsreaktion nennt man *Protolyse*. Der in geringem Umfang im Wasser stattfindenden *Autoprotolyse* liegt nach *Brönstedt* folgende Reaktion zugrunde:

$$H_2O + H_2O \quad \rightarrow \quad H_3O^+ \quad + \quad OH^-$$

Wasser	→	Hydroniumion	+	Hydroxidion

Ionenprodukt

Das Produkt der Ionenkonzentrationen muss als *Ionenprodukt des Wassers* mit 10^{-14} mol^2/l^2 bei Zugabe von Säuren oder Basen konstant bleiben, es verschieben sich lediglich die Konzentrationsverhältnisse. „Drehpunkt" dieses Geschehens ist der Zahlenwert 10^{-7} der H_3O-Konzentration. Der negative dekadische Logarithmus dieser Konzentration ist der *pH-Wert*, mit dem „sauer": pH < 7, neutral: pH = 7 und „basisch": pH > 7 exakt beurteilt werden können.

pH-Wert

← Zunahme der Säurewirkung – | | – Zunahme der Basenwirkung →

0	1	2	3	4	5	6	7	8	9	10	11	12	13	14

pH-Skala

1.5 Elektrochemie

Dissoziation

Elektrolyse

Lösungsdruck

Kationen und Anionen sind im Wasser dissoziiert und wirken dadurch als *Leiter 2. Ordnung*, bei denen mit dem Stromdurchgang ein Materietransport erfolgt. Nach Ladungsausgleich, *Elektrolyse*, ist der Stoff elementar verfügbar. Das Bestreben eines Metalles, in Lösung zu gehen, nennt man *Lösungsdruck*. Er kann als Spannung in Volt gemessen werden und führt zur elektrochemischen *Spannungsreihe*.

Ion	Cs$^+$	Li$^+$	Ba^{++}	Mg^{++}	Al^{+++}	Zn^{++}	Fe^{++}	H$^+$	Cu^{++}	Ag$^+$	Hg^{++}	Au^{++}
Volt	-3,02	-3,02	-2,90	-2,34	-1,67	-0,76	-0,44	0,0	+ 0,34	+ 0,80	+ 0,85	+ 1,68

Normalpotenziale bezogen auf die Normal-Wasserstoffelektrode. Elektrochemische Spannungsreihe nach *Pauling*.

Werkstoffkunde
Elektrische Leitfähigkeit

2 Elektrische Leitfähigkeit

2.1 Leitungsmechanismus

Leiter 1. Ordnung

Leitfähigkeit

Beweglichkeit

Driftgeschwindigkeit

Metallische Leiter sind *Leiter 1. Ordnung*. Mit dem Stromfluss ist kein Materietransport verbunden. Für die *Leitfähigkeit* (γ) sind Teilchenladung (e), Beweglichkeit (μ) und Teilchenanzahl (n) maßgebend. Die *Beweglichkeit μ* der Ladungsträger ist die pro Einheit der elektrischen Feldstärke bewirkte *Driftgeschwindigkeit*.

$$\gamma = e\,(n_n \cdot \mu_n + n_p \cdot \mu_p)$$

γ	e	n	μ
S/cm	As	cm^{-3}	cm/Vs

Energiebänder
Leitungsband; Valenzband
Verbotene Zone

Im normalen elektrischen Leiter transportieren nur negative Elektronen den Strom, damit entfällt der Term mit den p-Indizes. Die Tabelle zeigt die Daten für einige typische Materialien. Im Kristallgitter eines Festkörpers spreizen die Energieniveaus der Elektronen zu *Energiebändern* auf. Neben *Leitungs*- und *Valenzband* existieren verbotene *Zonen*. Die statistische Energieverteilung der Elektronen im Valenzband führte zu der Bezeichnung *Elektronengas*.

Material	$\dfrac{\gamma}{S/cm}$	$\dfrac{n_n}{cm^{-3}}$	$\dfrac{\mu_n}{cm^2/Vs}$
Cu	$58 \cdot 10^4$	$8{,}45 \cdot 10^{22}$	43
Al	$34{,}5 \cdot 10^4$	$6{,}0 \cdot 10^{22}$	36
Ag	$61{,}4 \cdot 10^4$	$5{,}87 \cdot 10^{22}$	65
Ge	$2{,}3 \cdot 10^{-2}$	$2{,}4 \cdot 10^{13}$	3 600
Si	$4{,}35 \cdot 10^{-6}$	$1{,}5 \cdot 10^{10}$	1 400
InSb	$3{,}5 \cdot 10^{-2}$	$2{,}8 \cdot 10^{16}$	78 000

Elektrische Leitfähigkeit γ, Elektronenkonzentration n_n und Elektronenbeweglichkeit μ_n bei Raumtemperatur

Fermifunktion

W_3 ───── Leitungsband

verbotene Zone

W_2 ─⊖⊖─ Valenzband

W_1 ─⊖⊖─

Energiebänder durch Aufspaltung der Energieniveaus.
⊖⊖ durch Elektronen besetzte Niveaus

Die Verteilungsstatistik $F(W)$ wird durch die Fermifunktion beschrieben.

$$F(W) = \frac{1}{1 + e^{\left(\dfrac{W - W_F}{kT}\right)}}$$

W = Energie für die Wahrscheinlichkeit $F(W)$, W_F = Ferminiveau, kT = Boltzmann-Konstante ($1{,}238 \cdot 10^{-28}$ Ws/K) mal absoluter Temperatur in K

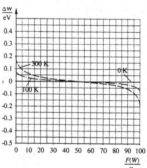

Fermifunktion $F(W)$ für die Temperaturen 0 K (——), 100 K (─·─·) und 300 K (─ ─ ─)

2.2 Isolator

Isolator

Die Breite der verbotenen Zone ist wesentlich für die Leitungseigenschaften eines Stoffes. Ein Bandabstand von $\Delta W_B \geq 2$ eV ist typisch für *Isolatoren*.

Die punktierte Linie für 600 K zeigt aber auch die zunehmende Möglichkeit von Elektronenübergängen und damit die Gefahr eines thermischen Durchschlags auf! Die ausgezogene Linie entspricht 300 K, d. h. üblicher Raumtemperatur.

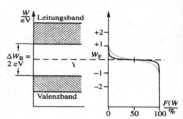

Bandschema Isolator (Prinzipbeispiel) W_F = Ferminiveau, – ≙ 300 K und ... ≙ 600 K

2.3 Halbleiter

Halbleiter

Defektelektronen; Löcher

Dotierung

Bei einem Bandabstand ΔW_B < 1 eV kann eine genügende Anzahl von Ladungsträgern in das Leitungsband übertreten. Dies ist der Fall beim *Halbleiter*. Im reinen Zustand liegt das Ferminiveau genau mittig in der verbotenen Zone. Leitfähigkeit ist über Elektronen (n), im Leitungsband, und über *Defektelektronen* oder *Löcher* (p) im Valenzband möglich. Die Leitfähigkeit kann durch Temperaturerhöhung oder Verschiebung des Ferminiveaus (*Dotierung*) beeinflusst werden. Beim absoluten Nullpunkt verschwindet die Leitfähigkeit der Halbleiter.

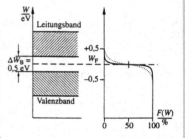

Bandschema Halbleiter (Prinzipbeispiel) W_F = Ferminiveau, – ≙ 300 K und ... ≙ 600 K

2.4 Normalleiter

Negative verbotene Zone

Beim metallischen Leiter sind Bänder unvollständig besetzt, oder Leitungs- und Valenzband überlappen, die *verbotene Zone* ist *negativ*, das Ferminiveau liegt innerhalb des Leitungsbandes.

Mit sinkender Temperatur und steigender Beweglichkeit der Teilchen nimmt die Leitfähigkeit bis zum absoluten Nullpunkt um etwa 4 Zehnerpotenzen zu.

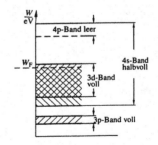

Überlappende Bänder. Beispiel Kupfer. Das voll besetzte 3d-Band liegt innerhalb des halb besetzten 4s-Bandes

2.5 Supraleiter

Supraleitung
Sprungtemperatur

Bei sehr tiefen Temperaturen steigt die Leitfähigkeit bei manchen Stoffen schlagartig um mehr als 20 Zehnerpotenzen. Es tritt *Supraleitung* ein, und die Temperatur heißt *Sprungtemperatur* T_c.
Reine Metalle $T_c < 10$ K (Heliumkühlung)
Legierungen $T_c \approx 20$ K (Wasserstoffkühlung, Siedepunkt H: 20 K bzw. − 253 °C)
Mischoxide $T_c \approx 75$ K (Stickstoffkühlung, Siedepunkt N: 77 K bzw. − 196 °C)

Ma-terial	Ga	Al	Sn	Pb	Nb	NbTi	Nb$_3$Sn	Nb$_3$Ga	Nb-Al-Ge	Se-Ba-Cu-O
T_c /K	1,1	1,1	3,7	7,3	9,2	10	18	20.3	21	> 35...90

Sprungtemperaturen einiger Basismaterialien für Supraleiter

SL 1. Art
SL 2. Art
SL 3. Art

Kritische Stromdichte

Sehr starke magnetische Felder (H_c), auch vom Strom im Supraleiter (SL), heben die Supraleitung auf.
Weiche SL oder *SL 1. Art*: $H_c < 0{,}1$ MA/m.
Harte SL oder *SL 2. Art* $H_c > 10$ MA/m.
Hochfeld SL oder *SL 3. Art* sind für den praktischen Betrieb stabilisierte SL.
Allgemein *kritische Stromdichte* S_c wichtiger als H_c. Paarweise spinkompensierte Elektronen bewirken als *Cooper-Paare* Ringströme an der Leiteroberfläche, die zu einem magnetfeldfreien Raum im SL führen, d. h. $\mu_r = 0$!

2.6 Halleffekt

Hallspannung
Hallkonstante

Die Driftgeschwindigkeit bewegter Ladungsträger führt zu deren Ablenkung in einem Magnetfeld. Quer zum Stromfluss tritt die *Hallspannung* U_H auf. Die *Hallkonstante* $R_H = A \cdot \mu/\gamma$ ist von der Beweglichkeit μ und der Leitfähigkeit γ abhängig. ($A = 1$ für normale Leiter und $3\pi/8$ für Halbleiter.)

$$U_H = R_H \frac{B}{d} I$$

$$\frac{U \mid B \mid d \mid I \mid R_H \mid}{V \mid T \mid mm \mid A \mid cm^3/As \mid}$$

Hallwinkel

Die Ablenkung der Strombahnen durch das Magnetfeld führt zum *Hallwinkel* Θ_H. Er ist nur von der Beweglichkeit der Ladungsträger (μ_n oder μ_p) und der magnetischen Flussdichte abhängig.

Hallgenerator

Feldplatte

Bei eingeprägtem Strom I liefert der *Hallgenerator* über U_H ein Maß für die magnetische Flussdichte B und über das Vorzeichen von U_H Aufschluss über die Polarität des Magnetfeldes. Magnetische Wechselfelder liefern eine Wechselspannung. Der Hallwinkel verlängert die Stromflussbahnen, woraus ein erhöhter Widerstand resultiert, der in der *Feldplatte* genutzt wird.

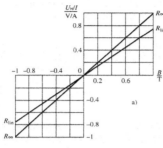

Normierte Hallspannung in Abhängigkeit vom Magnetfeld. Im Leerlauf (R_∞) und optimal linearem Abschluss R_{lin}.

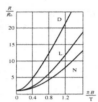

Relativer Widerstand in Abhängigkeit vom Magnetfeld für InSb-NiSb-Feldplatten.
D: $\gamma = 200$ S/cm
L: $\gamma = 550$ S/cm
N: $\gamma = 880$ S/cm

3 Elektrische Leiter

3.1 Normalleiter

Leitkupfer

Für *Leitkupfer* ist der Mindestwert der elektrischen Leitfähigkeit γ (gemäß DIN EN 13604) $57 \cdot 10^6$ S/m bzw. der spezifische Widerstand ρ $0{,}0175 \cdot 10^{-6}$ $\Omega \cdot$m. Je nach Reinheit kann die elektrische Leitfähigkeit von 60 bis $55 \cdot 10^6$ S/m schwanken. Deshalb nur *elektrolytisch raffiniertes E-Kupfer* (Werkstoffnummer 2.0060) oder *sauerstofffreies SE-Kupfer* (Werkstoffnummer 2.0070). Metallische Leiter sind *Kaltleiter*. d. h. der Widerstand steigt mit der Temperatur, PTC (engl.: positiv temperature coefficient). Metallfilmwiderstände weisen einen geringen Temperaturkoeffizienten ($\alpha \cong 0{,}02 \ldots 0{,}005$ %/°C) und hohe Langzeitstabilität auf.

E-Kupfer
Kaltleiter

3.2 Halbleiter

Intrinsicdichte

Eigenleitfähigkeit

Die rein thermisch erzeugte n_n- bzw. n_p-Teilchendichte heißt *Intrinsicdichte* oder *Intrinsiczahl* n_i. Aus der Intrisiczahl folgt die *Intrinsic-* oder *Eigenleitfähigkeit* γ_i. Die Grunddaten für Germanium (Ge) und Silicium (Si) sind in der Tabelle zusammengestellt. Wegen der Abhängigkeit der Leitfähigkeit vom Reinheitsgrad kann über die Messung der Leitfähigkeit eines Halbleiters der Reinheitsgrad bestimmt werden.

$$n_i \cdot n_p = n_i^2$$

$$\gamma_i = e n_i (\mu_n + \mu_p)$$

$$\left| \frac{\gamma}{S/cm} \right| \frac{e}{As} \left| \frac{n}{cm^{-3}} \right| \frac{\mu}{cm^2/Vs} \right|$$

Dotieren

Dotieren ist die Änderung der Leitfähigkeit eines hochreinen Halbleiters durch Einbringen von Fremdatomen mit einem anderen Ferminiveau als dem des Halbleiters.

Intrinsiczahlen und Ladungsträgerbeweglichkeiten von Germanium (Ge) und Silizium (Si)

Material	$\dfrac{n_i}{cm^{-3}}$	$\dfrac{\mu_n}{cm^2/Vs}$	$\dfrac{\mu_p}{cm^2/Vs}$
Ge	$2,4 \cdot 10^{13}$	3900	1900
Si	$1,5 \cdot 10^{10}$	1350	850

n-Dotierung
n-Leitung
p-Dotierung
Akzeptor
p-Leitung
Defekt(elektronen)-leitung

Liegt das eingebrachte Ferminiveau nahe dem Leitungsband, ergibt sich *n-Dotierung*, auch *Überschuss-* oder *n-Leitung* genannt. Liegt das Ferminiveau der Fremdatome nahe dem Valenzband, so genannte *p-Dotierung*, werden durch diesen *Akzeptor* Elektronen aus dem Valenzband abgezogen und es entsteht *p-Leitung* oder *Defekt(elektronen)leitung*.

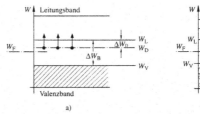

☐ Leitungsband, ▨ Valenzband Wirtsatome, ▨ Valenzband Fremdatome, • Elektronen, W_L, W_V Leitungs- bzw. Valenzbandkanten der Wirtsatome, W_F Fermi-Niveau, ΔW_B Bandabstand der Wirtsatome, W_D Donatorniveau, ΔW_D Donatorabstand, W_A Akzeptorniveau und ΔW_A Akzeptorabstand

Dotierung (schematisch) a) Bandschema eines Überschussleiters, n-Leitung b) Bandschema eines Defektelektronenleiters, p-Leitung

Halbleiter finden sich vorzugsweise in der 4. Hauptgruppe (IVa) des Periodensystems (Bilder Kap. 1.2). Bringt man Elemente der III. und V. Hauptgruppe des Periodensystems geeignet zusammen, so ist bei derartigen *III-V-Verbindungen* oder *Verbindungshalbleitern* wieder eine ähnliche Konfiguration der Valenzelektronen wie bei Elementhalbleitern möglich.

III-V-Verbindungen
Verbindungshalbleiter

3.3 Supraleiter

Querschnittsverhältnis

Supraleitendes Material wird zur Stabilisierung in einen normal leitenden Träger (Substrat) auf Cu-Basis (z. B. Cu-Ni-Matrix) eingebracht. Die dadurch bedingte Aufteilung des Leiters in Normal- und Supraleiter wird durch das *Querschnittsverhältnis* α beschrieben.

$\alpha = q_{Cu}/q_{SL}$
q_{Cu} = Kupferquerschnitt
q_{SL} = Supraleiterquerschnitt

Legierungen erreichen mit Sprungtemperaturen um 20 K den Bereich der Wasserstoffkühlung (Sdp. H: 20 K bzw.-253 °C). Die in den letzten Jahren entwickelten Mischoxide auf der Basis Seltene-Erden-Barium-Kupfer (SE-Ba-Cu-O) gelangen bereits in den Bereich der Stickstoffkühlung (Sdp. N: 77 K bzw. − 196 °C (siehe auch Tabelle Kap. 2.5).

4 Magnetische Leitfähigkeit

4.1 Modellvorstellung

Bohrsches Magneton

Magnetischer Dipol
Magnetisches Moment

Bahnmoment
Spinmoment

Die magnetische Grundgröße ist das *Bohrsche Magneton* μ_B. Mit Nord- und Südpol ist es ein *magnetischer Dipol*, auch *magnetisches Moment* genannt. Für Drehbewegungen im Magnetfeld ist das *magnetische (Dipol)Moment* m_B entscheidend. Von den Elektronenbahnen ist es als *Bahnmoment* und von den Elektronenspins als *Spinmoment* wirksam.
Alle für den praktischen Gebrauch bedeutsamen magnetischen Erscheinungen der Materie gehen auf die Überlagerung von Bahn- und Spinmomenten zurück.

$\mu_B = 9{,}27 \cdot 10^{-24}\ Am^2$
$(1\ Am^2 = 1\ J/T)$

4.2 Verhalten von Materie im Magnetfeld

Permeabilität
Suszeptibilität

Die Messzahl für die magnetische Leitfähigkeit eines Werkstoffes ist entweder die *Permeabilität* μ oder die (magnetische) *Suszeptibilität* κ_m. Unter Verzicht auf die Vektorkennzeichnung der Flussdichte B und der magnetischen Feldstärke H gilt im freien Raum →

Für den materieerfüllten Raum ist eine multiplikative oder additive Beschreibung möglich:

$$\mu_r \cdot \mu_0 \cdot H = B = \mu_0 \cdot H + J \qquad J = B - \mu_0 \cdot H$$

$$\mu_r = 1 + \kappa_m$$

$B = \mu_0 \cdot H$

$$\left| \frac{B}{T} \right| \left. \frac{H}{A/m} \right| \left. \frac{\mu_0}{Vs/Am} \right|$$

$\mu_0 = 1{,}26 \cdot 10^{-6}$
Vs/Am (bzw. H/m)

Magnetische Polarisation

Magnetisierung

J ist die mit B dimensionsgleiche *magnetische Polarisation*.
Die Polarisation J gibt den auf die Materie entfallenden Flussdichteanteil an. Der dafür notwendige Feldstärkeanteil ist die *Magnetisierung M*.

$M = J/\mu_0$

Werkstoffkunde
Magnetische Leitfähigkeit

Diamagnetismus

Die einfachste Form des Magnetismus, die in allen Stoffen vorkommt, ist ein über die Elektronenbahnen induziertes magnetisches Moment, das dem erzeugenden Feld entgegengerichtet ist. Tritt nur dieser Effekt auf, ist der Stoff *diamagnetisch*, κ_m ist negativ mit etwa -10^{-6}, μ_r praktisch gleich 1.

Paramagnetismus

Die magnetischen Momente im atomaren Bereich sind unvollständig kompensiert. $\kappa_m = 10^{-5}...10^{-3}$, $\mu_r \cong 1$. *Paramagnetismus* ist temperaturabhängig.

Ferromagnetismus
  Weiss'sche Bezirke
  Austauschkräfte
  Curie-Temperatur

Die magnetischen Momente sind über größere Bereiche, *Weiss'sche Bezirke* oder *Domänen* gleichorientiert, um sich erst dann zu kompensieren. Dieser durch *Austauschkräfte* bewirkte Ausnahmezustand in der Ordnung der Spinmomente wird bei der *Curie-Temperatur* T_c aufgehoben. Der Stoff ist dann paramagnetisch. *Ferromagnetika* erreichen praktisch zahlenwertgleiche κ_m- bzw. μ_r-Werte.

Antiferromagnetismus

  Néel-Temperatur

Eine paarweise antiparallele Ordnung der magnetischen Momente im Gitter durch die *Austauschkräfte* führt zu *Antiferromagnetismus* und lässt den Stoff nach außen paramagnetisch erscheinen. Die thermische Zerstörung dieses Zustandes erfolgt bei der *Néel-Temperatur*.

Magnetische Momente im kubischen Gitter	vereinfachte Darstellung	Bezeichnung	μ_r	κ_m
		dia-magnetisch	< 1 (≈ 1)	< 0 (≈ 0)
	$\wedge\!\wedge\!\!-\!\!\vee$	para-magnetisch	> 1 (≈ 1)	> 0 (≈ 0)
	↑↑↑↑↑↑↑↑↑	ferro-magnetisch	⋙ 1	⋙ 0
	↑↓↑↓↑↓↑↓↑	antiferro-magnetisch	> 1 (≈ 1)	> 0 (≈ 0)
	↑↓↑↓↑↓↑↓↑	ferri-magnetisch	⋙ 1	⋙ 0

Ordnungszustände magnetischer Momente (schematische Übersicht). ↑ magnetisches Moment mit relativer Größe und Richtung

Ferrimagnetismus

Bei antiparalleler Ausrichtung ungleichgroßer magnetischer Momente verbleibt ein resultierendes magnetisches Moment mit ähnlicher Wirkung wie bei ferromagnetischen Materialien. Dieser unvollständig kompensierte Antiferromagnetismus heißt *Ferrimagnetismus*. κ_m und μ_r sind nicht ganz so groß wie bei Ferromagnetika.

4.3 Magnetisierung

Wandverschiebungen

Die Ausrichtung der Weiss'schen Bezirke erfolgt durch Wandverschiebungen und Drehprozesse. Bei kleinen Feldstärken treten (Bloch)Wandverschiebungen auf. *Irreversible* und *reversible Drehungen* (Barkhausensprünge) sind Reaktionen auf zunehmende Feldstärken.

Irreversible Drehungen; Reversible Drehungen

Stufen der Magnetisierung
a) ungestörter Zustand
b) Wandverschiebung
c) irreversible Drehung
d) reversible Drehung;
H magnetisierendes Feld zunehmender Stärke

4.4 Magnetisierungskurve

Magnetisierungskurve; Hysteresekurve; Kommutierungskurve

Der nur experimentell zu ermittelnde nichtlineare Zusammenhang zwischen H und B wird durch die *Magnetisierungs-* oder *Hysteresekurve* beschrieben. Die *Neu-* oder *Kommutierungskurve* wird zunächst durch Wandverschiebungen, im Hauptteil durch irreversible und bis zur Sättigung durch reversible Drehungen bestimmt. Bei verschwindender Feldstärke sinkt die Flussdichte gegen die *Remanenzflussdichte* B_r ab. $B = 0$ kann nur über die entgegengesetzt gerichtete *Koerzitivfeldstärke* $- H_c$ erreicht werden.

Remanenzflussdichte

Koerzitivfeldstärke

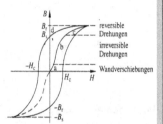

Grundsätzlicher Verlauf und Entstehung einer Hystereseschleife

Entmagnetisierung

Der Koordinatenursprung ist nur mittels *Entmagnetisierung* über eine abklingende Wechselmagnetisierung zu erreichen.

Verlustfläche

Das Integral der Funktion B von H stellt eine *Verlustfläche* dar, die mit jedem Durchlauf wirksam wird und damit der Frequenz proportional ist. Die auf die Masse bezogene *Hysterese-Verlustleistung* ist p_h, wobei A die der Hystereseschleifenfläche entsprechenden Verluste angibt.

Hysterese-Verlustleistung

$$p_h = \frac{A \cdot f}{\rho} \quad \left| \frac{p_h}{W/kg} \right| \frac{A}{Ws/m^3} \left| \frac{f}{s^{-1}} \right| \frac{\rho}{kg/m^3} $$

Wirbelstromverluste

Die elektrische Leitfähigkeit γ der magnetischen Werkstoffe führt zu *Wirbelstromverlusten* p_w. Für dünne Bleche und sinusförmige Flussdichte gilt:

$$p_w = 1{,}64 \frac{\gamma}{\rho} \left(\hat{B} \cdot f \cdot d \right)^2 \quad \left| \frac{p_w}{W/kg} \right| \frac{\gamma}{S/m} \left| \frac{\rho}{kg/m^3} \right| \frac{B}{T} \left| \frac{f}{s^{-1}} \right| \frac{d}{m} $$

Die Verluste werden im Allgemeinen zusammengefasst zu $p = p_h + p_w$, wobei die Flussdichte $\hat{B} = 1{,}0$ bzw. $1{,}50$ T genormt ist.

4.5 Permeabilität

Permeabilität

Die *Permeabilität* μ gibt den zahlenmäßigen Zusammenhang zwischen Flussdichte B und Feldstärke H an. Δ ist die zur jeweiligen Definition gehörige Differenz. μ_r ist eine weiter zu definierende unbenannte Zahl.

$$\mu = \mu_0 \cdot \mu_r = \frac{\Delta B}{\Delta H}$$

$$\mu_0 = 4 \cdot \pi \cdot 10^{-7}\,\frac{V \cdot s}{A \cdot m}$$

$$= 1{,}256 \cdot 10^{-6}\,\frac{H}{m}$$

Anfangspermeabilität

μ_A oder μ_i (engl.) = Steigung der Neukurve im Ursprung bei verschwindender Aussteuerung. $\hat{H}$ = 4 mA/cm (daher auch μ_4). 4 mA/cm = 5mOe daher μ_5 in älteren Unterlagen.

$$\mu_A = \mu_i = \frac{1}{\mu_0} \cdot \frac{\hat{B}}{\hat{H}}\bigg|_{\hat{H} \to 0}$$

Wechselfeldpermeabilität

$\mu_\sim$ = Steigung bei großer Aussteuerung, $\mu_\sim$ entspricht der üblichen Permeabilitätszahl μ_r. Ist zusätzlich zur Wechselfeldaussteuerung noch ein magnetisches Gleichfeld H = vorhanden, ergibt sich die Überlagerungspermeabiltät (siehe auch μ_{rev}).

$$\mu_\sim = \frac{1}{\mu_0} \cdot \frac{\hat{B}}{\hat{H}}\bigg|_{\hat{H} \text{ groß}}$$

Reversible Permeabilität

μ_{rev} = Steigung innerhalb der Hystereseschleife, d. h. bei Gleichstromvormagnetisierung. ΔB und ΔH liegen innerhalb der Hystereseschleife. Beim eigenen Magnetfeld eines Dauermagneten liegt der Sonderfall der *permanenten Permeabilität* μ_{perm} vor. Die permanente Permeabiltät sollte gegen 1 gehen.

$$\mu_{rev} = \frac{1}{\mu_0} \cdot \frac{\Delta B}{\Delta H}\bigg|_{\Delta H \to 0. \, H_0 \neq 0}$$

Permanente Permeabilität

5 Magnetika

Magnetika

Bei den *Magnetika* werden vom Werkstoff her Metalle und deren Legierungen sowie Metalloxide (Ferrite) und nach den Anwendungseigenschaften Weich- und Hartmagnetika (Dauermagnete) unterschieden. *Ferrite* der Elektrotechnik sind chemische Verbindungen des Eisen(III)-oxids Fe_2O_3 mit zweiwertigen Metalloxiden (M″O) vom allgemeinen Typus M″O·Fe_2O_3.

Ferrite

5.1 Weichmagnetika

Eisen

Weichmagnetische Werkstoffe sind durch eine Koerzitivfeldstärke H_c < 1 kA/m gekennzeichnet. *Eisen* ist mit verschiedenen Legierungszusätzen wie Si, Ni, Mo u. a. der wichtigste magnetische Werkstoff. Die Anforderungen an *Elektrobleche* werden gemäß DIN 46400 in einer Viererkombination aus Buchstaben und Zahlen beschrieben.

Elektrobleche

Bezeichnung von Elektroblechen

1	Kennbuchstabe	V kalt oder warmgewalzt, nicht kornorientiert VH kaltgewalzt, nicht schlussgeglüht VM kornorientiert
2	Verluste	Hundertfaches der Verlustkennziffer $p_{1,0}$
3	Blechdicke	Hundertfaches der Blechdicke in mm
4	Kennbuchstabe	bei Kennbuchstabe V zusätzlich: A kaltgewalzt oder B warmgewalzt und geglüht

Übertrager

Metallgläser

Werkstoffe für *Übertrager* behandelt DIN 41301 und 42302 sowie IEC 404-8-6. Der Kurzname besteht aus einem Buchstaben und einer Ziffer, wobei, mit alphabetisch fortschreitenden Buchstaben die Legierungsanteile wachsen. A...C steigender Si-Anteil, D...F Nickel und andere. *Amorphe Metalle* oder *Metallgläser* sind mechanisch harte magnetisch extrem hoch permeable Werkstoffe.

5.2 Hartmagnetika (Dauermagnete)

**Energieprodukt
Entmanetisierungskurve**

Polarisationskurve $_JH_c$

Selten-Erd-Magnete

Ferrite

Ba-Ferrite

Hartmagnetisch ist ein Werkstoff mit H_c > 1 kA/m (10 A/cm). Im Dauermagneten gespeicherte Energie kommt über die Fläche der Hystereseschleife zum Ausdruck. B_r und H_c sollten daher möglichst groß sein. Das *Energieprodukt* $(B \cdot H)_{max}$ ist ein für Dauermagnetwerkstoffe charakteristischer Wert. Die für Dauermagnete wichtige *Entmagnetisierungskurve* (Hysteresekurve im 2. bzw. 4. Quadranten) wird oft als *Polarisationskurve* $J = f(H)$ und nicht als $B = f(H)$ dargestellt. Die B_r-Werte sind in beiden Fällen gleich, die Koerzitivfeldstärke $_JH_c$ ist jedoch größer als $_BH_c$. Ein guter Dauermagnetwerkstoff sollte eine Entmagnetisierungskurve haben, die möglichst „hoch" liegt und ein μ_{perm} ~ 1 aufweist.

Dauermagnetwerkstoffe sind vorzugsweise *(Fe)AlNiCo-Legierungen* mit komplizierten Herstellungsverfahren. Energieprodukte liegen bei 50 kJ/m^3. Wesentlich höhere Werte bei 200 kJ/m^3 erreichen die zunehmend an Bedeutung gewinnenden *Selten-Erd-Magnete* vom Typus SECo. SE ist dabei vorzugsweise Sm (Samarium). μ_{perm} = 1 (recht genau!).

Hartmagnetische *Ferrite* haben eine geringere Remanenzflussdichte, kleineres Energieprodukt, niedrigere Curie-Temperatur, aber eine merklich höhere Koerzitivfeldstärke als Legierungsmagnete. $\mu_{perm} \approx 1$ (!). Als keramische Werkstoffe sind sie leicht, korrosionsbeständig und mechanisch hart.

Als Werkstoffe kommen praktisch nur *Ba-Ferrite* mit geringen Zusätzen von Sr, Pb bzw. Co vor. Das Energieprodukt liegt bei 20 kJ/m^3.

6 Dielektrische Eigenschaften

6.1 Modellvorstellungen zur dielektrischen Polarisation

**Dielektrikum
Polarisation**

In einem elektrischen Feld E (Verzicht auf die Vektordarstellung) zwischen zwei Leiterplatten (Kondensator) sammeln sich auf jeder Platte (freie) Ladungsträger an. Wird der Raum zwischen den Platten mit einem *Dielektrikum* gefüllt, so verursacht das elektrische Feld darin im atomaren bzw. molekularen Bereich eine *Polarisation*. Als Folge davon treten auf den Platten gebundene oder influenzierte Ladungen auf. Die Ladung Q auf den Kondensatorflächen A mit Dielektrikum ergibt sich zu:

$$Q = \varepsilon_0 \, \varepsilon_r \, AE$$

Q	ε_0	A	E
As	F/m	m^2	V/m

Werkstoffkunde
Dielektrische Eigenschaften

Dielektrizitätskonstante

ε_0 = elektrische Feldkonstante oder absolute *Dielektrizitätskonstante*. $\qquad \varepsilon_0 = 8{,}85 \cdot 10^{-12}\ F/m$

Permittivitätszahl

ε_r = *Permittivitätszahl* oder relative Dielektrizitätszahl.

κ_e ist die elektrische Suszeptibilität, sie beschreibt die durch das Dielektrikum zusätzlich mögliche Feld(linien)dichte. $\qquad \kappa_e = \varepsilon_r - 1$

Elektronenpolarisation

Elektronenpolarisation ist die Verschiebung der Ladungsschwerpunkte von Atomkern und Elektronenhülle. Wegen der geringen Trägheit der Elektronen folgt die Elektronenpolarisation Wechselfeldern bis zu den Frequenzen der UV-Strahlung.

Ionenpolarisation

Ionenpolarisation verschiebt die Ionen unter dem Einfluss des elektrischen Feldes und bewirkt eine Deformation des Gitters. Der Stoff ist polar. Der Effekt ist bis zu Frequenzen der IR-Strahlung möglich. Ionen- und Elektronenpolarisation sind von ähnlicher Größenordnung, kaum temperaturabhängig und können als *Deformationspolarisation* zusammengefasst werden.

Deformationspolarisation

Ordnungspolarisation

   Polar

Ordnungspolarisation setzt Dipolmomente im molekularen Aufbau voraus. Die Dipole ordnen sich in Feldrichtung, daher *Ordnungs-* oder *Orientierungspolarisation*. Der Stoff ist (di)*polar*. Der Effekt, mit Grenzfrequenzen bis etwa 10^9 Hz, ist stark temperaturabhängig.

Grenzflächenpolarisation

Grenzflächenpolarisation tritt bei Dielektrika mit Einschlüssen guter Leitfähigkeit auf. Es tritt eine höhere Polarisation auf, als es dem homogenen Material entspräche. Der Grenzfall tritt auf, wenn das Dielektrikum eine gewisse Leitfähigkeit aufweist.

6.2 Materialeinteilung

6.2.1 Dielektrische Materialien

Die Elektronenpolarisation ist in allen Stoffen von Null verschieden, d. h. Permittivität $\varepsilon_r > 1$ bzw. positive elektrische Suszeptibilität für alle Dielektrika.

Ferroelektrika

Ferroelektrika sind Materialien mit sehr großer Permittivität ($\varepsilon_r \approx 10^4$) und einer Hystereschleife der Verschiebungsdichte $D = f(E)$. Eine *Koerzitivfeldstärke* E_c ist Grund für die Bezeichnung *Elektret* in Anlehnung an Magnet.

   Koerzitivfeldstärke
   Elektret

Piezoelektrika

Piezoelektrika reagieren mit einer Polarisation(sänderung) auf eine mechanische Deformation und umgekehrt. Bei einer Reihe von Materialien kann eine, bei erhöhter Temperatur erfolgte Ausrichtung der Dipolmomente, durch Abkühlung *„eingefroren"* und eine starke remanente Polarisation erzeugt werden.

Pyroelektrika

Pyroelektrika sind polare piezoelektrische Materialien mit einer spontanen Polarisation. Weil diese zwar mit der Temperatur veränderlich, aber selbst bis zum Schmelzpunkt des Materials nicht aufhebbar ist, heißt dieser Effekt *pyroelektrisch*.

   Pyroelektrisch

6.2.2 Elektrische Materialien

Isolatoren
   Isolationswiderstand
   Durchgangswiderstand

Die wesentlichste Kenngröße eines Isolators ist der *Isolationswiderstand* mit spezifischen Widerständen von $\rho = 10^{10}...10^{20}$ Ωm. Es ist dabei noch zwischen *Durchgangs-* und *Oberflächenwiderstand* zu unterscheiden. Durchgangwiderstand ist eine vom Stoff abhängige und für ihn charakteristische Größe. Wegen einer stets vorhandenen Anzahl freier Ladungsträger wird eine an den Stoff angelegte Spannung U einen stets von Null abweichenden *Querstrom* I verursachen. Unmittelbar nach dem Anlegen einer Gleichspannung tritt ein *Polarisationsstrom* auf, der eine merkliche *Abklingzeit* (*Relaxationszeit*) aufweist. Der Durchgangswiderstand nimmt mit der Temperatur ab.

   Querstrom
   Polarisationsstrom

Oberflächenwiderstand	*Oberflächenwiderstand* ist weniger eine Material- als eine Oberflächeneigenschaft. Verunreinigungen auf der Oberfläche eines Isolators ermöglichen *Kriechströme* die, über *Kriechspuren*, das Material angreifen. Der Widerstand dagegen ist die *Kriechspurfestigkeit*.
Kriechströme	
Durchschlagfestigkeit	*Durchschlagfestigkeit* ist die beim Spannungsdurchschlag eines Isolierstoffes wirksame elekrische Feldstärke E_0 in kV/cm oder kV/mm. Sie sinkt im Allgemeinen mit wachsender Materialdicke. Für die Zuverlässigkeit elektrischer Geräte sind die Isolationseigenschaften der Werkstoffe auch bei langzeitiger Temperaturbelastung wichtig.

Kondensatoren
Kapazität

Mit $C = Q/U$ folgt für Kondensatoren der Fläche A die *Kapazität C*.

$$C = \varepsilon_0\, \varepsilon_r\, \frac{A}{d}$$

Als Werkstoffgröße ist die Permittivitätszahl ε_r des Dielektrikums und der damit verbundene *Verlustfaktor* tan δ für die Beschreibung der Verluste maßgebend. In der Ersatzschaltung liegt der Kapazität C der Leitwert G parallel. Aus der Definition des

C	ε_0	A	d
F	F/m	m^2	m

Dielektrischer Verlustfaktor

dielektrischen Verlustfaktors als Verhältnis von Wirk- zu Blindleistung folgt tan δ.

$$\tan\delta = \frac{G}{\omega C} = \frac{1}{\omega RC}$$

Isolationszeitkonstante

$R = 1/G$ und mit dem Produkt $R \cdot C$ als *Isolationszeitkonstante* oder *Isolationsgüte* in $\Omega \cdot \mu F$ oder s ist eine weitere Verlustdefinition für Gleichstrom und niedrige Frequenzen möglich.

Verlustzahl

Eine besonders in der Kabeltechnik wichtige (dielektrische) *Verlustzahl* oder *Verlustkennziffer* ist ε''.

$$\varepsilon'' = \varepsilon_r' \cdot \tan\delta$$

7 Dielektrika

7.1 Natürliche anorganische Dielektrika

Glimmer

Glimmer ist ein leicht spaltbares, schneid- und stanzbares Naturprodukt mit hervorragenden elektrischen Eigenschaften. E_0 bis zu 1000 kV/cm, $\varepsilon_r \cong 6...8$, tan $\delta \cong 2 \cdot 10^{-4}$.

Quarz

Resonator

Quarz ist reines Siliziumdioxid, hochtemperaturfest, geringe Wärmedehnung und gute UV-Durchlässigkeit. Wegen seines Piezoeffektes dient Quarz als *elektromechanischer Wandler* und *Resonator* zur Frequenzstabilisierung in der Nachrichtentechnik. E_0 = 300...400 kV/cm, ε_r = 3...4, tan δ = $10^{-2}...10^{-6}$.

Gase

Ionisierungsfeldstärke

Luft mit einer Durchschlagsfestigkeit von 20...30 kV/cm ist der am häufigsten angewandte Isolator. Technisch noch wichtig: N: $E_0 \cong$ 20 kV/cm, CO_2: $E_0 \cong$ 24 kV/cm und SF_6: $E_0 \cong$ 100 kV/cm. Mit erhöhtem Druck steigt die *Ionisierungsfeldstärke* für den Durchbruch und damit die Durchschlagsfeldstärke. Erschwert ionisierbar sind auch *elektronegative Gase*. Die bevorzugt als Halogenverbindungen wie CCl_4, CCl_2F_2, CF_4, SF_6 u. a. genutzt werden.

7.2 Natürliche organische Dielektrika

Papier

Durch Tränkung entstehen Öl-, Öllack-, Schellack- und Kunstharz-*papiere* mit E_0 etwa 10...50 kV/cm, $\varepsilon_r \cong 2...8$, tan $\delta \cong 0,5...10^{-2}$.

Textilstoffe

Verarbeitung nur getränkt. *Lackseide* (Ölseide) ist wegen der geringen Dicke und guten elektrischen und mechanischen Eigenschaften wichtig. Bauwolle und Seide werden als Fäden und Bänder getränkt und ungetränkt als Umhüllungen von Drähten benutzt.

Öle

Isolieröle (DIN 5107) sind hochsiedende Produkte des Erdöls. Durchschlagsfestigkeit auch in dünnen Schichten noch günstig, nachteilig sind Wärmedehnung, Temperaturabhängigkeit der Viskosität, Entflammbarkeit und Alterung durch den Luftsauerstoff. E_0 etwa 5... 30 kV/cm, $\varepsilon_r \cong 2...3$, tan $\delta \cong 10^{-3}$.

7.3 Künstliche anorganische Dielektrika

Metalloxide

Metalloxide von Aluminium (Al_2O_3) E_0 etwa 10 kV/mm, $\varepsilon_r \cong 9,8$, tan $\delta \cong 10^{-4}$) und Titan (TiO_2) E_0 etwa 10 kV/mm, $\varepsilon_r \cong 85$, tan $\delta \cong 4 \cdot 10^{-3}$) werden hochrein wegen ihrer geringen Verluste besonders bei hohen Frequenzen als Trägermaterial eingesetzt.

Porzellane

Porzellane sind durch ihre Zusammensetzung in weiten Grenzen beeinflussbar. Sie gehören zu den dichten keramischen Massen, sind weitgehend gegen Basen und Säuren beständig und hochwiderstandsfähig gegen elektrische Funken. Für das wichtige Hartporzellan von Isolatoren gelten $E_0 = 30...35$ kV/cm, $\varepsilon_r \cong 4...8$, tan $\delta \cong 0,02...0,1$.

7.4 Künstliche organische Dielektrika

Zellulose-Kunststoffe

Für die Isolation sind die blauen Triazetat- und Azetobutyratfolien wichtig E_0 etwa 20...50 kV/mm, $\varepsilon_r \cong 4$, tan $\delta \cong 0,01...0,02$.

Chlophene

Chlophene sind thermisch und chemisch beständige chlorierte Diphenile, die jedoch bei Bränden durch die Bildung von polychlorierten Biphenylen (PCB) umweltgefährlich sind, E_0 etwa 200 kV/cm, $\varepsilon_r \cong 4,5...6$, tan $\delta \cong 10^{-3}$. Als ungefährliche synthetische Isolierflüssigkeit kann dafür Pentaerythrit-Tetraester eingesetzt werden, E_0 etwa 200 kV/cm, $\varepsilon_r \cong 3,3$, tan $\delta \cong 10^{-3}$.

Phenoplaste

Phenoplaste (PF) finden Anwendung bei Lacken, Schichtstoffen und Pressmassen, E_0 etwa 5...20 kV/mm, $\varepsilon_r \cong 4...9$, tan $\delta \cong 0,05...0,3$ und $T_{max} \cong 160$ °C.

Polyesterharze

Polyesterharze (PETP) sind flüssige bis elastische oder auch splitterharte Kunstharze.

Epoxidharze

Epoxidharze (PE) haben gegenüber Polyesterharzen eine höhere mechanische Festigkeit und ein sehr hohes Haftvermögen.

Polystyrol

Polystyrol, glasklar, spröde, hat noch bei Hochfrequenz niedrige Verlustfaktoren.

Polyethylen

Polyethylen (PE) ähnelt Parafinen und hat, besonders vernetzt (VPE), gute mechanische und thermische Eigenschaften, E_0 etwa 100 kV/mm, $\varepsilon_r \cong 2,3$, tan $\delta \cong 10^{-4}$.

Polyvinylchlorid

Polyvinylchlorid (PVC) ist ein guter Isolierkunststoff mit vielseitiger Anwendung.

7.5 Silikone

Siliconöle

Siliconöle ändern die Viskosität zwischen −60 °C und 300 °C kaum. Teueres Imprägniermittel und flüssiges Dielektrikum, E_0 etwa 10 kV/mm, $\varepsilon_r \cong 3$, tan $\delta \cong 10^{-3}$ $T_{max} \cong 300$ °C.

Siliconharze

Siliconharze sind lichtbogenfest und unbrennbar E_0 etwa 20...30 kV/mm, $\varepsilon_r \cong 3$, tan $\delta \cong 10^{-3}$.

Siliconelastomere

Siliconelastomere oder Siliconkautschuke sind gummielastische Massen mit Temperaturbeständigkeit zwischen −80...250 °C. Sie finden Anwendung als Isolierungen und dauerelastische hochwarmfeste Verbindungen zwischen praktisch beliebigen Werkstoffen. E_0 etwa 10...30 kV/mm, $\varepsilon_r \cong 3...9$, tan $\delta \cong 0,01...0,1$, $T_{max} \cong 180$ °C.

8 Literaturhinweise

[1] *Boll, Richard:* Weichmagnetische Werkstoffe. PUBLICIS MCD, 1990

[2] *Cassing, Wilhelm; Hübner, Klaus-Dieter; Stank, Wolfram:* Praxislexikon Magnettechnik. Expert Verlag GmbH, Renningen 2004

[3] *Fischer, Hans*: Werkstoffe der Elektrotechnik. Hanser Fachbuchverlag, München 2003

[4] *Gundlach, F.-W.; Meinke, Hans H.; Lange, K.; Löcherer, K.-H. (Hrsg.):* Taschenbuch der Hochfrequenztechnik, 3 Bd., Springer Verlag, Berlin, Heidelberg, New York 1992

[5] *Michalowski, Lothar:* Magnettechnik, Grundlagen und Anwendungen. Fachbuchverlag, Leipzig 1995

[6] Siemens AG, Ferrite und Zubehör. EPCOS Bestell-Nr. EPC 61002, 2002

[7] *Spickermann, Diethart:* Werkstoffe der Elektrotechnik und Elektronik. Vogel Verlag, Würzburg 2002

[8] *Münch, Waldemar von:* Werkstoffe der Elektrotechnik. Teubner Verlag, Stuttgart 2003

1 Grundbegriffe

Elektron, der kleinste Ladungsträger	e_0 Elementarladung, kleinste Ladungsmenge in As	$e_0 = 1{,}60218 \cdot 10^{-19}\,\text{As}$
Spannung	U elektrische Spannung in V Q elektrische Ladung in As W elektrische Arbeit in Ws oder J	$U = \dfrac{W}{Q}$
Stromstärke, definiert als Änderung der Ladungsmenge in der Zeit	I Stromstärke in A dQ Ladungsmenge in As dt Zeitdifferenz	$I = \dfrac{dQ}{dt} = \dot{Q}$
Stromdichte	S Stromdichte in A/mm^2 I Stromstärke in A A Querschnittsfläche in mm^2	$S = \dfrac{I}{A}$
Ohmsches Gesetz	R Widerstand in Ω (Ohm) U Spannung in V I Stromstärke in A	$R = \dfrac{U}{I}$
Leitwert	G Leitwert in S (Siemens) R Widerstand in Ω (Ohm)	$G = \dfrac{1}{R}$
Widerstand eines Drahtes	R Widerstand in Ω (Ohm) ρ spezifischer Widerstand in $\Omega \cdot$ mm^2/m l Länge in m A Querschnitt in mm^2 κ Leitfähigkeit in S/m	$R = \dfrac{\rho l}{A} = \dfrac{l}{\kappa\,A} \quad \kappa = \dfrac{1}{\rho}$
Temperaturabhängigkeit des elektrischen Widerstandes von Metallen	ϑ aktuelle Temperatur in °C ϑ_0 Bezugstemperatur, meistens 20°C R_ϑ Widerstand bei der Temperatur ϑ in Ω R_{ϑ_0} Widerstand bei der Bezugstemperatur in Ω α Temperaturkoeffizient, in 1/K	$R_\vartheta = R_{\vartheta_0}[1 + \alpha(\vartheta - \vartheta_0)]$

2 Der Gleichstromkreis

2.1 Kirchhoffsche Gesetze

Knotenregel oder 1. Kirchhoffsches Gesetz	In den Knoten fließende Ströme werden positiv, herausfließende Ströme negativ gerechnet.	$I_1 - I_2 - I_3 = 0$ $\displaystyle\sum_{k=1}^{n} I_k = 0$
Maschenregel oder 2. Kirchhoffsches Gesetz	Spannungspfeile, die im Umlaufsinn gerichtet sind, werden positiv, die gegen den Umlaufsinn gerichteten negativ gerechnet.	$U - U_4 - U_3 - U_1 = 0$ $\displaystyle\sum_{k=1}^{n} U_k = 0$

2.2 Schaltung von Widerständen

Reihen-Schaltung, Serien-Schaltung

R_K Einzelwiderstände in Ω
R_{ges} Ersatzwiderstand der Schaltung in Ω

$$R_{ges} = \sum_{k=1}^{n} R_k$$

Parallel-Schaltung

R_k Einzelwiderstände in Ω
R_{ges} Ersatzwiderstand der Schaltung in Ω
G_k Einzel-Leitwerte in S
G_{ges} Ersatz-Leitwert der Schaltung in S

$$\frac{1}{R_{ges}} = \sum_{k=1}^{n} \frac{1}{R_k}$$

$$G_{ges} = \sum_{k=1}^{n} G_k$$

Stern-Dreieck-Umwandlung

R_i Stern-Widerstände
R_{ij} Dreieckswiderstände

$$R_{12} = R_1 + R_2 + \frac{R_1 \cdot R_2}{R_3}$$

$$R_{23} = R_2 + R_3 + \frac{R_2 \cdot R_3}{R_1}$$

$$R_{31} = R_3 + R_1 + \frac{R_3 \cdot R_1}{R_2}$$

Dreieck-Stern-Umwandlung

R_i Stern-Widerstände
R_{ij} Dreieckswiderstände Dreiecksschaltung

$$R_1 = \frac{R_{12} \cdot R_{31}}{R_{12} + R_{23} + R_{31}}$$

$$R_2 = \frac{R_{23} \cdot R_{12}}{R_{12} + R_{23} + R_{31}}$$

$$R_3 = \frac{R_{31} \cdot R_{23}}{R_{12} + R_{23} + R_{31}}$$

Erweiterung des Messbereichs. Bei Spannungsmessgeräten wird ein Vorwiderstand, bei Strommessgeräten ein Nebenwiderstand geschaltet.

R_M Widerstand des Messgerätes
n Messbereichsverhältnis
U_M maximale Spannung am Spannungsmessgerät
I_M maximale Spannung am Strommessgerät
U_1 zu messende maximale Spannung
I_1 zu messender maximaler Strom
R_N Nebenwiderstand für das Strommessgerät
R_V Vorwiderstand für das Spannungsmessgerät

$$n = \frac{U_1}{U_M}$$

$$R_V = R_M(n-1)$$

$$n = \frac{I_1}{I_M} \quad R_N = \frac{R_M}{n-1}$$

Spannungsquelle

R_i Innenwiderstand der Spannungsquelle
R_a Widerstand eines Verbrauchers
U_q Quellspannung
U_k Klemmspannung
I_K Kurzschlussstrom

$$U_K = U_q - IR_i$$

$$U_K = IR_a$$

$$I_K = \frac{U_q}{R_i} \quad R_i = -\frac{dU}{dI}$$

Kombination von zwei Spannungsquellen, Reihenschaltung

U_q Quellspannung der Kombination
U_1, U_2 Quellspannungen der einzelnen Quellen
R_1, R_2 Innenwiderstände der einzelnen Quellen

$$U_q = U_1 + U_2$$

$$R_i = R_1 + R_2$$

$$I_k = \frac{U_1 + U_2}{R_1 + R_2} = \frac{U_q}{R_i}$$

Parallelschaltung von zwei Spannungsquellen	I_K Kurzschlussstrom R_i Innenwiderstand der Kombination	$U_q = \dfrac{U_1 R_2 + U_2 R_1}{R_1 + R_2}$
		$I_K = \dfrac{U_1 R_2 + U_2 R_1}{R_1 \cdot R_2}$
		$R_i = \dfrac{U_q}{I_K} = \dfrac{R_1 R_2}{R_1 + R_2}$

2.3 Energie, Leistung, Wirkungsgrad

Fließt durch einen Widerstand ein Strom, so wird am Widerstand Energie und Leistung umgesetzt.	U Spannung am Widerstand in V I Strom durch den Widerstand in A t Zeit, in der der Strom fließt in s W elektrische Energie, die am Widerstand umgewandelt wird, in Ws P elektrische Leistung, die am Widerstand verbraucht wird, in W	$W = U \cdot I \cdot t$ $P = \dfrac{W}{t} = U \cdot I$ $P = \dfrac{U^2}{R}$ $P = R \cdot I^2$
Leistungsanpassung	Ein Verbraucher nimmt maximale Leistung auf, wenn der Innenwiderstand der Spannungsquelle und der Verbraucherwiderstand gleich sind.	$R_a = R_i$
Wirkungsgrad	W_N Nutzenergie in Ws W_{zu} zugeführte Energie in Ws P_N Nutzleistung in W P_{zu} zugeführte Leistung in W P_V Verlustleistung in W η Wirkungsgrad, oft in Prozent angegeben	$\eta = \dfrac{W_N}{W_{zu}} = \dfrac{P_N}{P_{Zu}} \le 100\%$ $P_V = P_{Zu} - P_N$

3 Das Elektrische Feld

3.1 Grundgrößen

Elektrische Feldkonstante, dieser Wert gilt im Vakuum	ε_0 elektrische Feldkonstante in As/Vm	$\varepsilon_0 = 8.854 \cdot 10^{-12} \dfrac{As}{Vm}$
Coulombsches Gesetz, Kräfte zwischen zwei Ladungen	q_1 Ladung 1 in As q_2 Ladung 2 in As r_{12} Abstand zwischen den Ladungen F_{12} Betrag der Kraft zwischen den Ladungen in N	$F_{12} = \dfrac{1}{4\pi\varepsilon_0} \cdot \dfrac{q_1 q_2}{r_{12}^2}$
Elektrische Feldstärke	q Probeladung in As $\vec{F}$ Kraft auf die Probeladung qN $\vec{E}$ elektrische Feldstärke in V/m	$\vec{E} = \dfrac{\vec{F}}{q}$
Potenzial im Punkt B, definiert als Linienintegral von einem Punkt mit Feldstärke E = 0, also im ∞	$\vec{E}$ elektrische Feldstärke in V/m s Weg der Integration B Endpunkt der Integration φ Potenzial in V	$\varphi_B = -\displaystyle\int_{\infty}^{B} \vec{E} \cdot d\vec{s}$

Elektrotechnik
Das Elektrische Feld

Potenzial einer Punkt-ladung, Elektrisches Feld einer Punktladung	Q Punktladung in As r Abstand von der Punktladung in m	$\varphi = \dfrac{1}{4\pi\varepsilon_0} \cdot \dfrac{Q}{r}$ $E = \dfrac{1}{4\pi\varepsilon_0} \cdot \dfrac{Q}{r^2}$
Spannung, Potenzial-Differenz zwischen zwei Punkten	φ Potenzial in V $\vec{E}$ elektrische Feldstärke in V/m U Spannung in V	$U_{AB} = \varphi_B - \varphi_A$ $U_{AB} = -\displaystyle\int_A^B \vec{E} \cdot d\vec{s}$
Elektrischer Fluss, elektrische Flussdichte	ε_0 elektrische Feldkonstante in As/Vm r Abstand von der Ladung in m E Betrag der Feldstärke in V/m ψ elektrischer Fluss in As D elektrische Flussdichte in As/m^2	$\Psi = 4\pi\varepsilon_0 r^2 E$ $\psi = \displaystyle\oint \vec{D}d\vec{A} = \sum_{i=1}^{n} Q_i$ $D = \varepsilon_0 E$
Elektrische Flussdichte in einem Dielektrikum	ε_0 elektrische Feldkonstante in As/Vm ε_r Permittivitätszahl (Materialkonstante) des Dielektrikums E Betrag der Feldstärke in V/m D elektrische Flussdichte in As/m^2	$D = \varepsilon_0\varepsilon_r E$

3.2 Kondensatoren

3.2.1 Kapazität

Kapazität eines Konden-sators	Q im Kondensator gespeicherte Ladung in As U Spannung am Kondensator in V C Kapazität in F (Farad)	$C = \dfrac{Q}{U}$
Energie im Kondensator	Q im Kondensator gespeicherte Ladung in As U Spannung am Kondensator in V C Kapazität in F (Farad) W Energie in Ws	$W = \dfrac{1}{2}QU = \dfrac{1}{2}CU^2$
Spezielle Kondensatoren	ε_0 elektrische Feldkonstante in As/Vm ε_r Permittivitätszahl des Materials im Kondensator C Kapazität in F (Farad)	
Platten-kondensator	A Fläche einer Platte in m^2 d Abstand der Platten in m	$C_{Pl} = \varepsilon_0\varepsilon_r\dfrac{A}{d}$
Block-kondensator	n Anzahl der Platten A Fläche einer Platte in m^2 d Abstand der Platten in m	$C_{Block} = (n-1)\varepsilon_0\varepsilon_r\dfrac{A}{d}$
Kugel-kondensator	r_1 Innenradius r_2 Außenradius	$C_K = 4\pi\varepsilon_0\varepsilon_r\dfrac{r_1 r_2}{r_2 - r_1}$
Zylinder-kondensator, Beispiel Koaxialkabel	L Länge in m r_1 Innenradius r_2 Außenradius	$C_Z = 2\pi\varepsilon_0\varepsilon_r\dfrac{L}{\ln\left(\dfrac{r_2}{r_1}\right)}$

3.2.2 Schaltungen mit Kondensatoren

Reihenschaltung

C_{ges} Gesamtkapazität der Schaltung
C_i einzelne Kapazitäten

$$\frac{1}{C_{ges}} = \sum_{i=1}^{n} \frac{1}{C_i}$$

Parallelschaltung

C_{ges} Gesamtkapazität der Schaltung
C_i einzelne Kapazitäten

$$C_{ges} = \sum_{i=1}^{n} C_i$$

Laden eines Kondensators über einen Vorwiderstand

R Vorwiderstand in Ω
C Kapazität in F
t Ladezeit in s
U angelegte Spannung in V
u_C Spannung am Kondensator in V
i Ladestrom in A
τ Zeitkonstante in s

$$u_C = U\left(1 - e^{\frac{-t}{RC}}\right) =$$

$$= U\left(1 - e^{\frac{-t}{\tau}}\right)$$

$$i = \frac{U}{R} \cdot e^{\frac{-t}{RC}} = \frac{U}{R} \cdot e^{\frac{-t}{\tau}}$$

$$\tau = RC$$

Entladen eines Kondensators

R Parallelwiderstand in Ω
C Kapazität in F
t Entladezeit in s
U Ausgangsspannung am Kondensator in V
u_C momentane Spannung am Kondensator in V
i Entladestrom in A, entgegengesetztes Vorzeichen zum Ladestrom
τ Zeitkonstante in s

$$u_C = U e^{\frac{-t}{RC}} = U e^{\frac{-t}{\tau}}$$

$$i = \frac{U}{R} \cdot e^{\frac{-t}{RC}} = \frac{U}{R} \cdot e^{\frac{-t}{\tau}}$$

4 Das Magnetische Feld

4.1 Grundgrößen

Magnetische Feldkonstante, dieser Wert gilt im Vakuum

μ_0 magnetische Feldkonstante in Vs/Am

$$\mu_0 = 4\pi \cdot 10^{-7} \frac{Vs}{Am}$$

**Durchflutung.
Ist gleich der Summe der von einer Feldlinie eingeschlossenen Ströme**

I Stromstärke in A
Θ Durchflutung in A

$$\Theta = \sum_{i=1}^{n} I_i$$

Durchflutungsgesetz

s Weg im Feld in m
I Stromstärke in A
H magnetische Feldstärke in A/m

$$\oint \vec{H} d\vec{s} = \sum_{i=1}^{n} I_i$$

Feld um einen stromführenden Leiter

I Stromstärke in A
r Abstand vom Leiter in m
H magnetische Feldstärke in A/m

$$H = \frac{I}{2\pi r}$$

Feld im Inneren einer Ringspule

I Stromstärke in A
N Anzahl der Windungen
r mittlerer Radius in m
H magnetische Feldstärke in A/m

$$H = \frac{IN}{2\pi r}$$

Elektrotechnik
Das Magnetische Feld

Feld im Inneren einer langen Zylinderspule	I Stromstärke in A N Anzahl der Windungen l Länge der Spule	$H = \dfrac{NI}{l}$

Feld im Inneren einer kurzen Zylinderspule

I Stromstärke in A
N Anzahl der Windungen
l Länge der Spule
d Durchmesser der Spulenwicklung
H_{Mitte} Feld in der Mitte der Spule in A/m
H_{Rand} Feld am Rand der Spule in A/m

$$H_{Mitte} = \frac{NI}{\sqrt{l^2 + d^2}}$$

$$H_{Rand} = \frac{NI}{2\sqrt{l^2 + d^2}}$$

Feld eines Kreisstromes in einem Punkt P

I Stromstärke in A
R Radius des Kreisstromes in m

P liegt im Zentrum

$$H = \frac{I}{2R}$$

l Abstand vom Zentrum des Kreisstromes in m

P liegt auf der auf der Mitelachse

$$H = \frac{IR^2}{2\left(\sqrt{R^2 + l^2}\right)^3}$$

Biot-Savartsches Gesetz, dient zur Berechnung eines Magnetfeldes in einem Punkt P bei beliebig geformtem Leiter

I Stromstärke in A
ds Leiterelement der Länge ds in m
r Abstand des Punktes P vom Leiterelement ds
α Winkel zwischen ds und Richtung zu P
dH ds

$$dH = \frac{I \cdot ds}{4\pi r^2} \sin\alpha$$

Magnetischer Fluss, Gesamtheit der Feldlinien, die von einer Leiterschleife eingeschlossen sind

$\int u dt$ Spannungsstoß in Vs

Φ magnetischer Fluss in Vs oder Wb (Weber)

$$\phi = \int u dt$$

Magnetische Flussdichte

Φ magnetischer Fluss in Vs
A_n vom Fluss durchsetzte Fläche in m^2
B magnetische Flussdichte in Vs/m^2 oder in T (Tesla)

$$B = \frac{\phi}{A_n}$$

Flussdichte und Feldstärke in Materie

μ_0 magnetische Feldkonstante in Vs/Am
μ_r relative Permeabilität
H magnetische Feldstärke in A/m
B magnetische Flussdichte in Vs/m^2 oder in T (Tesla)

$$B = \mu_0 \cdot \mu_r \cdot H$$

4.2 Kräfte im Magnetfeld

4.2.1 Kräfte auf Ladungen

Lorentzkraft, Kraft auf eine bewegte Ladung im Magnetfeld

q Ladung in As
v Geschwindigkeit in m/s
B magnetische Flussdichte in T
φ Winkel zwischen dem Vektor der Geschwindigkeit und dem Vektor der Flussdichte
F_L Lorentzkraft in N

$$\vec{F}_L = q \cdot \vec{v} \times \vec{B}$$
$$F_L = qvB \cdot \sin\varphi$$

Kreisbahn eines Elektrons im Magnetfeld	m Masse des Elektrons in kg v Geschwindigkeit in m/s e_0 Ladung des Elektrons (Elementarladung) in As B magnetische Flussdichte in T r Radius der Kreisbahn in m	$r = \dfrac{mv}{e_0 B}$
Hall Effekt, Folge der Lorentzkraft	R_H Hall-Koeffizient in m³/As, Materialkonstante I Strom durch die Hallsonde in A B magnetische Flussdichte in T b Breite der Hallsonde (in Richtung von B) in m	$U_H = R_H \cdot \dfrac{IB}{b}$

4.2.2 Kräfte auf Leiter

Kraft auf einen stromführenden Leiter	l Länge des Leiters im Magnetfeld I Stromstärke in A B magnetische Flussdichte in T φ Winkel zwischen der Richtung des Stromes und dem Vektor der Flussdichte F Kraft auf den Leiter in N	$\vec{F} = l \cdot \vec{I} \times \vec{B}$ $F = l\, I\, B \sin\varphi$
Kräfte zwischen zwei parallelen Leitern	I_1, I_2 Stromstärken in den Leitern in A d Abstand zwischen den Leitern in m μ_0 magnetische Feldkonstante in Vs/Am in Vs/Am F_{12} Kraft zwischen den Leitern 1 und 2 in N Fließen die beiden Ströme entgegengesetzt, so stoßen sich die Leiter ab.	$F_{12} = \dfrac{\mu_0 I_1 I_2 l}{2\pi d}$

4.3 Materie im Magnetfeld

4.3.1 Definitionen

Relative Permeabilität	B_M Flussdichte in der Materie in T B_0 Flussdichte im Vakuum in T μ_0 magnetische Feldkonstante in Vs/Am μ_r relative Permeabilität, dimensionslos H_0 Magnetfeld im Vakuum in A/m	$\mu_r = \dfrac{B_M}{B_0} = \dfrac{B_M}{\mu_0 H_0}$ $B_M = \mu_r \mu_0 H_0$
Magnetische Suszeptibilität	μ_r relative Permeabilität, dimensionslos χ_M Suszeptibilität, dimensionslos	$\chi_M = (\mu_r - 1)$
Magnetische Polarisation	J magnetische Polarisation in T	$J = B_M - B_0$ $J = (\mu_r - 1)B_0$ $J = \mu_0 M$
Magnetisierung	μ_r relative Permeabilität, dimensionslos χ_M Suszeptibilität, dimensionslos H_0 Magnetfeld im Vakuum in A/m M Magnetisierung in A/m	$M = \chi_M H_0$ $M = (\mu_r - 1)H_0$

4.3.2 Stoffmagnetismus

μ_r relative Permeabilität, dimensionslos

χ_M Suszeptibilität, dimensionslos

Diamagnetismus

Magnetische Eigenschaft, die bei allen Stoffen vorhanden ist, aber bei den meisten Stoffen durch andere magnetische Eigenschaften überdeckt wird

$\mu_r < 1$

$\chi_M < 0$

$-10^{-4} < \chi_M < -10^{-9}$

Paramagnetismus

Die Temperaturabhängigkeit der Suszeptibilität ist durch das Curie-Gesetz gegeben.

$\mu_r > 1$

$\chi_M > 0$

$10^{-6} < \chi_M < 10^{-2}$

Curie-Gesetz

C Curie-Konstante in K

T Temperatur in K

$\chi_M = \dfrac{C}{T}$

Ferromagnetismus

Wegen des großen Wertes von μ_r in der Elektrotechnik oft verwendete Stoffe. Die Magnetisierungskurve ist eine Hysterese μ_r ist nicht konstant, sondern vom Magnetfeld H und der Vorgeschichte des Materials abhängig.

$\mu_r \gg 1$

$\chi_M \gg 0$

$\mu_r > 500$

Relative Permeabilität

B Flussdichte in T
H Magnetfeld in A/m
μ_r relative Permeabilität

$\mu_r = \dfrac{1}{\mu_0} \dfrac{B}{H}$

Differentielle Permeabilität

μ_d differentielle Permeabilität

$\mu_d = \dfrac{1}{\mu_0} \dfrac{dB}{dH}$

Ummagnetisierungsverluste, entstehen bei jedem Durchlaufen der Hysterese, bei Wechselfeldern also in jeder Periode

w Verlustenergiedichte in Ws/m^3
H Magnetfeld in A/m
B Flussdichte in T
A Fläche der Hysteresekurve

$w = \oint H dB$

$w \mathrel{\hat{=}} A_{Hysterese}$

Temperaturabhängigkeit, bis zur Curie-Temperatur ist de Stoff ferromagnetisch, oberhalb wird er paramagnetisch

C Curie-Konstante in K
T Temperatur in K
T_C Curie-Temperatur

$\chi_M = \dfrac{C}{T - T_C}$

4.4 Magnetische Kreise

Magnetische Spannung

I Stromstärke in A
N Anzahl der stromführenden Leiter
H Magnetfeld in A/m
l Weg im Magnetfeld in m
Θ Durchflutung in A
V Magnetische Spannung in A

$V = \oint \vec{H} \cdot d\vec{l} = NI$

$V = \Theta$

Magnetischer Widerstand	l Weg im Magnetfeld in m A Querschnittfläche des Materials in m^2 R_m magnetischer Widerstand in A/Vs	$R_m = \dfrac{l}{\mu_0 \mu_r A}$
Unverzweigte Kreise	N Anzahl der Leiter I Stromstärke in A Θ magnetischer Fluss in Vs V magnetische Spannung in A	$\sum V = \Theta = NI$
Eisenkern mit Luftspalt	N Anzahl der Leiter I Stromstärke in A B_E Flussdichte im Eisenkern in T l_L Breite des Luftspaltes in m l_E mittlere Länge des Eisenkerns in m H_E Magnetfeld im Eisenkern in A/m	$H_E l_E = NI - \dfrac{B_E}{\mu_0} l_L$
Verzweigte Kreise, es gelten analog zum elektrischen Kreis Knoten und Maschenregeln	Φ magnetischer Fluss in Wb Θ Durchflutung in A H Magnetfeld in A/m l Strecke im Magnetfeld in m	$\displaystyle\sum_{i=1}^{n} \phi_i = 0$ $\Theta = \displaystyle\sum_{i=1}^{n} H_i l_i$

5 Induktion

5.1 Induktionsgesetz

Allgemeine Gleichung	N Anzahl der Windungen B Flussdichte in T A_n Normalkomponente der vom Magnetfeld durchsetzten Fläche u_{ind} induzierte Spannung in V	$u_{ind} = -N \dfrac{d\phi}{dt}$ $u_{ind} = -N \left(A_n \dfrac{dB}{dt} + B \dfrac{dA_n}{dt} \right)$
Bei Rotation einer Leiterschleife im konstanten Magnetfeld, Generatorprinzip	B Flussdichte in T A Fläche der Leiterschleife in m^2 ω Kreisfrequenz in 1/s f Frequenz in Hz u_{ind} induzierte Spannung in V	$u_{ind} = B \cdot A \cdot \omega \cdot \sin \omega t$ $\omega = 2\pi \cdot f$
Bei Änderung des Magnetfeldes und konstanter Fläche, Transformatorprinzip	N Anzahl der Windungen B Flussdichte in T A vom Magnetfeld durchsetzte Fläche	$u_{ind} = -NA \dfrac{dB}{dt}$

5.2 Induktivität von Spulen

Induktivität einer Spule	Luftspule $\quad$ μ_d differentielle Permeabilität $\qquad\qquad$ N Anzahl der Wicklungen $\qquad\qquad$ A Querschnittsfläche der Spule in m^2 Spule mit $\quad$ l Länge der Spule in m Eisenkern $\quad$ L Induktivität in H (Henry)	$L = \mu_0 N^2 \dfrac{A}{l}$ $L = \mu_0 \mu_d N^2 \dfrac{A}{l}$

Reihenschaltung von Spulen	n Anzahl der einzelnen Spulen L_i Induktivität der einzelnen Spule in H L_{ges} Gesamtinduktivität in H	$L_{ges} = \sum\limits_{i=1}^{n} L_i$
Parallelschaltung		$\dfrac{1}{L_{ges}} = \sum\limits_{i=1}^{n} \dfrac{1}{L_i}$
Energie in einer Spule	L Induktivität der Spule in H I Stromstärke in A W Energie in Ws	$W = \dfrac{1}{2} L I^2$

**5.3 Ein- und Ausschalt-
vorgänge**

Einschaltvorgang	U angelegte Spannung in V R Ohmscher Widerstand des Kreises in Ω t Zeit in s L Induktivität der Spule in H τ Zeitkonstante in s i Stromstärke in A	$i = \dfrac{U}{R}\left(1 - e^{-\frac{R}{L} \cdot t}\right)$ $i = \dfrac{U}{R}\left(1 - e^{-\frac{t}{\tau}}\right)$ $\tau = \dfrac{L}{R}$
Kurzschließen der Spule		$i = \dfrac{U}{R} e^{-\frac{R}{L} \cdot t}$

1 Dioden

1.1 Begriffe

Charakteristische
Kennlinie einer Diode

Durchlassspannung U_F
Durchlassstrom I_F

F = forward direction,
Vorwärtsrichtung

Schleusenspannung $U_{(T0)}$

Sperrspannung U_R
Sperrstrom I_R

R = reverse direction,
Rückwärtsrichtung

Durchbruchspannung
$U_{R(BR)}$

a) Silizium
b) Germanium

Grenzwerte

Stossspitzensperrspannung (*reverse surge maximal voltage*)		U_{RSM}	in V
PeriodischeSpitzensperrspannung (*reverse repetiv maximal*)		U_{RRM}	in V
Dauergrenzstrom (*forward average value*)		I_{FAV}	in A
Durchlassstrom-Effektivwert (*forward root mean square*)		I_{FRMS}	in A
Stossstrom-Grenzwert (*forward surge maximal current*)		I_{FSM}	in A
Maximale (totale) Verlustleistung		P_{tot}	in W
Maximale Sperrschichttemperatur		ϑ_{Jmax}	in °C

Kennwerte

Zulässige Verlustleistung

$$P_V = \frac{\vartheta_J - \vartheta_U}{R_{thJG} + R_{thGK} + R_{thK}} \quad \text{in W}$$

Wärmewiderstand R_{thJU}

$$R_{thJU} = \frac{\vartheta_J - \vartheta_U}{P_V} = R_{thJG} + R_{thGK} + R_{thK} \quad \text{in K/W}$$

Wärmewiderstand Sperrschicht-Umgebung	R_{thJU}	in K/W
Wärmewiderstand Sperrschicht-Gehäuse	R_{thJG}	in K/W
Wärmewiderstand Gehäuse-Kühlkörper	R_{thGK}	in K/W
Wärmewiderstand des Kühlkörpers	R_{thK}	in K/W

Totale Verlustleistung

$$P_{tot} \geq P_V = U_{(T0)} \cdot I_{FAV} + r_F \cdot (F \cdot I_{FAV})^2 \quad \text{in W}$$

Formfaktor $F = \dfrac{I_{FRMS}}{I_{FAV}}$

Wechselstrom-
widerstand r_F
(dynamischer Durchlass-
widerstand)

$$r_F = \frac{\Delta U_F}{\Delta I_F} \quad \text{in } \Omega$$

Elektronik
Dioden

Diodenschalter

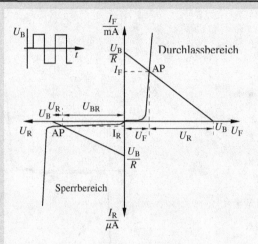

$U_B = I_F \cdot R + U_F$ (Schalter geschlossen)

$U_B = I_R \cdot R + U_R$ (Schalter offen)

Versorgungsspannung U_B in V
Spannung U_R am Widerstand R in V

Schaltleistung

$P_S = I_F^2 \cdot R_L \leq I_{FAVM}^2 \cdot R_L$ in W

Lastwiderstand R_L in Ω

1.2 Gleichrichter

Es gilt $U_D \ll U_{S1}$

Schwellspannung U_D in V
Spitzenspannung U_{S1} in V
Effektivwert U_{RMS} in V
Laststrom I_L in A

Einweggleichrichter M1

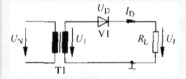

periodische Spitzensperrspannung $U_{RRM} = \sqrt{2} \cdot U_{RMS}$

periodischer Spitzendurchlassstrom $I_{FRM} = \sqrt{2} \cdot I_D$

Durchlassstrom $I_{FAVM} = I_L$

Mittelpunktschaltung M2

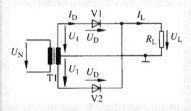

periodische Spitzensperrspannung $\qquad$ $U_{RRM} = \sqrt{2} \cdot U_{RMS}$

periodischer Spitzendurchlassstrom $\qquad$ $I_{FRM} = \sqrt{2} \cdot I_D$

Durchlassstrom $\qquad$ $I_{FAVM} = 0{,}5 \cdot I_L$

Brückengleichrichter B2

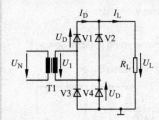

periodische Spitzensperrspannung $\qquad$ $U_{RRM} = \sqrt{2} \cdot U_{RMS}$

periodischer Spitzendurchlassstrom $\qquad$ $I_{FRM} = \sqrt{2} \cdot I_D$

Durchlassstrom $\qquad$ $I_{FAVM} = 0{,}5 \cdot I_L$

1.3 Glättung, Siebung

Ausgangsspanung U_{AVL}

$$U_{AVL} = U_{AV} + U_{BrSS}$$

Gleichspannungsanteil	U_{AV}	in V
überlagerte Wechselspannung	U_{BrSS}	in V
Netzfrequenz	f_N	in Hz
Frequenz der Brummspannung	f_{Br}	in Hz

Einweggleichrichter M1

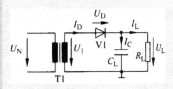

maximale Sperrspannung $\qquad$ $U_{RRM} = 2 \cdot \sqrt{2} \cdot U_{RMS}$

periodischer Spitzenstrom $\qquad$ $I_{FRM} \leq \dfrac{U_{AVL}}{\sqrt{R_i \cdot R_L}}$

Einschaltspitzenstrom $\qquad$ $I_{FRME} \leq \dfrac{U_{S1}}{R_i}$

Brummspannung (Spitze-Spitze) $\qquad$ $U_{BrSS} = 14 \cdot 10^{-3}\,s \cdot \dfrac{I_L}{C_L}$

Ladekondensator C_L $\qquad$ in F

Brückengleichrichter B2

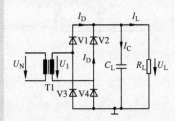

maximale Sperrspannung $\qquad U_{\text{RRM}} = \sqrt{2} \cdot U_{\text{RMS}}$

periodischer Spitzenstrom $\qquad I_{\text{FRM}} \leq \dfrac{U_{\text{AVL}}}{\sqrt{R_i \cdot R_L}}$

Einschaltspitzenstrom $\qquad I_{\text{FRME}} \leq \dfrac{U_{\text{S1}}}{R_i}$

Brummspannung (Spitze-Spitze) $\qquad U_{\text{BrSS}} = 5 \cdot 10^{-3}\, s \cdot \dfrac{I_L}{C_L}$

Ladekondensator C_L $\qquad\qquad$ in F

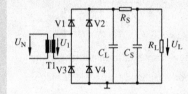

**Glättungsfaktor,
Siebfaktor g**

$$g = \dfrac{U_{\text{Br1}}}{U_{\text{Br2}}}$$

**Glättung der Brumm-
spannung U_{Br}**

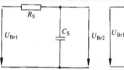  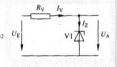

RC-Siebglied	LC-Siebglied	Siebung mit Z-Diode
$g = \sqrt{\omega_{\text{Br}}^2 \cdot R_S^2 \cdot C_S^2 + 1}$	$g = \sqrt{\omega_{\text{Br}}^4 \cdot L_S^2 \cdot C_S^2 + 1}$	$g = 1 + \dfrac{R_V}{r_Z}$
$g \approx \omega_{\text{Br}} \cdot R_S \cdot C_S$	$g \approx \omega_{\text{Br}}^2 \cdot L_S \cdot C_S$	
$\omega_{\text{Br}} = 2 \cdot \pi \cdot f_{\text{Br}}$	$\omega_{\text{Br}} = 2 \cdot \pi \cdot f_{\text{Br}}$	
$f_{\text{Br}} = 2 \cdot f_N$	$f_{\text{Br}} = f_N$	

differenzieller Sperrwiderstand $\quad r_Z \qquad$ in Ω
Siebwiderstand $\qquad\qquad\qquad R_S \qquad$ in Ω
Siebkondensator $\qquad\qquad\quad\; C_S \qquad$ in F
Siebspule $\qquad\qquad\qquad\qquad L_S \qquad$ in H

**1.4 Spannungs-
stabilisierung**

Z-Diode

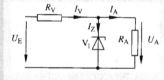 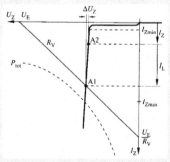

$U_A = U_Z$

$U_E \approx 2...4 \cdot U_A$ und $U_{E\,min} \approx 1,2...2 \cdot U_A$ (Spannungsschwankung)

für $R_A = \infty\Omega$ gilt $I_A = 0A \rightarrow I_V = I_Z$

$I_{Z\,min} \approx 0,1 \cdot I_{Z\,max}$ und $I_{A\,max} \approx 0,9 \cdot I_{Z\,max}$ (Lastschwankung)

für $0 \leq R_A \leq \infty\Omega \rightarrow I_A > 0A \rightarrow I_V = I_Z + I_A$

Vorwiderstand R_V

$$R_{V\,min} \approx \frac{U_{E\,max} - U_Z}{I_{Z\,max} + I_{A\,min}}$$

$$R_{V\,max} \approx \frac{U_{E\,min} - U_Z}{I_{Z\,min} + I_{A\,max}}$$

Spannungsänderung ΔU_Z

$$\Delta U_Z = r_Z \cdot \Delta I_Z$$

Stabilisierungsfaktor S

$$S = \frac{\dfrac{\Delta U_E}{U_E}}{\dfrac{\Delta U_A}{U_A}} = (1 + \frac{R_V}{r_Z}) \cdot \frac{U_A}{U_E}$$

Z-Dioden-Spannung U_Z
Ausgangsspannung U_A
Eingangsspannung U_E
Laststrom I_A
Z-Dioden-Strom I_Z
Versorgungsstrom I_V
Lastwiderstand R_A
Vorwiderstand R_V

2 Transistor (Bipolar)

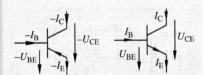

Spannungs- und Strompfeile am pnp- und npn-Transistor

Kollektor-Emitter-Spannung U_{CE} in V
Kollektor-Basis-Spannung U_{CB} in V
Basis-Emitter-Spannung U_{BE} in V
Basisstrom I_B in V
Kollektorstrom I_C in V

Eingangskennlinie

$I_B = f(U_{BE})$

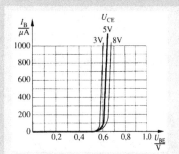

DC-Eingangswiderstand $\quad R_{BE} = \dfrac{U_{BEA}}{I_{BA}} \quad$ (Gleichstromwiderstand)

AC-Eingangswiderstand $\quad r_{BE} = \dfrac{\Delta U_{BE}}{\Delta I_B} \quad$ (differenzieller Widerstand)

Basisstrom $\qquad\qquad I_B \qquad$ in A
Basis-Emitter-Spannung $\quad U_{BE} \qquad$ in V

Stromsteuerkennlinie

$I_C = f(I_B)$

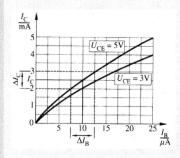

Gleichstromverstärkung $\qquad B = \dfrac{I_C}{I_B}$

Kleinsignalverstärkung $\qquad \beta = \dfrac{\Delta I_C}{\Delta I_B}$

Ausgangskennlinien

$I_C = f(U_{CE})$

$I_B =$ Parameter

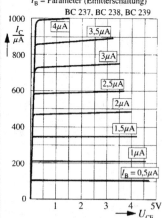

Spannungsrückwirkung

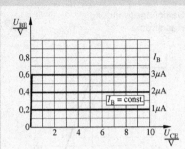

$$D_U = \frac{\Delta U_{BE}}{\Delta U_{CE}}$$

Vier-Quadranten-Kennlinienfeld

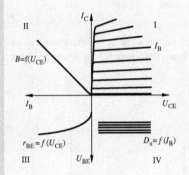

2.1 Grenz- und Kennwerte

Grenzwerte

zu hohe Kollektor-Emitter-Spannung	U_{CE}	$> U_{CEmax}$
zu großer Kollektorstrom	I_C	$> I_{Cmax}$
zu große Verlustleistung	P_V	$> P_{tot}$
zu hohe Umgebungstemperatur	ϑ_U	$> \vartheta_{Umax}$
zu große Basis-Emitter-Spannung	U_{BE}	$> U_{BEmax}$
zu großer Basisstrom	I_B	$> I_{Bmax}$

Gesamtverlustleistung

$$P_V = U_{CE} \cdot I_C + U_{BE} \cdot I_B \leq P_{tot}$$

$$P_V \approx U_{CE} \cdot I_C \leq P_{tot} \ \text{(vereinfacht)}$$

zulässige Sperrschichttemperatur	ϑ_J
bei Germanium-Transistoren	$\vartheta_J \approx 90\ °C$
bei Silizium-Transistoren	$\vartheta_J \approx 150\ °C$ bis $200\ °C$

Durchbruchspannungen Restströme

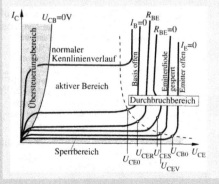

$U_{CE0} < U_{CER} < U_{CES} < U_{CEV}$

Elektronik
Transistor (Bipolar)

Kenndaten

Sättigungsspannung $\quad U_{CEsat}\quad$ in V
Reststräme $\quad\quad\quad I_{CE0}\quad$ in A

**Frequenzabhängigkeit
der Verstärkung**

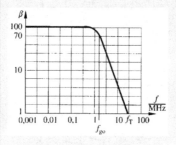

Grenzfrequenz f_g $\quad$ Verstärkung β um 3 dB gesunken
Transitfrequenz f_T $\quad$ Verstärkung β auf $\beta = 1$ gesunken

2.2 Ersatzschaltbild mit *h*-Parameter

Transistor als Vierpol

$u_1 = h_{11} \cdot i_1 + h_{12} \cdot u_2$ $\qquad$ $u_{BE} = h_{11} \cdot i_B + h_{12} \cdot u_{CE}$
$i_2 = h_{21} \cdot i_1 + h_{22} \cdot u_2$ $\qquad$ $i_C = h_{21} \cdot i_B + h_{22} \cdot u_{CE}$

allgemein $\qquad\qquad\qquad$ auf Transistoren angewendet

(Die in den Datenblätter angegebenen h-Parameter gelten immer nur für einen bestimmten Arbeitspunkt, eine bestimmte Temperatur und eine bestimmte Frequenz.)

**Bedeutung
der *h*-Parameter**

$h_{11} = r_{BE} = \dfrac{\Delta U_{BE}}{\Delta I_B} = \dfrac{u_{BE}}{i_B}$ $\qquad$ Kurzschluss-Eingangswiderstand in Ω

für U_{CE} = const und $u_{CE} = 0$

$h_{12} = D_U = \dfrac{\Delta U_{BE}}{\Delta U_{CE}} = \dfrac{u_{BE}}{u_{CE}}$ $\qquad$ Leerlauf-Spannungsrückwirkung
(dimensionslos)

für I_B = const und $i_B = 0$

$h_{21} = \beta = \dfrac{\Delta I_C}{\Delta I_B} = \dfrac{i_C}{i_B}$ $\qquad$ Kurzschluss-Stromverstärkung
(dimensionslos)

für U_{CE} = const und $u_{CE} = 0$

$h_{22} = \dfrac{1}{r_{CE}} = \dfrac{\Delta I_C}{\Delta U_{CE}} = \dfrac{i_C}{u_{CE}}$ $\qquad$ Leerlauf-Ausgangsleitwert in $1/\Omega = S$

für I_B = const und $i_B = 0$

Umrechnung für andere Arbeitspunkte

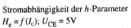

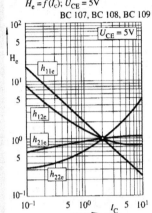

Stromabhängigkeit der h-Parameter
$H_e = f(I_C)$; $U_{CE} = 5\text{V}$
BC 107, BC 108, BC 109

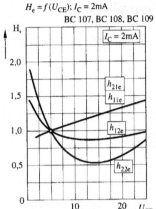

Spannungsabhängigkeit der h-Parameter
$H_e = f(U_{CE})$; $I_C = 2\text{mA}$
BC 107, BC 108, BC 109

Umgerechnete h-Parameter

$$h_{neu} = h_{alt} \cdot H_{ei}$$
$$h_{neu} = h_{alt} \cdot H_{eu}$$
$$h_{neu} = h_{alt} \cdot H_{ei} \cdot H_{eu}$$

Wechselstrom-Ersatzschaltbild

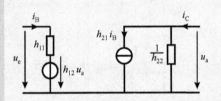

Emitterschaltung

$$h_{11e} = h_{11} \qquad h_{12e} = h_{12} \qquad h_{21e} = h_{21} \qquad h_{22e} = h_{22}$$

Basisschaltung

$$h_{11b} = \frac{h_{11e}}{\sum h_e} \quad h_{12b} = -\frac{h_{12e} - \Delta h_e}{\sum h_e} \quad h_{21b} = -\frac{h_{21e} + \Delta h_e}{\sum h_e} \quad h_{22b} = \frac{h_{22e}}{\sum h_e}$$

$$\Delta h_e = h_{11e} \cdot h_{22e} - h_{12e} \cdot h_{21e}$$
$$\sum h_e = 1 - h_{12e} + h_{21e} + \Delta h_e$$

Kollektorschaltung

$$h_{11c} = h_{11e} \qquad h_{12c} = -h_{12e} + 1 \qquad h_{21c} = -h_{21e} - 1 \qquad h_{22c} = h_{22e}$$

3 Feldeffekttransistoren (unipolare Transistoren)

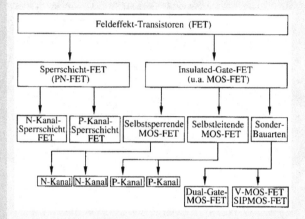

3.1. Sperrschicht-FET (selbstleitend)

PN-FET, JFET

Gate G	(Tor)	
Drain D	(Senke)	
Source S	(Quelle)	

Gate-Source-Spannung	U_{GS}	in V (Steuerspannung)
maximale Sättigungsspannung	U_{DSS}	in V
Drain-Source-Spannung	U_{DS}	in V
Drainstrom	I_D	in A (Arbeitsstrom)
maximaler Sättigungsstrom	I_{DS}	in A

N-Kanal-JFET

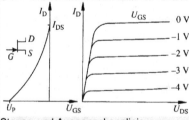

Steuer- und Ausgangskennlinie

Abschnürspannung U_P (I_D = 0V)

P-Kanal-JFET

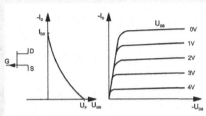

Steuer- und Ausgangskennlinie

Abschnürspannung U_P ($I_D = 0V$)

Verwendung

im ohmschen Bereich als spannungsgesteuerter Widerstand:

$U_{DS} \leq U_{DSP} = U_{DSS} + U_{GS}$

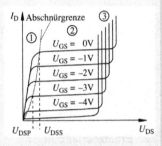

Kenn- und Grenzwerte

Elektrische Überlastung tritt auf, wenn

Drain-Source-Spannung	$U_{DS} > U_{DSmax}$	in V
Drain-Gate-Spannung	$U_{DG} > U_{DGmax}$	in V
Drain-Strom	$I_D > I_{Dmax} = I_{DSS}$	in A
Gate-Strom	$I_G > I_{Gmax}$	in A
Verlustleistung	$P_V > P_{tot}$	in W
Sperrschichttemperatur	$\vartheta_J > \vartheta_{Jmax}$	in °C

$P_V = U_{DS} \cdot I_D \leq P_{tot}$

3.2. Insulated-Gate-FET (MOS-FET)

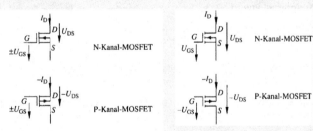

Normally-On-Typ

Selbstleitender IG-FET   Selbstsperrender IG-FET

N-Kanal-Typ

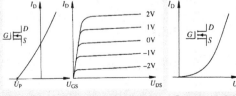

Steuer- und Ausgangskennlinie   Steuer- und Ausgangskennlinie

P-Kanal-Typ

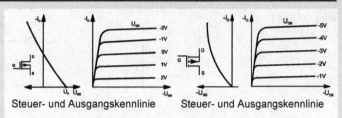

Steuer- und Ausgangskennlinie   Steuer- und Ausgangskennlinie

Kenn- und Grenzwerte

Elektrische Überlastung tritt auf, wenn

Drain-Source-Spannung	$U_{DS} > U_{DSmax}$	in V
Drain-Gate-Spannung	$U_{DG} > U_{DGmax}$	in V
Drain-Strom	$I_D > I_{Dmax} = I_{DSS}$	in A
Gate-Strom	$I_G > I_{Gmax}$	in A
Verlustleistung	$P_V > P_{tot}$	in W
Sperrschichttemperatur	$\vartheta_J > \vartheta_{Jmax}$	in °C

$$P_V = U_{DS} \cdot I_D \leq P_{tot}$$

3.3. Ersatzschaltbild mit y-Parameter

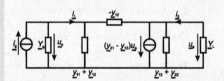

Vierpolgleichungen
$$\underline{i}_1 = y_{11} \cdot \underline{u}_e + y_{12} \cdot \underline{u}_a$$
$$\underline{i}_2 = y_{21} \cdot \underline{u}_e + y_{22} \cdot \underline{u}_a$$

Vorwärtssteilheit

AC-Ersatzschaltbild

Ausgangsleitwert

Steilheit der Kennlinie um den Arbeitspunkt

$$y_{21} = \frac{\Delta I_D}{\Delta U_{GS}} \qquad \text{bei } U_{DS} = \text{const.}$$

Steilheit der Ausgangskennlinie um den Arbeitspunkt

$$y_{22} = \frac{\Delta I_D}{\Delta U_{DS}} = \frac{1}{r_{DS}} \text{ für } U_{GS} = \text{const.}$$

Betriebsgrößen des Vierpoles

differenzieller Ausgangswiderstand r_{DS} in Ω

Spannungsverstärkung

$$\underline{V}_u = \frac{\underline{u}_a}{\underline{u}_e} = -\frac{\underline{y}_{21}}{\underline{y}_{22} + \underline{Y}_L}$$

Stromverstärkung

$$\underline{V}_i = \frac{\underline{i}_2}{\underline{i}_1} = \frac{\underline{y}_{21} \cdot \underline{Y}_L}{\underline{y}_{11} \cdot (\underline{y}_{22} + \underline{Y}_L) - \underline{y}_{12} \cdot \underline{y}_{21}}$$

Eingangsleitwert

$$\underline{y}_i = \underline{y}_{11} + \frac{\underline{y}_{12} \cdot \underline{y}_{21}}{\underline{y}_{22} + \underline{Y}_L} = \underline{y}_{11} + \underline{y}_{12} \cdot \underline{V}_u$$

Ausgangsleitwert

$$\underline{Y}_0 = \frac{\underline{i}_2}{\underline{u}_1} = \underline{y}_{22} - \frac{\underline{y}_{12} \cdot \underline{y}_{21}}{\underline{y}_{11} + \underline{Y}_g}$$

4 Bipolar-Transistor als Verstärker

Verstärkerwirkung

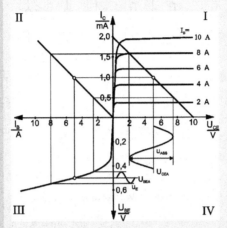

Bipolarer Transistor im Vier-Quadranten-Kennfeld

Wechselspannung (Signal, AC) wird einer **Gleichspannung (DC)** überlagert:
Kollektorwiderstand R_C ($\rightarrow$ Arbeitsgerade)

Verlauf von $U_{CE} = U_B$ nach $I_C = \dfrac{U_B}{R_C}$

$U_{CEA} = \dfrac{U_B}{2}$ (Arbeitspunkt AP)

Damit ergeben sich: I_{CA}, I_{BA}, U_{BEA} als Gleichstromwerte.
Amplituden des Signals laufen um diese Werte an der Arbeitsgeraden entlang.

Versorgungsspannung	U_B, V_{CC}	in V
Kollektorwiderstand	R_C	in Ω
Kollektor-Emitter-Spannung	U_{CE}	in V
Kollektor-Emitter-Spannung im AP	U_{CEA}	in V
Kollektorstrom	I_C	in A
Kollektorstrom im AP	I_{CA}	in A
Basisstrom	I_B	in A
Basisstrom im AP	I_{BA}	in A
Basis-Emitter-Spannung	U_{BE}	in V
Basis-Emitter-Spannung im AP	U_{BEA}	in V
Eingangsspannung	U_e	in V
Ausgangsspannung	U_a	in V

Elektronik
Bipolar-Transistor als Verstärker

4.1 Grundschaltungen des bipolaren Transistors

Betriebsgrößen laut Vierpol-Ersatzschaltbild

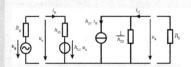
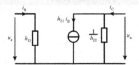
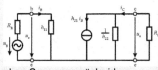

mit Spannungsrückwirkung   ohne Spannungsrückwirkung

Stromverstärkung $\qquad V_i = \dfrac{i_C}{i_B} = \dfrac{h_{21}}{1 + h_{22} \cdot R_L} < \beta$

Spannungsverstärkung $\quad V_u = \dfrac{u_a}{u_e} = \dfrac{h_{21} \cdot R_L}{\Delta h \cdot R_L + h_{11}}$

$\qquad\qquad$ mit $\quad \Delta h = h_{11} \cdot h_{22} - h_{12} \cdot h_{21}$

Leistungsverstärkung $\qquad V_P = \dfrac{h_{21}{}^2 \cdot R_L}{(1 + h_{22} \cdot R_L) \cdot (h_{11} + \Delta h \cdot R_L)} = V_u \cdot V_i$

Eingangswiderstand $\qquad r_e = \dfrac{\Delta h \cdot R_L + h_{11}}{1 + h_{22} \cdot R_L}$

Ausgangswiderstand $\qquad r_a = \dfrac{u_a}{i_C} = \dfrac{h_{11} + R_g}{\Delta h + h_{22} \cdot R_g}$

Wechselstromeingangswiderstand	r_e	in Ω
Wechselstromausgangswiderstand	r_a	in Ω
Spannungsverstärkung	V_u	(ohne Einheit)
Stromverstärkung	V_i	(ohne Einheit)
Leistungsverstärkung	V_p	(ohne Einheit)
Phasendrehung des Signals	φ	in Grad
Grenzfrequenz der Schaltung	f_g	in Hz

Emitterschaltung

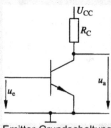

Emitter-Grundschaltung   AC-Ersatzschaltbild

Wechselstromeingangswiderstand $\qquad r_{eE} = r_{BE} = h_{11e}$

Wechselstromausgangswiderstand $\qquad r_{aE} = r_{CE} // R_C = \dfrac{r_{CE} \cdot R_C}{r_{CE} + R_C}$

Spannungsverstärkung $\qquad V_{uE} = \dfrac{\beta}{r_{BE}} \cdot r_{CE} // R_C = \dfrac{\beta \cdot R_C \cdot r_{CE}}{r_{BE} \cdot (R_C + r_{CE})}$

Stromverstärkung $\qquad V_{iE} = \beta \cdot \dfrac{r_{CE}}{R_C + r_{CE}}$

Leistungsverstärkung $\qquad V_{PE} = \beta^2 \cdot \dfrac{r_{CE}^2 \cdot R_C}{(R_C + r_{CE})^2 \cdot r_{BE}}$

maximale Leistungsverstärkung V_{Pmax} bei Leistungsanpassung, also $R_C = r_{CE}$

Phasendrehung des Signals $\qquad \varphi = 180°$

Kollektorschaltung

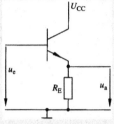 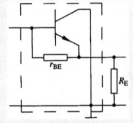

Kollektor-Grundschaltung $\qquad$ AC-Ersatzschaltbild

Wechselstromeingangswiderstand $\qquad r_{eC} = r_{eE} + \beta \cdot R_E$

Wechselstromausgangswiderstand $\qquad r_{aC} = R_E \,/\!/\, \dfrac{r_{BE} + R_g}{\beta}$

Spannungsverstärkung $\qquad V_{uC} \approx 1$

Stromverstärkung $\qquad V_{iC} = (\beta + 1) \cdot \dfrac{r_{CE}}{(R_E + r_{CE})}$

Leistungsverstärkung $\qquad V_{PC} \approx V_{iE}$

Phasendrehung des Signals $\qquad \varphi = 0°$

Basisschaltung

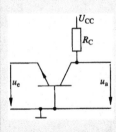 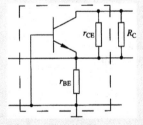

Basis-Grundschaltung $\qquad$ AC-Ersatzschaltbild

Wechselstromeingangswiderstand $\qquad r_{eB} = \dfrac{r_{eE}}{\beta}$

Wechselstromausgangswiderstand $\qquad r_{aB} = R_C \,/\!/\, r_{CE} \cdot \left(1 + \beta \cdot \dfrac{R_g}{r_{BE}}\right)$

Spannungsverstärkung $\qquad V_B = V_{uE} - 1$

Stromverstärkung $\qquad V_{iB} \approx 1$

Leistungsverstärkung $\qquad V_{PB} \approx V_{uB}$

Obere Grenzfrequenz $\qquad f_\alpha \approx \beta \cdot f_g$

Phasendrehung des Signals $\qquad \varphi = 0°$

4.2 Arbeitspunkteinstellung, -stabilisierung

Arbeitspunkt AP

$$R_C = \frac{U_B - U_{CEA}}{I_{CA}} \quad \text{und} \quad I_{BA} = \frac{I_{CA}}{B}$$

Arbeitspunkt AP (festgelegt durch U_{CEA} und I_{CA})
Gleichspannungsverstärkung $\qquad B$
Kollektor-Emitter-Spannung im AP $\quad U_{CEA}$
Kollektorstrom im AP $\qquad I_{CA}$
Basisstrom im AP $\qquad I_{BA}$
Erforderlicher Kollektorwiderstand $\quad R_C$
Betriebsspannung $\qquad U_B$

Einstellung

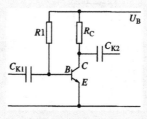

Basisvorwiderstand

Basisspannungsteiler

$$R_1 = \frac{U_B - U_{BEA}}{I_{BA}}$$

$I_q = (2...10) \cdot I_{BA}$ (Richtwert)

$$R_1 = \frac{U_B - U_{BEA}}{I_q + I_{BA}} \qquad R_2 = \frac{U_{BEA}}{I_q}$$

Basisvorwiderstand R_1
Basis-Emitter-Spannung
im AP U_{BEA}

Teilerwiderstände R_1, R_2
Querstrom I_q
Basis-Emitter-Spannung im AP
U_{BEA}

Stabilisierung durch Gegenkopplung

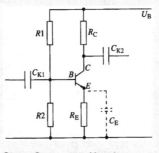

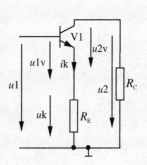

Strom-Spannungs-Kopplung

Regelkreis

$U_{RE} \approx (0,1...0,2) \cdot U_B$ (Richtwert)

$$R_1 = \frac{U_B - (U_{BEA} + U_{RE})}{I_q + I_{BA}} \qquad R_2 = \frac{U_{BEA} + U_{RE}}{I_q}$$

Emitterwiderstand $\qquad\qquad R_E$
Spannung am Emitterwiderstand U_{RE}

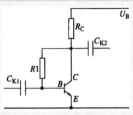

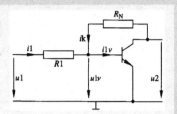

Spnnungs-Strom-Kopplung   Regelkreis

$\dfrac{R_C}{R_1} \gg$ gute Stabilisierung

$$R_C = \dfrac{U_B - U_{CEA}}{I_{CA} + I_{BA}} \qquad R_1 = \dfrac{U_{CEA} - U_{BEA}}{I_{BA}}$$

$$R_C = \dfrac{U_B - U_{CEA}}{I_{CA} + I_{BA} + I_q}$$

$$R_1 = \dfrac{U_{CEA} - U_{BEA}}{I_{BA} + I_q} \qquad R_2 = \dfrac{U_{BEA}}{I_q}$$

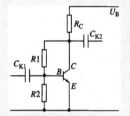

mit Basisspannungsteiler

4.3 Dimensionierung von Schaltungen

Emitterschaltung mit C_E

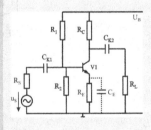

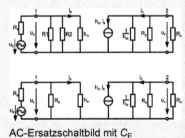

AC-Ersatzschaltbild mit C_E

$$R_{ein} = R_1 /\!/ R_2 /\!/ h_{11} = R_B /\!/ r_{BE}$$

$$R_{aus} = R_C /\!/ \dfrac{1}{h_{22}} = R_C /\!/ r_{CE}$$

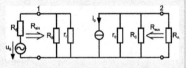

AC-Ersatzschaltung (vollständig)

Ausgangswiderstand R_{aus}
Eingangswiderstand R_{ein}

mit $R_L = R_C /\!/ R_A$

$$R_g = R_1 /\!/ R_2 /\!/ R_S$$

$$u_g = u_S \cdot \dfrac{R_1 /\!/ R_2}{R_S + R_1 /\!/ R_2}$$

Elektronik
Bipolar-Transistor als Verstärker

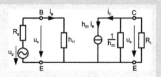

$$\text{gilt} \quad V_\text{u} = \frac{\beta}{r_\text{BE}} \cdot (r_\text{CE} \, /\!/ \, R_\text{L})$$

$$V_\text{i} = \beta \cdot \frac{r_\text{CE}}{R_\text{L} + r_\text{CE}}$$

$$V_\text{P} = V_\text{u}^2 \cdot \frac{R_\text{B} \cdot r_\text{eE}}{R_\text{aus} \cdot (R_\text{B} + r_\text{eE})}$$

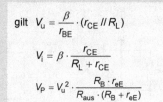

AC-Ersatzschaltung

$$C_\text{K1} = C_\text{K2} = \frac{1}{2 \cdot \pi \cdot f_\text{u} \cdot (R_\text{aus} + R_\text{ein})}$$

$$C_\text{E} = \frac{R_\text{g} + r_\text{BE} + \beta \cdot R_\text{E}}{2 \cdot \pi \cdot f_\text{u} * R_\text{E} \cdot (R_\text{g} + r_\text{BE})}$$

Spannungsverstärkung	V_u
Stromverstärkung	V_i
Leistungsverstärkung	V_P
Innenwiderstand Signalquelle	R_S
Innenwiderstand Ersatzquelle	R_g
Signalspannung	u_S
Signalspannung Ersatzquelle	u_g
Lastwiderstand	R_L
Ersatzwiderstand	R_B
Koppelkondensatoren	C_K1, C_K2
Emitterkondensator	C_E

ohne C_E

$$V_\text{u}' = \frac{h_\text{21e} \cdot R_\text{L}}{\left[h_\text{11e} + (h_\text{21e} + 1) \cdot R_\text{E} \right]}$$

$$V_\text{u}' < V_\text{u}$$

$$V_\text{u}' \approx -\frac{R_\text{L}}{R_\text{E}} \quad \text{wenn} \quad R_\text{E} \gg \frac{r_\text{BE}}{\beta}$$

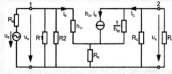

AC-Ersatzschaltung ohne C_E

$$R_\text{ein}' = R_\text{B} \, /\!/ \left[h_\text{11e} + (h_\text{21e} + 1) \cdot R_\text{E} \right]$$

$$R_\text{aus}' \approx r_\text{CE} \cdot \left[1 + \frac{h_\text{21e} \cdot R_\text{E}}{(h_\text{11e} + R_\text{E} + R_\text{S})} \right]$$

$$R_\text{ein}' > R_\text{ein}$$

$$R_\text{aus}' > R_\text{aus}$$

Spannungsverstärkung	V_u'
Eingangswiderstand	R_ein'
Ausgangswiderstand	R_aus'

Kollektorschaltung

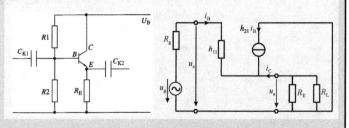

$$R_g = R_1 \parallel R_2 \parallel R_S \quad \rightarrow \quad u_g = u_S \cdot \frac{R_1 \parallel R_2}{R_S + R_1 \parallel R_2}$$

für $r_{CE} \gg R_E \parallel R_L$ gilt $\quad R_{ein} \approx \left[r_{BE} + \beta \cdot \frac{R_E \cdot R_L}{(R_E + R_L)} \right]$

$$R_{aus} = R_E \parallel \frac{r_{BE} + R_g}{\beta}$$

$$V_u \approx \frac{1}{1 + \left(\dfrac{r_{BE}}{\beta} \right) \cdot \dfrac{1}{R_E \parallel R_L \parallel r_{BE}}} < 1$$

$$V_i = \beta + 1 \approx \frac{\beta}{1 + \dfrac{R_E \parallel R_L}{r_{CE}}} \approx \beta$$

$$V_P \approx V_i \approx \beta$$

$$R_{ein} \gg R_{aus} \quad \text{(Impedanzwandler)}$$

Signalquelle	u_S
Innenwiderstand	R_S
AC-Eingangswiderstand	R_{ein}
AC-Ausgangswiderstand	R_{aus}
Spannungsverstärkung	V_u
Stromverstärkung	V_i
Leistungsverstärkung	V_P

Basisschaltung

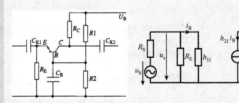

$$R_{ein} = \frac{u_1}{i_1} = \frac{R_E * r_{BE}}{r_{BE} + (\beta + 1) * R_E}$$

$$R_{aus} \approx \frac{r_{BE} + (\beta + 1) * R_S}{r_{CE} * R_S} \parallel R_C \approx R_C$$

für $r_{CE} \gg R_C$ gilt $\quad V_u \approx \frac{\beta \cdot R_C}{r_{BE}}$

$$V_i = \frac{\beta}{\beta + 1} \approx 1$$

$$V_P \approx V_u \approx \frac{\beta \cdot R_C}{r_{BE}}$$

$$f_{go} = \beta \cdot f_{goEmitter}$$

Signalquelle	u_S
Innenwiderstand	R_S
AC-Eingangswiderstand	R_{ein}
AC-Ausgangswiderstand	R_{aus}

obere Grenzfrequenz	f_{go}
Spannungsverstärkung	V_u
Stromverstärkung	V_i
Leistungsverstärkung	V_P

5 FET-Transistor als Verstärker

Verstärkerwirkung

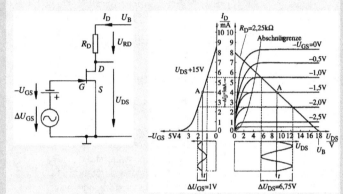

Prinzipschaltung eines
Verstärkers mit J-FET

Verstärkungsvorgang beim J-FET

Wechselspannung (Signal, AC) wird einer **Gleichspannung (DC)** überlagert:
Drainwiderstand R_D ($\to$ Arbeitsgerade)

Verlauf von $U_{DS} = U_B$ nach $I_D = \dfrac{U_B}{R_D}$

$U_{DSA} = \dfrac{U_B}{2}$ (Arbeitspunkt AP)

Damit ergeben sich: I_{DA}, U_{GS} als Gleichstromwerte.
Amplituden des Signals laufen um diese Werte an der Arbeitsgeraden entlang.

Versorgungsspannung	U_B, V_{CC}	in V
Drainwiderstand	R_D	in Ω
Darin-Source-Spannung	U_{DS}	in V
Darin-Source-Spannung im AP	U_{DSA}	in V
Drainstrom	I_D	in A
Drainstrom im AP	I_{DA}	in A
Gate-Source-Spannung	U_{GS}	in V
Gate-Source-Spannung im AP	U_{GSA}	in V
Eingangsspannung	U_e	in V
Ausgangsspannung	U_a	in V

5.1 Arbeitspunkt-einstellung und -stabilisierung

Automatische Gate-Source-Spannung (J-FET und Normally-On-FET)

$$U_{RS} = -U_{GS} = I_{DA} \cdot R_S$$

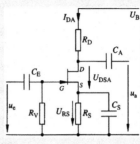

Vorspannung (Normally-Off-FET)

Für $I_G \approx 0A$ gilt:

$$I_D = \frac{\dfrac{R_2}{R_1 + R_2} \cdot U_B - U_{GS}}{R_S}$$

$$R_S = \frac{U_{GSA+} - U_{GSA-}}{I_{DA+} - I_{DA-}}$$

$$\frac{R_1}{R_2} = \frac{U_B}{I_{SDA} \cdot R_S + U_{GSA}} - 1$$

Sourcewiderstand $\qquad\qquad R_S$
Vorwiderstand $\qquad\qquad\qquad R_V$
Teilerwiderstände $\qquad\qquad R_1, R_2$
maximale, minimale Eingangsspannung $\qquad U_{GSA+}, U_{GSA-}$
maximaler, minimaler Ruhestrom $\qquad I_{DA+}, I_{DA-}$

5.2 Dimensionierung von Schaltungen

Sourceschaltung

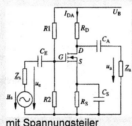

mit Spannungsteiler $\qquad\qquad$ Ersatzschaltbild für HF

mit $R_B = \dfrac{R_1 \cdot R_2}{R_1 + R_2}$ und $\underline{Z}_L = \dfrac{\underline{Z}_A \cdot R_D}{\underline{Z}_A + R_D}$ gilt

Spannungsverstärkung $\quad V_u = -\dfrac{S + g_{gs}}{S + g_{ds} + g_{gs} + G_L} \quad$ (für HF)

Spannungsverstärkung $\quad V_u = -\dfrac{S}{g_{ds} + G_L} \approx -S \cdot R_L \quad$ (für NF)

Stromverstärkung	$V_i = \dfrac{S \cdot G_L}{g_{gs} \cdot (g_{ds} + G_L)}$	(für HF)
Stromverstärkung	$V_i \approx \dfrac{S}{g_{gs}}$	(für NF)
Eingangsleitwert	$y_i = g_{gs} + g_{gd} + j\omega C_{iss} - V_u \cdot (g_{gd} + j\omega C_{iss})$	
		(für HF)
Eingangsleitwert	$y_i \approx g_{gs}$	(für NF)
Ausgangsleitwert	$y_a = g_{ds} + j\omega C_{oss} + \dfrac{j\omega C_{rss} \cdot (S - j\omega C_{rss})}{g_{gs} + j\omega C_{iss} + Y_g}$	(für HF)
Ausgangsleitwert	$y_a \approx g_{ds}$	(für NF)
obere Grenzfrequenz	$f_o = \dfrac{g_{gs} + G_g + g_{gd} \cdot (1 - V_u)}{2\pi \cdot \left[C_{gs} + C_{gd} \cdot (1 - V_u) \right]}$	
Koppelkondensatoren	$C_E = \dfrac{1}{2 \cdot \pi \cdot f_u \cdot (R_B + Z_S)}$	
	$C_A = \dfrac{1}{2 \cdot \pi \cdot f_u \cdot (R_D + Z_A)}$	

Wesentlicher Merkmal im NF-Betrieb:

AC-Eingangswiderstand $\quad R_{ein} \approx \dfrac{R_V \cdot r_{gs}}{R_V + r_{gs}}$ bzw. $R_{ein} \approx \dfrac{R_B \cdot r_{gs}}{R_B + r_{gs}}$

AC-Ausgangswiderstand $\quad R_{aus} \approx \dfrac{R_D \cdot r_{ds}}{R_D + r_{ds}}$

Rückwirkungsleitwert $\quad g_{gd}$

Kanalwiderstand $\quad r_{ds} = 1/g_{ds}$

Steilheit $\quad S$

Koppelkondensatoren $\quad C_E$ und C_A

Drainschaltung

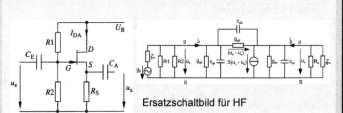

Ersatzschaltbild für HF

mit $R_B = \dfrac{R_1 \cdot R_2}{R_1 + R_2}$ und $\underline{Z}_L = \dfrac{\underline{Z}_A \cdot R_D}{\underline{Z}_A + R_D}$ gilt

Spannungsverstärkung

$$V_u = -\dfrac{S + g_{gs} + j\omega(C_{iss} - C_{rss})}{S + g_{ds} + g_{gs} + j\omega(C_{iss} + C_{oss} - 2C_{rss}) + Y_L} \quad \text{(HF)}$$

Spannungsverstärkung $\quad V_u = \dfrac{S + g_{gs}}{S + g_{ds} + g_{gs} + G_L} \quad$ (für NF)

Stromverstärkung $\quad V_i = \dfrac{S \cdot G_L}{g_{gs} \cdot (g_{ds} + G_L)} \quad$ (für HF)

Stromverstärkung $\quad V_i \approx \dfrac{S}{g_{gs}}$ (für NF)

Eingangsleitwert $\quad y_i = g_{gs} + g_{gd} + j\omega C_{iss} - V_u \cdot (g_{gd} + j\omega C_{iss})$ (für HF)

Eingangsleitwert $\quad y_i = g_{gs} + g_{gd} - \dfrac{g_{gs}(S + g_{gs})}{S + g_{gs} + g_{ds} + G_L} \approx \dfrac{g_{gs} \cdot G_L}{S + G_L}$ (für NF)

Ausgangsleitwert $\quad y_a = S + g_{ds} + \dfrac{g_{gs}(G_g - S)}{g_{gs} + G_g}$ (für NF)

Wesentlicher Merkmal im NF-Betrieb:
AC-Eingangswiderstand

$$R_{ein} \approx \frac{R_V \cdot (1 + S \cdot R_S) \cdot r_{gs}}{R_V + (1 + S \cdot R_S) \cdot r_{gs}} \quad \text{bzw.} \quad R_{ein} \approx R_V$$

$$R_{ein} \approx \frac{R_B \cdot (1 + S \cdot R_S) \cdot r_{gs}}{R_B + (1 + S \cdot R_S) \cdot r_{gs}} \quad \text{bzw.} \quad R_{ein} \approx R_B$$

AC-Ausgangswiderstand

$$R_{aus} \approx \frac{R_S \cdot \dfrac{1}{S}}{R_S + \dfrac{1}{S}} \quad \text{bzw.} \quad R_{aus} \approx \frac{1}{S}$$

→ Sourcefolger

Rückwirkungsleitwert $\qquad g_{gd}$
Kanalwiderstand $\qquad r_{ds} = 1/g_{ds}$
Steilheit $\qquad S$
Generatorleitwert $\qquad G_g$
Koppelkondensatoren $\qquad C_E$ und C_A

Gateschaltung

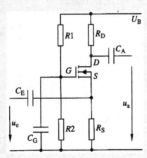

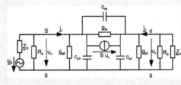

Ersatzschaltbild für HF

mit $R_B = \dfrac{R_1 \cdot R_2}{R_1 + R_2}$ und $\underline{Z}_L = \dfrac{\underline{Z}_A \cdot R_D}{\underline{Z}_A + R_D}$ gilt

Spannungsverstärkung $\quad V_u = -\dfrac{S + g_{gs} + j\omega C_{ds}}{g_{ds} + g_{gd} + j\omega(C_{gd} + C_{ds}) + Y_L}$

(für HF)

Spannungsverstärkung $\quad V_u = \dfrac{S + g_{ds}}{g_{ds} + g_{gd} + G_L}$ (für NF)

Stromverstärkung $\quad V_i \approx 1$

Eingangsleitwert $\quad y_i = S + g_{gs} + \dfrac{g_{ds}(G_L - S + g_{gd})}{g_{ds} + g_{gd} + G_L}$ (für NF)

Ausgangsleitwert $\quad y_a = g_{gd} + \dfrac{g_{ds}(g_{ds} + G_g)}{S + g_{ds} + g_{gs} + G_g}$ (für NF)

sehr großer Eingangs- und kleiner Ausgangsleitwert bei HF
→ sehr hohe Grenzfrequenz

6 Mehrstufige Verstärker

Kapazitive Kopplung

$$C_K = \frac{1}{2 \cdot \pi \cdot f_{gu} \cdot (R_{aus} + R_{ein})}$$

$$f_{gu}' = f_{gu} \cdot (\sqrt{2})^{n-1}$$

$$B' < B$$

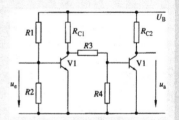

Koppelkondensator $\quad C_K$
Ausgangswiderstand erste Stufe $\quad R_{aus}$
Eingangswiderstand zweite Stufe $\quad R_{ein}$
Untere Grenzfrequenz $\quad f_{gu}$
Untere Grenzfrequenz des mehrstufigen Verstärkers $\quad f_{gu}'$
Bandbreite $\quad B$
Bandbreite des mehrstufigen Verstärkers $\quad B'$

Direkte Kopplung (Potenzialanpassung)

$$\frac{U_{BE2}}{U_{CE1}} \approx \frac{R_4}{R_3 + R_4}$$

$$V_{uges} \approx V_{u1} \cdot \frac{R_4 \,/\!/\, r_{BE2}}{R_3 + R_4 \,/\!/\, r_{BE2}}$$

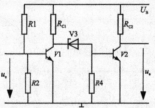

Verbesserte Schaltung

Anpassung durch Konstant-stromquelle

Basis-Emitter-Spannung $\quad U_{BE}$
Kollektor-Emitter-Spannung $\quad U_{CE}$
Teilerwiderstände $\quad R_3, R_4$
Basis-Emitter-Widerstand $\quad r_{BE}$

Direktkopplung
(mit Gegenkopplung)

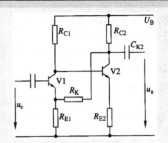

Strom-Strom-Gegenkopplung

Spannungs-Spannungs-
Gegenkopplung

7   Endstufen

Lage der Arbeitspunkte

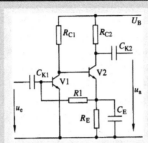

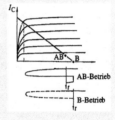

Serien-Gegentakt-Verstärker
(Prinzipschaltung B-Betrieb)

Lage der Arbeitspunkte bei
B- bzw. AB-Betrieb

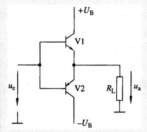

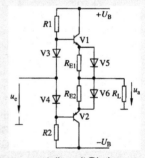

Gegentakt-Verstärker
(Prinzipschaltung AB-Betrieb)

Spannungsteiler mit Dioden

Vorteile:
– kleiner Ruhestrom
– kleine Verlustleistung
– großer Wirkungsgrad
  ($\eta \approx 70\ \%$)
– Großer Aussteuerbereich
  ($\approx \pm U_\text{B}$)

Nachteile:
– Komplementär-Transistoren
  notwendig

8 Operations- verstärker

Grundlagen

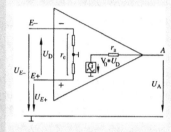

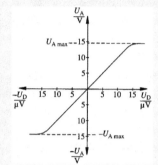

Ersatzschaltbild   Übertragungskennlinie

$$U_D = U_{E+} - U_{E-}$$

$$U_A = V_o \cdot U_D \qquad V_o|_{dB} = 20 \cdot \lg V_o$$

$$U_{Gl} = \frac{u_{S1} + u_{S2}}{2} \qquad V_{GL}|_{dB} = 20 \cdot \lg V_{GL}$$

$$G = \frac{V_o}{V_{Gl}}$$

$$f_T = V_u \cdot f_g$$

slew-rate $\qquad \left|\dfrac{\Delta U_A}{\Delta t}\right|_{max} = 2 \cdot \pi \cdot f_m \cdot U_{Amax}$

Leerlaufspannungsverstärkung	V_o
Eingangsspannung	U_E
Ausgangsspannung	U_A
maximale Ausgangsspannung	U_{Amax}
Transitfrequenz	f_T
maximal übertragbare Frequenz	f_m
Grenzfrequenz	f_g
Gleichtaktspannung	U_{Gl}
Differenzspannung	U_D
Gleichtaktunterdrückung	G (auch C_{MRR})
Gleichtaktverstärkung	V_{GL}

Verstärkerbetrieb (frequenzunabhängige Gegenkopplung)

$$V_u = \frac{V_o}{1 + V_o \cdot \dfrac{R_1}{R_2}} = \frac{R_2}{R_1}$$

$$V_u = \frac{R_2}{R_1} = \frac{f_T}{f_g} = \frac{U_2}{U_1}$$

$$r_e{}' = R_1 + \frac{R_2}{1 + V_o}$$

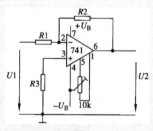

Invertierender OP

$$r_a' = \frac{r_a}{V_o} + r_a \cdot \frac{V_u}{V_o}$$

$$R_3 = \frac{R_1 \cdot R_2}{R_1 + R_2}$$

$$V_u = 1 + \frac{R_2}{R_1} = \frac{U_2}{U_1}$$

$$r_a' = r_a \cdot \frac{V_u}{V_o}$$

$$r_e' = r_e \cdot \frac{V_o}{V_u}$$

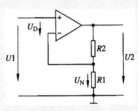

Nichtinvertierender OP

$$V_u = 1$$

$$r_a' = \frac{r_a}{V_o} \qquad \rightarrow \qquad r_a' \ll r_a$$

$$r_e' = r_e \cdot V_o \qquad \rightarrow \qquad r_e' \gg r_e$$

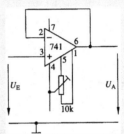

Impedanzwandler

Spannungsverstärkung	V_u
Gegenkopplungswiderstand	R_2
Widerstand	R_1
Kompensationswiderstand	R_3
Eingangsspannung	U_1
Ausgangsspannung	U_2
Eingangswiderstand	r_e
Ausgangswiderstand	r_a
Eingangswiderstand der Schaltung	r_e'
Ausgangswiderstand der Schaltung	r_a'
Transitfrequenz	f_T
Grenzfrequenz	f_g

Addierer

$$-U_A = \frac{R}{R_1} \cdot U_1 + \frac{R}{R_2} \cdot U_2$$

$$-U_A = \frac{R}{R_1} \cdot U_1 + \frac{R}{R_2} \cdot U_2 +$$

$$+ ... + \frac{R}{R_n} \cdot U_n$$

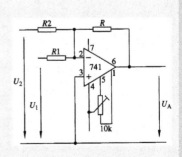

Elektronik
Operationsverstärker

Subtrahierer

$$U_A = \frac{R_2}{R_1} \cdot (U_{E2} - U_{E1})$$

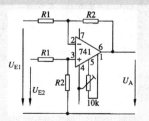

Gleichrichter
(Zweipulsschaltung)

Für
$$R_1 = R_2 = R_3 = 2\,R_4 = R_6 = R$$
$$\rightarrow U_{S3} = U_{S1}$$
Für $R_6 \neq R$
$$\rightarrow U_{S3} = \frac{R_6}{R} \cdot U_{S1}$$

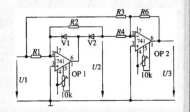

Gegenkopplungswiderstand $\quad R_6$
Eingangsspitzenspannung $\quad U_{S1}$
Ausgangsspitzenspannung $\quad U_{S3}$

Integrierer

Gleichspannung
$$u_a = -u_e \cdot \frac{t}{R_1 \cdot C} + U_{A0}$$

Wechselspannung
$$u_a = \frac{1}{R_1 \cdot C} \cdot \int -u_e(t) \cdot dt + U_{A0}$$

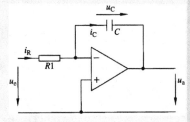

Prinzipschaltung

Eingangsspannung $\quad u_e$
Ausgangsspannung $\quad u_a$
Integrationszeit $\quad t$
Anfangsspannung $\quad U_{A0}$

Differenzierer

$$u_a = -R_1 \cdot C \cdot \frac{du_e}{dt}$$

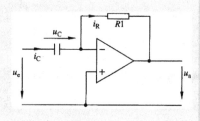

Prinzipschaltung

9 Elektronische Schalter, Kippstufen

9.1 Transistor als Schalter

Grundlagen

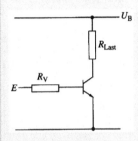

Transistorschalter

Ausgangskennlinienfeld

$$R_C = R_L = \frac{U_{RC}}{I_{CA}} = \frac{U_B - U_{CEsat}}{I_{CA}} \approx \frac{U_B}{I_{CA}}$$

$$R_V = \frac{U_E - U_{BE}}{I_{BA}} = \frac{U_E - U_{BE}}{I_{BA}'}$$

$$I_{BA} = \frac{I_{CA}}{B} \qquad I_{BA}' = ü \cdot I_{BA}$$

$$P_V = U_{CEsat} \cdot I_{CA} + U_{BE} \cdot I_{BA}' \approx U_{CEsat} \cdot I_{CA} \quad \text{(im leitenden Zustand)}$$

$$P_m = P_V \cdot v = U_{CEsat} \cdot I_{CA} \cdot \frac{t_i}{T}$$

Lastwiderstand	R_L	Sättigungsspannung	U_{CEsat}
Kollektorwiderstand	R_C	Vorwiderstand,	
Versorgungsspannung	U_B	Basisvorwiderstand	R_V
Kollektorstrom im Arbeitspunkt	I_{CA}	Eingangsspannung	U_E
Basisstrom im Arbeitspunkt	I_{BA}	Basisemitterspannung	U_{BE}
Übersteuerungsfaktor	ü	Stromverstärkung	B
Basisstrom im AP (übersteuert)	I_{BA}'	Tastverhältnis	v
		Impulsdauer	t_i
Verlustleistung	P_V	Pausendauer	t_p
mittlere Verlustleistung	P_m	Periodendauer	T

mit induktiv-ohmscher Last

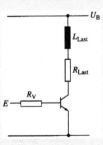

Transistorschalter

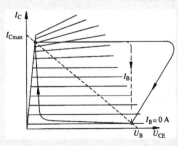

Verlauf Wechsel des AP

Ohmscher Lastanteil R_L
Induktiver Lastanteil L
Kapazitiver Lastanteil C_L

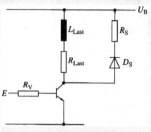

Schalter mit Freilaufdiode

mit kapazitiver Last

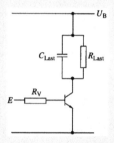

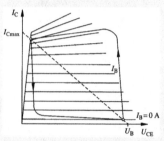

Verlauf Wechsel des AP

9.2 Kippschaltungen mit Transistoren

Bistabile Kippstufe

$$R_{C1} = R_{C2} = \frac{U_B - U_{CEsat}}{I_C} \approx \frac{U_B}{I_C}$$

$$R_1 = R_2 = \frac{U_B - U_{BE}}{\ddot{u} \cdot I_B} - R_{C1}$$

$$R_1 = R_2 = \frac{1}{\ddot{u}} \cdot B \cdot R_C$$

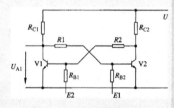

Bistabile KS (auch Flip-Flop)

Kollektorwiderstand	R_{C1}, R_{C2}	Kollektorstrom im Arbeitspunkt	I_C
Vorwiderstand	R_1, R_2	Basisstrom im Arbeitspunkt	I_B
Versorgungsspannung	U_B	Übersteuerungsfaktor	$\ddot{u}$
Sättigungsspannung	U_{CEsat}	Eingänge	E1
Basisemitterspannung	U_{BE}	Stromverstärkung	B

Monostabile KS

$$t_i = \ln 2 \cdot R_2 \cdot C_2$$

$$t_{rec} = 5 \cdot R_{C2} \cdot C_2$$

$$T = t_i + t_{rec} = \frac{1}{f}$$

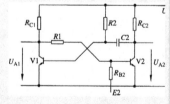

Monostabile KS (Prinzip)

Schaltzeit	t_i	Ladekondensator	C_2	Frequenz	f
Erholzeit	t_{rec}	Periodendauer	T		

Astabile KS

$$R_{C1} = \frac{U_B - U_{CEsat}}{I_{C1}}$$

$$R_{C2} = \frac{U_B - U_{CEsat}}{I_{C2}}$$

$$R_2 = \frac{U_B - U_{BE}}{\ddot{u} \cdot I_{B1}} = \frac{B \cdot (U_B - U_{BE})}{\ddot{u} \cdot I_{C1}}$$

$$R_1 \approx \frac{B}{\ddot{u}} \cdot R_{C2}$$

$$t_i = \ln 2 \cdot R_1 \cdot C_1$$

$$t_i = v \cdot T = \frac{v}{f}$$

$$t_p = T - t_i = \frac{1}{f} - t_i$$

$$t_p = \ln 2 \cdot R_2 \cdot C_2$$

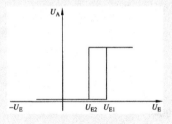

Astabile KS (Prinzip)

| Impulsdauer | t_i | Ladekondensatoren | C_1, C_2 |
| Pausendauer | t_p | Vorwiderstand | R_1, R_2 |

Schmitt-Trigger

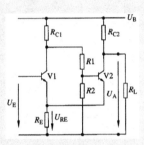

Schwellenwertschalter

Übertragungskennlinie

Ruhelage 1: V1 gesperrt, V2 leitend

$$U_{E1} = I_{C2} \cdot R_E + U_{BE1}$$

$$I_{C2} = \frac{U_B - U_{CEsat}}{R_{C2} + R_E}$$

$$U_H = U_{E1} - U_{E2}$$

$$U_{A1} = I_{C2} \cdot R_E + U_{CEsat}$$

Ruhelage 2: V1 leitend, V2 gesperrt

$$U_{E2} = I_{C1} \cdot R_E + U_{BE1}$$

$$I_{C1} = \frac{U_B - U_{CEsat}}{R_{C1} + R_E}$$

$$U_A = U_B \quad (\text{Leerlauf})$$

$$U_A = U_B \cdot \frac{R_L}{R_L + R_{C2}}$$

(bei Lastbetrieb)

Einschaltschwelle	U_{E1}	Kollektorwiderstand	R_{C1}, R_{C2}
Ausschaltschwelle	U_{E2}	Spannungsteilerwiderstand	R_1, R_2
Kollektorstrom	I_{C1}, I_{C2}	Hysteresespannung	U_H
Emitterwiderstand	R_E	Lastwiderstand	R_L

Elektronik
Elektronische Schalter, Kippstufen

9.3 Kippschaltungen mit Operationsverstärker

Schalter

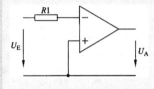

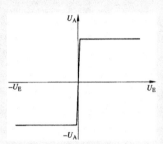

Invertierender Komparator   Übertragungskennlinie

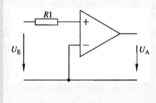

Nichtinvertierender Komparator   Übertragungskennlinie

Trigger

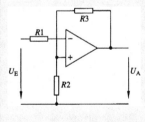

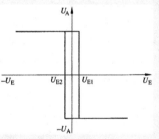

Komparator mit Hysterese   Übertragungskennlinie

$$|U_{E1}| = |U_{E2}| = |U_A| \cdot \frac{R_2}{R_2 + R_3} \quad \text{mit } U_A \approx U_B$$

$$U_H = 2 \cdot U_A \cdot \frac{R_2}{R_2 + R_3}$$

Mitkopplungswiderstand	R_2	Eingangsspannung	U_E
Spannungsteilerwiderstand	R_3	Ausgangsspannung	U_A
Vorwiderstand	R_1	Versorgungsspannung	U_B
Hysteresespannung	U_H	Schaltschwellen	U_{E1}, U_{E2}

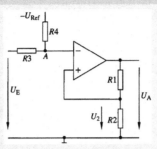

Komparator mit Hysterese und
einstellbarer Schaltschwelle

Übertragungskennlinie

$$|U_{E1}| = |U_{E2}| = |U_A| \cdot \frac{R_2}{R_2 + R_1} + U_{Ref}$$

Mitkopplungswiderstand R_2 Vorwiderstand R_3
Spannungsteilerwiderstand R_1 Referenzspannung U_{Ref}

**Astabile KS
(Rechteckspannungs-
generator)**

$$t_i = R_3 \cdot C \cdot \ln\left(1 + 2 \cdot \frac{R_2}{R_1}\right)$$

$$T = 2 \cdot R_3 \cdot C \cdot \ln\left(1 + 2 \cdot \frac{R_2}{R_1}\right)$$

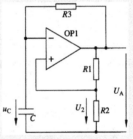

Astabile Kippstufe mit OP

Impulsdauer t_i Periodendauer T
Ladewiderstand R_3 Ausgangsspannung U_A
Ladekondensator C Mitkopplungsspannung U_2

**Monostabile KS
(Timer)**

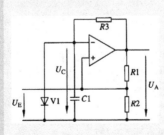

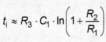

Monostabile Kippstufe mit OP   Liniendiagramm

$$t_i \approx R_3 \cdot C_1 \cdot \ln\left(1 + \frac{R_2}{R_1}\right)$$

für $U_A \gg 0{,}7V$

Richtung der Diode ist für Polarität
der Ein- und Ausgangsspannung
maßgebend.

Bistabile KS

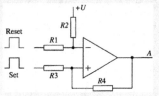

Bistabile Kippstufe mit OP

10 Optoelektronik

**Fotowiderstand
(LDR-light dependent
resistor)**

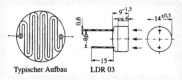

Typ. Aufbau und Bauform

Dunkelwiderstand $R_o > 10$ MΩ
*(Widerstandswert nach 1 Min.
völliger Abdunkelung)*
Hellwiderstand $R_H < 50$ kΩ
*(Widerstandswert bei 100 Lx bzw.
1000 Lx)*

Kennlinie eines LDR

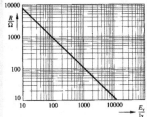

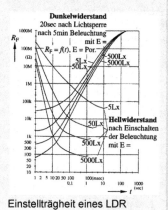

Einstellträgheit eines LDR

Fotodiode, Fotoelement

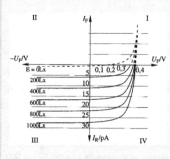

Vier-Quadranten-Kennlinie
einer Fotodiode

Betrieb im III. Quadrant: Fotodiode
in Sperrrichtung

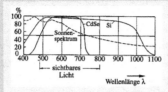

Sonnenlicht und Empfindlichkeit
von Solarelementen

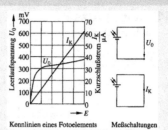

Kennlinien eines Fotoelements   Meßschaltungen

Betrieb im IV. Quadrant:
Fotoelement (Kennlinie)

Fototransistoren

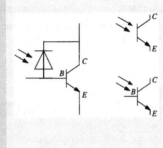

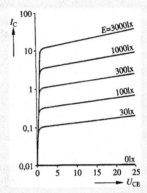

Ersatzschaltbild und
Schaltzeichen

Kennlinienfeld

Leuchtdioden (LED)

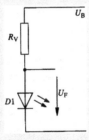

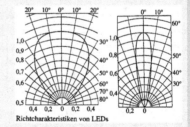

Richtcharakteristiken von LEDs

LED mit Vorwiderstand

Richtcharakteristiken

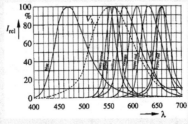

Spektralkennlinien einiger LEDs (werkstoffabhängig)

11 Leistungs-
elektronik

Grundlagen

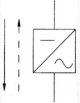

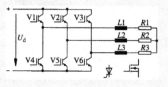

Blockschaltbild eines
Wechselrichters

Wechselrichter mit IGBT als Schalt-
elemente

Wechselrichter formen eine Gleichspannung in eine beliebige Wechselspannung, auch Drehstrom, um.

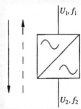

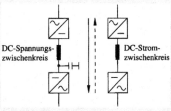

Blockschaltbild Wechsel-
stromumrichter

Wechselstromumrichter
mit Zwischenkreis

Wechselstromumrichter formen eine Wechselspannung in eine andere beliebige Wechselspannung (andere Frequenz, aber auch anderer
Spannungswert möglich) um.

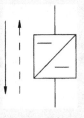

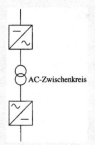

Blockschaltbild eines
Gleichstromumrichters

Gleichstromumrichter
mit Zwischenkreis

Gleichstromumrichter formen eine Gleichspannung in eine beliebige
Gleichspannung um.

Dioden werden für den unge-
steuerten Betrieb verwendet,
Thyristoren für den gesteuerten
Betrieb.

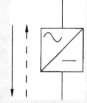

Blockschaltbild eines Gleichrichters

Gleichrichter formen eine beliebige Einphasen- oder Dreiphasenwechselspannung (Drehstrom) in eine Gleichspannung um.

Stromrichter

Schaltungsart	Bezeichnung	
Einwegschaltung	Mittelpunktschaltung	M
Zweiwegschaltung	Brückenschaltung	B
	Verdopplerschaltung	D
	Vervielfacherschaltung	V
	Wechselwegschaltung	W
	Polygonschaltung	P

Ergänzende Kennzeichen	
Steuerbarkeit	

Kurzzeichen	Bedeutung
U	ungesteuert
C	vollgesteuert (controlled)
H	halbgesteuert
HA (HK)	halbgesteuert mit anodenseitiger (kathodenseitiger) Zusammenfassung der Ventile
HZ	Zweigpaar gesteuert

Haupt- und Hilfszweige	

Kurzzeichen	Bedeutung
A (K)	anodenseitige (kathodenseitige) Zusammenfassung der
Q	Hauptzweige
R	Löschzweig
F	Rücklaufzweig
FC	Freilaufzweig
n	Freilaufzweig gesteuert Vervielfachungsfaktor

Beispiel: B2HAF ⇒ B → Kennbuchstabe
2 → Kennzahl (Pulszahl)
HA → Steuerbarkeit
F → Hilfszweige

Benennung und Kennzeichnung von Stromrichtern

Schaltungsarten

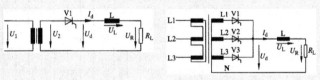

Einweggleichrichter M1   Dreipulsmittelpunktschaltung M3

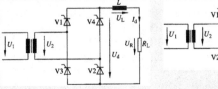

Brückengleichrichter B2   Halbgesteuerter Stromrichter

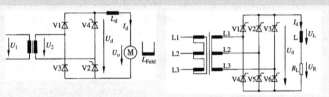

Halbgesteuerter Stromrichter   Sechspulsbrückenschaltung B6

Stromrichterschaltung		Einpuls-Mittelpunktschaltung	Dreipuls-Mittelpunktschaltung	Zweipuls-Brückenschaltung vollgesteuert	Zweipuls-Brückenschaltung halbgesteuert	Zweipuls-Brückenschaltung halbgesteuert	Sechspuls-Brückenschaltung vollgesteuert	Sechspuls-Brückenschaltung halbgesteuert
Kennzeichen		M1	M3	B2C	B2HK	B2HZ	B6C	B6H
Prinzipschaltung nach		Bild XV-9	Bild XV-17	Bild XV-13	Bild XV-23	Bild XV-24	Bild XV-21	
Gleichspannung/ungesteuerte Stromrichterschaltung mit $\alpha = 0°$								
arithm. Mittelwert	U_d/U_2	0,45	1,17 ($U_2 = U_{Str}$)	0,9			2,34 ($U_2 = U_{Str}$) 1,35 ($U_2 = U_{Leiter}$)	
Effektivwert	$U_{d\,eff}/U_2$	0,707	1,189					
Welligkeit	w	1,21	0,183	0,483			0,042	
Ventilsperrspannung/Ventilstrom								
Spitzenwert	$\hat{U}_{R\,max}/U_2$	$\sqrt{2} = 1{,}414$	$\sqrt{2}\cdot\sqrt{3} = 2{,}449$	$\sqrt{2} = 1{,}414$			$\sqrt{2}\cdot\sqrt{3} = 2{,}449$	
	I_{AV}/I_d	1,0	0,333	0,5			0,333	
	I_{max}/I_d	1,571	0,5777 (I_d) / 0,588 (R_L)	0,707 (I_d)		0,785 (R_L)	0,577 (I_d)	0,58 (R_L)
Transformator								
ventilseitiger Leiterstrom	I_2/I_d	1,571	0,5777 (I_d)	1,000 (I_d)		1,11 (R_L)	0,816 (I_d)	0,820 (R_L)
netzseitiger Leiterstrom	I_1/I_d	1,21/ü	0,472/ü (I_d)	1,0/ü (I_d)		1,11 (R_L)	0,816/ü (I_d)	0,82/ü (R_L)
primärseitige Scheinleistung	$S_1/U_{d0}\cdot I_d$	2,619	1,209 (I_d)	1,111 (I_d)		1,23 (R_L)	1,05 (I_d)	1,06 (R_L)
Typenleistung	$S_T/U_{d0}\cdot I_d$	3,090	1,460 Dz, Yz	1,111 (I_d)		1,23 (R_L)	1,05 (I_d)	1,05 (R_L)
gesteuerte Gleichspannung mit $\alpha \neq 0°$								
Steuerkennlinie	U_d/U_{d0}							

Schaltnetzteile

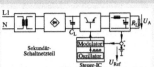

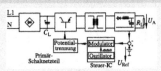

Sekundär-Schaltnetzteil

Primär-Schaltnetzteil

$$U_A = \frac{\nu}{1-\nu} \cdot U_E$$

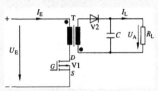

Sperrwandler

$$U_A = \frac{t_1}{T} \cdot \frac{U_E}{\ddot{u}}$$

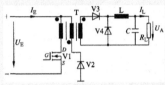

Durchflusswandler

Ausgangsspannung	U_A
Eingangsspannung	U_E
Tastverhältnis	n
Periodendauer	T
Transformatorübersetzung	$\ddot{u}$
Einschaltdauer	t_1
Sperrphase	t_2

Elektronische Steller

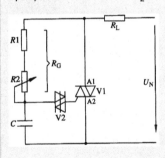

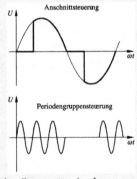

Grundprinzip Phasen-anschnittsteuerung

Liniendiagramme der Ausgangs-spannung

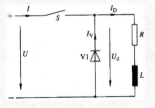

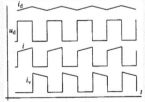

Prinzipschaltung eines Gleichstromstellers

Liniendiagramm zum Gleich-stromsteller

1 Grundlagen der zeichnerischen Darstellung

1.1 Normen für technische Zeichnungen

Normenauswahl

DIN EN ISO 128	Linien
DIN EN ISO 3098	Normschrift
DIN EN ISO 5455	Blattgröße, Maßstäbe
DIN EN ISO 5457	Faltungen von Technischen Zeichnungen
DIN 6771	Schriftfelder und Stücklisten
DIN 6774	Ausführungsrichtlinien
DIN-ISO 5455	Maßstäbe
DIN 6789	Zeichnungssystematik
DIN ISO 286	Allgemeine Toleranzen
DIN ISO 1302	Oberflächenangaben
DIN ISO 5456	Dreidimensionale Projektion
DIN ISO 128	Ansichten, Schnittdarstellung
DIN 406	Arten und Regeln der Maßeintragung
DIN ISO 6410	Darstellung von Gewinde
DIN 461	grafische Darstellungen
DIN EN 61082	Schaltungsunterlagen, grafische Symbole für Schaltpläne
DIN EN 61082 T.1	Schaltungsunterlagen, Begriffe, Einteilung
DIN EN 61082 T.2	Regeln für Stromlaufpläne, Funktions- und Schaltpläne
DIN EN 61082 T.3	Verbindungspläne und -listen, Geräte-verdrahtungspläne
DIN 40719 T.2	Kennzeichnung von Betriebsmitteln
DIN IEC 60971	Stromrichterbenennungen und -kennzeichen
DIN VDE 0281/0293	Leitungen
DIN EN 60617	Schaltzeichen für Schaltungsunterlagen Elektrische Maschinen
DIN EN 60617-6	Messgeräte, Zähler, Anzeigen, Messgrößenumformer
DIN EN 60617-11	Anschlussbezeichnungen und Drehsinn
DIN VDE 0530	Schaltpläne, Installationspläne
DIN 40717	Veränderbarkeit, Einstellbarkeit,
DIN 40712	Widerstände Schaltglieder, Antriebe, Auslöser
DIN 40713	Transformatoren, Drosselspulen, Wandler
DIN 40714	Ausführung von Anschlussplänen
DIN 40719 T.9	Ausführung von Anordnungsplänen
DIN 40719 T.10	Zeitablaufdiagramme,
DIN 40719 T.11	Schaltfolgediagramme
DIN 66001	Informationsverarbeitung
IEC 617 - 12	Computertechnik
DIN 46199	Anschlussbezeichnungen

**Linien nach
DIN EN ISO 128**

Linien	Benennung	Linienbreite in mm							Verwendung
▬▬▬	Vollinie (breit)	0,25	0,35	0,5	0,7	1,0	1,4	2	sichtbare Kanten u. Umrisse
────	Vollinie (schmal)	0,13	0,18	0,25	0,35	0,5	0,7	1	Maß- u. Maßhilfslinien Schraffuren
∿∿∿	Freihand- oder Zickzacklinie (sm)								Berenzungen von abgebrochenen Ansichten
▬ ▬ ▬	Strichlinie (breit)	0,25	0,35	0,5	0,7	1,0	1,4	2	verdeckte Kanten
··········	Strichpunktlinie (schmal)	0,13	0,18	0,25	0,35	0,5	0,7	1	Mittel-, Symmerielinien
▬·▬·▬	Strichpunktlinie (breit)	0,25	0,35	0,5	0,7	1,0	1,4	2	Kennzeichnung von Behandlungsarten
············	Strich-Zweipunkt-linie (schmal)	0,13	0,18	0,25	0,35	0,5	0,7	1	Umrisse von angrenzenden Teilen

**Normschrift nach
DIN 6776 ISO 3098**

ABCDEFGHIJKLMNOPQRSTUVWXYZ

aabcdefghijklmnopqrstuvwxyz

12345677890IVX[(!?:;'–=+×·√%&)]ɸ

Kenngröße	Form A ($d = h/14$)							Form B ($d = h/10$)						
h	2,5	3,5	5	7	10	14	20	2,5	3,5	5	7	10	14	20
a	0,35	0,5	0,7	1	1,4	2	2,8	0,5	0,7	1	1,4	2	2,8	4
b	3,5	5	7	10	14	20	28	3,5	5	7	10	14	20	28
c			2,5	3,5	5	7	10	14	–	2,5	3,5	5	7	10	14
d	0,18	0,25	0,35	0,5	0,7	1	1,4	0,25	0,35	0,5	0,7	1	1,4	2
e	1,05	1,5	2,1	3	4,2	6	8,4	1,5	2,1	3	4,2	6	8,4	12

Bedeutung der Kenngrößen:

h Höhe der Großbuchstaben
a Abstand zwischen zwei Buchstaben bei einem Wort
b Zeilenabstand
d Höhe der Kleinbuchstaben
d Schriftdicke
e Abstand zwischen zwei Wörtern

Die Schrift darf vertikale oder unter einem
Winkel von 15° nach rechts geneigt sein.

ISO 128 oj

B

α β γ δ ε ζ η ϑθ ι κ λ μ
Alpha Beta Gamma Delta Epsilon Zeta Eta Theta Jata Kappa Lambda My

ν ξ ο π ρ σς τ υ φ χ ψ ω
Ny Ksi Omikron Pi Rho Sigma Tau Ypsilon Phi Chi Psi Omega

A B Γ Δ E Z H Θ I K Λ M
Alpha Beta Gamma Delta Epsilon Zeta Eta Theta Jata Kappa Lambda My

N Ξ O Π P Σ T Y Φ X Ψ Ω
Ny Ksi Omikron Pi Rho Sigma Tau Ypsilon Phi Chi Psi Omega

**Maßstäbe nach
DIN ISO 5455**

Maßstäbe	DIN ISO 5455	12/79	
Art	Empfohlene Maßstäbe		
Verkleinerungen	1 : 2	1 : 5	1 : 10
	1 : 20	1 : 50	1 : 100
	1 : 200	1 : 500	1 : 1000
	1 : 2000	1 : 5000	1 : 10000
Vergrößerungen	50 : 1	20 : 1	10 : 1
	5 : 1	2 : 1	
Natürliche Größe		1 : 1	

Der in der Zeichnung verwendete Maßstab ist im
Schriftfeld der Zeichnung einzutragen.

1.2 Darstellung und Bemaßung von Körpern

**Bemaßungsarten
nach DIN 406**

funktionsbezogen   fertigungsbezogen   prüfbezogen

Blechbemaßung, Maßlinienbegrenzung

Blech mit Durchbrüchen

Blech mit Radien

Bemaßung eines Stufenbolzens

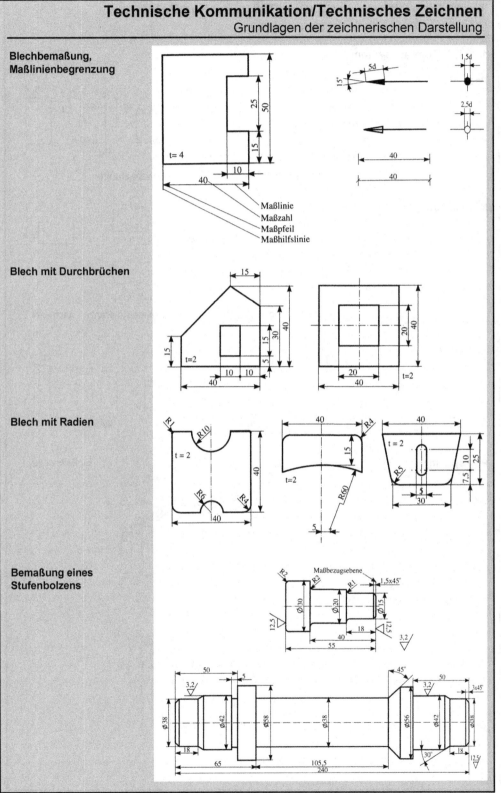

1.3 ISO-Toleranzsystem

Paarungen

Maßeintragungen

Toleranzfelder

Passsystem

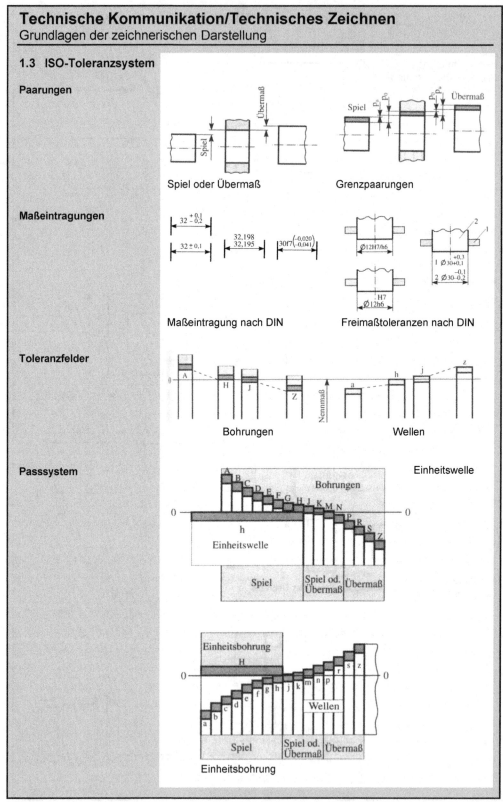

Spiel oder Übermaß   Grenzpaarungen

Maßeintragung nach DIN   Freimaßtoleranzen nach DIN

Bohrungen   Wellen

Einheitswelle

Einheitsbohrung

1.4 Projektion

Isometrische Darstellung

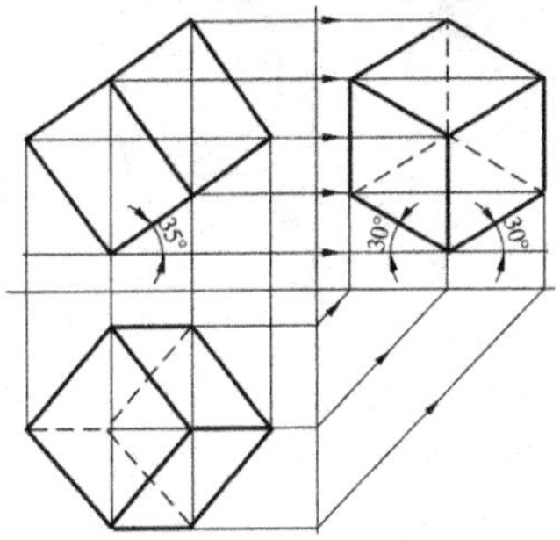

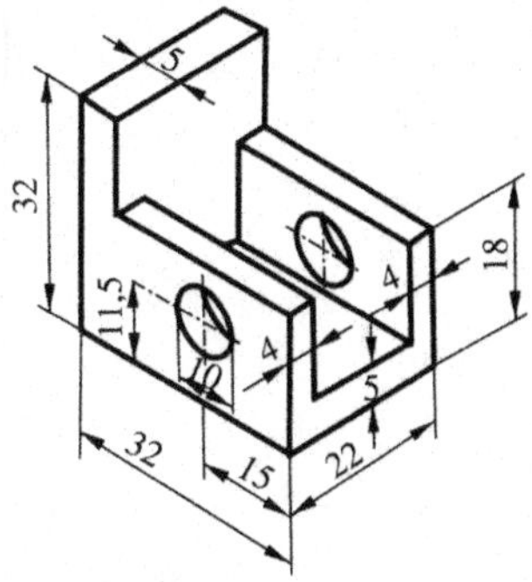

Beispiel

Dimetrische Darstellung

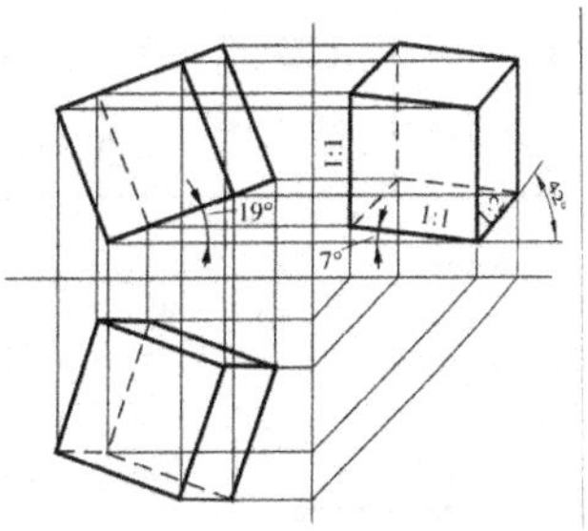

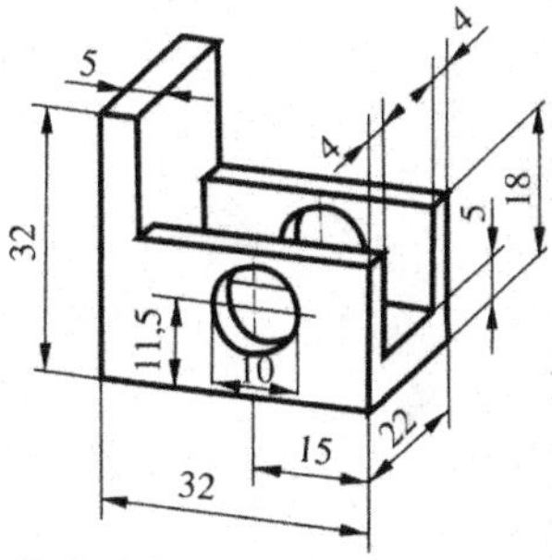

Beispiel

Normalprojektion

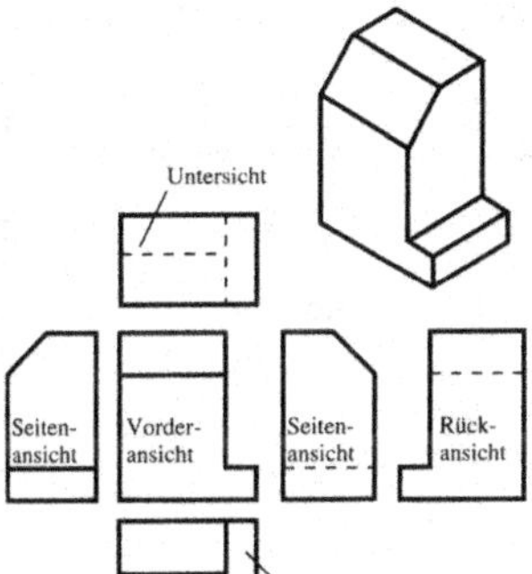

Normalprojektion

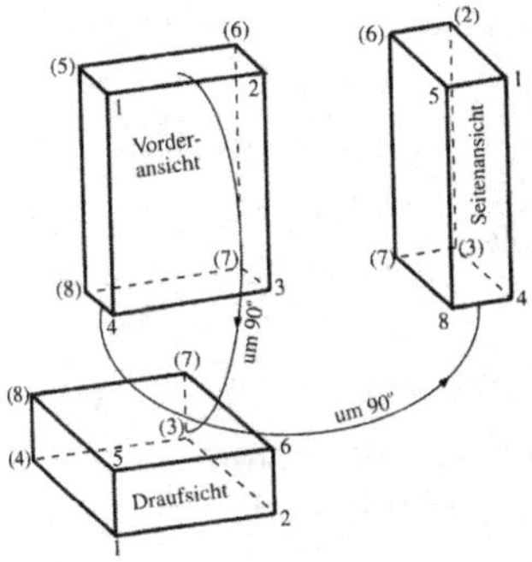

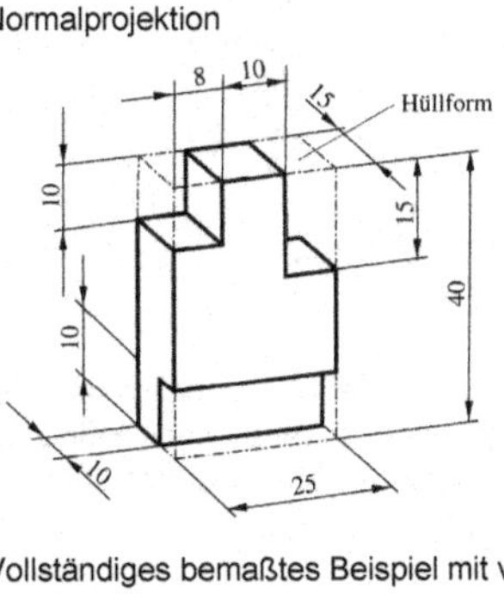

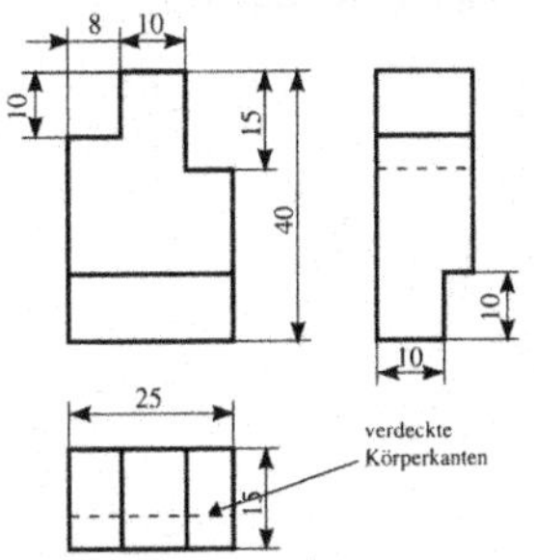

Vollständiges bemaßtes Beispiel mit verdeckten Kanten

Technische Kommunikation/Technisches Zeichnen
Grundlagen der zeichnerischen Darstellung

1.5 Schnitte

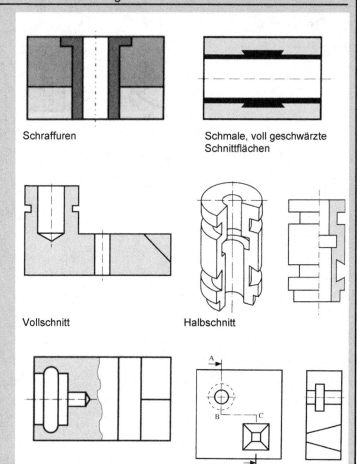

Schraffuren

Schmale, voll geschwärzte Schnittflächen

Vollschnitt

Halbschnitt

Teilschnitt (Ausbruch)

Schnitt in mehreren Ebenen

Schnitt A - D

1.6 Gewinde und Schrauben

Gewinde Schrauben

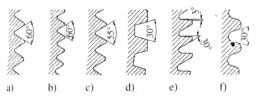

a)   b)   c)   d)   e)   f)

Grundformen der gebräuchlichsten Gewinde: a) metrisches Regelgewinde, b) metrisches Feingewinde, c) Whitworth-Rohrgewinde, d) Trapezgewinde, e) Sägengewinde, f) Rundgewinde

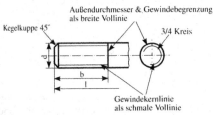

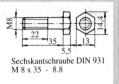

Sechskantschraube DIN 931
M 8 x 35 - 8.8

Vereinfachte Außengewindedarstellung nach DIN ISO 6410

Schraubendarstellung, hier nach DIN 931

Außen-Ø als schmale Vollinie

Kern-Ø als breite Vollinie

Innengewinde in Ansichtdarstellung

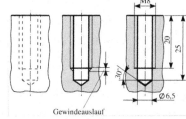

Gewindeauslauf

Gewindedarstellung in Kernlöchern

**Serviceplan
Ersatzteilbeschaffung**

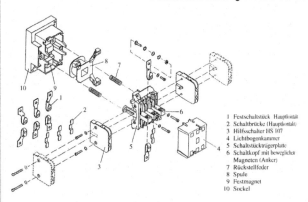

1 Festschaltstück (Hauptkontakt)
2 Schaltbrücke (Hauptkontakt)
3 Hilfsschalter HS 107
4 Lichtbogenkammer
5 Schaltstückträgerplatte
6 Schaltkopf mit beweglichem Magneten (Anker)
7 Rückstellfeder
8 Spule
9 Festmagnet
10 Sockel

Explosionszeichnung als Serviceplan zur Ersatzteilbeschaffung

1.7 Normteile und Konstruktionselemente

Schutzmaßnahmen nach DIN 57100 / IEC 364-4-41 / VDE 0100 Teil 410

Kenn-ziffer	Schutzumfang IP xx	
	Berührungs- und Fremdkörperschutz	Wasserschutz
0	kein Schutz gegeben	kein Schutz gegeben
1	Schutz gegen Fremdkörper $d > 50$ mm	Schutz gegen senkrecht fallendes Tropfwasser
2	Schutz gegen Fremdkörper $d > 12$ mm	Schutz gegen schrägfallendes Tropfwasser
3	Schutz gegen Fremdkörper $d > 2,5$ mm	Schutz gegen Sprühwasser
4	Schutz gegen Fremdkörper $d > 1$ mm	Schutz gegen Spritzwasser
5	Schutz gegen Staubablagerung	Schutz gegen Strahlwasser
6	Schutz gegen Staubeintritt	Schutz bei Überflutung
7	–	Schutz beim Eintauchen
8	–	Schutz beim Untertauchen

Schutzarten nach IEC 529

Schaltzeichen

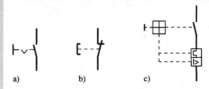

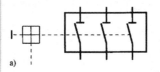

a)   b)   c)

Schaltglieder mit verschiedenen Antrieben:
a) Schließer als Rastschalter mit Handantrieb,
b) Öffner als Tastschalter, Betätigung durch Drücken,
c) einpoliger Schlossschalter mit elektrothermischer und
   -magnetischer Auslösung

a)   b)   c)

Schaltgeräte (VDE 0660):
a) dreipoliger Leistungstrenner,
b) Trennschalter, Lastschalter, Leistungsschalter

Benennung	DIN 40900/IEC 617	Antriebe		Steuergeräte	
Schaltglieder					
Schließer		Handantrieb, allgemein		Druckschalter (nicht rastend)	
Öffner		Betätigung durch Drücken		Tastschalter mit Schließer und Öffner, handbetätigt durch Drücken	
Wechsler mit Unterbrechung		Betätigung durch Ziehen		Tastschalter mit Raststellung und 1 Schließer, handbetätigt durch Drücken	
Voreilender Schließer eines Kontaktsatzes		Betätigung durch Drehen		Tastschalter mit Raststellung und 1 Öffner, handbetätigt durch Schlagen (z.B. Pilzdrucktaster)	
Nacheilender Öffner eines Kontaktsatzes		Betätigung durch Schlüssel		Grenz-/Endschalter	
Schließer, schließt verzögert bei Betätigung		Betätigung durch Rolle, Fühler		Schließer	
				Öffner	
Öffner, schließt verzögert bei Rückfall		Kraftantrieb allgemein			
Antriebe elektromechanisch, elektromagnetisch		Schaltschloß mit mechanischer Freigabe		Näherungsschalter induktiv, Schließer-verhalten	
Elektromechanischer Antrieb, allgemein, Relaisspule, allgemein		Betätigung durch Motor		Druckwächter, öffnend	
Antrieb mit besonderen Eigen-schaften, allgemein		Notschalter		Schwimmerschalter, schließend	
Elektromechanischer Antrieb mit Ansprechverzögerung		Betätigung durch elektromagnetischen Überstromschutz			
Elektromechanischer Antrieb mit Rückfallverzögerung					

Elektromechanischer Antrieb mit Ansprech- und Rückfallverzögerung		Betätigung durch thermischen Überstromschutz		Schaltgeräte	
Elektromechanischer Antrieb eines Thermorelais		Betätigung durch elektromagnetischen Antrieb		Schütz (Schließer)	
		Betätigung durch Flüssigkeitspegel		3poliges Schütz mit drei elektrother-mischen Überstromauslösern	
				3poliger Trennschalter	
				3poliger Leistungsschalter	
				3poliger Schalter mit Schaltschloß mit drei elektrothermischen Überstromaus-lösern, drei elektromagnetischen Über-stromauslösern, Motorschutzschalter	

Schaltglieder, Antriebe und Schaltgeräte nach DIN 40900 / IEC 617

Kontakte, Kontakt-benennungen

DIN EN 50005

DIN EN 50011/50012

DIN 40713

DIN 40717

Schließeranschlüsse: 2.Ziffer 3-4

Öffneranschlüsse: 2.Ziffer 1-2

Wechsleranschlüsse: 2.Ziffer 1-2-4

Hauptkontakte: Einerziffer

Schützspule: A1-A2

Steuerkontakte: Doppelziffer

Anschlusskennzeichnung von Schützen und Hilfsschützen

DIN 40713
Steckerbuchse   Steckerstift

Kennzeichnung von zeitverzögerten Steuerkontakten

Kennzeichnung von thermi-schen Überstromauslösern

DIN 40717

Einfach-Steckdose ohne Schutzkontakt

Einfach-Schutzkontakt-Steckdose

Schutzkontaktstecker

Pilotkontakt

Einfache Steckverbindungen

Dreipoliger Steckver-binder mit Schutzkontakt

Steckverbinder mit Pilotkontakt

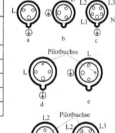

Pos. und Bild	I in A	Strom-art	Netzspannung in V	C
a	16	E	220 bis 240	6^h
b	32		380 bis 415	9^h
c		D	220/380 bis 240/415	6^h
d		E	220 bis 240	6^h
e	63		380 bis 415	9^h
f	125	D	3× 380 bis 415	6^h
g			220/38ß bis 240/415	6^h

C Code für die Lage der Schutzleiterbuchse als Uhrzeigerstellung („Uhrzeit"):
E Einphasen-Wechselstrom;
D Drehstrom

Beispiele von Steckdosen für die genormten Netzspannungen nach DIN IEC 38

Kennzeichnung von
- **Widerständen**
- **Kondensatoren**

Farbcode nach
DIN 41429

DIN 41426

DIN 323

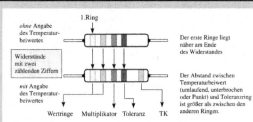

Kenn- farbe	Wert- ziffer	Multiplikator	Toleranz	Temperatur- beiwert α_R $10^{-6}\,\mathrm{K}^{-1}$	Bemerkungen
keine	–	–	±20	–	Die Farben gold und silber
silber	–	$\times 10^{-2}\,\Omega =\ \ 0{,}01\,\Omega$	±10	–	sind leitend
gold	–	$\times 10^{-1}\,\Omega =\ \ 0{,}1\,\Omega$	± 5	–	und deshalb nicht
schwarz	0	$\times 10^{0}\,\Omega =\ \ 1{,}0\,\Omega$	–	±200	immer verwendbar.
braun	1	$\times 10^{1}\,\Omega =\ \ 10\,\Omega$	±1	±100	Ausweichmöglichkeiten:
rot	2	$\times 10^{2}\,\Omega =\ 100\,\Omega$	±2	± 50	statt gold: für 10^{-1} weiß
orange	3	$\times 10^{3}\,\Omega =\ \ 1\,\mathrm{k}\Omega$	–	± 15	für ±5% grün
gelb	4	$\times 10^{4}\,\Omega =\ \ 10\,\mathrm{k}\Omega$	–	± 25	statt silber: für 10^{-2} grau
grün	5	$\times 10^{5}\,\Omega =\ 100\,\mathrm{k}\Omega$	± 0,5%	–	für ±10% weiß
blau	6	$\times 10^{6}\,\Omega =\ \ 1\,\mathrm{M}\Omega$	± 0,25%	–	
violett	7	$\times 10^{7}\,\Omega =\ \ 10\,\mathrm{M}\Omega$	± 0,1%	–	
grau	8	$\times 10^{8}\,\Omega =\ 100\,\mathrm{M}\Omega$	–	–	
weiß	9	$\times 10^{9}\,\Omega = 1000\,\mathrm{M}\Omega$	–	–	

Kennzeichnung von Widerständen durch Farbcode (Auszug)

E-Reihen (Auszug)											Nach DIN 41426
E6	1,0		1,5		2,2		3,3		4,7		6,8
E12	1,0	1,2	1,5	1,8	2,2	2,7	3,3	3,9	4,7	5,6	6,8	8,2
E24	1,0 1,1	1,2 1,3	1,5 1,6	1,8 2,0	2,2 2,4	2,7 3,0	3,3 3,6	3,9 4,3	4,7 5,1	5,6 6,2	6,8 7,5	8,2 9,1
E48	1,00 1,05 1,10 1,15	1,21 1,27 1,33 1,40	1,47 1,54 1,62 1,69	1,78 1,87 1,96 2,05	2,15 2,26 2,37 2,49	2,61 2,74 2,87 3,01	3,16 3,32 3,48 3,65	3,83 4,02 4,22 4,42	4,64 4,87 5,11 5,36	5,62 5,90 6,19 6,49	6,81 7,15 7,50 7,87	8,25 8,66 9,09 9,53

DIN-Reihe											Nach DIN 323
R5	1,00		1,60		2,50		4,00		6,30	
R10	1,00	1,25	1,60	2,00	2,50	3,15	4,00	5,00	6,30	8,00
R20	1,00 1,12	1,25 1,40	1,60 1,80	2,00 2,24	2,50 2,80	3,15 3,55	4,00 4,50	5,00 5,60	6,30 7,10	8,00 9,00
R40	1,00 1,12 1,06 1,18	1,25 1,40 1,32 1,50	1,60 1,80 1,70 1,90	2,00 2,24 2,12 2,36	2,50 2,80 2,65 3,00	3,15 3,55 3,35 3,75	4,00 4,50 4,25 4,75	5,00 5,60 5,30 6,00	6,30 7,10 6,70 7,50	8,00 9,00 8,50 9,50

Bei jeder Reihe können die üblichen Toleranzen gewählt werden.

E-Reihen und DIN-Reihen (Auszüge)
Es sind folgende E-Reihen nach Toleranzen genormt:
E6 = ± 20 %; E 12 = ± 10 %; E24 = ± 5 %; E48 = ± 2 %; E96 = ± 1 %;
E192 = ± 0,5 %

Bauformen

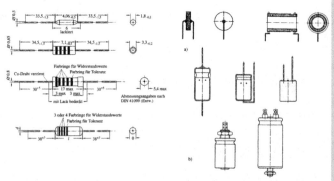

Bauformen von Widerständen
(teilweise genormt)

Auswahl an Kondensator-Bau-
formen (teilweise genormt)

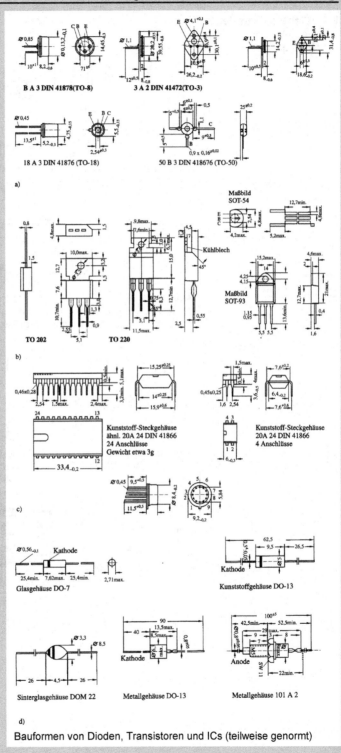

B A 3 DIN 41878(TO-8)   **3 A 2 DIN 41472(TO-3)**

18 A 3 DIN 41876 (TO-18)   **50 B 3 DIN 418676 (TO-50)**

a)

Maßbild SOT-54

Kühlblech

Maßbild SOT-93

TO 202   **TO 220**

b)

Kunststoff-Steckgehäuse ähnl. 20A 24 DIN 41866 24 Anschlüsse Gewicht etwa 3g

Kunststoff-Steckgehäuse 20A 24 DIN 41866 4 Anschlüsse

c)

Kathode

Glasgehäuse DO-7

Kunststoffgehäuse DO-13

Kathode

Kathode

Anode

Sinterglasgehäuse DOM 22   Metallgehäuse DO-13   Metallgehäuse 101 A 2

d)

Bauformen von Dioden, Transistoren und ICs (teilweise genormt)

1.8 Wichtige Normteile des Maschinenbaues

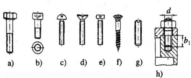

Schraubenarten:
a) Sechskantschraube, b) Innensechskantschraube,
c) Halbrundschraube, d) Senkschraube, e) Zylinderschraube,
f) Linsensenkholzschraube mit Kreuzschlitz, g) Gewindestift mit
Kegelkuppe, h) Stiftschraube

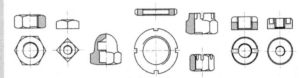

Muttern:
a) Sechskantmutter, b) Vierkantmutter, c) Hutmutter, d) Nutmutter,
e) Kronenmuttern, f) Schlitzmutter, g) Zweilochmutter

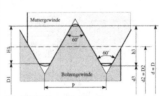

Maßbild des Metrischen
ISO-Gewindes DIN 13

Ausführliche und vereinfachte
Darstellung einer Sechskantschraube

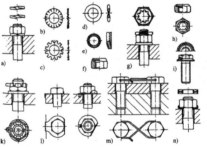

Schraubensicherungen:
a) Federring,
b) Flächenscheibe,
c) Zahnscheibe,
d) Federscheibe,
e) Schnoor-Sicherung,
f) selbstsichernde
Sechskantmutter,
g) Sicherungsmutter,
h) Spring-Stopp
Sechskantmutter,
i) TENSILOCK
Sicherungsschraube,
k) Kronenmutter mit Splint,
l) Sicherungsbleche,
m) Drahtsicherung,
n) Kunststoffsicherungsring

Gewinde-Nenndurchmesser d = D Reihe 1	Reihe 2	Steigung P	Flankendurchmesser d₂ = D₂	Kerndurchmesser Bolzen d₃	Kerndurchmesser Mutter D₁	Gewindetiefe Bolzen h₃	Gewindetiefe Mutter H₁	Kern-Lochbohr Ø mm	Scheibe DIN 125 Loch-Ø	Scheibe DIN 125 Außen-Ø	Scheibe DIN 125 Dicke	Gewicht kg/1000 St.	Schlüsselweite s	Spitzkant e
M1		0,25	0,838	0,693	0,729	0,153	0,135	0,75	–	–	–	–	2,5	2,9
	M1.1	0,25	0,938	0,793	0,829	0,153	0,135	0,85	–	–	–	–	3	3,5
M1.2		0,25	1,038	0,893	0,929	0,153	0,135	0,95	–	–	–	–	3	3,5
	M1.4	0,3	1,205	1,032	1,075	0,184	0,162	1,1	–	–	–	–	3	3,5
M1.6		0,35	1,373	1,171	1,221	0,215	0,189	1,25	1,7	4	0,3	0,024	3,2	3,7
	M1.8	0,35	1,573	1,371	1,421	0,215	0,189	1,45	–	–	–	–	3,5	4
M2		0,4	1,740	1,509	1,567	0,245	0,217	1,6	2,2	5	0,3	0,037	4	4,6
	M2.2	0,45	1,908	1,648	1,713	0,276	0,244	1,75	–	–	–	–	–	–
M2.5		0,45	2,208	1,948	2,013	0,276	0,244	2,05	2,7	6,5	0,5	0,108	5	5,8
M3		0,5	2,675	2,387	2,459	0,307	0,271	2,5	3,2	7	0,5	0,12	5,5	6,4
	M3.5	0,6	3,110	2,764	2,850	0,368	0,325	2,9	3,7	8	0,5	0,156	6	6,9
M4		0,7	3,545	3,141	3,242	0,429	0,379	3,3	4,3	9	0,8	0,308	7	8,1
	M4.5	0,75	4,013	3,580	3,688	0,460	0,406	3,7	–	–	–	–	–	–
M5		0,8	4,480	4,019	4,134	0,491	0,433	4,2	5,3	10	1	0,443	8	9,2
M6		1	5,350	4,773	4,917	0,613	0,541	5	6,4	12,5	1,6	1,14	10	11,5
M8		1,25	7,188	6,466	6,647	0,767	0,677	6,8	8,4	17	1,6	2,14	13	15
M10		1,5	9,026	8,160	8,376	0,920	0,812	8,5	10,5	21	2	4,08	17	19,6
M12		1,75	10,863	9,853	10,106	1,074	0,947	10,2	13	24	2,5	6,27	19	21,9
	M14	2	12,701	11,546	11,835	1,227	1,083	12	15	28	2,5	8,6	22	25,4
M16		2	14,701	13,546	13,835	1,227	1,083	14	17	30	3	11,3	24	27,7
	M18	2,5	16,376	14,933	15,294	1,534	1,353	15,5	19	34	3	14,7	27	31,2
M20		2,5	18,376	16,933	17,294	1,534	1,353	17,5	21	37	3	17,2	30	34,6
	M22	2,5	20,376	18,933	19,294	1,534	1,353	19,5	23	39	3	18,4	32	36,9
M24		3	22,051	20,319	20,752	1,840	1,624	21	25	44	4	32,3	36	41,6
	M27	3	25,051	23,319	23,752	1,840	1,624	24	28	50	4	42,3	41	47,3
M30		3,5	27,727	25,706	26,211	2,147	1,894	26,5	31	56	4	53,6	46	53,1
	M33	3,5	30,727	28,706	29,211	2,147	1,894	29,5	34	60	5	75,4	50	57,7
M36		4	33,402	31,093	31,670	2,454	2,165	32	37	66	5	92,0	55	63,5
	M39	4	36,402	34,093	34,670	2,454	2,165	35	40	72	6	133	60	69,3
M42		4,5	39,077	36,479	37,129	2,760	2,436	37,5	43	78	7	183	65	75
	M45	4,5	42,077	39,479	40,129	2,760	2,436	40,5	46	85	7	220	70	80,8
M48		5	44,752	41,866	42,587	3,067	2,706	43	50	92	8	294	75	86,5
	M52	5	48,752	45,866	46,587	3,067	2,706	47	54	98	8	330	80	92,4
M56		5,5	52,428	49,252	50,046	3,374	2,977	50,5	58	105	9	425	85	98
	M60	5,5	56,428	53,252	54,046	3,374	2,977	55	62	110	9	458	90	104
M64		6	60,103	56,639	57,505	3,681	3,248	58	66	115	9	492	95	110
	M68	6	64,103	60,639	61,505	3,681	3,248	62	70	120	10	586	100	116

Metrisches ISO-Gewinde nach DIN 13 Teil 1 (12.86), Regelgewinde-Nennmaße

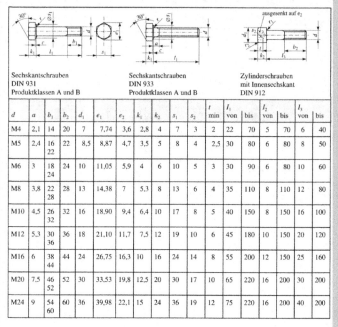

d	a	b_1	b_2	d_1	e_1	e_2	k_1	k_2	s_1	s_2	t min	l_1 von	bis	l_2 von	bis	l_3 von	bis
M4	2,1	14	20	7	7,74	3,6	2,8	4	7	3	2	22	70	5	70	6	40
M5	2,4	16 22	22	8,5	8,87	4,7	3,5	5	8	4	2,5	30	80	6	80	8	50
M6	3	18 24	24	10	11,05	5,9	4	6	10	5	3	30	90	6	80	10	60
M8	3,8	22 28	28	13	14,38	7	5,3	8	13	6	4	35	110	8	110	12	80
M10	4,5	26 32	32	16	18,90	9,4	6,4	10	17	8	5	40	150	8	150	16	100
M12	5,3	30 36	36	18	21,10	11,7	7,5	12	19	10	6	45	180	10	150	20	120
M16	6	38 44	44	24	26,75	16,3	10	16	24	14	8	55	200	12	150	25	160
M20	7,5	46 52	52	30	33,53	19,8	12,5	20	30	17	10	65	220	16	200	30	200
M24	9	54 60	60	36	39,98	22,1	15	24	36	19	12	75	220	16	200	40	200

Normwerte einiger ausgewählter Schrauben

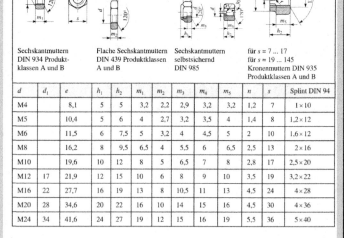

d	d_1	e	h_1	h_2	m_1	m_2	m_3	m_4	m_5	n	s	Splint DIN 94
M4		8,1	5	5	3,2	2,2	2,9	3,2	3,2	1,2	7	1×10
M5		10,4	5	6	4	2,7	3,2	3,5	4	1,4	8	1,2×12
M6		11,5	6	7,5	5	3,2	4	4,5	5	2	10	1,6×12
M8		16,2	8	9,5	6,5	4	5,5	6	6,5	2,5	13	2×16
M10		19,6	10	12	8	5	6,5	7	8	2,8	17	2,5×20
M12	17	21,9	12	15	10	6	8	9	10	3,5	19	3,2×22
M16	22	27,7	16	19	13	8	10,5	11	13	4,5	24	4×28
M20	28	34,6	20	22	16	10	14	15	16	4,5	30	4×36
M24	34	41,6	24	27	19	12	15	16	19	5,5	36	5×40

Normwerte einiger ausgewählter Muttern

2 Schaltungs- unterlagen

2.1 VDE-Bestimmungen (Auszug)

VDE 0100	Bestimmungen für das Errichten von Starkstromanlagen bis 1 kV
VDE 0101	Bestimmungen für das Errichten von Starkstromanlagen über 1 kV
VDE 0102	Leitsätze für die Berechnung der Kurzschlussströme
VDE 0105	VDE-Bestimmungen für den Betrieb von Starkstromanlagen
VDE 0107	Bestimmungen für elektrische Anlagen in medizinisch genutzten Räumen
VDE 0108	Bestimmungen für das Errichten und den Betrieb von Starkstromanlagen in Versammlungsstätten, Waren- und Geschäftshäusern, Hochhäusern
VDE 0128	Beherbergungsstätten und Krankenhäusern
VDE 0130	Vorschriften für Leuchtröhrenanlagen mit Spannungen von 1kV und darüber
VDE 0132	Merkblatt für den Betrieb elektrischer Anlagen in landwirtschaftlichen Betrieben
VDE 0134	Merkblatt für die Bekämpfung von Bränden in elektrischen Anlagen
VDE 0141	Anleitungen zur Ersten Hilfe bei Unfällen (VDE-Druckschrift)
VDE 0160	Bestimmungen und Richtlinien für Erdungen in Wechselstromanlagen für Bemessungsspannungen über 1kV
VDE 0165	Bestimmungen für die Ausrüstung von Starkstromanlagen mit elektronischen Betriebsmitteln
VDE 0168	Bestimmungen für die Errichtung elektr. Anlagen in explosionsgefährdeten Betriebsstätten
VDE 0190	Bestimmungen für das Errichten und den Betrieb elektrischer Anlagen in Tagebauen, Steinbrüchen und ähnlichen Betrieben
VDE 0193	Bestimmungen für das Einbeziehen von Rohrleitungen in Schutzmaßnahmen von Starkstromanlagen mit Bemessungsspannungen bis 1kV Richtlinien für den Anschluss und die Anbringung von Elektroden-Durchlauferhitzern
VDE 0210	Bestimmungen für den Bau von Starkstrom-Freileitungen über 1 kV
VDE 0211	Bestimmungen für den Bau von Starkstrom-Freileitungen mit Bemessungsspannungen bis 1 kV
VDE 0228	VDE-Bestimmungen für Maßnahmen bei Beeinflussung von Fernmeldeanlagen durch Starkstromanlagen
VDE 0410	Regeln für elektrische Messgeräte
VDE 0411	VDE-Bestimmungen für elektronische Messgeräte und Regler
VDE 0413	Bestimmungen für Geräte zum Prüfen der Schutzmaßnahmen in elektrischen Anlagen
VDE 0414	Bestimmungen für Messwandler
VDE 0426	Bestimmungen für einpolige Spannungssucher bis 250 V Wechselspannung gegen Erde

VDE 0510	Bestimmungen für Akkumulatoren und Akkumulatoren-Anlagen
VDE 0530	Bestimmungen für umlaufende elektrische Maschinen
VDE 0532	Bestimmungen für Transformatoren und Drosselspulen
VDE 0541	Bestimmungen für Stromquellen zum
VDE 0550	Lichtbogenschweißen mit Wechselstrom Bestimmungen für Kleintransformatoren
VDE 0612	VDE-Bestimmungen für Baustromverteiler für Bemessungsspannungen bis 400 V Wechselspannung und für Ströme bis 630 A
VDE 0620	Vorschriften für Steckvorrichtungen bis 750 V / 100 A
VDE 0660	Bestimmungen für Niederspannungsschaltgeräte
VDE 0675	Leitsätze für den Schutz elektrischer Anlagen gegen Überspannungen
VDE 0680	Bestimmungen für Schutzbekleidung, Schutzvorrichtungen und Werkzeuge zum Arbeiten an unter Spannung stehenden Betriebsmitteln
VDE 0701	Bestimmungen für die Instandsetzung, Änderung und Prüfung gebrauchter elektrischer Verbrauchsmittel (Geräte)
VDE 0710	Vorschriften für Leuchten mit Betriebsspannungen unter 1 kV
VDE 0712	Bestimmungen für Entladungslampenzubehör mit Bemessungsspannungen bis 1 kV
VDE 0800	Bestimmungen für Errichtung und Betrieb von Fernmeldeanlagen einschließlich Informationsverarbeitungsanlagen
VDE 0855	Bestimmungen für Antennenanlagen
VDE 0860	Bestimmungen für netzbetriebene Rundfunk- und verwandte elektronische Geräte
VDE 0871	Bestimmungen für die Funk-Entstörung von Hochfrequenzgeräten und -anlagen
VDE 0874	VDE-Leitsätze für Maßnahmen zur Funk-Entstörung
VDE 0875	Bestimmungen für die Funk-Entstörung von Geräten, Maschinen und Anlagen für Netzfrequenzen von 0 bis 10 kHz
VDE 0877	Leitsätze für das Messen von Funkstörungen

2.2 Diagramme

Darstellung nach
- DIN 461
- DIN EN 61082
- DIN EN 60848

Linienbreiten:
nach DIN EN ISO 128 etwa im Verhältnis Netz zu Achsen zu Kurve wie 1:2:4

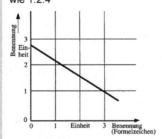

Diagrammdarstellung nach DIN

Diagramm im kartesischen Koordinatensystem

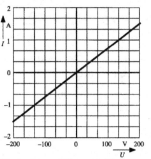

Diagramm mit linearer Einteilung

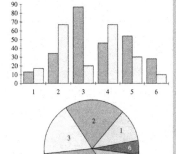

Diagramm mit doppelt-logarithmi-
scher Einteilung

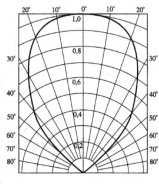

Diagramm im Polarkoordinatensystem

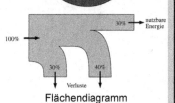

Flächendiagramm

2.3 Schaltzeichen nach DIN EN 61082 und DIN EN 60617

**Schaltzeichen
Blocksymbol**

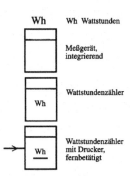

Wh	Wh Wattstunden
	Meßgerät, integrierend
Wh	Wattstundenzähler
Wh	Wattstundenzähler mit Drucker, fernbetätigt

Blocksymbol als Funktionseinheit

Schaltzeichen aus Symbol- und Grundelementen

Technische Kommunikation/Technisches Zeichnen
Schaltungsunterlagen

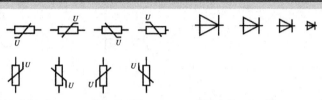

Variable Lage von Schaltzeichen
im Schaltplan

Darstellungsgrößen von
Schaltzeichen

Schaltzeichen (Auszug)	
Passive Bauelemente	DIN 40900 Teil 4
Widerstand, allgemein	
Widerstand, veränderbar, allgemein	
Widerstand mit Schleifkontakt	
Widerstand, spannungsabhängig Varistor	
Widerstand, temperaturabhängig Heißleiter	
Kondensator, allgemein	
Kondensator, gepolt, z.B. Elektrolyt-Kondensator	
Kondensator, veränderbar	
Spule, Wicklung, Induktivität	
Spule mit Magnetkern	
Piezoelektrischer Kristall, Schwingquarz	
Halbleiter-Bauelemente	DIN 40900 Teil 5
Halbleiterdiode, allgemein	
Z Diode, Esaki-Diode	
Kapazitätsdiode	
Tunneldiode	
Zweirichtungsdiode, Diac	
Thyristortriode, Kathode gesteuert	
Thyristortriode, bidirektional Triac	
NPN-Transistor	

(Fortsetzung)

Schaltzeichen (Auszug)	
Halbleiter-Bauelemente	DIN 40900 Teil 5
Unijunction Transistor, Basis N-Typ	
Sperrschicht-FET mit N-Kanal (JFET)	
Isolierschicht-FET, Anreicherungstyp mit N-Kanal (IGFET, MOS-FET)	
Isolierschicht-FET, Verarmungstyp mit N-Kanal (IGFET, MOS-FET)	
Hall-Generator	
Fotoelektrische Bauelement	DIN 40900 Teil 5
Fotowiderstand	
Fotodiode	
Fotoelement Fotozelle	
Fototransistor NPN-Typ	
Leuchtdiode	
Optokopper	

Schaltzeichen nach DIN EN 60617 (Auswahl)

2.4 Elektrische Betriebsmittel

Kennzeichnung von Betriebsmitteln

Anlage   = 2K
Art, Zählnummer   –K8
Ort   +M4

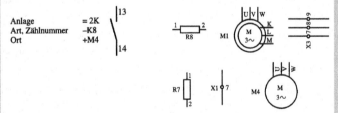

Lage der Betriebsmittel-kennzeichnung im Plan

Vereinfachte Betriebsmittel-kennzeichnung

IEC 750 (1983)
DIN 40719 T2 (1978)

Kennzeichnung elektrischer Betriebsmittel (DIN 40719)				Vorzeichen	Beispiel	Erklärung zum Beispiel
Kennzeichnungsblock				Vorzeichen	Beispiel	Erklärung zum Beispiel
1	Anlage			=	= B3	Anlage B3
2	Ort			+	+D4	Stockwerk D, Raum 4
3	Art	Zählnummer	Funktion	–	–K2T	Schütz, Nr. 2, Zeitrelais
4	Anschluß			:	: 12	Anschluß Nr. 12

- Nur zur Kennzeichnung erforderliche Blöcke angeben
- Vorzeichen kann entfallen, wenn Verwechselung des Blockes ausgeschlossen ist
- Mindestangabe in Block 3 ist die Zählnummer

Kennzeichnungsblöcke

Kennbuchstaben für die Art der Betriebsmittel		
Kenn-buch-stabe	Art des Betriebsmittels	Beispiele
A	Baugruppen, Teilbaugruppen	Verstärker, Magnetverstärker
B	Umsetzer von nichtelektrischen auf elektrische Größen und umgekehrt	Meßumformer, thermoelektrische Fühler, Thermozellen, Mikrofon, u.ä.
C	Kondensatoren	
D	Verzögerungseinrichtungen, Speichereinrichtungen, binäre Elemente	Plattenspeicher, Magnetbandgeräte, Verzögerungsleitungen
E	Verschiedenes	Beleuchtungseinrichtungen, Heizeinrichtungen; Einrichtungen, die ansonsten hier nicht benannt werden
F	Schutzeinrichtungen	Sicherungen, Schutzrelais, Trennsicherungen, Überspannungsableiter
G	Generatoren, Stromversorgungen	Rotierende Generatoren, Batterie
H	Meldeeinrichtungen	Optische und akustische Meldegeräte
K	Relais, Schütze	Leistungsschütze, Hilfsschütze, Zeitrelais
L	Induktivitäten	Drosselspulen
M	Motoren	
N	Verstärker, Regler	Operationsverstärker
P	Meßgeräte, Prüfeinrichtungen	Anzeigende, schreibende und zählende Meßeinrichtungen, Uhren
Q	Starkstrom-Schaltgeräte	Leistungsschalter, Schutzschalter, Motorschutzschalter
R	Widerstände	Einstellbare Widerstände, Heißleiter
S	Schalter, Wähler	Taster, Endschalter, Steuerschalter
T	Transformatoren	Spannungswandler, Stromwandler
U	Modulatoren, Umsetzer	Diskriminator, Frequenzwandler, Umformer, Wechselrichter
V	Röhren, Halbleiter	Elektronenröhren, Dioden, Transistoren, Thyristoren
W	Übertragungswege, Hohlleiter, Antennen	Schaltdrähte, Sammelschienen, Dipole
X	Klemmen, Stecker, Steckdosen	Trennstecker und -steckdosen, Prüfstecker, Lötleisten, Klemmenleisten
Y	Elektrisch betätigte mechanische Einrichtungen	Bremsen, Kupplungen, Ventile
Z	Abschluß, Ausgleichseinrichtungen, Filter, Begrenzer, Gabelanschlüsse	Kabelnachbildungen

Kennbuchstaben für die Art der Betriebsmittel

Kennbuchstaben für die allgemeine Funktion			
Kenn-buch-stabe	Allgemeine Funktion	Kenn-buch-stabe	Allgemeine Funktion
A	Hilfsfunktion	N	Messung
B	Bewegungsrichtung	P	Proportional
C	Zählung	O	Zustand (Stop, Start, Begrenzung)
D	Differenzierung	R	Rückstellen, Löschen
F	Schutz	S	Speichern, aufzeichnen
G	Prüfung	T	Zeitmessung, verzögern
H	Meldung	V	Geschwindigkeit (beschleunigen, bremsen)
J	Integration	W	Addieren
K	Tastbetrieb	X	Multiplizieren
L	Leiterkennzeichnung	Y	Analog
M	Hauptfunktion	Z	Digital

Kennbuchstaben für die allgemeine Funktion

DIN EN 61346-2
2000

Hinweis: Die meisten Schaltpläne, auch in diesem Buch, verwenden die Kennzeichnung nach DIN 40719-2 von 1978. Diese bewährte Norm wird künftig ersetzt durch DIN EN 61346-2. Ihre Anwendung hat sich bisher noch kaum durchgesetzt.

Kenn-buch-stabe	Zweck des Objekts	Beispiele
A	Zwei oder mehr Zwecke. Nur für Objekte verwenden, wenn kein Hauptzweck erkennbar ist.	Sensorbildschirm, Touch-Bildschirm
B	Umwandlung einer Eingangsvariablen in ein zur Weiterverarbeitung bestimmtes Signal	Sensor, Mikrophon, Mess-wandler, Messwiderstand, Videokamera, Näherungs-schalter, thermisches Überlastrelais, Motorschutz-relais, Bewegungsmelder
C	Speichern von Energie, Information, Material	Kondensator, Festplatte, Pufferbatterie, RAM, ROM, Puffer, Magnetband-Auf-zeichnungsgerät, Chipkarte, Diskette, Diskettenlaufwerk, CD-ROM-Laufwerk
E	Bereitstellung von Strahlung oder Wärmeenergie	Glühlampe, Leuchtstofflampe, Heizkörper, Glühofen, Warmwasserspeicher, Laser, Leuchte, Kühlschrank
F	Direkter (selbsttätiger) Schutz eines Energieflusses oder Signalflusses vor unerwünschten Zuständen, einschließlich der Ausrüstung für Schutzzwecke	Schmelzsicherung, Leitungsschutzschalter, RCD, thermischer Überlastauslöser, Überspannungsableiter, fara-dayscher Käfig, Abschirmung, Schutzvorrichtung
G	Erzeugen eines Energieflusses oder Materialflusses oder von Signalen, die als Informationsträger verwendet werden	Generator, Batterie, Pumpe, Ventilator, Lüfter, Stromversorgungseinheit, Solarzelle, Brennstoffzelle, Ventilator, Hebezeuge, Fördereinrichtung
K	Verarbeitung (Empfang, Verarbeitung und Bereitstellung) von Signalen oder Informationen (aber nicht Objekte für Schutzzwecke, Kennbuchstabe F)	Hilfsschütz, Transistor, Zeitrelais, Verzögerungsglied, Binärelement, Regler, Filter, Operationsverstärker, Mikroprozessor, Mikrocontrol-ler, Zähler, Multiplexer, Com-puter
M	Bereitstellung von mechanischer Energie für Antriebszwecke	Elektromotor, Linearmotor, Verbrennungsmotor, Turbine, Hubmagnet, Stellantrieb
P	Darstellung von Informationen	Messinstrumente, Messge-räte, Klingel, Lautsprecher, Signallampe, LED, LCD, Drucker, Manometer, Uhr, elektromechanische Anzeige, Bildschirmgerät

Q	Kontrolliertes Schalten eines Energieflusses, Signalflusses oder Materialflusses	Leistungsschalter, Leistungsschütz, Motoranlasser, Thyristor, Leistungstransistor, IGBT, Motorstarter, Bremse, Stellventil, Kupplung, Trennschalter
R	Begrenzung oder Stabilisierung von Energiefluss, Signalfluss oder Materialfluss	Widerstand, Drosselspule, Diode, Z-Diode, Rückschlagventil, Schaltung zur Spannungsstabilisierung oder zur Stromstabilisierung, Konstanthalter
S	Umwandeln einer manuellen Betätigung in ein Signal zur Weiterverarbeitung	Steuerschalter, Tastatur, Maus, Taster, Wahlschalter, Quittierschalter, Lichtgriffel
T	Umwandlung von Energie oder eines Signals unter Beibehaltung der Energieart oder der Information. Verändern der Form eines Materials.	Leistungstransformator, Gleichrichter, Modulator, Demodulator, AC-Umsetzer, DC-Umsetzer, Frequenzumformer, Verstärker, Antenne, Telefonapparat
U	Halten von Objekten in definierter Lage	Isolator, Kabelwanne, Mast, Spannvorrichtung, Fundament, Montagegestell
V	Verarbeitung von Materialien oder Produkten	Rauchgasfilter, Staubsauger, Waschmaschine, Zentrifuge, Drehmaschine
W	Leiten von Energie oder Signalen	Leiter, Leitung, Kabel, Lichtwellenleiter, Busleitung, Systembus, Sammelschiene
X	Verbinden von Objekten	Steckdose, Klemme, Kupplung, Steckverbinder, Klemmleiste

2.5 Schaltungsunterlagen der Energietechnik

DIN EN ISO 128

Für A4- und A3-Formate ist die Linienbreite 0,5 günstig.

Kennzeichnung der Anschlussstellen von Betriebsmitteln

Anschlussnummerierung mehrpoliger Betriebsmittel (allgemein)

offene Schaltung   Sternschaltung   Dreieckschaltung

a   b

Anschlusskennzeichnung von Drehstrommotore

Anschlusskennzeichnung von Drehstromtransformatoren

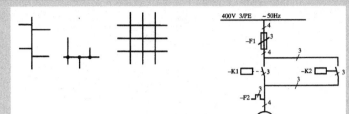

Leitungsverbindungen
mit/ohne Klemmpunkt

Übersichtsschaltplan *(engl.: block diagram)* einer Wendeschützschaltung

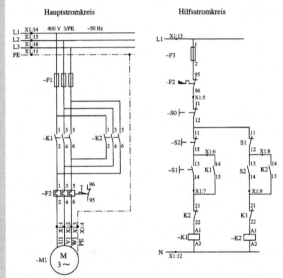

Stromlaufpläne *(engl.: circuit diagram)* in aufgelöster Darstellung für Haupt- und Hilfsstromkreis

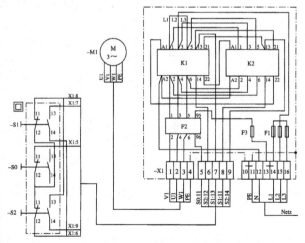

Verdrahtungsplan *(engl.: wiring diagrams)* einer Wendeschützschaltung

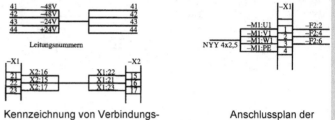

Kennzeichnung von Verbindungs-
leitungen mit a) Leitungsnummern
oder b) Zielbezeichnungen

Anschlussplan der
Klemmenleiste X1

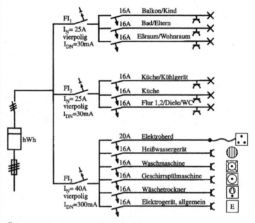

Elektro-Installationsplan einer Wohnung

Der Elektro-Installationsplan zeigt für eine Wohnung mehrere Instal-
lationsbereiche nach VDE 0100. DIN 18015 Teil 1 legt sowohl Instal-
lationszonen als auch die Leitungsführung und die räumliche Lage der
meisten Betriebsmittel fest.

Übersichtsplan zum Installationsplan

Im Übersichtsplan werden die Stromkreise festgelegt und die Nennwerte
der Betriebsmittel eingetragen. Nach DIN 57100/VDE 0100 ergibt sich
auch die Verwendung entsprechender Leitungen und Schutzmaßnahmen,
z. B. FI-Schutzschalter oder selektiver Hauptleitungsschutzschalter.

1 Grundlagen

1.1 Begriffe

Digitaltechnik

Die Digitaltechnik verarbeitet physikalische Größen in stufiger Form. Vorzugsweise werden zweistufige Systeme eingesetzt.

Binäres System

Ein- und Ausgangssignale digitaler Schaltungen können nur zwei mögliche stabile Zustände annehmen. Die binären Zustände sind zwei Spannungsbereichen (Pegeln) zugeordnet.

Mit H (HIGH) wird der Pegel bezeichnet, der näher an plus unendlich liegt und mit L (LOW) der Pegel, der näher an minus unendlich liegt. Die genauen Pegelwerte sind durch die angewandte Technologie festgelegt.

Zweiwertige Logik

Eine Variable kann nur die logischen Werte „0" und „1" annehmen.

Zuordnung der Pegel zu logischen Werten	Positive Logik		Negative Logik	
	Pegel	Logischer Wert	Pegel	Logischer Wert
	H	1	H	0
	L	0	L	1

Informationseinheiten

1 Bit ist die kleinste Informationseinheit. Ein Bit kann „1" oder „0" sein.	1 Byte = 8 Bit	1 kByte = 2^{10} Bit = 1024 Bit	1 MByte = 2^{20} Bit = 1048576 Bit
1 Tetrade (1 Nibble)	1 Wort		
Gruppe aus 4 Bit	Gruppe aus 8 Bit (1 Byte)		

Symbole für Grund-verknüpfungen

UND	∧	*	ODER	∨	+	NICHT	/
Bei-spiel	Q = A ∧ B	Q = A * B		Q = A ∨ B	Q = A + B		Q = /A

Funktionskennzeichen

Zeichen	&		=1	Σ	COMP	CTR	DIV
Bedeu-tung	UND		Exclusiv ODER	Sum-mierer	Kompa-rator	Zähler	Teiler
Zeichen	SRG	MUX	DX	P-Q			
Bedeu-tung	Schiebe-register	Multi-plexer	Demul-tiplexer	Subtra-hierer			

Datentechnik
Grundlagen

1.2 Grundverknüpfungen

Verknüpfung	Schaltzeichen nach DIN 40 900	Wertetabelle B	A	Q	Impulszeitplan	Funktionsgleichung
UND	A & Q, B	0	0	0		$Q = A \wedge B$
		0	1	0		
		1	0	0		
		1	1	1		
ODER	A ≥1 Q, B	0	0	0		$Q = A \vee B$
		0	1	1		
		1	0	1		
		1	1	1		
NICHT	A 1 ○ Q		0	1		$Q = /A$
			1	0		
NAND	A & ○ Q, B	0	0	1		$Q = /(A \wedge B)$
		0	1	1		
		1	0	1		
		1	1	0		
NOR	A ≥1 ○ Q, B	0	0	1		$Q = /(A \vee B)$
		0	1	0		
		1	0	0		
		1	1	0		
XOR (Antivalenz)	A = Q, B	0	0	0		$Q = A \vee B$
		0	1	1		
		1	0	1		
		1	1	0		
		0	0	1		$Q = /(A \vee B)$
		0	1	0		
		1	0	0		
		1	1	1		

1.3 Gesetze und Regeln der Schaltalgebra

Regeln und Gesetze der Schaltalgebra

Alle Funktionen können durch die drei Grundverknüpfungen NICHT, UND und ODER dargestellt werden. Mit den Regeln und Gesetzen der Schaltalgebra lassen sich Gleichungen umformen und gegebenenfalls vereinfachen.

Die UND-Zeichen können, um Gleichungen übersichtlich zu halten, entfallen. Beispiel: $A \wedge B \wedge C \vee A \wedge D = A B C \vee A D$

Vorrangregel		
Rangfolge der Operationen , wenn keine Klammern gesetzt sind: 1. Negation (NICHT), 2. Konjunktion (UND), 3. Disjunktion (ODER)		
Regeln für eine Variable	Regeln für mehrere Variablen	
$A \wedge 0 = 0$ $A \wedge 1 = A$ $A \vee 0 = A$ $A \vee 1 = 1$ $A \wedge A = A$	Kommutativ-Gesetz	$A \wedge B \wedge C = C \wedge A \wedge B$ $A \vee B \vee C = C \vee A \vee B$
$A \vee A = A$ $A \wedge /A = 0$ $A \vee /A = 1$ $//A = A$	Assoziativ-Gesetz	$A \wedge B \wedge C = (A \wedge B) \wedge C = A \wedge (B \wedge C)$ $A \vee B \vee C = (A \vee B) \vee C = A \vee (B \vee C)$
	Distributiv-Gesetz	$A \wedge B \vee A \wedge C = A \wedge (B \vee C)$ $(A \vee B) \wedge (A \vee C) = A \vee (B \wedge C)$
	De Morgansches Gesetz (Inversionsgesetz)	$/(A \wedge B) = /A \vee /B$ $/(A \vee B) = /A \wedge /B$
	Abgeleitete Regeln	$A \vee A \wedge B = A$ $A \vee (/A \vee B) = A \vee B$ $A \wedge (A \vee B) = A$ $(A \wedge B) \vee (A \wedge /B) = A$ $A \wedge (/A \vee B) = A \wedge B$

1.4 Normalform einer binären Funktion

Disjunktive und konjunktive Normalform

In der Schaltalgebra sind die zwei Normalformen disjunktive und konjunktive Normalform gebräuchlich. Als Minterme werden die konjunktiven Verknüpfungen bezeichnet und als Maxterme die disjunktiven Verknüpfungen auf „0" formuliert.

Bei der disjunktiven Normalform werden die UND-Verknüpfungen (Minterme) über ODER verknüpft.

Bei der konjunktiven Normalform werden die ODER-Verknüpfungen (Maxterme) über UND verknüpft.

Disjunktive Normalform (DNF)					Konjunktive Normalform (KNF)				
Beispiel:					Beispiel:				
Wertetabelle				Minterme	Wertetabelle				Maxterme
C	B	A	Q		C	B	A	Q	
0	0	0	0		0	0	0	0	$C \vee B \vee A$
0	0	1	0		0	0	1	0	$C \vee B \vee /A$
0	1	0	0		0	1	0	0	$C \vee /B \vee A$
0	1	1	1	$/C \wedge B \wedge A$	0	1	1	1	
1	0	0	0		1	0	0	0	$/C \vee B \vee A$
1	0	1	1	$C \wedge /B \wedge A$	1	0	1	1	
1	1	0	1	$C \wedge B \wedge /A$	1	1	0	1	
1	1	1	1	$C \wedge B \wedge A$	1	1	1	1	
Gleichung:					Gleichung:				
$Q = (/C \wedge B \wedge A) \vee (C \wedge /B \wedge A)$ $\vee (C \wedge B \wedge /A) \vee (C \wedge B \wedge A)$					$Q = (C \vee B \vee A) \wedge (C \vee B \vee /A)$ $\wedge (C \vee /B \vee A) \wedge (/C \vee B \vee A)$				

**1.5 Ersatz der Grund-
funktion durch
NAND- und NOR-
Technik**

**Ersatz durch NAND oder
NOR-Technik**

Alle Grundfunktionen lassen sich durch NAND oder NOR ersetzen.

Grundfunktion	Ersatz durch NAND	Ersatz durch NOR

1.6 Schaltungs-
vereinfachung

KV-Tabellen

KV-Tabellen sind ein von Karnaugh und Veitch entwickeltes grafisches Verfahren, um logische Schaltungen zu vereinfachen. Die Eingangsvariablen werden so angeordnet, dass jeweils von Zeile zu Zeile und Spalte zu Spalte nur jeweils eine Variable geändert wird. Die Werte der Wertetabelle werden in das entsprechende Feld übertragen. Zur Minimierung werden Felder zu Schleifen oder Blöcken zusammengefasst. Es dürfen immer nur 2, 4, 8..., also 2n Variable, die waagerecht oder senkrecht nebeneinander benachbart liegen, zu Blöcken zusammengefasst werden. Die Randfelder gelten ebenfalls als benachbart. Die in den Schleifen liegenden Variablen sind UND-verknüpft und die einzelnen Blöcken untereinander ODER-verknüpft.

KV-Diagramm für 2 Variable

Wertetabelle				KV-Diagramm
Zeile		B	A	
0		0	0	
1		0	1	
2		1	0	
3		1	1	

KV-Diagramm für 3 Variable

Wertetabelle				KV-Diagramm
Zeile	C	B	A	
0	0	0	0	
1	0	0	1	
2	0	1	0	
3	0	1	1	
4	1	0	0	
5	1	0	1	
6	1	1	0	
7	1	1	1	

KV-Diagramm für 4 Variable

Wertetabelle					KV-Diagramm
Zeile	D	C	B	A	
0	0	0	0	0	
1	0	0	0	1	
2	0	0	1	0	
3	0	0	1	1	
4	0	1	0	0	
5	0	1	0	1	
6	0	1	1	0	
7	0	1	1	1	
8	1	0	0	0	
9	1	0	0	1	
10	1	0	1	0	
11	1	0	1	1	
12	1	1	0	0	
13	1	1	0	1	
14	1	1	1	0	
15	1	1	1	1	

KV-Diagramm für 5 Variable	
KV-Diagramm	

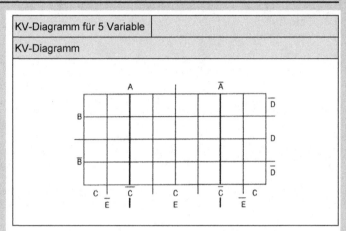

2 Zahlen in Rechenanlagen

2.1 Zahlensysteme

Zahlen
Dualzahlen
Dezimalzahlen
Hexadezimalzahlen
Umwandlung von Zahlensystemen

Zahlen			Umwandlung von Zahlensystemen
Dualzahl	Hexadezimalzahl	Dezimalzahl	Beispiel: Dezimal → Binär
0000	0	0	Beispiel:
0001	1	1	$29 / 2 = 14$ Rest 1 Wertigkeit: 2^0
0010	2	2	$14 / 2 = 7$ Rest 0
0011	3	3	$7 / 2 = 3$ Rest 1 $3 / 2 = 1$ Rest 1
0100	4	4	$1 / 2 = 0$ Rest 1
0101	5	5	$29 = 11101$
0110	6	6	Nachkommastellen:
0111	7	7	Beispiel: Binär → Dezimal Beispiel:
1000	8	8	$0,625 * 2 = 1,25$
1001	9	9	Wertigkeit: 2^{-1} $0,25 * 2 = 0,5$
1010	A	10	$0,5 * 2 = 1$
1011	B	11	$0,625 = 0,101$
1100	C	12	Beispiel: Binär → Dezimal
1101	D	13	Beispiel: $11101 = 1 * 2^4 + 1 * 2^3 +$
1110	E	14	$1 * 2^2 + 0 * 2^1$
1111	F	15	$+ 1 * 2^0 = 29$ $0,101 = 1* 2^{-1} + 0 * 2^{-2} + 1* 2^{-3}$

2.2 Rechnen mit Dualzahlen

Addition

Beispiel	Addition von Dualzahlen
A = 67 = 1000011 +B = 33 = 0100001 <u> 1 Übertrag</u> S = 100 = 1100100	0 + 0 = 0 1 + 0 = 1 0 + 1 = 1 1 + 1 = 0 und Übertrag 1

Subtraktion

Beispiel	Subtraktion von Dualzahlen
A = 67 = 1000011 − B = 33 = 0100001 <u> 1 Übertrag</u> D = 34 = 01000010	0 − 0 = 0 1 − 0 = 1 0 − 1 = 1 1 − 1 = 0

Multiplikation

Beispiel	Multiplikation

A = 13;   B = 3
 <u>   1101 * 0011</u>
               0000
             0000
           1101
 <u>   1101</u>
 A * B   = 39 =   100111
	0 * 0 = 0
	 1 * 0 = 0
	 0 * 1 = 0
	 1 * 1 = 1

Division

Beispiel	Division

A = 44;   B = 4;   A : B = 11
         101100 : 100   = 1011
 <u>   − 100</u>
          110
 <u>   − 100</u>
          100
 <u>   − 100</u>
         0000
	0 : 0 = 0
	 1 : 0 = 0
	 0 : 1 = 0
	 1 *:1 = 1

2.3 Darstellung im Einer- und Zweierkomplement

Einerkomplement
Zweierkomplement

Bei den Dualzahlen erhält man das Einerkomplement der Zahl durch Invertierung aller Stellen. Das Zweierkomplement wird durch Addition des Einerkomplements mit „1" gebildet. Negative Zahlen werden oft im Zweierkomplement dargestellt.

Beispiel:		
Dualzahl	Einerkomplement	Zweierkomplement
$2_{10} = 0010_2$	1101	1101 <u>+ 1</u> $1110_2 = -2$

3 Codes

Dual-Code
BCD-Code
3-Excess-Code
Aiken-Code
Gray-Code
7-Segment-Code

Codes sind eindeutige Zuordnungen eines Zeichenvorrates zu den Zeichen des anderen Zeichenvorrates

Dezimal-zahl	Dual-Code	Dezimal-zahl	BCD-Code	Dezimal-zahl	3-Excess-Code	Dezimal-zahl	Aiken-Code
0	0000	0	0000			0	0000
1	0001	1	0001	Pseudo-Tetraden		1	0001
2	0010	2	0010			2	0010
3	0011	3	0011	0	0011	3	0011
4	0100	4	0100	1	0100	4	0100
5	0101	5	0101	2	0101		
6	0110	6	0110	3	0110	Pseudo-Tetraden	
7	0111	7	0111	4	0111		
8	1000	8	1000	5	1000		
9	1001	9	1001	6	1001		
10	1010			7	1010		
11	1011			8	1011	5	1011
12	1100	Pseudo-Tetraden		9	1100	6	1100
13	1101					7	1101
14	1110			Pseudo-Tetraden		8	1110
15	1111					9	1111

Dezimal-zahl	Gray-Code
0	0000
1	0001
2	0011
3	0010
4	0110
5	0111
6	0101
7	0100
8	1100
9	1101
10	1111
11	1110
12	1010
13	1011
14	1001
15	1000

Dezimal-zahl	7-Segment-Code (gemeinsame Katode)						
	g	f	e	d	c	b	a
0	0	1	1	1	1	1	1
1	0	0	0	0	1	1	0
2	0	0	1	1	0	1	1
3	1	0	0	1	1	1	1
4	1	1	0	0	1	1	0
5	1	1	0	1	1	0	1
6	1	1	1	1	1	0	1
7	0	0	0	0	1	1	1
8	1	1	1	1	1	1	1
9	1	1	0	1	1	1	1

```
      a
   _____
  f |   | b
    | g |
   ------
  e |   | c
    |___|
      d
```

Zuordnung der Segmente bei einer 7-Segment-Anzeige

ASCII-Code

ASCII-Code (American Standard Code of Information Interchange)

Dual	0000	0001	0010	0011	0100	0101	0110	0111
0000	NUL	DLE		0	@	P	`	p
0001	SOH	DC1	!	1	A	Q	a	q
0010	STX	DC2	„	2	B	R	b	r
0011	ETX	DC3	#	3	C	S	c	s
0100	EOT	DC4	$	4	D	T	d	t
0101	ENQ	NAK	%	5	E	U	e	u
0110	ACK	SYN	&	6	F	V	f	v
0111	BEL	ETB		7	G	W	g	w
1000	BS	CAN	(	8	H	X	h	x
1001	HT	EM	)	9	I	Y	i	y
1010	LF	SUB	*	:	J	Z	j	z
1011	VT	ESC	+	;	K	[	k	{
1100	FF	FS	,		L	\	l		
1101	CR	GS	-		M	]	m	}
1110	SO	RS	.		N		n	~
1111	SI	Us	/	?	O	_	o	DEL

Bedeutung der Abkürzungen

NUL (nil, Null Füllzeichen)	LF (line feed, Zeilenvorschub)	NAK (negativ acknowledge, Rückmeldung)
SOH (start of heading, Kopfanfang)	VT (vertical tabulation, Vertikaltabulator)	SYN (synchonus idle, Synchronisation)
STX (start of text, Textanfang)	FF (form feed, Formularvoschub)	ETB (end of transmission, Datenübertragungsende)
ETX (end of text, Textende)	CR (carriage return, Wagenrücklauf)	CAN (cancel, Abbruch)
EOT (end of transmission, Aufzeichnungsende)	SO (shift out, Umschaltung von Codetabellen	EM (end of medium, Aufzeichnungsende)
ENQ (enquire, Anfrage)	SI (shift in, Rückschaltung zum Standardcode)	SUB (substitution, Austausch)
ACK (acknowledge, Rückmeldung)	DLE (data linl escape, Datenumschaltung)	ESC (escape, Umschaltung)
BEL (bell, Klingel)	DC1 (device control 1, Gerätesteuerung 1)	FS (file seperator, Gruppentrenner
BS (backspace, Rückschritt)	DC2 (device control 2, Gerätesteuerung 2)	GS (group seperator, Gruppentrenner)
HT horizontal tabulation, Horizontaltabulator)	DC3 (device control 3, Gerätesteuerung 3)	RS (record seperator, Gruppentrenner
		Us (nit seperator, Gruppentrenner)

4 Digitale Grund-schaltungen

4.1 Schaltnetze

Die Ausgangsvariable ist eindeutig durch die Eingangsvariablen bestimmt. Die Schaltung besitzt keinen Variablenspeicher.

Halbaddierer

Schaltung aus Grund-verknüpfungen	Wertetabelle				Schaltzeichen
	B	A	S	C0	
	0	0	0	0	
	0	1	1	0	
	1	0	1	0	
	1	1	0	1	

Volladdierer

Schaltung aus 2 Halbaddierern	Wertetabelle					Schaltzeichen
	CI	B	A	S	C0	
	0	0	0	0	0	
	0	0	1	1	0	
	0	1	0	1	0	
	0	1	1	0	1	
	1	0	0	1	0	
	1	0	1	0	1	
	1	1	0	0	1	
	1	1	1	1	1	

Decoder
(1 aus 4-Decoder)

Schaltung aus Grund-verknüpfungen	Wertetabelle						Schaltzeichen
	B	A	Q0	Q1	Q2	Q3	
	0	0	1	0	0	0	
	0	1	0	1	0	0	
	1	0	0	0	1	0	
	1	1	0	0	0	1	

Komparator

Schaltzeichen	Wertetabelle			Schaltung
		B	A	Q	
		0	0	1	
		0	1	0	
		1	0	0	
		1	1	1	

Multiplexer

Multiplexer schalten die Eingangsinformation unterschiedlicher Quellen auf einen Ausgang.

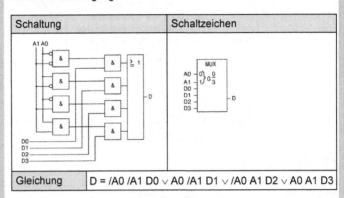

Schaltung	Schaltzeichen

Gleichung	$D = /A0\ /A1\ D0 \vee A0\ /A1\ D1 \vee /A0\ A1\ D2 \vee A0\ A1\ D3$

Demultiplexer

Demultiplexer schalten eine Eingangsinformation auf unterschiedliche Ausgänge.

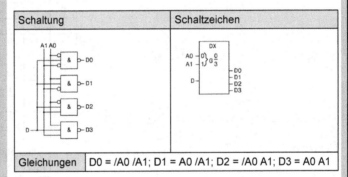

Schaltung	Schaltzeichen

Gleichungen	$D0 = /A0\ /A1$; $D1 = A0\ /A1$; $D2 = /A0\ A1$; $D3 = A0\ A1$

4.2 Schaltwerke

4.2.1 Allgemein

Definition taktflankengesteuert taktzustandsgesteuert Master-Slave

Schaltwerke sind Schaltnetze mit einem Speicherverhalten. Die Ausgangsvariable hängt von den Eingangsvariablen und vom vorherigen Schaltzustand eines Flipflops ab.

Steuerung	Steuerungsprinzip	Eingangsdarstellung
Das Eingangssignal wird während des anstehenden Pegels des Taktsignals verarbeitet.	taktzustandsgesteuert	
Das Eingangssignal wird nur während der ansteigenden Flanke des Taktsignals verarbeitet.	taktflankengesteuert $L \rightarrow H$	

Steuerung	Steuerungsprinzip	Eingangsdarstellung
Das Eingangssignal wird nur während der abfallenden Flanke des Taktsignals verarbeitet.	taktflankenge-steuert $H \rightarrow L$	
Das Eingangssignal wird nur während der ansteigenden Flanke des Taktsignals zum Master gespeichert und bei abfallender Flanke dem Slave übergeben	Master-Slave $L \rightarrow H; H \rightarrow L$	

4.2.2 Flip-Flops

Grund-Flipflop

Flip-Flops

Schaltung	Wertetabelle			
	A	B	Q	/Q
	0	0	1	1
	0	1	1	0
	1	0	0	1
	1	1	0	1

RS-Flipflop

Schaltung	Wertetabelle				Schaltzeichen
	S	R	Q	/Q	
	0	0	1	1	
	0	1	1	0	
	1	0	0	1	
	1	1	0	1	

T-Flipflop

Impulsdiagramm	Wertetabelle			Schaltzeichen
	Takt	Q	/Q	
	0	0	1	
	1	1	0	
	2	0	1	

Schaltungen mit gleicher Funktion

Funktionsgleiche Flipflops

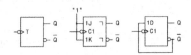

D-Flipflop

Schaltung	Wertetabelle			Schaltzeichen
	C	D	Q	/Q	
	0	0	Q	/Q	
	0	1	Q	/Q	
	1	0	0	1	
	1	1	1	1	

JK-Flipflop

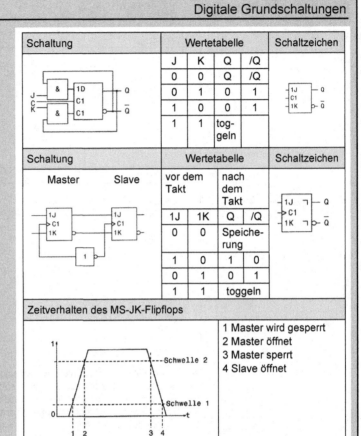

Schaltung	Wertetabelle				Schaltzeichen
	J	K	Q	/Q	
	0	0	Q	/Q	
	0	1	0	1	
	1	0	0	1	
	1	1	tog-geln		

MS-JK-Flipflop

Schaltung	Wertetabelle				Schaltzeichen
Master Slave	vor dem Takt		nach dem Takt		
	1J	1K	Q	/Q	
	0	0	Speiche-rung		
	1	0	1	0	
	0	1	0	1	
	1	1	toggeln		

Zeitverhalten des MS-JK-Flipflops

1 Master wird gesperrt
2 Master öffnet
3 Master sperrt
4 Slave öffnet

Schwelle 2

Schwelle 1

Impulsdiagramm

4.2.3 Schieberegister, Zähler, Frequenzteiler

Schieberegister

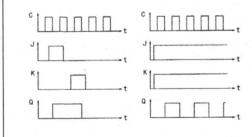

Ein Schieberegister gibt die gespeicherte Information jeweils mit dem Takt von Flipflop zu Flipflop weiter.

Schaltung	Schaltzeichen
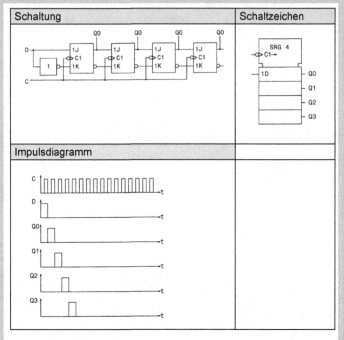	

Impulsdiagramm	

Zähler

Bei einem Zähler werden die am Takteingang eingehenden Impulse jeweils addiert (Vorwärtszähler) oder subtrahiert (Rückwärtszähler) und gespeichert Asynchronzähler verarbeiten die Flipflop-Informationen nacheinander. Synchronzähler besitzen einen gemeinsamen Takteingang für alle Flipflops.

Asynchroner Dualzähler

Asynchroner Dualzähler	
Schaltung	Schaltzeichen

Impulsdiagramm	

Frequenzteiler

Frequenzteiler teilen die Eingangsfrequenz in einem festen Verhältnis. Da jedes Flipflop eine Frequenzteilung 2:1 erzeugt, lässt sich jeder Asynchronzähler als Teiler benutzen. Im Gegensatz zum Zähler wird nur ein Ausgang genutzt.

Asynchroner BCD-Zähler

Asynchroner BCD-Zähler	
Schaltung	Schaltzeichen
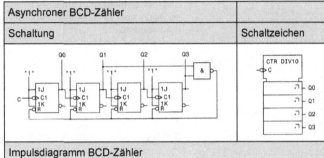	
Impulsdiagramm BCD-Zähler	
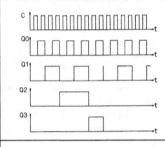	

Synchroner BCD-Zähler

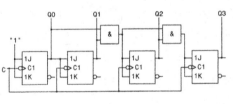

5 Integrierte Schaltkreise der Digitaltechnik

5.1 Begriffe

IC

Integrierte Schaltkreise (Integrated Circuit) bestehen mikroelektronischen Schaltungen mit einer Anzahl von Transistorfunktionen, die auf einem Halbleiterkristall (Chip) integriert sind. Über Anschlüsse (Pins) erfolgt die Verbindung zur Schaltung. Digitalschaltungen werden in bipolarer und unipolarer Technik hergestellt.

Datentechnik
Integrierte Schaltkreise der Digitaltechnik

Anschlussbelegung	Digitale ICs werden immer von oben betrachtet. Die Zählrichtung der Pin´s erfolgt von oben links (Kennung am Gehäuse) nach oben rechts. Die innere Struktur der Bausteine selbst und die Betriebsspannungsanschlüsse kann den Datenblättern entnommen werden.

IC-Anschlussbelegung

Grenzdaten	Grenzdaten sind absolute Grenzwerte. Bei Überschreitung dieser Werte kann die integrierte Schaltung zerstört werden.
Kenndaten	Kenndaten sind Mittelwerte, die durch die Angabe des garantierten Streubereiches (worst case) ergänzt wurden.
Pegel	In der Digitaltechnik werden Spannungsbereiche bestimmten Pegeln (H oder L) zugeordnet. Die Werte sind von der Technologie abhängig.

Störsicherheit und Störabstand

Statische Störsicherheit	Dynamische Störsicherheit	Gleichspannungsstörabstand
Unter statischer Störsicherheit versteht man die Sicherheit gegen eingekoppelte Störspannungen, deren Einwirkung zeitlich größer als die Gatterlaufzeit ist.	Hierunter versteht man die Sicherheit gegen Störspannungen mit kürzeren Zeiten als die Gatterlaufzeit.	Der Gleichspannungsstörabstand (S) ist der Betrag der Spannungsdifferenz zwischen maximalen Pegeln des angesteuerten Gatters und des steuernden Gatters.
Störabstände		$SLow = UIL - UOL$ $SHigh = UOH - UIH$

Gatter	Ein Gatter ist ein Baustein in einem IC mit einer digitalen Grundfunktion (Beispiel: UND-Gatter, Oder-Gatter, NAND-Gatter, NOR-Gatter, Inverter). Ein Leistungsgatter wird Buffer genannt.
Gatterlaufzeit	Unter Gatterlaufzeit versteht man die mittlere Verzögerungszeit, die nach Änderung des Eingangssignals, die Ausgangssignaländerung hervorruft. Gatterlaufzeiten können zur Impulsbildung geschickt ausgenutzt werden. Unerwünscht können sie aber auch das logische Verhalten verfälschen.

Zeitabschnitte bei Rechteckspannungen	Begriffe	Berechnung der Gatterlaufzeit
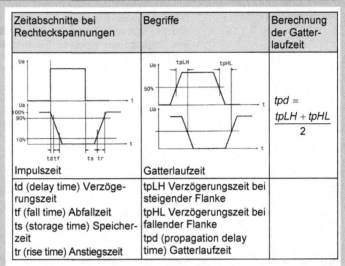 Impulszeit	Gatterlaufzeit	$tpd = \dfrac{tpLH + tpHL}{2}$
td (delay time) Verzögerungszeit tf (fall time) Abfallzeit ts (storage time) Speicherzeit tr (rise time) Anstiegszeit	tpLH Verzögerungszeit bei steigender Flanke tpHL Verzögerungszeit bei fallender Flanke tpd (propagation delay time) Gatterlaufzeit	

Lastfaktoren

Die Belastung, die auf den Ausgang eines Gatters durch den Eingang des nachfolgenden Gatters wirkt wird in einer TTL-Familie als Lastfaktor angegeben. Es gibt normierte Lastfaktoren für den Eingang (Fan In) und für den Ausgang (Fan Out). Das Fan Out gibt an, wie viele Gatter einer Logikfamilie, einen Ausgang sicher ansteuern kann, ohne die Vorgaben durch die Pegelwerte zu verletzen. Für H und L werden getrennte Lastfaktoren angegeben.
Innerhalb einer TTL-Familie ist das Fan In stets 1.

Spannungen und Ströme bei L- und H-Pegel		Berechnung des Fan Out
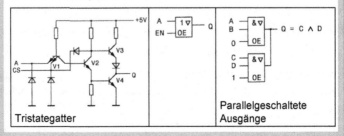 Stromrichtung	Spannung und Stromrichtung zwischen Gattern	$FanOutH = \dfrac{IOH}{IIH}$ $FanOutL = \dfrac{IOL}{IIL}$

Tri-State

Bei Tristate-Ausgängen ist außer H- und L-Pegel ein hochohmiger (dritter) Zustand steuerbar. Dies ist bei Bausteinen notwendig, die an einer gemeinsamen Bus-Leitung liegen, um Konflikte zu vermeiden. Neben L und H kann hier der Ausgang hochohmig geschaltet werden (V3 und V4 sind gesperrt.

Tristategatter	Parallelgeschaltete Ausgänge

Totempole-Endstufe

Hierunter versteht man die typische Anordnung der Transistoren V3 und V4. Totempole-Endstufen dürfen nicht parallel geschaltet werden. Die Eingänge der bipolaren Technik ist mit Multiemittertransistoren ausgeführt.

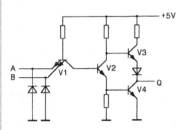

Ersatzschaltbild und Multiemittertransistor

Standard-NAND-Gatter mit Totempoleendstufe

Open Collector

Ausgänge mit Open-Kollektor bzw. Open-Drain besitzen im Ausgang keinen Kollektor bzw. Drainwiderstand. Der Pull-up-Widerstand muss extern ergänzt werden, um definierte Spannungspegel am Ausgang der Schaltung zu erzeugen.

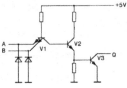

n1 = Anzahl der zu versorgenden Gatter

n = Anzahl der Eingangsleitungen

Standartgatter mit Open-Kollektor (O.C.)

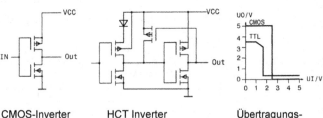

O.C. mit parallelgeschalteten Ausgängen

$$RC\,\text{min} = \frac{UCC\,\text{max}- UOL}{IOL\,\text{max}- n * IIL}$$

$$RC\,\text{max} = \frac{UCC\,\text{min}- UIH}{IOH\,\text{max}- n1 * IIH}$$

CMOS-Schaltungen

CMOS-Inverter   HCT Inverter   Übertragungskennlinie

Hazardimpuls

Ein Hazardimpuls (auch glitch oder spike genannt) ist ein sehr kurzer unerwünscher Impuls auf einer Signalleitung, der durch Laufzeitunterschiede in digitalen Schaltungen entsteht und Fehlfunktionen verursachen kann.

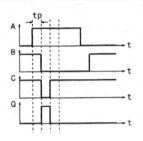

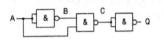

Schaltung zur Erzeugung
kurzer Impulse

Hazardimpuls und gewünschte
Erzeugung

Standardbausteine

Standardbausteine sind vom Hersteller entwickelt und konfektioniert.
Beispiel: Bausteine der unterschiedlichen Logikfamilien

ASIC

Unter anwenderspezifische Bausteine (ASIC , Application Spezific IC)
versteht man Bausteine mit einem hohen Integrationsgrad für anwenderspezifische Lösungen

5.2 Standardbausteine

5.2.1 Technische Daten

**Technologie
Bezeichnungen in Daten-
blättern
Abkürzungen in Daten-
blättern und Bedeutung**

Technologie	Bedeutung	Kenn-zeichnung	Bezeichnung in Datenblättern	Abkürzung in Datenblättern und Bedeutung
TTL	Transistor-Transistor-Logik	74XX	Supply Voltage	VCC Betriebsspannung
LS	Low-Power-Schottky-TTL	74LSXX	High-Level Input Voltage	VIH Eingansgsspan-nung bei H-Pegel
S	Schottky-TTL	74SXX	Low-Level Input Voltage	VIL Eingansgsspan-nung bei L-Pegel
ALS	Advanced-Low-Power-Schottky-TTL	74ALS	High-Level Output Voltage	VOH Ausgangssspan-nung bei H-Pegel
AS	Advanced–Schottky-TTL	74ASXX	Low-Level Out-put Voltage	VOL Ausgangsspan-nung bei L-Pegel
F	Fast-Schottky-TTL	74FXX	High-Level Input Current	IIH Eingangsstrom bei H-Pegel
AC/ACT	Advanced-CMOS	74ACXX	Low-Level Input Current	IIL Eingangsstrom bei L-Pegel
HC	High-Speed-CMOS	74HCXX	High-Level Output Current	IOH Ausgangsstrom bei H-Pegle
HCT	HC TTL kompatible	74HCTXX	Low-Level Out-put Current	IOL Ausgangsstrom bei L-Pegel
ECL	Emitter Coupled Logic		p	Verlustleistung/Gatter
LVC	Low Volta-ge CMOS		Progation delay time	tpd Verzögerungszeit

**Technische Daten
(Auswahl)**

Technologie										
Bipolare Logikfamilien			CMOS-Logikfamilien							
TTL Transistor-Transistor-Logik										
LS Low-Power-Schottky-TTL	Schottky-Technologie mit gegenüber TTL-Standard geringerer Leistungsaufnahme		HC/HCT High-Speed-CMOS/TTL-kompatibel							
S Schottky-TTL	Sehr schnelle Logik-familie mit hoher Leistungsaufnahme		AC/ACT Advanced-CMOS			Gegenüber HC gerin-gere Verzögerungszeit und höhere Treiber-fähigkeit				
ALS Advanced-Low-Power-Schottky-TTL	Kompromiss zwischen Geschwindigkeit und Leistungsaufnahme		LVC Low Voltage CMOS			Basiert auf 3,3 V Be-triebsspannung				
AS Advanced-Schottky-TTL	Sehr schnelle Logik-familie mit höherer Leistungsaufnahme		BiCMOS			Sehr schnelle Familie mit sehr geringer Verlustleistung Verbindung von Ein-gangs-CMOS-Schal-tungen mit bipolaren Ausgangsstufen				
ECL Emitter Coupled Logic	Sehr schnelle Logik-familie mit sehr hoher Leistungsaufnahme									

	Stan-dard	S	LS	AS	ALS	F	HC	HCT	BCT	LV	4xxxx
V_{cc} min (V) V_{cc} typ (V) V_{CC} max (V)	4,75 5,00 5,25	4,75 5,00 5,25	4,75 5,00 5,25	4,5 5,00 5,5	4,5 5,00 5,5	4,5 5,00 5,5	2 6	4,5 5,00 5,5	4,5 5,5	2 3,6	
V_{OH} min(V) V_{OL} max(V)	2,4 0,4						4,9 0,1	4,9 0,1			
V_{IH} min (V) V_{IH} max (V)	2,0 0,8						3,5 1,0	2,0 0,8			
I_{IH} max (µA) I_{IL} min (mA)	40 −1,6		20 −0,36		20 −0,2						
I_{OH} (mA) I_{OL} (mA)	0,4 16				0,4 4,0						
P (mW) sta-tisch pro Gatter	10 10	19	2	6	1	5					
t_{pd} (ns)	10	4	10	2	5	3	23	23/4?	9	6	

CMOS: PV und Verzögerungszeit sind stark von der Frequenz abhängig.

5.2.2 TTL- und CMOS-Familie (IC-Auswahl)

Standardbausteine

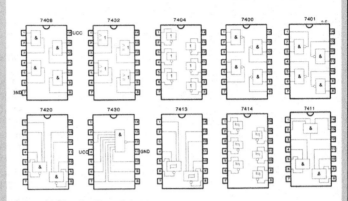

Auswahl Standardbausteine

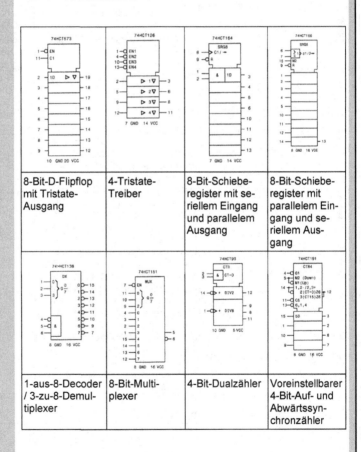

8-Bit-D-Flipflop mit Tristate-Ausgang	4-Tristate-Treiber	8-Bit-Schiebe-register mit se-riellem Eingang und parallelem Ausgang	8-Bit-Schiebe-register mit parallelem Ein-gang und se-riellem Aus-gang
1-aus-8-Decoder / 3-zu-8-Demul-tiplexer	8-Bit-Multi-plexer	4-Bit-Dualzähler	Voreinstellbarer 4-Bit-Auf- und Abwärtssyn-chronzähler

5.3 Programmierbare Logikbausteine

Programmierbare Logikbausteine

Übersicht	
PLD (Programmable Logic Device)	Programmierbare Logikbausteine können zur Programmierung beliebiger Logikfunktionen verwendet werden.
PROM (Progammable Read Only Memory)	Eingangsdekoder mit fest verdrahter UND-Matrix und frei programmierbarer ODER-Matrix
PAL (Programmable Array Logic)	Eingangsdekoder mit frei progammierbarer UND-Matrix und fest verdrahteter ODER-Matrix
GAL (Generic Array Logic)	Gleiche Eingangsstruktur wie bei PAL-Bausteinen. Im Gegensatz zu PALs sind die Ausgangszellen frei programmierbar.
PLE (Programmable Logic Element)	Gleiche Eingangsstruktur wie bei PROM-Bausteinen
FPLA Field Programmable Logik Array)	Eingangsdekoder mit frei programmierbarer UND-Matrix und frei programmierbarer ODER-Matrix
FPGA (Field Programmable Gate Arry)	Ein FPGA ist ein hochkomplexer logischer Baustein bei dem Logikmodule selbst definiert und untereinander verbunden werden können.

Programmierbare Logikbausteine sind Standardbausteine, deren Funktion erst durch Software hergestellt wird. Ihre innere Struktur besteht je nach Type aus einer programmierbaren UND- und ODER-Matrixschaltung für Ein- und Ausgänge unter Einbeziehung weiterer Logikbausteine wie Flipflops, Register und Treiberstufen. Gegenüber diskreten Logikbausteinen wird Platz auf Leiterplatten gespart und notwendige Designänderungen in der Entwicklungsphase können durch Umprogrammieren durchgeführt werden. Komplexere Bausteine besitzen eine Matrixstruktur mit konfigurierbaren Logikblöcken. Einige Typen lassen sich in der Schaltung programmieren (in system programmable, isp).

PLD-Struktur

PROM		PLA		PAL	
UND-Matrix	ODER-Matrix	UND-Matrix	ODER-Matrix	UND-Matrix	ODER-Matrix
Feste Verbindung	Programmierbar	Programmierbar	Programmierbar	Programmierbar	Feste Verbindung

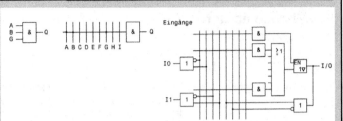

Darstellung des logischen   PAL-Struktur
Feldes (arrays)

PAL/GAL

Bezeichnung bei PAL-Bausteinen   Beispiel: PAL 16L8

1. Ziffer: Anzahl möglicher Eingänge
Buchstabe: L   low aktiv (UND-
                 NOR)
            R   mit Register-
                 ausgang
                 (UND-ODER-
                 Inverter-Register)
            H   high aktiv (UND-
                 ODER)
            C   compementär
                 (UND-
                 ODER)
            X   Exlusiv Oder
                 (UND-
                 ODER-EXOR-
                 Register)

2. Ziffer: Ausgänge

Bezeichnung von GAL-Bausteinen
1. Ziffer: Anzahl möglicher Eingänge
Buchstabe: V variable Ausgänge
2. Ziffer: Anzahl der Ausgänge

Weitere Angaben sind: Verzögerungszeit, Stromaufnahme Gehäu-
setype und Temperaturbereich.

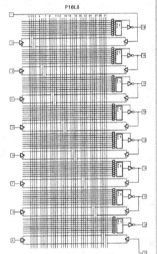

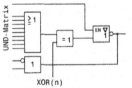

XOR(n)

Ausgangskonfiguration ohne Speicher

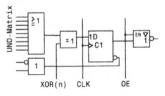

XOR(n)   CLK   OE

Ausgangskonfiguration mit Speicher

Beispiel:

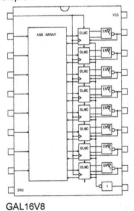

GAL16V8

6 Mikrocomputer-
   technik

6.1 Begriffe

Mikrocomputersystem

Ein Mikrocomputersystem besteht aus einer Zentraleinheit (dem Mikroprozessor), aus Speichern und Ein- und Ausgabeeinheit. Untereinander sind diese Hardwarekomponenten über ein Bussystem verbunden.

Mikrocomputersystem   Zentraleinheit

Mikroprozessor

Der Mikroprozessor ist die Zentraleinheit (CPU = Central-Process-Unit). Die CPU ist ein integrierter Baustein mit Rechen- Steuer- und Speichereinheit. Die Verbindung der Einheiten erfolgt über ein internes Bussystem.

Bussystem

Unter einem Bussystem versteht man Signalverbindungsleitungen zwischen den Hardwarekomponenten eines Mikroprozessor- bzw. Mikrocontrollersystems. Nach Funktion der Leitungen unterscheidet Daten-, Adress- und Steuerbus.

Speichereinheit

Die Speichereinheit beinhaltet alle Programme und Daten.

Ein/Ausgabe

Hierunter versteht man alle peripheren Geräte, die an einem Mikroprozessor angeschlossen sind.

Adresse

Die Adresse kennzeichnet einen Speicherplatz eines Speichersystems. Die Angabe der Adresse erfolgt in Hexadezimaler Form. Sie kann die Wortbreite von 8, 16 oder 32 Bit besitzen.

Daten

Unter Daten versteht man Zeichen in binär codierter Form, die der Mikroprozessor verarbeitet.

Datenbus

Der Datenbus ist ein bidirektionaler Bus zur Informationsübertragung.

Adressbus

Der Adressbus ist unidirektionaler Bus der die CPU auf Speicher und Ein/Ausgabebaugruppen zugreifen lässt. Werden Adressen und Daten auf gleichen Leitungen übertragen. Um Anschlüsse am Prozessor einzusparen, muss außerhalb des Prozessors wieder eine Aufteilung erfolgen. Die CPU steuert diese Aufteilung mit ALE.

Steuerbus

Der bidirektionaler Steuerbus ist eine Zusammenfassung unterschiedlicher Steuerleitungen, wie Lesen und Schreiben bei Speichern und Unterbrechungsteuerungen, die das Zusammenwirken des Mikroprozessorsystem ermöglichen.

Steuerwerk

Das Steuerwerk ist für die Befehlsaufnahme und -dekodierung sowie für die Zeit- und Ablaufsteuerung des Systems verantwortlich.

Speicherwerk

Das Speicherwerk beinhaltet alle Arbeits- und Spezialregister der CPU.

ALU

Die ALU (Arithmetic Logic Unit) führt logische und arithmetische Operationen wie Addieren, Subtrahieren und Multiplizieren sowie logische Operationen wie NICHT, UND, ODER und Exclusiv-ODER durch. Sie existiert als eigenständiger Schaltkreis bei digitalen Bausteinen. Die größere Bedeutung besitzt die ALU als integrierter Bestandteil von Mikroprozessoren.

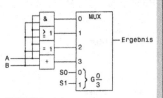

ALU (Prinzip)

Akkumulator

Der Akkumulator ist ein universelles Arbeitsregister und Ein- und Ausgaberegister für die ALU.

Register

Ein Register besteht aus mehreren 1-Bit-Speichern (Flipflops), die über einen Takt gemeinsam gesteuert werden.

Rechenwerk

Das Rechenwerk besteht im einfachsten Fall aus dem Akkumulator, der ALU und dem Flagregister.

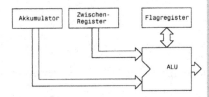

Rechenwerk

Flagregister

Das Flagregister ist ein Kennzeichnregister. Es gibt Aufschluss über die Ergebnisse von logischen und arithmetischen Operationen.

Flag	Bedeutung	Beispiel
Sign-Flag (S), Vorzeichenflag	Gibt an, ob das Ergebnis (E) einer arithmetischen Operation positiv oder negativ ist.	$E = 1100\ 0000$ $S = 1$ $E = 0000\ 1111$ $S = 0$
Zero-Flag (Z), Null-Flag	Gibt an, ob das Ergebnis einer arithmetischen oder logischen Operation Null ist.	$(A) =$ $1010\ 1111_2$ $\underline{(B) =}$ $\underline{1010\ 1111_2}$ $A-B =$ $0000\ 0000_2$
Parity-Flag (P), Paritätsflag	Gibt an, ob das Ergebnis einer arithmetischen oder logischen Operation eine gerade Anzahl von 1-sen erhält.	$E = 1101\ 0001$ $P = 1$ $E = 1100\ 0001$ $P = 0$
Carry-Flag (Cy), Übertragsflag	Gibt an, ob das Ergebnis einer arithmetischen Operation einen Übertrag ergibt.	$(A) =$ $1010\ 1111_2$ $\underline{(B) =}$ $\underline{0110\ 0000_2}$ $A+B =$ $1\ 0000\ 1111_2$
Auxiliary-Flag (AC), Hilfsübertragflag	Gibt an, wenn ein Übertrag vom niederwertigen Nibble (Halbbyte) ins höherwertige Nibble erfolgt.	$(A) =$ $0010\ 1111_2$ $\underline{(B) =}$ $\underline{0110\ 1000_2}$ $A+B =$ $0111\ 1111_2$
Overflow-Flag (OV)	Gibt an, ob bei arithmetischen Operationen ein Vorzeichenwechsel (positiv, negativ) erfolgte.	

PSW

Das PSW (Program Status Word) beschreibt den Zustand des Flagregisters und des Akkumulators.

Befehlszähler

Der Befehlszähler (Program Counter, PC) zeigt an die Speicherstelle des nächsten auszuführenden Befehls. Bei jedem Befehlabruf zählt der PC automatisch weiter.

Befehlsvorrat

Der Befehlsvorrat beinhaltet alle zur Verfügung stehenden Befehle eines Mikroprozessors.

Befehlszyklus

Der Befehlszyklus ist die für einen Befehl benötigte Zeit. Er besteht aus einzelnen Maschinenzyklen, die ihrerseits Taktzyklen beinhalten. Die Befehlszeit ist zum einen von der Taktdauer und zum anderen von der Anzahl der Takte pro Befehl abhängig. Hieraus lässt sich die Zeit, die ein Programm benötigt berechnen.

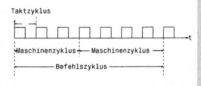

Befehlszyklus

Interrupt

Mittels Impuls oder Pegel kann an einem oder mehreren Anschlüssen des Prozessors eine Unterbrechungsanforderung ausgelöst werden. Bei Annahme des Interrups wird das laufende Programm unterbrochen und an festgelegter Einsprungadresse fortgesetzt. Nach Abarbeitung der Interruptroutine wird das zuvor unterbrochene Programm fortgesetzt.

6.2 Mikroprozessoren

6.2.1 Blockbild 8085 CPU

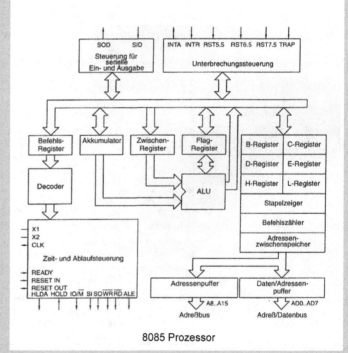

8085 Prozessor

6.2.2 Kurzbeschreibung

Der 8085-Prozessor ist mit 8-Bit-Arbeitsregister B, C, D, E, H und L und den 16-Bit-Sonderegister Stapelspeicher, Befehlszähler und Adressenzwischenspeicher ausgestattet. Die Arbeitsregister können als Registerpaare B/C, D/E und H/L zusammengefasst werden, so dass sich auch 16 Bit verarbeiten lassen. Das Rechenwerk mit Akkumulator, Zwischenregister, Flagregister und ALU verarbeitet 8-Bit-Worte. In der ALU lassen sich arithmetische und logische Operationen durchführen. Die Funktion innerhalb des Prozessors wird durch die Zeit- und Ablaufsteuerung bestimmt. Der Baustein besitzt hierzu einen internen Generator, der nur durch einen zusätzlichen Quarz beschaltet werden muss. Der Ausgang CLKO gibt die halbe Quarzfrequenz aus. Der Adressbus ist 16 Bit breit. Das niederwertige Adressbyte wird über den Daten/Adressbus im Zeitmultiplexbetrieb übertragen. Mit Hilfe der Steuerleitung ALE können die Adressen zwischengespeichert werden. Mit 16 Adressleitungen wird der Adressraum 2^{16} = 65536 = 64 kByte groß.

Bedeutung der Anschlüsse

AD0 – AD7	Adreß-Datenbus
A8 – A15	Adreßbus
/RD	Ausgangssignal zum Lesen einer Speicherstelle oder eines Portbausteins
/WR	Ausgangssignal zum Schreiben einer Speicherstelle oder eines Portbausteins
ALE	Steuersignal zur Adressenzwischenspeicherung des L-Adressbytes
X1, X2	Quarzanschluss
IO/ /M	E/A-Bausteine und Speicherunterscheidung
S0, S1	Kontrollsignale und Statussignale
TRAP	Interrupteingang mit vereinbarter Verzweigungsadresse
RST7.5	
RST 6.5	
RST 5.5	
INTR	
/ INTA	Interruptbestätigung von INTR
SID	Serieller Eingang
SOD	Serieller Ausgang
HOLD	Eingang zur Abkopplung der CPU (Aufruf externer Geräte)
HLDA	Bestätigung von HOLD durch die CPU
RESET IN	Rücksetzen (ADR 0000)
RESET OUT	Rücksetzen Bestätigung
READY	Wartezustand der CPU

Anschlussbelegung

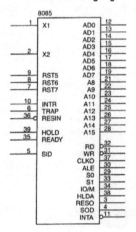

Pin-Belegung 8085

Flagregister

Bitanordnung im Flagregister							
D7	D6	D5	D4	D3	D2	D1	D0
S	Z		AC		P		Cy
Sign-Flag	Zero-Flag				Parity-Flag		Carry-Flag

6.2.3 Steuersignale und Interrupts

Interrupts

Hardware-Interrupts				
Name	Prioritätenfolge	Einsprungadresse	Eigenschaft	Triggerung
TRAP	1	24H	nicht maskierbar	L →H UND H
RST 7.5	2	3CH	maskierbar	H bis Abfrage (Speicherung)
RST 6.5	3	34H	maskierbar	H bis Abfrage
RST5.5	4	2CH	maskierbar	H bis Abfrage

Software Interrupt								
INTR	RST 7	RST 6	RST 5	RST 2	RST 3	RST 2	RST 1	RST 0
Adresse	38H	30H	28H	20H	18H	10H	08H	00H
				Zurücksetzen	Freigabe	Interrupt-Masken		
Akkumulatorinhalt	D7	D6	D5	D4	D3	D2	D1	D0
Interruptmaske lesen		7.5	6.5	5.5	IE	7.5	6.5	5.5

Statussignale

Statussignale		Maschinenzyklus
S0	S1	Funktion
0	0	Bus-Ruhezustand
0	1	CPU liest (Speicher, E/A)
1	0	CPU schreibt (Speicher, E/A)
1	1	CPU liest Operationscode

7 Halbleiterspeicher

7.1 Begriffe

Halbleiterspeicher

Halbleiterspeicher dienen zur Speicherung und Sicherung von Daten und Programmen. Sie sind Informationsspeicher, die Daten in binärer Form aufnehmen, bewahren und bei Bedarf zur Verfügung stellen. Man unterscheidet Speicher nach Zugriffsart und Eigenschaft.

Flüchtige (volatile) Speicher	Nichtflüchtige (nonvolatile) Speicher
SRAM (Static Random Access Memory) Ein DRAM (Dynamic Random Access Memory)	ROM (Read Only Memory) PROM (Programmable ROM) EPROM (Erasable PROM) EEPROM (Electrically Erasable PROM) Flash – EPROM NVRAM (Nonvolatile RAM) FeRAM (Ferroelectric RAM)

Speichermatrix

Die Speichermatrix (memory array) besteht aus einer Anordnung von X(Word)- und Y(Spalten)-Leitungen, in dessen Kreuzungspunkte eine Speicherzelle platziert ist. Durch Aktivierung dieser beiden Leitungen wird der Speicherplatz angesprochen und ausgewählt.

Kurzbeschreibung	Speicherstruktur (Prinzip)
Die Ansteuerung der X- und Y-Leitungen erfolgt mit Hilfe der Adressleitungen über den Spalten – und Zeilendekoder. Die Steuerlogik veranlasst mit den anliegenden Steuersignalen /RD (Read) und WR (Write) das Einschreiben oder Auslesen der Daten. Mit der Steuerleitung CS (Chip Select) wird der Speicherbaustein ausgewählt. Ebenfalls bei Speichern anzutreffende Steuerleitungen sind OE (Output Enable) und CE (Chip Enable).	Speicherstruktur (Prinzip)

Adresse

Die Adresse kennzeichnet die Speicherstelle eines Speichers.

Flipflop

Das Flipflop ist der kleinste statische Speicher mit der Möglichkeit, 1 Bit („0" oder „1") zu speichern.

Register

Unter Register versteht man schnelle Halbleiterspeicher mit geringer Speicherkapazität (z. B. 8 Bit, 16 Bit oder 32 Bit). Sie bestehen aus einer Anordnung parallel geschalteter Flipflops.

Speicherorganisation

Bitorganisierter Speicher	Wortorganisierter Speicher

**Kenndaten und
Anschlussbelegung**

Kenndaten		Anschlussbelegungen	
Kapazität (Capacity)	Fassungsvermögen eines Speichers	An-schluss	Bedeutung
Organisation	Bitorganisierter Speicher, wortorga-nisierter Speicher	A0 ... An	Adressleitungen; über diese Leitungen wird der Speicherplatz ausgewählt.
Wortbreite	Datengruppe aus 8, 16 oder 32 Bit	D0 ... Dn	Datenleitungen; über diese Leitungen gelangen Daten vom oder zum Speicher.
Zugriffzeit (Access Time)	Zeit, die von der Ansprache des Speichers bis zur Verfügbarkeit der Daten vergeht. Sie ist stark von der Technologie des Speichers abhängig.	CE, CE1, CE2, CS	Chip Enable, Chip Select; über diese Leitung(en) kann einer von mehreren Speicherbausteinen, die über ein gemeinsames eines BUS-System ver-bunden sind, angewählt werden.
		WE, WR	Write Enable, Write; diese Leitung wird von der CPU aktiviert, wenn Daten in den Speicher geschrieben werden sollen.
		RD	Read; diese Leitung wird von der CPU aktiviert, wenn Daten vom Speicher gelesen werden sollen.
		R/W	Über diese Steuerleitung erfolgt eine Schreib-Lese-(Read/Write)-Umschaltung.
		ALE	Adress Latch Enable; über diesen Anschluss kann die CPU bei ein gemultiplex-ten Daten/Adress-Bus die Adresse zwischenspei-chern.
		O0 ... On	Output; Datenausgänge
		OE	Output Enable; mit dieser Leitung werden Ausgänge eines Speichers freige-geben.
		RAS	Bei dynamischem RAM (Row Adress Select), Zei-lenauswahlleitung
		CAS	Bei dynamischem RAM (Column Adress Selecct), Spaltenauswahlleitung
		Vpp	Programming Voltage; an diesem Anschluss wird die Programmierspannung angelegt.
		VCC	Betriebsspannungs-anschluss
		GND	Ground, Masseanschluss

Zeitbedingungen

Damit der Speicher seine Funktion durchführt, muss der Prozessor über den Steuerbus zeitliche Bedingungen einhalten.

Schreibzykluszeit: tWC (Write Cycle);
Zeit, die nach dem Anlegen der Adresse
 vorhanden sein muss, um gültige Daten zu schreiben: tAS (Address Setup Time);
Dauer des Schreibimpulses auf der Steuerleitung /WE: tWP(Write Pulse Width);
Zeit, in der die gültigen Daten anliegen: tDW
 Data Valid);
Zeit , in der nach dem Speichern Adressen und
 Daten noch anliegen müssen: tH (Hold Time);
Lesezykluszeit: tRC (Read Cycle).

$$tWC = tAS + tW P+ tH$$

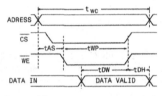 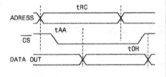

Lesezyklus   Schreibzyklus

7.2 Schreib-Lese-Speicher

RAM

RAM (Random Access Memory): Speicher mit wahlfreiem Zugriff

SRAM

Ein SRAM (Static Random Access Memory) ist ein flüchtiger Speicher, der seine Information bei Abschalten der Betriebsspannung verliert. Der Speicher enthält Flipflops als Speicherelemente und besitzt kleine Zugriffszeiten (Schreib- und Lesezeiten). Sein Nachteil gegenüber dynamischen RAM´s ist die größere Fläche der Speicherzelle auf dem Chip.

Prinzip einer Speicherstelle mit Anwahl über X- und Y-Leitungen

Prinzip der Steuerleitungen

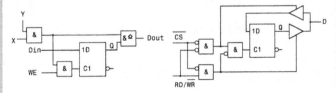

Prinzip: Speicheranwahl   Prinzip: Speicherauswahl

187

DRAM

Ein DRAM (Dynamic Random Access Memory) ist ein flüchtiger Speicher, der seine Information beim Abschalten der Betriebsspannung verliert. Die Information ist als Ladung auf einem Kondensator (Gatekapazität) gespeichert. Gegenüber statischen RAMs ist der Platzbedarf der Speicherzelle geringer. Die gespeicherte Information muss bei DRAMs zyklisch aufgefrischt (refresh) werden, weil diese nur für kurze Zeit erhalten bleibt.

Zeilenadressauswahl RAS
(Row Address Strobe)
Spaltenadressauswahl CAS
(Column Address Select)

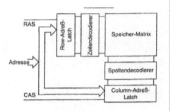

DRAM (Prinzip)

7.3 Festwertspeicher

ROM

ROM (Read Only Memory), Nur-Lese-Speicher, die nicht beschrieben, sondern nur gelesen werden. Sie behalten ihre Information ohne anliegende Betriebsspannung bei (nicht flüchtige Speicher).

Masken-ROM	PROM
Für Standardanwendungen kann der Hersteller ROM-Bausteine mit Hilfe einer Maske fertigen. Der Inhalt des Speichers ist nicht mehr veränderbar und kann beliebig oft ausgelesen werden.	Ein PROM (Programmable Read Only Memoy) kann der Anwender mittels Programmiergerät selbst programmieren. Beim Programmiervorgang werden durch einen Stromstoß leitende Verbindungen abgeschmolzen. Einmal programmierte PROM behalten ihre Daten und sind nicht mehr löschbar.

Unprogrammierter PROM-Baustein
(Prinzip)

EPROM

Ein EPROM (Erasable PROM) besitzt eine hohe Speicherdichte. Er ist vom Anwender programmier- und löschbar. Der Löschvorgang des gesamten Bausteins erfolgt über UV-Licht mit definierter Wellenlänge und Strahlungsdichte. Die Dauer der Bestrahlung ist vom Bausteintyp abhängig. Zur Programmierung wird ein Programmiergerät benötigt. Der Löschvorgang erfolgt über ein UV-Licht durchlässiges eingebautes Quarzfenster auf der Gehäuseoberseite.

EEPROM

Ein EEPROM (Electrically Erasable PROM) kann wortweise vom Anwender elektrisch gelöscht und neu programmiert werden. Die Speicherdichte ist niedriger als bei EPROM Speichern. Ihr Speicherprinzip beruht auf dem „Floating Gate" eines MOS-Transistors. EEPROMs verlieren ihre Daten bei Betriebsspannungsausfall nicht.

Flash-EPROM

Flash-EPROM verbinden die Eigenschaften eines RAM, EPROM und EEPROM. Im Gegensatz zu EPROMS, die nur durch UV-Licht gelöscht werden können, sind Flash-EPROMs elektrisch und in der Schaltung löschbar. Der Baustein kann sektorweise oder insgesamt programmiert und gelöscht werden.

NVRAM

NVRAM (Nonvolatile RAM) bestehen aus einer Kombination aus SRAM und EEPROM

7.4 Speichersysteme

Werden in einem Bussystem mehrere Speicher angeschlossen, wird eine Unterscheidung (Adressierung) notwendig. Zur Selektion wählt man häufig Adressleitungen, die an keinem der Speicher angeschlossen sind. Die Speicherkapazität lässt sich mit Hilfe der Anzahl der Adressleitungen berechnen.

Beispiel:
$$ADRL = \frac{\ln K}{\ln 2}$$

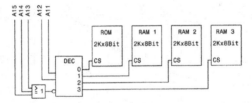

Speichersystem

Deaktivierung des Zentralspeichers	Codierung	Adressengrundbereich	Speicherplan (Memory Map)	
mit A15 – A13	mit A12, A11	A10 – A0	Speicher	Adresse
ADRL = Adressleitungen; K = Speicherkapazität			RAM 3	1FFF 1800
			RAM 2	17FF 1000
			RAM 1	0FFF 0800
			ROM	07FF 0000

8 Mikrocontroller

8.1 Mikrocontroller

Mikrocontroller (MC) sind Bauelemente, bei denen auf einen Chip alle erforderlichen Bausteine wie CPU, Speicher und Eingabe/Ausgabeeinheiten, eines Mikroprozessorsystems integriert sind. Je nach Type besitzen Mikrocontroller interne oder externe Programm- und Datenspeicher. Eine sehr weit verbreitete Familie ist die auf den 8051 basierenden Mikrocontroller. Die einzelnen Bausteine unterscheiden sich durch die Größe ihrer Speicherbereiche und zusätzliche Funktionsgruppen wie beispielsweise Analog/Digitalwandler und in der Art ihrer Programmierung.

8.2 Mikrocontroller der 8051-Familie (Auswahl)

Type	ROM kByte	RAM Byte	E/A 8-Bit-Port	ADC	Clock(MHz)	Timer
8031	–	128	4	–	12	2
8051	4	128	4	–	12, 16	2
8052	8	256	4	–	12, 16, 20	3
80512	4	128	6	8	12	2
80C517	12	256	7	12	12,16	4
AT89S8252	2 (EEPROM) 8 (Flash Memory)	256	4	–		3

8.2.1 Anschlüsse und Anschlussbelegung

Anschlüsse 8051

Anschlüsse			Anschlüsse		
Name	Funktion		Name		Funktion
P0.0 –P0.7	Port 0		Port 3	Alternativ-Funktion	
P1.0 – P1.7	Port 1		P3.0	RXD	
P2.0 – P2.7	Port 2		P3.1	TXD	
P3.0 – P3.7	Port 3		P3.2	/INT0	
Port 0	Alternativ-Funktion		P3.3	/INT1	
P0.0 – P0.7	AD0 – AD7	Adress-Datenbus L	P3.4	T0	
Port 1	Alternativ-Funktion AT89S52		P3.5	T1	
P1.0	T2		P3.6	/WR	
P1.1	T2 EX		P3.7	RD	
P1.5	MOSI		XAL1, XAL2		Quarzanschluss
P1.6	MISO		/PSEN		Program Store Enable, externe Programmspeicherfreigabe
P1.7	MISO		/EA /VPP		External Access, externer Programmspeicherzugriff
Port 2	Alternativ-Funktion		A-LE/,/PROG		Adress Latch Enable, Signal zur Adressenzwischenspeicherung
P2.0 – P2.7	A8 – A15	Adressbus H			

Anschlussbelegung 8051

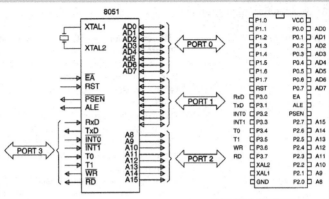

Anschlussbelegung 8051

Funktionsbild 8051

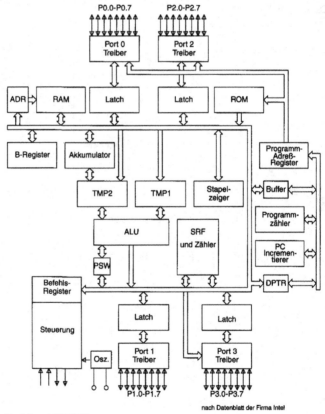

Funktionsbild 8051

8.2.2 Speicherorganisation

Speicher im 8051 allgemein

Mikrocontroller der 8051-Familie besitzen einen eigenen Daten- und Programmspeicher. Mit Hilfe des gemultiplexten Adress-/Datenbus können ein maximal 64 kByte externer Programm- und 64 kByte externer Datenspeicher adressiert werden. Mit dem Anschluss EA (External Access) = „L" kann der interne Programmspeicher gesperrt werden.

Der interne Programmspeicher hat eine Größe von 4 oder 8 kByte und besteht aus einem ROM, den der Hersteller programmiert hat.

Einige Mitglieder dieser Familie beinhalten einen im System programmierbaren Flash-Speicher, den der Anwender mit dem PC programmieren kann.

Der interne Datenspeicher ist 256 Byte groß. Die oberen 128 Byte des internen RAM können nur indirekt angesprochen werden. Über die direkte Adressierung erhält man in diesem Bereich einen Zugriff auf die Special-Funktion-Register (SFR)

Datenspeicher

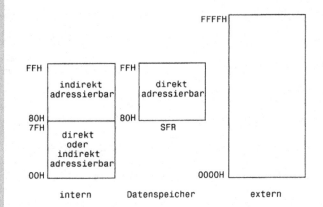

Datenspeicher

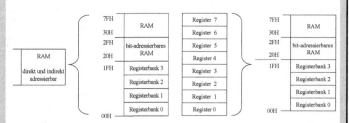

Aufteilung des unteren RAM   Lage der Register

8.2.3 Special Function Register

Speichertabelle

Bezeichnung/ Bedeutung	ADR 7							Zugriff über direkte Adressierung	ADR 0
ACC Akkumulator	FFH								F8H
B B-Register	F7H							B	F0H
P0 Port 0	EFH								E8H
P1 Port 1	E7H							ACC	E0H
P2 Port 2	DFH								D8H
P3 Port 3	D7H							PSW	D0H
DPH Data Pointer H	CFH			TH2*	TL2*	RCAP2H	T2MOD*	T2CON*	C8H
DPL Data Pointer L	C7H								C0H
IE Interrupt Enable R.	BFH							IP	B8H
IP Interrupt Priority R.	B7H							P3	B0H
PSW Progam Status Word	AFH					SPSR*		IE	A8H
PCON Power Control R.	A7H							P2	A0H
SBUF Serial Port Buffer R.	9FH						SBUF	SCON	98H
SCON Serial Port Control	97H							P1	90H
SP Stackpointer	8FH		TH1	TH0	TL1	TL0	TMOD	TCON	88H
TL0 imer 0 (Low)	87H	PCON			DPH	DPL	SP	P0	80H
TL1 Timer 1 (Low)	* bei AT89S8252 mit KByte Flash Memory								
TH0 Timer 1 (High)									
TH1 Timer 1 (High)									
TCON Timer Control R.									
TMOD Timer Mode R.									
RCAP2H Timer 2Capture/Reload-R. (High)									

Bitadressierbare Register (*)	Registerinhalte nach einem RESET
*A (ACC)	0000 0000
*B	0000 0000
*PSW	0000 0000
SP	0000 0111
DPTR	0000 0000
*P0	1111 1111
*P1	1111 1111
*P2	1111 1111
*P3	1111 1111
*IP	XXX0 0000
*IE	0XX0 0000
TMOD	0000 0000

8.2.4 Portregister

Portstruktur

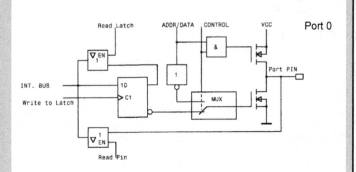

Port 0

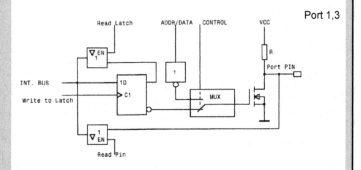

Port 1,3

Ports

Sym-bol	Byte-Adresse	Bit-Adresse							
		P0.7	P0.6	P0.5	P0.4	P0.3	P0.2	P0.1	P0.0
P0	80H	87H	86H	85H	84H	83H	82H	81H	80H
		AD7	AD6	AD5	AD4	AD3	AD2	AD1	AD0
P1	90H	P1.7	P1.6	P1.5	P1.4	P1.3	P1.2	P1.1	P1.0
		97H	96H	95H	94H	93H	92H	91H	90H
	Alternative Funktion	SCK	MISO	MOSI				T2EX	T2
P2	A0H	P2.7	P2.6	P2.5	P2.4	P2.3	P2.2	P2.1	P2.0
		A7H	A6H	A5H	A4H	A3H	A2H	A1H	A0H
		A15	A14	A13	A12	A11	A10	A9	A8
P3	B7H	P3.7	P3.6	P3.5	P3.4	P3.3	P3.2	P3.1	P3.0
	B7H	B7H	B6H	B5H	B4H	B3H	B2H	B1H	B0H
	Alternative Funktion	/RD	/WR	T1	T0	/INT1	/INT0	TXD	RXD

8.2.5 Flags

Program Status Word (PSW)

PSW (Program Status Word) und Flags								
Adresse	D7H	D6H	D5H	D4H	D3H	D2H	D1H	D0H
Flags und Registerbank-auswahl	CY	AC		RS1	RS0	OV		P

Flags

Flag	Symbol	Bedeutung
Ein Flag ist ein Kennzeichenbit, das bei mathe-matischen und logischen Funk-tionen gesetzt wird.	CY	Übertragsbit (Carray)
	AC	Hilfs-Übertragsbit (Auxiliary Carry)
	OV	Überlaufbit (Overflow)
	P	Paritätsbit (Parity) (gerade Anzahl 1-sen, parity even) P = „0" (ungerade Anzahl 1-sen) P = "1"
	nach einem RESET	PSW = 00H

Registerbankauswahl

Registerbank-auswahl	RS1	RS0	Adresse	Registerbank
RS (Register-bank Select). Der 8051 ver-fügt über 4 Re-gisterbänke mit je 8 Speicher-zellen, wobei jeweils nur eine Registerbank aktiv sein kann.	0	0	00H – 07H	0
	0	1	08H – 0FH	1
	1	0	10H – 17H	2
	1	1	18H – 17F	3

Durch die Veränderung der 2 Bits RS1 und RS0 im PSW lassen sich die jeweiligen Registerbänke auswählen.

8.2.6 Interrupt

Interrupt

Ein Interrupt ist eine zeitlich unabhängige Unterbrechungsanforderung an den Controller. Das gerade laufende Programm wird unterbrochen und verzweigt sich zu einer festgelegten Interruptadresse, die von der Interruptquelle abhängt. Nach Durchlaufen der Interruptroutine wird das Programm an der zuvor unterbrochenen Stelle fortgesetzt.

Interrupt-Quellen und Adressen				
	Einsprung-adresse	Auslösung	Anforderungs-Flag	Register
	03H	H → L	IE0	SCON
	13H	H → L	IE1	SCON
	0BH	Überlauf Timer 0	TF0	SCON
	1BH	Überlauf Timer 1	TF1	SCON
	23H	Abschluss der Ein-Ausgabe	RI/TI	TCON
Interrupt-priorität	höchste Priorität: IE0 → TF0 → IE1 → TF1 → RI oder TI			

Interrupt Enable Register								
Timer Interrupt	EA		ET2	ES	ET1	EX1	ET0	EX0
	AFH			023H	1BH	13H	0BH	03H
	EA	Interrupt wird generell zugelassen/ gesperrt; („1", „0")						
Bedeutung	ET2, ET1, ET0	Freigabe Interrupt Timer 2, Freigabe Interrupt Timer 1, Freigabe Interrupt Timer 0						
	EX1, EX0	Freigabe externer Interrpt 1, Freigabe externer Interrpt 0						
	ES	Freigabe serieller Port Interrupt						
Timer/Counter Control Regis-ter TCON	Symbol/Adresse							
Byte-Adresse	TF1	TR1	TF0	TR0	IE1	IT1	IE0	IT0
88H	8FH	8EH	8DH	8CH	8BH	8AH	89H	88H
Bedeutung	TF1, TF0	Timer 1 Überlauf Flag, Timer 0 Überlauf Flag,						
	TR1, TR0	schaltet Timer 1 mit „1" ein und stoppt mit „0", schaltet Timer 0 mit „1" ein und stoppt mit „0",						
	IE1, IE0	Interrput 1 Flag wird gesetzt, Interrput 0 Flag wird gesetzt						
	IT1, IT0	Flanken/Pegelauswahl Interrupt 1, Flanken/ Pegelauswahl Interrupt 0						

8.2.7 Zeitgeber/Zähler (Timer/Counter)

Timer
Counter
Interrupt
Control-Flag

Der 8051 verfügt über 2 interne Zähler T0 und T1, die als Zähler (Counter) oder Zeitgeber (Timer) programmiert werden können. Man spricht von einem Zeitgeber, wenn der interne Takt benutzt wird.

Timer 0	TF0	BH		
	Counter/Timer im Mode 0,1			
	Counter/Timer im Mode 2			
	TF1	1BH		

SRF TMOD	Timer 1				Timer 0			
	Gate	C/T	M1	M0	Gate	C/T	M1	M0
	Freigabe		0	0	13-Bit-Zähler/Zeitgeber			
			0	1	16-Bit-Zähler/Zeitgeber			
			1	0	8-Bit-Zähler/Zeitgeber mit Reolad			
			1	1	8-Bit Zähler/Timer, Timer 1 stoppt, Wert bleibt erhalten			
		0			Zeitgeberfunktion, Zählertakt: fOsc/12			
		1			Zählerfunktion (externer Zähltakt)			
	0							
	1							

SFR TCON	Symbol/Adresse							
Byteadresse	TF1	TR1	TF0	TR0	IE1	IT1	IE0	IT0
88 H	8FH	8EH	8DH	8CH	8BH	8AH	89H	88H
Interrupt Kontrol Flag	starten	anhalten	Timer-Anforderungs-Flag			setzen		rücksetzen
TR0	1	0	TF0			bei jedem Überlauf		Bei Interruptauslösung
TR1	1	0	TF1			bei jedem Überlauf		Bei Interruptauslösung

8.2.8 Serielle Schnittstelle

Serielle Schnittstelle UART SFR SCON

Die Kommunikation über die serielle Schnittstelle (UART, Universal Asynchronous Reciever/Transmitter) erfolgt über die Steuerung im SFR SCON.

SFR SCON								
	SM0	SM1	SM2	REN	TB8	RB8	TI	RI
Adresse	9FH	9EH	9DH	9CH	9BH	9AH	99H	98H
Bedeutung	SM0, SM1	Modus, Betriebsart						
	SM2	In der Betriebsart 2 und 3 wird RI nicht aktiviert, wenn das 9. Datenbit 0 ist (SM2 = "1"). In der Betriebsart 1 wird RI nicht aktiviert, wenn das Stoppbit nicht gültig war.						
	REN	Empfangsbereitschaft der seriellen Schnittstelle und stoppt den Empfang.						
	TB8	In der Betriebsart 2 und 3 das 9. Bit, das übertragen wird. Wird durch Software gesetzt oder gelöscht.						
	RB8	In der Betriebsart 2 und 3 wird das 9. Bit RB8 überschrieben.						
	TI	Sende-Interrupt-Flag wird durch Stoppbit oder am Ende des 8. gesendeten Bits durch Hardware gesetzt.						
	RI	Empfangsinterrupt-Flag wird am Ende des 8. empfangenen Datenbits oder durch ein Stoppbit gesetzt.						
Betriebsarten	SM0	SM1	Betriebsart	Beschreibung	Baudrate			
	0	0	0	Schieberegister	FOsc/12			
	0	1	1	8-Bit-UART	variabel			
	1	0	2	9-Bit-UART	FOsc/32 oder fOsc/64			
	1	1	3	9-Bit-UART	variabel			

1 Grundlagen der Steuerungstechnik

1.1 Steuerung und Regelung

Steuern

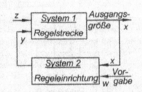

System mit offenem Wirkungsweg

Kennzeichen einer Steuerung:
- In einem technischen System wird die Ausgangsgröße durch die Eingangsgrößen beeinflusst.
- Typisch ist der offene Wirkungsablauf → **Steuerkette**

Regeln

w – Führungsgröße   x – Regelgröße
y – Stellgröße   z – Störgröße

System mit geschlossenem Wirkungsweg

Kennzeichen einer Regelung:
- Ständige Rückwirkung der zu regelnden Ausgangsgröße auf den Eingang des Systems
- Typisch ist der geschlossene Wirkungsablauf → **Regelkreis**

Regeleinrichtungen können analog oder digital ausgeführt sein. Für analoge Regler eignet sich bei P-, I- oder D-Verhalten der Operationsverstärker.
Digitale Regler werden überwiegend programmierbar ausgeführt.

1.2 Merkmale von Steuerungen

Blockschaltbild der Steuerung einer Werkzeugmaschine

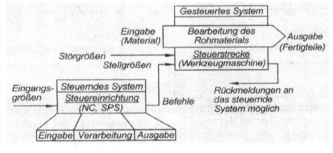

Auswahl einer Steuerungsmethode

Die Auswahl der Steuerungsmethode hängt z. B. von folgenden Faktoren ab:
- Anforderung der gewünschten Anwendung (u. a. Funktion, Zuverlässigkeit, Platz)
- Kosten für Planung und Entwicklung
- Kosten der Steuerungskomponenten
- Folgekosten
- Kommunikationserfordernisse
- Diagnosemöglichkeiten

Steuerungstechnik
Grundlagen der Steuerungstechnik

**Elektrische
Motorsteuerung**

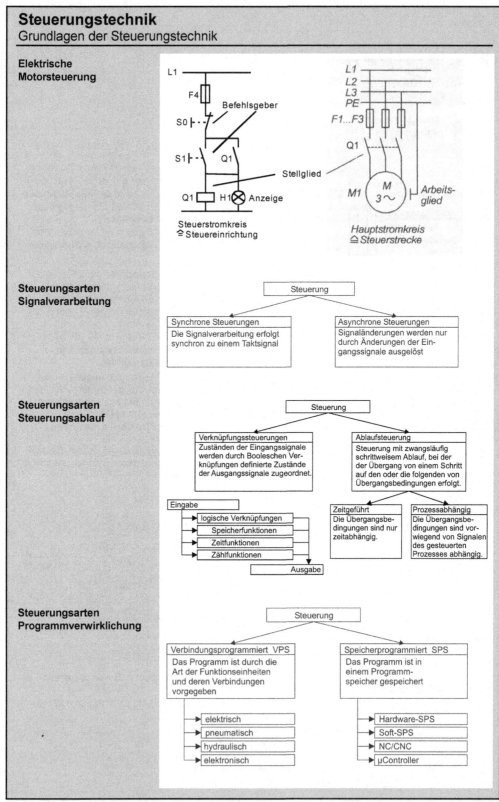

**Steuerungsarten
Signalverarbeitung**

**Steuerungsarten
Steuerungsablauf**

**Steuerungsarten
Programmverwirklichung**

2 Speicherprogrammierbare Steuerungen SPS

2.1 Die Hardware einer SPS

Funktionsblöcke einer SPS

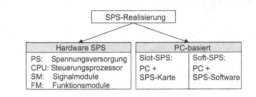

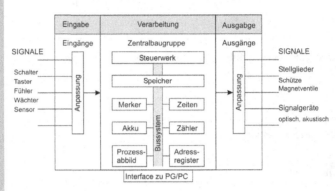

Beschaltung einer SPS

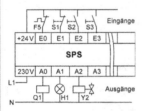

SPS-Norm

Die Norm EN 61131-3 legt die Syntax und Semantik von Programmiersprachen für Speicherprogrammierbare Steuerungen fest.

Beispiel: Bezeichnung der Ein-/Ausgangsvariablen

	EN 61131-3	STEP 7
Eingänge	%IX25	E 1.0
Ausgänge	%QB 4	AB 4

2.2 Programmierung einer SPS

Programmabarbeitung und strukturierte Programmierung

Zyklische Bearbeitung

Bausteinstruktur bei STEP 7

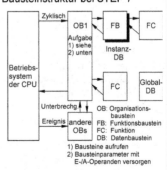

Steuerungstechnik
Programmierung einer SPS

Struktur einer Anweisung (Beispiel)

Marke	Operator	Operand	Kommentar
START:	LD	%IX1	(*Ein-Taster*)
	AND	%IX14	(*Endschalter*)
	ST	%QX2	(* Anzeige*)

Operatoren der Anweisungsliste (Auswahl)

Operator	Bedeutung	Operator	Bedeutung	Operator	Bedeutung
LD	Laden	OR	ODER	MUL	Multiplik.
ST	Speichern	ORN	ODER-NICHT	DIV	Division
S	Setzen	XOR	Exclus. Oder	GT	Vergleich >
R	Rücksetzen	NOT	Negation	GE	Vergleich >=
AND	UND	ADD	Addition	JMP	Sprung
ANDN	UND-NICHT	SUB	Subtraktion	CAL	Aufruf

Direkte Einzelelement-Variablen

Präfix	Bedeutung		Präfix	Bedeutung	Datentyp
I	Eingang		X	Bit	BOOL
Q	Ausgang		B	Byte	BYTE
M	Merker		W	Wort	WORD
			D	Doppelwort	DWORD
			L	Langwort	LWORD

2.2.1 Programmiersprachen

Übersicht

Anweisungsliste AWL

EN 61131-3		STEP 7		
LD	%IX0.0	U	E	0.0
AND	%IX0.1	U	E	0.1
ORN	%IX0.2	ON	E	0.2
ST	%QX4.0	=	A	4.0

Strukturierter Text ST

%QX4.0:= %IX0.0 AND %IX0.1 OR NOT %IX0.2;

A4.0 = E0.0 AND E0.1 OR NOT E0.2

Funktionsbausteinsprache FBS

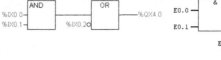

Kontaktplan KOP

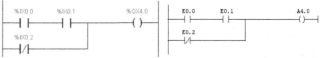

2.2.2 Programmieren grundlegender Funktionen nach EN 61131-3 und STEP 7 (Auswahl)

Anmerkungen

Die im weiteren Verlauf verwendete Darstellungen in den Programmiersprachen AWL, FUP und KOP basieren auf der Norm EN 6-1131-3. Auf die Darstellung der Funktionen in der Programmiersprache ST wird dabei verzichtet.

UND, **NEGATION**	LD %IX0.1 ANDN %IX0.2 ST %QX4.1		
ODER, **NEGATION** **2 Zuweisungen**	LD %IX0.1 ORN %IX0.2 ST %QX4.0 ST %QX4.1		
Exclusiv ODER	LD %IX0.2 XOR %IX0.1 ST %QX4.0		Hinweis: Darstellung als KOP-Symbol nicht möglich
Zusammengesetzte **logische Verknüpfung** **Disjunktive Form**	LD %IX0.1 AND %IX0.2 OR(TRUE ANDN %IX0.1 ANDN %IX0.2) OR %IX0.3 ST %QX4.0		
Zusammengesetzte **logische Verknüpfung** **Konjunktive Form**	LD %IX0.1 OR %IX0.2 AND (TRUE ANDN %IX0.1 ORN %IX0.2) AND %IX0.3 ST %QX4.0		
SR-Speicherfunktion	CAL I_SR (SET1 := %IX0.1, RESET := %IX0.2) LD I_SR.Q1 ST %QX4.0		
RS-Speicherfunktion	CAL I_RS (SET := %IX0.1, RESET1 := %IX0.2) LD I_RS.Q1 ST %QX4.0		
Positive Flanke **FO1 = Flankenoperand** **IO = Impulsoperand**	CAL FO1 (CLK := %IX0.1) LD FO1.Q ST IO		
Negative Flanke **FO2 = Flankenoperand** **IO = Impulsoperand**	CAL FO2 (CLK := %IX0.1) LD FO2.Q ST IO		

Zeit als Impuls

Zeit1: TP

```
CAL Zeit1 (
IN :=
%IX0.1,
PT :=
T#3000ms)
LD ZEIT1.Q
ST %QX4.0
```

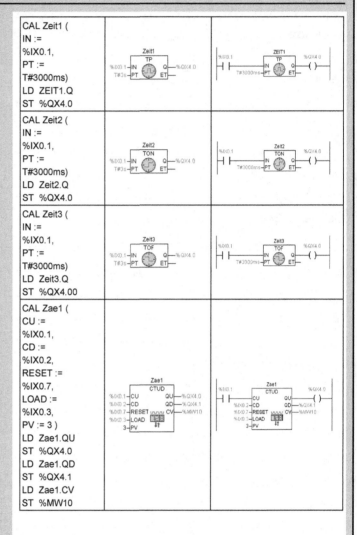

Zeit als Einschalt-verzögerung

Zeit2: TON

```
CAL Zeit2 (
IN :=
%IX0.1,
PT :=
T#3000ms)
LD Zeit2.Q
ST %QX4.0
```

Zeit als Ausschalt-verzögerung

Zeit3: TOF

```
CAL Zeit3 (
IN :=
%IX0.1,
PT :=
T#3000ms)
LD Zeit3.Q
ST %QX4.00
```

Vor-Rückwärts-Zähler

```
CAL Zae1 (
CU :=
%IX0.1,
CD :=
%IX0.2,
RESET :=
%IX0.7,
LOAD :=
%IX0.3,
PV := 3 )
LD Zae1.QU
ST %QX4.0
LD Zae1.QD
ST %QX4.1
LD Zae1.CV
ST %MW10
```

STEP 7

Anmerkungen

Die im weiteren Verlauf verwendete Darstellungen in den Programmiersprachen AWL, FUP und KOP basieren auf dem Programmierstandard STEP 7. Auf die Darstellung der Funktionen in der Programmiersprache ST wird dabei verzichtet.

UND,
NEGATION

ODER,
NEGATION
2 Zuweisungen

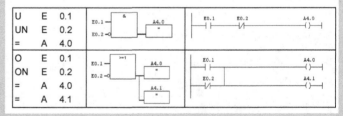

```
U    E    0.1
UN   E    0.2
=    A    4.0
```

```
O    E    0.1
ON   E    0.2
=    A    4.0
=    A    4.1
```

Exclusiv ODER

X	E	0.1
X	E	0.2
=	A	4.0

Zusammengesetzte logische Verknüpfung Disjunktive Form

U	E	0.1
U	E	0.2
O		
UN	E	0.1
UN	E	0.2
O	E	0.3
=	A	4.0

Zusammengesetzte logische Verknüpfung Konjunktive Form

U (		
O	E	0.1
O	E	0.2
)		
U (		
ON	E	0.1
ON	E	0.2
)		
U	E	0.3
=	A	4.0

SR-Speicherfunktion

U	E	0.1
S	A	4.0
U	E	0.2
R	A	4.0

RS-Speicherfunktion

U	E	0.1
R	A	4.0
U	E	0.2
S	A	4.0

Positive Flanke
M10.0 = Flankenoperand
M10.1 = Impulsoperand

U	E	0.0
FP	M	10.0
=	M	10.1

Negative Flanke
M10.0 = Flankenoperand
M10.1 = Impulsoperand

U	E	0.0
FN	M	10.0
=	M	10.1

Zeit als Impuls

U	E	0.0
L	S5T	#3S
SI	T	1
U	E	0.7
R	T	1
L	T	1
T	MW	10
LC	T	1
T	MW	20
U	T	1
=	A	4.0

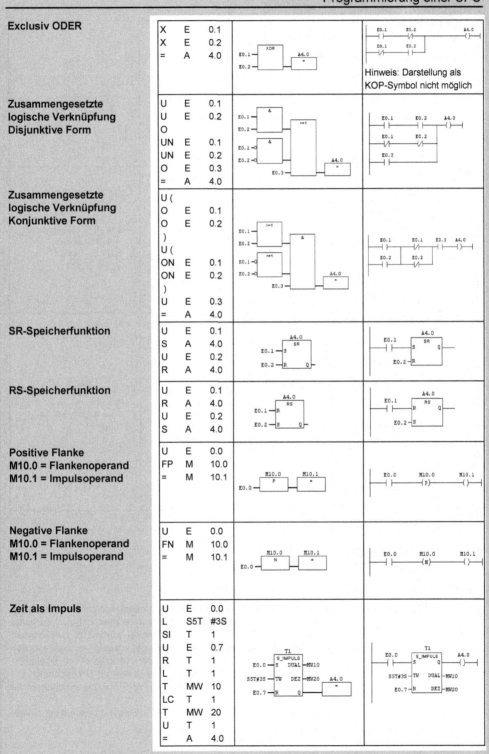

Hinweis: Darstellung als KOP-Symbol nicht möglich

205

Steuerungstechnik
Programmierung einer SPS

Zeit als Einschalt-verzögerung	U E 0.0 L S5T #3S SE T 1 U E 0.7 R T 1 L T 1 T MW 10 LC T 1 T MW 20 U T 1 = A 4.0	
Zeit als Ausschalt-verzögerung	U E 0.0 L S5T #3S SA T 1 U E 0.7 R T 1 L T 1 T MW 10 LC T 1 T MW 20 U T 1 = A 4.0	
Vor-Rückwärts-Zähler	U E 0.1 ZV Z 1 U E 0.2 ZR Z 1 U E 0.3 L C#3 S Z 1 U E 0.7 R Z 1 L Z 1 T MW 10 LC Z 1 T MW 20 U Z 1 = A 4.0	

2.3 Programmbeispiel: Wendeschütz-schaltung

Schaltungsbeschreibung

Die Wendeschützsteuerung für einen Drehstrommotor ist so auszulegen, dass der Motor erst dann in eine andere Drehrichtung geschaltet werden kann, wenn er vorher abgeschaltet worden ist (Umschalten über Halt). Die Leistungsschütze sollen gegenseitig verriegelt werden (Software). Aus Sicherheitsgründen sind zusätzliche Verriegelungskontakte einzusetzen (Hardware). Die jeweilige Drehrichtung soll durch Leuchtmelder angezeigt werden. Auf Drahtbruchsicherheit ist zu achten.
Gegeben ist der Hauptstromkreis und der Steuerstromkreis der Schaltung.

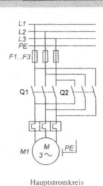

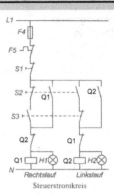

Hauptstromkreis   Steuerstromkreis

Arbeitsaufgaben

Der Anschlussplan (Belegungsplan) ist zu zeichnen.
Die Zuordnungsliste ist zu erstellen.
Aus dem Steuerstromkreis ist das Steuerungsprogramm zu erstellen und in den beiden
Programmiersprachen AWL und FBS nach STEP 7 darzustellen.
Das Steuerungsprogramm ist unter Verwendung von SR-Speicher-funktionen neu zu entwerfen
und in den beiden Programmiersprachen AWL und FBS nach STEP 7 darzustellen.

**Anschlussplan der SPS
unter Berücksichtigung
der Drahtbruchsicherheit**

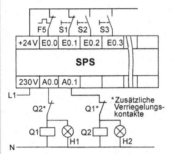

Drahtbruchsicherheit:
Die Ausschaltkontakte F5 und S1 werden als „echte Öffner" an die SPS angeschlossen. Sollte ein Anschlussdraht dieser Kontakte ausfallen (brechen), so hat das ein Abschalten der Anlage zur Folge.

Zuordnungsliste

Eingangsvariable	Symbol	Datentyp	Logische Zuordnung		Adresse
AUS-Taster	S1	BOOL	Betätigt	S1 = 0	E 0.1
EIN-Taster Links-lauf	S2	BOOL	Betätigt	S2 = 1	E 0.2
EIN-Taster Rechtslauf	S3	BOOL	Betätigt	S3 = 1	E 0.3
Kontakt Motor-schutz	F5	BOOL	Automatik	F5 = 1	E 0.4
Ausgangsvariable					
Schütz Rechts-lauf	Q1	BOOL	Angezogen	K1 = 1	A 0.0
Schütz Linkslauf	Q2	BOOL	Angezogen	K2 = 1	A 0.1
Leuchtmelder Rechtslauf	H1	BOOL	Leuchtet	H1 = 1	A 0.0
Leuchtmelder Linkslauf	H2	BOOL	Leuchtet	H2 = 1	A 0.1

Steuerungsprogramm mit Selbsthaltung nach Stromlaufplan

AWL			FBS
U	E	0.4	
U	E	0.1	
U (			
UN	E	0.2	
U	E	0.3	
O	A	0.0	
)			
UN	A	0.1	
=	A	0.0	

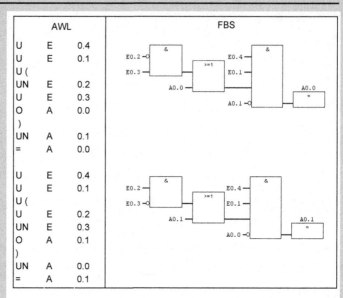

U	E	0.4
U	E	0.1
U (		
U	E	0.2
UN	E	0.3
O	A	0.1
)		
UN	A	0.0
=	A	0.1

Steuerungsprogramm mit SR-Speicher

UN	E	0.2
U	E	0.3
S	A	0.0
O	E	0.4
O	E	0.1
O	A	0.1
R	A	0.0
U	E	0.2
UN	E	0.3
S	A	0.1
O	E	0.4
O	E	0.1
O	A	0.0
R	A	0.1

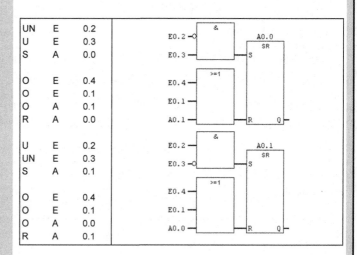

3 Ablaufsteuerungen mit SPS

3.1 Grundlagen

Ablaufsteuerung

Steuerungen, die einen schrittweisen Ablauf nach den Vorgaben von *Ablauffunktionsplänen* ausführen, werden *Ablaufsteuerungen* genannt.

**Arten von Ablauf-
steuerungen**

```
                    ┌─────────────────────┐
                    │   Ablaufsteuerung    │
                    └─────────────────────┘
              ┌─────────────┴─────────────┐
┌─────────────────────┐   ┌─────────────────────┐
│ Zeitgeführt         │   │ Prozessabhängig     │
│ Die Übergangsbe-    │   │ Die Übergangsbe-    │
│ dingungen sind nur  │   │ dingungen sind vor- │
│ zeitabhängig.       │   │ wiegend von Signalen│
│                     │   │ des gesteuerten     │
│                     │   │ Prozesses abhängig. │
└─────────────────────┘   └─────────────────────┘
                    ┌─────────────┴─────────────┐
        ┌─────────────────────┐   ┌─────────────────────┐
        │ Ohne Betriebsartenwahl│ │ Mit Betriebsartenwahl│
        │ Der Steuerungsablauf │   │ Der Steuerungsablauf │
        │ erfolgt nur in der Be-│  │ kann in verschiedenen│
        │ triebsart „Automatik".│  │ Betriebsarten erfolgen.│
        └─────────────────────┘   └─────────────────────┘
```

**Betriebsarten bei
Ablaufsteuerungen**

Betriebsart
Durch die Betriebsart werden die Art und der Umfang der Eingriffe durch den Menschen (Bedieneingriffe) in eine Leiteinrichtung bestimmt.

Betriebsart Automatik
Die Leiteinrichtung arbeitet ohne Bedieneingriff den gestarteten Wirkungsablauf programmgemäß ab.

Betriebsart Schrittsetzen
Die Ablaufkette kann durch einen Bedienungseingriff auf einen beliebigen Schritt gesetzt werden.

Betriebsart Tippen
Das Weiterschalten der Ablaufkette auf den jeweils nachfolgenden Schritt wird durch einen Bedieneingriff ausgelöst. Der Bedieneingriff wird durch einen Signalgeber vorgenommen, der für die gesamte Ablaufkette nur einmal für diesen Zweck vorhanden ist.

Betriebsart Einrichten
Die Stellgeräte werden einzeln durch einen Bedienungseingriff unter Umgehung vorhandener Verriegelungen (Sicherheitsverriegelungen müssen wirksam bleiben) gesteuert.

**Struktur einer
Ablaufsteuerung mit
Betriebsartenwahl**

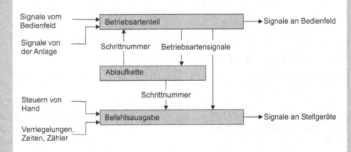

3.2 Ablaufkette

**Darstellung einer linearen
Ablaufkette nach
EN 61131-3**

Darstellung von Schritten

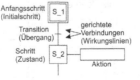

Funktionsablaufplan

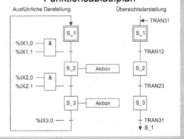

Verzweigte Ablaufketten

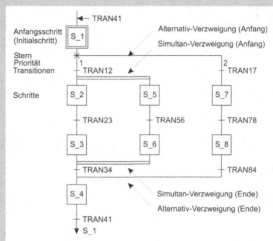

Sprung und Schleifen-darstellung von Ablauf-ketten

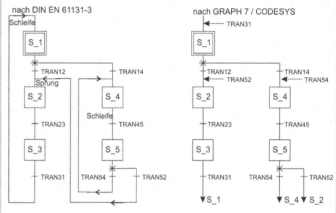

3.3 Befehlsausgabe, Aktionen, Aktionsblock

Vollständige Darstellung des Aktionsblocks nach EN61131-3

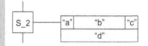

Feld „a": Bestimmungszeichen
Feld „b": Aktionsname
Feld „c": Anzeigevariable
Feld „d": Beschreibung der Aktion in AWL, ST, KOP oder FBS.

Bestimmungszeichen für Aktionen

Zeichen	Erläuterung	Funktion (nach EN 61131-3)
kein	Nicht gespeichert (kein Zeichen)	
N	Nicht gespeichert	
R	Vorrangiges Rück-setzen	RS / SET / RESET1 / Q1
S	Setzen (gespeichert	SR / SET1 / RESET / Q1

Zeichen	Erläuterung	Funktion (nach EN 61131-3)
L	Zeitbegrenzt	TP IN — Q PT — ET
D	Zeitverzögert	TON IN — Q PT — ET
P	Impuls (Flanke)	R_TRIG CLK — Q
SD	Gespeichert und zeitverzögert	SR SET1 — Q1 / TON RESET / IN — Q / PT — ET
DS	Verzögert und gespeichert	TON IN — Q / SR PT — ET / SET1 — Q1 / RESET
SL	Gespeichert und zeitbegrenzt	SR SET1 — Q1 / TP RESET / IN — Q / PT — ET

Darstellung des Aktionsblocks nach DIN EN 60848 (Grafcet)

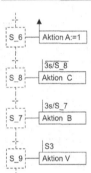

S_6 — Aktion A:=1

S_8 — 3s/S_8 — Aktion C

S_7 — 3s/S_7 — Aktion B

S_9 — S3 — Aktion V

Speichernde Aktion
Aktion wird bei Aktivierung des Schrittes gespeichert.
Zeitbegrenzte Aktion
Die Zuweisungsbedingung ist nur für die Dauer von 3 s erfüllt.
Zeitverzögerte Aktion
Die Zuweisungsbedingung wird erst nach 3 s erfüllt.
Bedingte Aktion
Die Zuweisungsbedingung S3 beeinflusst die kontinuierlich wirkende Aktion.

3.4 Programmbeispiel:

Prozessablauf
Technologieschema

Beschreibung des Prozessablaufs	Technologieschema
Nach Betätigung der Taste S1 wird das Zulaufventil Y1 solange geöffnet, bis der Niveauschalter LS2 anspricht. Danach wird der Rührwerkmotor M eingeschaltet und das Ventil Y2 geöffnet. Spricht der Niveauschalter LS3 an, wird das Ventil Y2 geschlossen und die Heizung eingeschaltet. Meldet der Temperaturfühler TS das Erreichen der vorgegebenen Temperatur, werden die Heizung und das Rührwerk abgeschaltet sowie das Auslassventil Y3 geöffnet. Wenn der Niveauschalter LS1 meldet, dass der Behälter leer ist, wird das Ventil Y3 geschlossen. Durch erneute Betätigung der Taste S1 kann der Vorgang wiederholt werden. Mit einer RESET-Taste kann die Ablaufsteuerung in die Grundstellung gebracht werden.	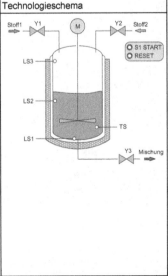

Steuerungstechnik
Ablaufsteuerungen mit SPS

Arbeitsaufgaben

Die Zuordnungsliste ist zu erstellen.

Der Funktionsablaufplan ist für den Prozessablauf zu entwerfen.

Das Steuerungsprogramm des Funktionsablaufplans mit SR-Speichern ist zu zeichnen.

Das Steuerungsprogramm ist mit der Ablaufsprache AS nach EN 61131-3 darzustellen.

Das Steuerungsprogramm ist mit der Ablaufsprache S7-Graph zu programmieren.

Zuordnungsliste

Eingangs-variable	Symbol	Datentyp	Logische Zuordnung	Adresse	STEP 7
Start-Taste	S1	BOOL	betätigt S1 = 1	%IX 0.0	E 0.0
Niveausch. Beh. leer	LS1	BOOL	spricht an LS1 = 1	%IX 0.1	E 0.1
Niveausch. Beh. halb	LS2	BOOL	spricht an LS2 = 1	%IX 0.2	E 0.2
Niveausch. Beh. voll	LS3	BOOL	spricht an LS3 = 1	%IX 0.3	E 0.3
Temperatur-fühler	TS	BOOL	spricht an TS = 1	%IX 0.4	E 0.4
RESET-Taster	RESET	BOOL	betätigt RESET = 1	%IX 0.5	E 0.5
Ausgangs-variable					
Ventil Stoff 1	Y1	BOOL	Ventil offen Y1 = 1	%QX 0.0	A 0.0
Ventil Stoff 2	Y2	BOOL	Ventil offen Y2 = 1	%QX 0.1	A 0.1
Auslassventil	Y3	BOOL	Ventil offen Y3 = 1	%QX 0.2	A 0.2
Heizung	H	BOOL	Heizung an H = 1	%QX 0.3	A 0.3
Rührwerkmotor	M	BOOL	Motor läuft M = 1	%QX 0.4	A 0.4

Funktionsablaufplan

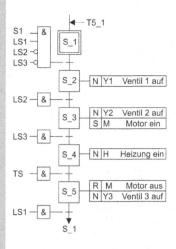

3.4.1 Realisierung mit SR-Speicherfunktionen

Das Steuerungsprogramm für den Funktionsablaufplan wird im Funktionsbaustein FB 10 realisiert.

Deklaration Funktionsbaustein FB10

VAR_INPUT		VAR_OUTPUT		VAR
S1:	BOOL;	Y1:	BOOL;	SRO1:SR:= (Q1:=TRUE);
LS1:	BOOL;	Y2:	BOOL;	SRO2: SR;
LS2:	BOOL;	Y3:	BOOL;	SRO3: SR;
LS3:	BOOL;	H:	BOOL;	SRO4: SR;
TS:	BOOL;	M:	BOOL;	SRO5: SR;
RESET:	BOOL;	END_VAR		I_M: SR;
END_VAR				END_VAR

Steuerungsprogramm in der FBS- und AWL-Sprache

FBS   AWL

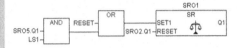

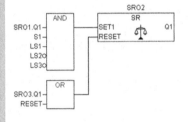

```
LD    RESET
OR (  SRO5.Q1
AND   LS1)
ST    SRO1.SET1
CALSRO1 (RESET :=
SRO2.Q1)
```

```
LD SRO1.Q1
AND S1
AND LS1
ANDN LS2
ANDN LS3
ST SRO2.SET1
LD SRO3.Q1
OR RESET
ST SRO2.RESET
CAL SRO2
```

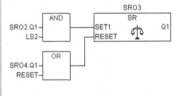

```
LD SRO2.Q1
AND LS2
ST SRO3.SET1
LD SRO4.Q1
OR RESET
ST SRO3.RESET
CAL SRO3
```

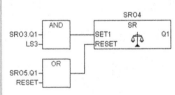

```
LD SRO3.Q1
AND LS3
ST SRO4.SET1
LD SRO5.Q1
OR RESET
ST SRO4.RESET
CAL SRO4
```

Steuerungsprogramm in der FBS- und AWL-Sprache

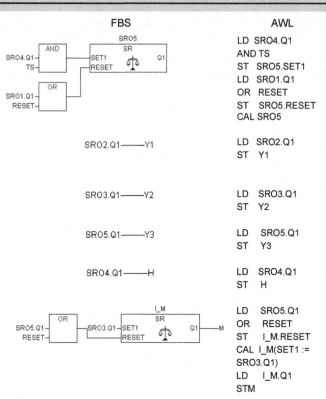

FBS

AWL

```
LD  SRO4.Q1
AND TS
ST  SRO5.SET1
LD  SRO1.Q1
OR  RESET
ST  SRO5.RESET
CAL SRO5

LD  SRO2.Q1
ST  Y1

LD  SRO3.Q1
ST  Y2

LD  SRO5.Q1
ST  Y3

LD  SRO4.Q1
ST  H

LD  SRO5.Q1
OR  RESET
ST  I_M.RESET
CAL I_M(SET1 :=
SRO3.Q1)
LD  I_M.Q1
STM
```

Aufruf des Funktions-bausteins FB10

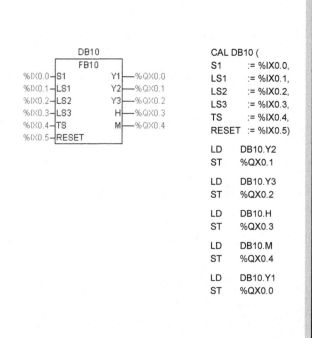

```
CAL DB10 (
S1    := %IX0.0,
LS1   := %IX0.1,
LS2   := %IX0.2,
LS3   := %IX0.3,
TS    := %IX0.4,
RESET := %IX0.5)

LD  DB10.Y2
ST  %QX0.1

LD  DB10.Y3
ST  %QX0.2

LD  DB10.H
ST  %QX0.3

LD  DB10.M
ST  %QX0.4

LD  DB10.Y1
ST  %QX0.0
```

3.4.2 Realisierung mit der Ablaufsprache AS nach EN 61131-3

Steuerungsprogramm in der AS-Sprache

Das Steuerungsprogramm in der Ablaufsprache AS wird wieder im Funktionsbaustein FB 10 realisiert.

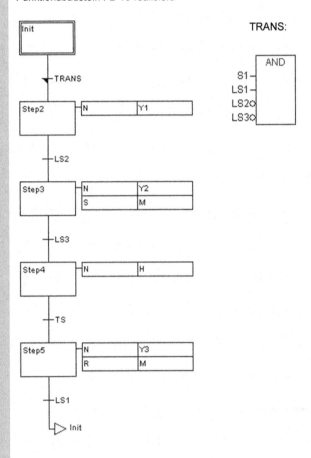

TRANS:

Aufruf des Funktions-bausteins FB10

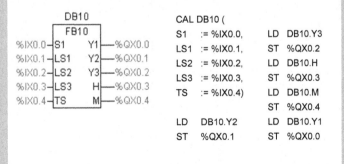

3.4.3 Realisierung mit der Ablaufsprache AS nach S7-GRAPH

Steuerungsprogramm

Das Steuerungsprogramm wird wieder im Funktionsbaustein FB 10 realisiert.

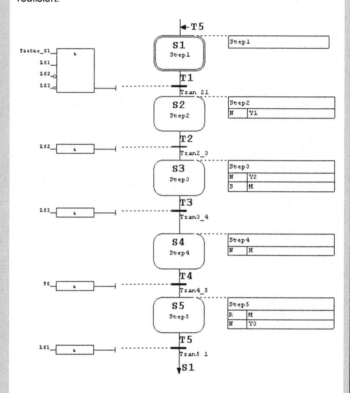

Aufruf des Bausteins im OB1

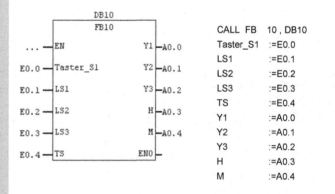

CALL FB 10 , DB10

Taster_S1	:=E0.0
LS1	:=E0.1
LS2	:=E0.2
LS3	:=E0.3
TS	:=E0.4
Y1	:=A0.0
Y2	:=A0.1
Y3	:=A0.2
H	:=A0.3
M	:=A0.4

1 Grundlagen

1.1 Begriffe

Größenwert, Zahlenwert, Einheit
Größenwert = Zahlenwert · Einheit
Beispiel: Größenwert 5 V → Zahlenwert 5; Einheit V

Messen
Experimenteller Vorgang, durch den ein spezieller Wert einer physikalischen Größe als Vielfaches einer Einheit oder eines Bezugswertes ermittelt wird

Messwert
Gemessener spezieller Wert einer Messgröße

Messergebnis
Ein aus mehreren Messwerten einer physikalischen Größe oder aus Messwerten für verschiedene Größen nach einer festgelegten Beziehung ermittelter Wert oder Werteverlauf

Messprinzip
Charakteristische physikalische Erscheinung, die bei der Messung benutzt wird. Beispiel: Temperaturmessung → Änderung des elektrischen Widerstandes eines metallischen Leiters durch Temperaturänderung

Messverfahren
Spezielle Art der Anwendung eines Messprinzips.
Beispiel: Abgleich einer Instrumentenanzeige auf Null. Wird z. B. bei Brückenschaltungen als *Nullabgleichverfahren* bezeichnet.

Messgerät
Liefert oder verkörpert Messwerte

Messbereich
Bereich von Werten des Eingangssignals eines Messgerätes, der entsprechend der Kennlinie dieses Messgerätes eindeutig und innerhalb vorgegebener Fehlergrenzen durch Werte des Ausgangssignals abgebildet wird

Empfindlichkeit
Verhältnis der Änderung einer Ausgangsgröße zu der sie verursachenden Eingangsgröße

Kalibrieren
Ermitteln des gültigen Zusammenhanges zwischen dem Messwert oder dem Wert des Ausgangssignals und dem konventionell richtigen Wert der Messgröße

Justieren
Einstellen oder Abgleichen eines Messgerätes mit dem Ziel, die Anzeige des Messgerätes möglichst nahe an den richtigen Wert der Messgröße anzugleichen

Eichen
Von einer Eichbehörde nach den gesetzlichen Vorschriften und Anforderungen vorzunehmende Prüfung und Stempelung von Messgeräten. Beispiele: Elektrizitätszähler, Waagen, Zapfsäulen

Messumformer
Messgerät, das ein analoges Eingangssignal in ein eindeutig damit zusammenhängendes analoges Ausgangssignal umformt. Beispiel: Temperaturmessung → Eine Temperaturänderung wird in eine Widerstandsänderung umgeformt.

Messwandler
Am Ein- und Ausgang tritt die gleiche physikalische Größe auf; es wird keine Hilfsenergie benötigt. Beispiele: Spannungswandler, Stromwandler

Messtechnik
Grundlagen

Messumsetzer	Die Signalstruktur von Ein- und Ausgang ist entweder unterschiedlich (analog-digital bzw. digital-analog) oder nur digital.
Analoge Messverfahren	Der Messgröße wird ein Signal zugeordnet, das mindestens im Idealfall eine eindeutig umkehrbare Abbildung der Messgröße ist (häufig Skalenanzeige).
Digitale Messverfahren	Der Messgröße wird ein Signal zugeordnet, das eine mit fest gegebenen Schritten quantisierte Abbildung der Messgröße ist (häufig Ziffernanzeige).

1.2 Einheiten

SI-Basiseinheiten

Basisgröße	Basiseinheit	
	Name	Einheitenzeichen
Länge	Meter	m
Masse	Kilogramm	kg
Zeit	Sekunde	s
Elektrische Stromstärke	Ampere	A
Thermodynamische Temperatur	Kelvin	K
Lichtstärke	Candela	cd
Stoffmenge	Mol	mol

Abgeleitete SI-Einheiten (Auswahl)

Abgeleitete Größe	Name	Zeichen	Zusammenhang zu anderen SI-Einheiten
Kraft	Newton	N	$1\ N = 1\ kg \cdot m/s^2$
Energie	Joule	J	$1\ J = 1\ Nm$
Leistung	Watt	W	$1\ W = 1\ J/s$
Elektrische Spannung	Volt	V	$1\ V = 1\ W/A$
Elektrischer Widerstand	Ohm	Ω	$1\ \Omega = 1\ V/A$
Elektrische Kapazität	Farad	F	$1\ F = 1\ As\ /V$
Elektrische Induktivität	Henry	H	$1\ H = 1\ Vs\ /A$
Magnetischer Fluss	Weber	Wb	$1\ Wb = 1\ Vs$

1.3 Messabweichung, Messfehler

Messabweichung F

Messfehler F

Relative Messabweichung f

Relativer Messfehler f

Wahrer Wert

Konventionell richtiger Wert

Messabweichung: Unterschied zwischen dem *erhaltenen* (x_a) und dem wahren Wert (x_r), oder, wenn der wahre Wert nicht bekannt ist, einem als richtig geltenden Wert, dem *konventionell richtigen Wert*. Der früher durchgehend gebrauchte Begriff *Fehler* sollte der Beschreibung von Messgeräten vorbehalten bleiben, die festgestellte systematische Abweichungen aufweisen (DIN 1319). Im Folgenden wird vorwiegend der Begriff Abweichung benutzt.

$$F = x_a - x_r$$

$$f = \frac{F}{x_r} = \frac{x_a - x_r}{x_r}$$

$$f = \frac{x_a - x_r}{x_r} \cdot 100\ \text{in \%}$$

Systematische Abweichungen A_a

Korrektion K

Berichtigter Messwert x_r

A_a: Bekannt nach Betrag und Vorzeichen, deshalb korrigierbar. Messergebnis ist unrichtig. Beispiel: Einschalten eines Strommessgerätes in einen Messkreis → der Innenwiderstand beeinflusst den Kreis und macht das Messergebnis unrichtig.

$$K = -A_a$$

$$x_r = x_a + K$$

Zufällige Abweichungen Δx_z **Abweichungsgrenzen G**	Δx_z: Statistischer Natur; z. B. Rauschen, Störungen. Sie sind nicht bekannt und damit nicht korrigierbar. Sie machen ein Messergebnis unsicher. Häufig angebbar sind Abweichungsgrenzen G, innerhalb derer der Messwert „mit großer Wahrscheinlichkeit" liegt. Der Erfahrung entsprechend werden die Abweichungsgrenzen symmetrisch zum konventionell richtigen Wert angegeben.	Messwert mit Abweichungsgrenzen: $x_r \pm G$ Beispiel: $3\,V \pm 0,2\,V$
(Maximale) relative Messabweichung f	Der Begriff maximal entfällt häufig. Zur Festlegung von G werden Erfahrungen, häufige Messungen und die Statistik herangezogen.	$f = \dfrac{\pm G}{x_r}$
Arithmetischer Mittelwert $\overline{x}$ **Erwartungswert μ**	Der arithmetische Mittelwert ($n < \infty$) kommt erfahrungsgemäß dem konventionell richtigen Wert häufig schon sehr nahe. Der Erwartungswert ($n \to \infty$) repräsentiert mit großer Wahrscheinlichkeit den konventionell richtigen Wert. Näherung: $\overline{x} \mathrel{\hat=} \mu$ für großes n. n $\quad$ Zahl der Messwerte x_i $\quad$ Messwerte, i = 1...n, n < ∞ x_{in} $\quad$ Messwerte, n $\to \infty$	$\overline{x} = \dfrac{1}{n} \cdot \sum\limits_{i=1}^{n} x_i$ $\mu = \lim\limits_{n \to \infty} \sum\limits_{i=1}^{n} \dfrac{x_{in}}{n}$
Standardabweichung s **Varianz s^2 bzw. σ^2**	Je größer die Standardabweichung ist, desto mehr „streuen" die Messwerte, und desto weniger wird man vom arithmetischen Mittelwert auf den konventionell richtigen Wert schließen können. Formelzeichen siehe arithmetischer Mittelwert.	$s = +\sqrt{\dfrac{1}{n-1} \sum\limits_{i=1}^{n} (x_i - \overline{x})^2}$
Abweichungs-fortpflanzung **Fehlerfortpflanzung**	Die Gesamtmessabweichung F_g berechnet sich aus der Summe der Einzelmessabweichungen. Mathematisch: Totales Differential. In der Praxis werden für Δx, Δy, Δz,... die Abweichungsgrenzen $\pm G_x$, $\pm G_y$, $\pm G_z$,... eingesetzt. Das Vorzeichen der einzelnen Abweichungsgrenzen ist so zu wählen, dass sich die größtmögliche Gesamtabweichungsgrenze ergibt. Die tatsächlich auftretende Gesamtabweichungsgrenze liegt damit innerhalb der berechneten. Beispiel: Teilspannungen $U_1 = 12\,V \pm 0,2\,V$; $U_2 = 16\,V \pm 0,1\,V$. Gesucht: Gesamtspannung U_g und Gesamtabweichungsgrenze.	$F_g = \dfrac{\partial f(x,y,z,...)}{\partial x} \cdot \Delta x$ $+ \dfrac{\partial f(x,y,z,...)}{\partial y} \cdot \Delta y$ $+ \dfrac{\partial f(x,y,z,...)}{\partial z} \cdot \Delta z$ $+ ...$

$x \leftrightarrow U_1$; $y \leftrightarrow U_2$. $\Rightarrow F = f(U_1, U_2) = U_1 + U_2$

$\Delta x = \Delta U_1 = \pm 0,2\,V$; $\Delta y = \Delta U_2 = \pm 0,1\,V$

$\Delta F = \dfrac{\partial (U_1 + U_2)}{\partial U_1} \cdot \Delta U_1 + \dfrac{\partial (U_1 + U_2)}{\partial U_2} \cdot \Delta U_2 = 1 \cdot \Delta U_1 + 1 \cdot \Delta U_2$

$U_g = (12 + 16)\,V + \Delta F = 28\,V \pm (0,2 + 0,1)\,V = 28\,V \pm 0,3\,V$

Fehler von analog anzeigenden Messgeräten

Klasse

Klasse: Betrag der Fehlergrenze in Prozent. Absoluter Fehler F i. a. bezogen auf den Messbereichsendwert (ME). Diese Fehlergrenze gilt für jeden Messwert. Der relative Messfehler f ist um so größer, je mehr Messwert und Skalenendwert voneinander abweichen.
In DIN 43780 festgelegte Klassen: 0,05; 0,1; 0,2; 0,5; 1; 2,5; 5. $G_\%$ Zahlenwert der Klasse; x Messwert.

$$F = \pm(ME \cdot G_\%)/100$$

$$f = \frac{F}{x}$$

Fehler von digital anzeigenden Messgeräten

Die Fehlerangabe ist zurzeit noch nicht genormt.
F_{max}: maximaler absoluter Fehler
f_1, f_2: Zahlenwert der Fehler
v.A.: von der Anzeige (Messwert)
v.E.: vom Endwert (Messbereichsendwert)
LSB: least significant bit (1 LSB: i. a. Quantisierungsfehler)

Beispiel:
$F_{max} = \pm (f_1 \% \text{ v.A.} + f_2 \% \text{ v.E.} + 1 \text{ LSB})$

1.4 Mittelwerte, Häufigkeitsverteilungen, Vertrauensbereich

Arithmetischer Mittelwert $\bar{x}$

Gleichanteil von x. Wird von Drehspulmesswerken und manchmal auch von einfachen Digitalvolt- oder Digitalvielfach-Messgeräten intern erfasst und zur Anzeige in den Effektivwert umgerechnet.
x stellvertretend für Spannung u oder Strom i
T Periodendauer des periodischen Signalverlaufes $x(t)$

$$\bar{x} = \frac{1}{T} \int_0^T \{x(t)\}\, dt$$

Effektivwert X

x stellvertretend für Spannung u oder Strom i,
T Periodendauer des periodischen Signalverlaufes x(t).

$$X = \sqrt{\frac{1}{T} \int_0^T \{x(t)\}^2\, dt}$$

Normalverteilung, Gaußverteilung

Voraussetzungen: 1. Zahl n der Messwerte sehr groß (ideal: n → ∞); 2. Vorhandensein von zufälligen Messabweichungen (Fehlern). Auftragen der einzelnen Messwerte in einem Häufigkeitsdiagramm → Kurve stellt eine Häufigkeitsverteilung $p(x)$ dar und nähert sich mit wachsendem n der Normalverteilung (Gaußverteilung, „Gaußsche Glockenkurve"). Je besser die Annäherung an die Normalverteilung ist, desto wahrscheinlicher entspricht der arithmetische Mittelwert dem konventionell richtigen Wert.
σ^2 Varianz
$\bar{x}$ arithmetischer Mittelwert

$$p(x) = \frac{1}{\sqrt{2\pi \cdot \sigma^2}} \cdot e^{-\frac{(x-\bar{x})^2}{2\sigma^2}}$$

Vertrauensgrenzen

Vertrauensbereich

Vertrauensniveau

Vertrauensgrenzen: Grenzen eines Intervalls, in dem der wahre Wert mit einer vorgegebenen Wahrscheinlichkeit $(1 - \alpha)$ liegt. Das Intervall ist der Vertrauensbereich. $(1 - \alpha)$ ist das Vertrauensniveau und wird vom Anwender gewählt.

$\bar{x}$ arithmetischer Mittelwert
n   Zahl der Messwerte
s   Standardabweichung
$t/\sqrt{n}$ nach DIN 1319, Teil 3; Auszug siehe folgende Tabelle

Obere Vertrauensgrenze

$$\bar{x} + \frac{t}{\sqrt{n}} \cdot s$$

Untere Vertrauensgrenze

$$\bar{x} - \frac{t}{\sqrt{n}} \cdot s$$

Anzahl n der Einzelmessungen	$(1 - \alpha) = 68{,}26\,\%$		$(1 - \alpha) = 95\,\%$		$(1 - \alpha) = 99{,}5\,\%$	
	t	$t/\sqrt{n}$	t	$t/\sqrt{n}$	t	$t/\sqrt{n}$
2	1,84	1,30	12,71	8,98	127,32	90,03
5	1,15	0,51	2,78	1,24	5,60	2,50
10	1.06	0,34	2,26	0,71	3,69	1,17
30	1,02	0,19	2,05	0,37	3,04	0,56
100	1,00	0,10	1,98	0,20	2,87	0,29

2 Messverfahren zur Messung elektrischer Größen (Auswahl)

2.1 Spannungs- und Strommessung

Anzeige verschiedener Messgeräte bei Wechselgrößen

1. **Drehspulmessinstrument:** Zeigt den arithmetischen Mittelwert von Strom und Spannung an. Durch Gleichrichtung und Skalenkalibrierung wird nur der Effektivwert für eine sinusförmige Messgröße richtig angezeigt.
2. **Dreheisenmessinstrument:** Zeigt zwar prinzipiell den Effektivwert an, aber nur für im Signalverlauf enthaltene Frequenzanteile bis etwa 500 Hz bis 1000 Hz.
3. **Messinstrument mit Thermoumformer:** Zeigt den Effektivwert an für im Signalverlauf enthaltene Frequenzanteile bis etwa 65 MHz, Sonderausführungen bis 1000 MHz.
4 **Digitalmultimeter:** Es gibt drei Ausführungen:
4.1 Untere Preisklasse: Gemessen wird häufig der Scheitelwert, durch $\sqrt{2}$ geteilt und angezeigt → nur für sinusförmige Größen geeignet.
4.2 Mittlere Preisklasse; „Echt-Effektivwertmessung": Ein im zu messenden Signal enthaltener Gleichanteil wird nicht erfasst.
4.3 Obere Preisklasse: Die Effektivwertmessung ist von der Form des zu messenden Signals unabhängig. Zu beachten ist nur die obere Frequenzgrenze.

Messtechnik
Messverfahren zur Messung elektrischer Größen (Auswahl)

Gleichspannung

Wechselspannung

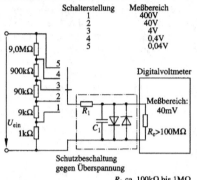

Schalterstellung	Meßbereich
1	400V
2	40V
3	4V
4	0,4V
5	0,04V

Digitalvoltmeter,
Digital-Multimeter.
Je nach Form der
Messgröße geeignetes
Messgerät verwenden.
Innenwiderstand
≥ 10 MΩ; zufällige rela-
tive Messabweichung
$\leq | \pm 5 \cdot 10^{-3} |$

R_1 ca. 100kΩ bis 1MΩ
C_1 ca. 10nF bis 100nF

Eingangskreis eines Digitalvoltmeters

**Messabweichung durch
den Innenwiderstand
des Spannungsmessers**

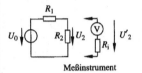

Meßinstrument

Systematische Mess-
abweichung

$$f = -\frac{1}{1 + \dfrac{R_i}{R_1 \| R_2}}$$

Gleichstrom

Wechselstrom

Strommessung durch Spannungsmes-
sung an einem bekannten Widerstand.
Der kleinste Spannungsmessbereich bei
Digitalmultimetern liegt bei 40 mV...200
mV. Ein Strom von 10 mA erfordert einen
Widerstand im Bereich 4 Ω bis 20 Ω.

Digitalmultimeter. Je
nach Form der Mess-
größe geeignetes Mess-
gerät verwenden.
Innenwiderstand
≤ 20 Ω ; zufällige relative Messabweichung
$\leq | \pm 5 \cdot 10^{-2} |$

**Messabweichung durch
den Innenwiderstand
des Strommessers**

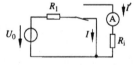

Systematische Mess-
abweichung

$$f = -\frac{1}{1 + \dfrac{R_1}{R_i}}$$

2.2 Widerstands- und Impedanzmessung

**Wheatstonesche
Messbrücke im
Abgleichverfahren**

Abgleichverfahren: $u_{d0} = 0$ bzw. $U_{d0} = 0$

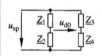

a) allgemein   b) Ohmsche Wider-
                   stände

$\underline{Z}_1 = \underline{Z}_2 \cdot \dfrac{\underline{Z}_3}{\underline{Z}_4}$ oder

$|\underline{Z}_1| = |\underline{Z}_2| \cdot \dfrac{|\underline{Z}_3|}{|\underline{Z}_4|}$ und

$\varphi_1 + \varphi_4 = \varphi_2 + \varphi_3$;

bzw. $R_1 = R_2 \cdot \dfrac{R_3}{R_4}$

**Wheatstonesche
Messbrücke im
Ausschlagverfahren**

Ausschlagverfahren: $u_{d0} = f(\Delta R)$ bzw. $U_{d0} = f(\Delta R)$; $\Delta R = 0 \Rightarrow$ Brücke
abgeglichen.

Brückenanordnung	exakt	Näherung
U_{sp} ; R, $+\Delta R$, R / R, U_{d0}, R	$U_{d0} = -U_{sp}\dfrac{\Delta R}{4R + 2\Delta R}$	$\approx -U_{sp}\dfrac{\Delta R}{4R}$
$+\Delta R$	$U_{d0} = U_{sp}\dfrac{\Delta R}{4R + 2\Delta R}$	$\approx U_{sp}\dfrac{\Delta R}{4R}$
$+\Delta R$; $+\Delta R$	$U_{d0} = -U_{sp}\dfrac{\Delta R}{2R + \Delta R}$	$\approx -U_{sp}\dfrac{\Delta R}{2R}$
$+\Delta R$; $-\Delta R$	$U_{d0} = -U_{sp}\dfrac{\Delta R}{2R}$	
$+\Delta R$; $-\Delta R$	$U_{d0} = -U_{sp}\dfrac{2R \cdot \Delta R}{4R^2 - (\Delta R)^2}$	$\approx -U_{sp}\dfrac{\Delta R}{2R}$
$+\Delta R$; $-\Delta R$	$U_{d0} = -U_{sp}\dfrac{\Delta R(2R - \Delta R)}{4R^2 - (\Delta R)^2}$	$\approx -U_{sp}\dfrac{\Delta R}{2R}$
$+\Delta R$, $-\Delta R$; $-\Delta R$, $+\Delta R$	$U_{d0} = -U_{sp}\dfrac{\Delta R}{R}$	

Viertel-, Halb- und Vollbrücke mit ΔR bzw. $\pm \Delta R$

2.3 Wirkleistungsmessung

Zweileitersystem

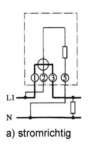

a) stromrichtig

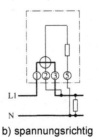

b) spannungsrichtig

$P = U \cdot I \cdot \cos \varphi$

φ Winkel der Last P: von der Last aufgenommene und vom Leistungsmessgerät angezeigte Wirkleistung

Messtechnik
Messverfahren zur Messung elektrischer Größen (Auswahl)

Dreileitersystem (Vierleitersystem), symmetrische Last

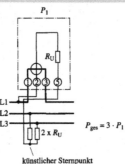

künstlicher Sternpunkt

$P_{ges} = 3 \cdot P_1$

P_{ges}: in den drei Last-impedanzen umgesetz-te Gesamt-Wirkleis-tung;

P_1: vom Leistungs-messgerät angezeigte Wirkleistung-

Der Null- oder Neutral-leiter kann bei symme-trischer Last entfallen.

Dreileitersystem, belie-bige Last: ARON-Schal-tung, Zwei-Leistungs-messer-Verfahren

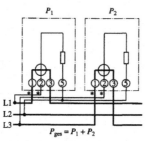

a) Anordnung der Leistungsmesser

φ_L Winkel der Last

b) Zeigerdiagramm für symmetrische Last

$P_{ges} = P_1 + P_2$, vor-zeichenrichtig addiert!

P_1, P_2: von den Leis-tungsmessgeräten an-gezeigte Wirkleistun-gen, φ : Winkel der Last.

Da P_1 oder P_2 negativ sein kann, müssen die Leistungsmessgeräte wie folgt angeschlos-sen werden: Gekenn-zeichneten Strom- und Spannungspfadan-schluss mit dem Netz verbinden, siehe „Sternkennzeichnung" im Bild.

Vierleitersystem

Beliebige Last

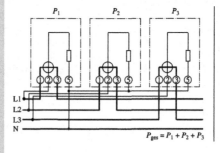

$P_{ges} = P_1 + P_2 + P_3$

P_{ges}: in den Last-impedanzen umge-setzte Gesamt-Wirkleistung;

P_1, P_2, P_3: von den Leistungsmessgerä-ten angezeigte Wirk-leistungen.

2.4 Messung von L, C, Gütefaktor und Verlustfaktor

Gütefaktor Q
Verlustfaktor tan δ
Verlustwinkel δ

Spule: $Q = 1/\tan \delta = \omega \cdot L/R_L$; R_L in Reihe mit L

Kondensator: $Q = 1/\tan \delta = \omega \cdot C \cdot R_C$; R_C parallel zu C

Messung von $\underline{Z}_L$, $\underline{Z}_C$

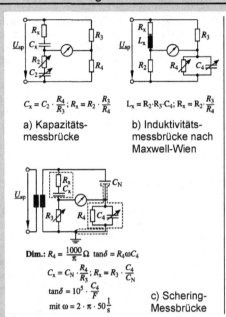

$$C_x = C_2 \cdot \frac{R_4}{R_3}; R_x = R_2 \cdot \frac{R_3}{R_4}$$

a) Kapazitäts-
messbrücke

$$L_x = R_2 \cdot R_3 \cdot C_4; R_x = R_2 \cdot \frac{R_3}{R_4}$$

b) Induktivitäts-
messbrücke nach
Maxwell-Wien

Dim.: $R_4 = \frac{1000}{\pi} \Omega$ $\tan\delta = R_4 \omega C_4$

$$C_x = C_N \cdot \frac{R_4}{R_3}; R_x = R_3 \cdot \frac{C_4}{C_N}$$

$$\tan\delta = 10^5 \cdot \frac{C_4}{F}$$

mit $\omega = 2 \cdot \pi \cdot 50 \frac{1}{s}$

c) Schering-
Messbrücke

Häufig verwendet:
$\underline{U}_{sp} = 10$ V; $f = 1$ kHz

R_x, C_x, L_x: zu messende Größen.
Schering-Messbrücke:
Frequenz $f = 50$ Hz,
Speisespannung der
Brücke im kV-Bereich.
Bestimmung von $\tan\delta$
ermöglicht Rück-
schlüsse auf Isolati-
onsfehler in Hoch-
spannungskabeln.

3 Messung von nichtelektrischen Größen (Auswahl)

3.1 Widerstands-aufnehmer

Einflussgröße

Temperatur T

Widerstandsänderung

$R(T)$ Widerstand bei der Temperatur T
R_o Widerstand bei der Temperatur T_o, häufig 0 °C.
Abhängigkeit des Widerstandes von der Temperatur:

1. $R(T) = R_o (1 + A (T - T_o) + B (T - T_o)^2)$, gilt allgemein für metalli-
   sche Leiter, z. B. Cu, Pt, Ni. Näherung: $R(T) \approx R_o(1 + A (T - T_o))$,
   für A wird hier auch α verwendet.
   A (bzw. α), B: Materialkonstanten; A im Bereich $+(3...6) \cdot 10^{-3}$ K^{-1},
   B im Bereich $(- 1...+ 10) \cdot 10^{-6}$ K^{-2}; Silizium-Temperatursensoren
   $A \approx 7,7 \cdot 10^{-3}$ K^{-1}, $B \approx 19 \cdot 10^{-6}$ K^{-2}; R_o im Bereich $(1...10)$ kΩ.
2. $R(T) = R_o \exp (B (1/T - 1/T_o))$, gilt für spezielle Materialien, hier
   NTC-Widerstand, B Materialkonstante in der Größenordnung
   3000 K bis 4000 K.
3. $R(T) = R_N \exp (\alpha(T - T_N))$, gilt für spezielle Materialien, hier PTC-
   Widerstand, näherungsweise in einem begrenzten, technisch aus-
   genutzten Temperaturbereich $T_{max} \geq T \geq T_N$ gültig; Typenspektrum
   für T_N im Bereich von ca. $- 20$ °C bis 350 °C und für R_N im Bereich
   von ca. 1 Ω bis 100 kΩ; α Materialkonstante im Bereich $(0,1...0,7)$
   K^{-1} oder meist angegeben in der Form $(10...70)$ %/K.

Strahlung, hier
Beleuchtungsstärke E

$R(E) = R_o (E / E_o)^{-\gamma}$; $R(E)$ Widerstand bei der Beleuchtungsstärke E;
R_o Widerstand bei der Beleuchtungsstärke E_o; γ Materialkonstante im
Bereich $0,5...1,2$.

Messtechnik
Messung von nichtelektrischen Größen (Auswahl)

Kraft, hier mechanische relative Dehnung $\Delta l / l$ eines elektrischen Leiters	$\Delta R/R = K \cdot \Delta l / l$; Anwendung: Dehnungsmessstreifen (DMS). K Materialkonstante, mit „K-Faktor" bezeichnet; bei DMS gilt: $K \approx 2$. $\Delta R/R$ relative Widerstandsänderung des DMS; $\Delta l / l$ relative Längenänderung von DMS und Werkstück. Der DMS ist auf das Werkstück aufgeklebt.
Magnetfeld, hier magnetische Flussdichte B	$R_B = R_o (1 + k B^2)$; R_B Widerstand bei der Flussdichte B; R_o Widerstand bei der Flussdichte 0; k Materialkonstante, angegeben wird meist R_B/R_o, liegt bei B = 1 T im Bereich 5 bis 15; R_o im Bereich ca. 10 Ω bis 1 kΩ.

3.2 Kapazitive Aufnehmer

Plattenkondensator	ε_0 elektrische Feldkonstante $\quad \varepsilon_0 = 8{,}85 \cdot 10^{-12}$ As/Vm ε_r Dielektrizitätszahl, materialabhängig A Fläche einer Platte in m² d Plattenabstand in m	$C = \varepsilon_0 \cdot \varepsilon_r \cdot \dfrac{A}{d}$
Änderung des Plattenabstandes	Anwendung: Abstandsmessungen, Messung der Oberflächenrauheit. ΔC Änderung der Kapazität (in F) infolge einer Plattenabstandsänderung von d_0 auf $d_0 + \Delta d$ (in m), C_0 Kapazität beim Plattenabstand d_0 in m. Praxis: $\Delta d \geq 10^{-7}$ m.	$\dfrac{\Delta C}{C_0} = -\dfrac{\Delta d}{d_0} \cdot \dfrac{1}{1 + \dfrac{\Delta d}{d_0}}$
Änderung der Dielektrizitätszahl	Anwendung: Füllstandsmesser. Rechteckförmiger Behälter, zwei gegenüberliegende Seiten als Kondensatorplatten ausgebildet. ΔC Änderung der Kapazität durch Einfüllen eines Mediums mit $\varepsilon_r > 1$ in F C_0 Kapazität ohne Medium mit $\varepsilon_r > 1$ in F x Füllhöhe des Mediums mit $\varepsilon_r > 1$ in m h Gesamthöhe des Behälters in m	$\dfrac{\Delta C}{C_0} = \dfrac{x \cdot (\varepsilon_r - 1)}{h}$
Änderung der Dielektrizitätszahl	Anwendung: Messung der Schichtdicke von Kunststofffolien. Die Folie befindet sich zwischen den Kondensatorplatten. ΔC Änderung der Kapazität durch Einbringen einer Folie mit $\varepsilon_r > 1$ in F C_0 Kapazität ohne Folie in F x Dicke der Folie in m d Abstand der Kondensatorplatten in m	$\dfrac{\Delta C}{C_0} =$ $\dfrac{x \cdot (\varepsilon_r - 1)}{\varepsilon_r \cdot d - x \cdot (\varepsilon_r - 1)}$

3.3 Induktive Aufnehmer

Spule	μ_0 magnetische Feldkonstante $\quad \mu_0 = 4\pi \cdot 10^{-7}$ Vs/Am μ_r Permeabilitätszahl, materialabhängig N Windungszahl der Spule A Querschnittsfläche der Spule in m² l Länge der Spule in m r Radius einer Windung	$L \approx \mu_0 \cdot \mu_r \cdot \dfrac{N^2 \cdot A}{l}$ für $l \gg r$

Änderung der Induktivität durch Einschieben eines Eisenkernes	Ein Eisenkern mit $\mu_r \gg 1$ wird teilweise in die Spule eingeschoben. Die Änderung der Induktivität ΔL (in H) ergibt sich bei entsprechendem Spulenaufbau in erster Näherung proportional zur Änderung der Einschiebtiefe Δl (in m) des Eisenkernes.	$\Delta L \approx K \cdot \Delta l$ K: Konstante in H/m

3.4 Drehzahlmessung, Drehfrequenz- messung

Drehzahl

Drehfrequenz

Drehzahl in 1/min; Drehfrequenz in 1/s.
N Zahl der gezählten Impulse in einem vorgegebenen Zeitintervall
n Drehzahl (Drehfrequenz) in 1/min (1/s)
p Zahl der Impulse pro Umdrehung
t Messzeit in s

$N = n \cdot p \cdot t$

$p \gg 1$ ermöglicht eine wesentliche Verkürzung der Messzeit.

3.5 Weg- und Winkelmessung

Widerstandsgeber

1 Schleifer
2 Widerstandsmaterial auf Träger

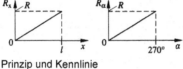

Prinzip und Kennlinie

Wegmessung:

$$x = l \cdot \frac{R_x}{R}$$

Winkelmessung:

$$\alpha = 270^0 \cdot \frac{R_\alpha}{R}$$

Verwendet werden auf Keramikkörper gewickelte Drahtpotentiometer. Die über den Schleifer abgegriffenen Werte sind stufig, die Potentiometer wenig störanfällig.

4 Messdaten- aufbereitung

Einwirken von Störsigna- len in einen Messkreis

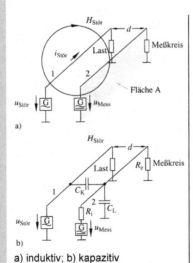

a) induktiv; b) kapazitiv

Maßnahmen zur Störsignal- verringerung:
1. Amplitude des Messsignals so groß wie möglich.
2. Messkreisleitungen ab- schirmen.
Weitere Maßnahmen:
a) Induktive Einwirkung: Abstand d so groß wie mög- lich; Fläche A so klein wie möglich, z. B. durch Verdrillen von Hin- und Rückleitung. Nachteil: Kapazität steigt, dadurch evtl. Signalverfäl- schung.
b) Kapazitive Einwirkung: Ab- stand d so groß wie möglich, R_i und R_e so klein wie mög- lich, (C_L so groß wie möglich $\rightarrow$ evtl. Signalverfälschung).

Abschirmung von Signalleitungen

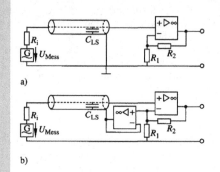

a)

b)

a) Grundschaltung; b) Abschirmung mit nachgeführtem Potential

Anschluss der Kabelabschirmung einseitig am Verstärkereingang (Messgeräteeingang). Störsignale werden in die Abschirmung eingekoppelt (induktiv, kapazitiv) und damit unwirksam. Allerdings kann C_{LS} die Signalform beeinflussen. Wird die Abschirmung auf gleichem Potential wie das Signal gehalten, ist C_{LS} unwirksam. Wichtig: Innenwiderstand R_i der Spannungsfolgerquelle: $R_i \to 0$.

Erdung von Messsystemen

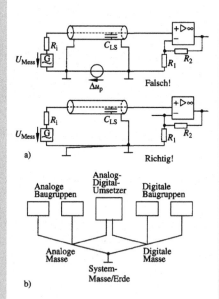

a)

b)

a) Wirkung einer Erdschleife;
b) sternförmige Erdung, Analog- und Digitalteil getrennt

Die Erdung einzelner Systemkomponenten muss an einem Punkt zentral erfolgen. Die in Digitalbaugruppen auftretenden höheren Ströme verursachen auf Erdungsleitungen entsprechend höhere Störspannungen Δu_p, deshalb sind ihre Erdungskreise von denen der Analogkreise zu trennen.

Messverstärker

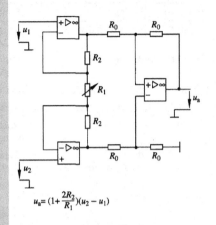

$$u_a = (1 + \frac{2R_2}{R_1})(u_2 - u_1)$$

Ziel: Differenzverstärker mit hoher Gleichtaktunterdrückung
Die Widerstandswerte von R_0 bzw. R_2 dürfen sich nur um wenige 10^{-3} voneinander unterscheiden.
Nachteile einer Differenzverstärker- Schaltung mit nur einem Operationsverstärker: Eingangswiderstand beider Eingänge unterschiedlich; Verstärkung beider Eingänge unterschiedlich; Schaltung vom Aufbau und der Anordnung unsymmetrisch.

5 Bussysteme für die Messtechnik

5.1 IEC-Bus

Daten		Erläuterungen, Ergänzungen
Normen	IEEE-488	24-poliger Stecker
	IEC 625	25-poliger Stecker
max. Gerätezahl	15	1 Controller; 14 Messgeräte
max. Leitungslänge insgesamt	20 m	
max. Leitungslänge zwischen 2 Geräten	2 m	Verbindung der Geräte über Stecker-Buchse-Kombination
Übertragungsrate	20...1000 kByte/s	evtl. schnelle Treiber erforderlich
Leitungen	8 Datenleitungen (D0...D7):	für parallele Übertragung Datenübergabe/Handshake
	3 Steuerleitungen:	
	5 Steuerleitungen:	Steuerung Datenaustausch
Steuersignale	TTL-Pegel: 0 V...1,4 V	negative Logik; Open-Collector-Verbindung aller Teilnehmer
	2,5 V...5 V	
Daten	TTL-Pegel: 0 V...1,4 V	positive Logik
	2,5 V...5 V	

Messtechnik
Bussysteme für die Messtechnik

Befehle am IEC-Bus

Befehl	Bedeutung	Funktion
REN	remote enable	Gerätebedienung nur über IEC-BUS
ATN	Attention	Gerätenachrichten oder Schnittstellennachrichten
SRQ	service request	Dienstanforderung
EOI	end of identify	letztes Byte der Übertragung
IFC	interface clear	Rücksetzen der Geräte in Ausgangszustand
DAV	data valid (Handshake-Befehl)	Daten sind gültig
NRFD	not ready for data (Handshake-Befehl)	nicht zur Datenaufnahme bereit
NDAC	no data accepted (Handshake-Befehl)	Daten nicht übernommen

Befehle innerhalb der Schnittstelleninformation

Universalbefehle	Bedeutung	Funktion
LLO	local lockout	Sperren der Bedienelemente
DCL	device clear	Rücksetzen
PPU	parallel poll unconfigure	Ende Statusabfrage
SPE	serial poll enable	Statusabfrage
SPD	serial poll disable	Sperren Statusabfrage

Adressierte Befehle	Bedeutung	Funktion
GTL	go to local	manueller Gerätebetrieb
GET	group execute trigger	Trigger für Messstart
SDC	select device clear	Rücksetzen Listener
PPC	parallel poll configure	Listenerkonfiguration

Weitere Befehle	Bedeutung	Funktion
UNL	unlisten	Adressen aller Listener-Geräte gelöscht
UNT	untalk	Adressen aller Talker-Geräte gelöscht
LAD x	listener adress	Empfängeradresse x
TAD x	talker adress	Senderadresse x

5.2 Aktor-Sensor-Interface, ASI

Prinzipieller Systemaufbau

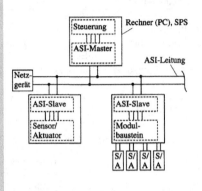

Slave-Chip, kann in den Sensor/Aktor (Aktuator) eingebaut werden, dann nur ein Sensor/Aktor anschließbar, oder als getrennter Modulbaustein, dann sind bis zu vier Sensoren/Aktoren anschließbar. Nur Digitalsignale übertragbar.
Beispiel Sensor: Grenzwertschalter für Maximaltemperatur;
Beispiel Aktor: Ein-Aus-Schalter für Heizung.

| Masteraufruf | Master-pause | Slaveantwort | Slave-pause |

| 0 | SB | A4 | A3 | A2 | A1 | A0 | I4 | I3 | I2 | I1 | I0 | PB | 1 | | | 0 | I3 | I2 | I1 | I0 | PB | 1 | |

ST ... EB   ST ... EB

ST	Startbit
SB	Steuerbit
A4 ... A0	Slaveadresse
I4 ... I0	Information Master an Slave
I3 ... I0	Information Slave an Master
PB	Paritätsbit
EB	Endebit (Stopbit)

Aufbau einer ASI-Nachricht

Eigenschaft	Daten	Erläuterungen
Organisation	1 Master; max. 31 Slaves	je Slave max. 4 binäre Sensoren/Aktoren; 5-bit-Adresse erforderlich
Übertragungsart	seriell	mit Start- und Stoppbit
Datenwortlänge	Masteraufruf: 14 bit; Slaveantwort: 7 bit	siehe auch Bild oben
Prüfverfahren	Startbitfehler Alternierungsfehler Pausenfehler Informationsfehler Paritätsfehler Endebitfehler Aufruflängenfehler	1. Impuls stets negativ strenger Wechsel pos/neg. Pause: max. 1 Impulslänge folgt aus Kodeeigenschaft gerade Parität (posit. Imp.) letzter Impuls stets positiv Zeiten definierter Pause
Verbindungs-leitung	Energieversorgung (24 V DC) und Datenübertragung über gemeinsame Zweidrahtleitung, nicht abgeschirmt	Entkopplung über Parallelschaltung R mit L je Leiter (39 Ω, 50 μH)
Übertragungsrate	167 kbit/s; davon 53,3 kbit/s für Daten	Systemreaktionszeit max. 5 ms (bei 31 Slaves); verringert sich mit abnehmender Slaveanzahl

Eigenschaft	Daten	Erläuterungen
maximale Leitungslänge	100 m	Repeater für größere Leitungslängen
Steckverbindung	M 12, vierpolig, nach IEC 947-5-2 Anhang D	
Netz-Topologie	Linie, Baum und deren Kombinationen	
Energieversorgung der Slaves	24 V DC; max. ca. 100 mA je Slave; max. ca. 2 A insgesamt	bei höherem Gesamtstrom größere Leitungsquerschnitte erforderlich
Modulationsart	Sensor: Non-Return-to-Zero-Kode (NRZ); daraus Manchester-II-Kode, übertragen in alternierender Puls-Modulation (APM)	siehe Nachrichtentechnik, Kapitel 5.4; Impulse in $(\sin^2 x)$-Form

5.3 DIN-Messbus, DIN 66 348, Teil 2

Kenngröße	Daten	Erläuterungen
Organisation	1 Master, Slaves	Regelfall: Rechner als Master, Messgeräte als Slaves
maximale Teilnehmerzahl	32	
Übertragungsart	seriell, asynchron	
Datenwortlänge	7 bit + Paritätsbit	
Prüfverfahren	Paritätsbit + Blockprüfung (DIN 66 022, 66 219)	evtl. Polynomprüfung möglich (DIN 66219)
Betriebsart	Blockübertragung mit Start-Stopp-Betrieb, max. 128 Byte je Block	
Übertragungsrate	typisch 9,6 kbit/s; bis zu 1 Mbit/s möglich	
maximale Bus-Leitungslänge	500 m	mit Repeatern einige km; Busleitung an den Enden mit Widerständen abgeschlossen (100...510 Ω; DIN 666348, Teil 2)
maximale Leitungslänge Gerät-Bus	ca. 5 m	
Verbindungsleitung (Busleitung und Verbindung Gerät-Bus)	5-adrig + Abschirmung: 2 für Senden 2 für Empfangen 1 für Betriebserde 1 für Schirmung	Signalleitungen paarweise verdrillt; Betriebserde: Verbindung der potentialfreien Bezugspunkte untereinander
Spannungspegel	Einzelheiten u. a. in EIA RS-485	Galvanische Trennung zwischen Bus und Geräten vorgeschrieben
Steckverbindung	Sub-D-Stecker, 15-polig, abgeschirmt, am Gerät	Pin-Nr. Belegung: 1 Abschirmung; 2 Sender-Daten; 9 Sender-Daten; 4 Empfänger-Daten; 11 Empfänger-Daten; 8 Betriebserde

1 Elektrische Maschinen

1.1 Transformatoren

1.1.1 Begriffe

Transformator

In der Energietechnik zum Erzeugen von bedarfsgerechten Spannungen
In der Nachrichtentechnik (Übertrager) zum Anpassen der Signalspannung
In der Messtechnik (Wandler) zum Anpassen der Messsignale an das Messgerät

1.1.2 Kühlarten

Kühlmittel

Mineralöle oder entsprechende synthetische Flüssigkeiten mit einem Brennpunkt $\leq$ 300 °C	O
andere synthetische Flüssigkeiten	L
Gas, Brennpunkt > 300 °C	G
Luft	A
Wasser	W

Kühlmittelbewegung

Natürlich	N
erzwungen; gerichtet	D
erzwungen; nicht gerichtet	F

1.1.3 Leerlauf

Leerlauf-Primärspannung $\underline{U}_{10}$

$$\underline{U}_{10} = j \cdot 4,44 \cdot f \cdot N_1 \cdot \Phi_h$$

Leerlauf-Sekundärspannung $\underline{U}_{20}$

$$\underline{U}_{20} = j \cdot 4,44 \cdot f \cdot N_1 \cdot \Phi_h$$

Übersetzungsverhältnis $ü$

$$ü = \frac{U_{10}}{U_{20}} = \frac{N_1}{N_2}$$

Primärspannung $\underline{U}_1$

$$\underline{U}_1 = (R_1 + jX_{1\sigma}) \cdot \underline{I}_1 + \underline{U}_{1h}$$

Sekundärspannung $\underline{U}_2$

$$\underline{U}_2 = \underline{U}_{20}$$

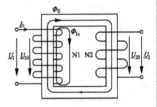

Einphasentransformator im Leerlauf

1.1.4 Belastung

Primärspannung $\underline{U}_1$

$$\underline{U}_1 = (R_1 + jX_{1s}) \cdot \underline{I}_1 + \underline{U}_{1h}$$

Sekundärspannung $\underline{U}_2$

$$\underline{U}_2 = -(R_2 + jX_{2s}) \cdot \underline{I}_2 + \underline{U}_{20s}$$

Stromübersetzungsverhältnis I_1/I_2

$$\frac{I_1}{I_2} = \frac{N_2}{N_1} = \frac{1}{ü}$$

Umrechnungsgrößen auf die Sekundärseite:

Spannung U_2'

$$U_2' = ü \cdot U_2 \qquad U_2' = ü \cdot U_2$$

Strom I_2'

$$I_2' = \frac{1}{ü} \cdot I_2$$

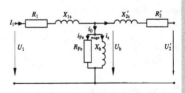

Vollständiges Ersatzschaltbild des Einphasentransformators

Widerstand R_2'

$$R_2' = \ddot{u}^2 \cdot R_2$$

Induktivität $X_{2\sigma}'$

$$X_{2\sigma}' = \ddot{u}^2 \cdot X_{2\sigma}$$

1.1.5 Leerlaufversuch

Eisenverluststrom I_{Fe}

$$I_{Fe} = I_0 \cdot \cos\varphi_0$$

Magnetisierungsstrom I_{magn}

$$I_{magn} = I_0 \cdot \sin\varphi_o$$

Eisenverlustwiderstand R_{Fe}

$$R_{Fe} = \frac{U_{10}}{I_{Fe}}$$

Blindwiderstand der Hauptinduktivität X_h

$$X_h = \frac{U_{10}}{I_{magn}}$$

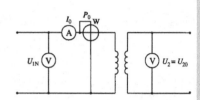

Nenn-Leerlaufstrom I_{0n}

$$I_{0n} = I_0 \cdot \left(\frac{U_{1n}}{U_{10}}\right)$$

Schaltung im Leerlaufversuch
mit Messanordnung

Relatives Leerlaufstrom-verhältnis i_0

$$i_0 = \left(\frac{I_{0N}}{I_{1N}}\right) \cdot 100\%$$

Eisenverlustleistung P_{Fe}

$$P_{Fe} = P_{10N} =$$
$$= U_{10} \cdot I_0 \cdot \cos\rho_0$$

1.1.6 Kurzschlussversuch

Kurzschlussimpedanz Z_k

$$Z_k = \frac{U_k}{I_k}$$

Kurzschlusswiderstand R_k

$$R_k = Z_k \cdot \cos\rho_k$$

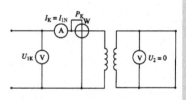

Kurzschlussblind-widerstand X_k

$$X_k = Z_k \cdot \sin\rho_k$$

Widerstand Primärkreis R_1

$$R_1 = \frac{R_k}{2}$$

Schaltung im Kurzschlussversuch
mit Messanordnung

Widerstand Sekundär-kreis R_2

$$R_2 = \frac{R_k}{2 \cdot \ddot{u}^2}$$

Streublindwiderstand Primärkreis X_{S1}

$$X_{S1} = \frac{X_k}{2}$$

Streublindwiderstand Sekundärkreis X_{S2}

$$X_{S2} = \frac{X_k}{2 \cdot \ddot{u}^2}$$

Nenn-Kurzschluss-spannung U_{kN}

$$U_{kN} = U_k \cdot \left(\frac{I_{kN}}{I_k}\right)$$

Nenn-Kurzschluss-verluste P_{kN}

$$P_{kN} = P_k \cdot \left(\frac{I_{kN}}{I_k}\right)^2$$

Relative Kurzschluss-spannung u_k

$$u_k = \left(\frac{U_{kN}}{U_N}\right) \cdot 100\%$$

Dauerkurzschlussstrom I_D

$$I_D = \frac{I_N}{u_k} \cdot 100\%$$

1.1.7 Wirkungsgrad

Allgemeine Formel des Wirkungsgrades η

Diese Berechnungsformel gilt für die im Nennpunkt berechneten Werte.

$$\eta = \frac{P_{ab}}{P_{ab} + P_{Fe} + P_{Cu}}$$

Arbeitspunkt unabhängig Wirkungsgrad

In dieser Formel werden die Eisenverluste P_{Fe} und die Kupferverluste P_{Cu} auf die tatsächlich vorhandenen Betriebswerte umgerechnet.

$$\eta = \frac{P_{ab}}{P_{ab} + P_{Fe} \cdot \left(\dfrac{U}{U_N}\right)^2 + P_{Cu} \cdot \left(\dfrac{I}{I_N}\right)^2}$$

$$P_{ab} = P_N \cdot \sqrt{\frac{P_{Fe}}{P_{Cu}}}$$

Optimaler Wirkungsgrad
Jahreswirkungsgrad η_a
Elektrische Jahresarbeit
Jahres-Leerlaufarbeit
Jahres-Wirkverlustarbeit

Der optimale Wirkungsgrad wird erreicht, wenn die Eisenverluste gleich den Kupferverlusten sind.

$$\eta_a = \frac{W_{ab}}{W_{ab} + W_{Fe} + W_{Cu}}$$

$$W_{ab} = P_{ab} \cdot t_B$$

$$W_{Fe} = P_{Fe} \cdot t_E$$

$$W_{Cu} = P_{Cu} \cdot t_B$$

1.1.8 Drehstromtransformatoren

Dreiecksschaltung
Nennstrangleistung S_{NStr}

$$S_{NStr} = \frac{1}{3} \cdot S_N$$

Bei Drehstromtransformatoren werden drei Einphasentransformatoren auf einen gemeinsamen Eisenkern gewickelt. Bei symmetrischer Last kann das Betriebsverhalten des Drehstromtransformators wie das eines Einphasentransformators betrachtet werden. Hieraus ergibt sich, dass sämtliche Rechnungen vorzugsweise im Strang erfolgen sollten!

Nennstrangspannung U_{NStr}

$$U_{NStr} = U_N$$

Nennstrangstrom I_{NStr}

$$I_{NStr} = \frac{1}{\sqrt{3}} \cdot I_N$$

Sternschaltung:
Nennstrangleistung S_{NStr}

$$S_{NStr} = \frac{1}{3} \cdot S_N$$

Nennstrangspannung U_{NStr}

$$U_{NStr} = \frac{1}{\sqrt{3}} \cdot U_N$$

Nennstrangstrom I_{NStr}

$$I_{NStr} = I_N$$

Schaltgruppen

	OS	US
Dreieck	D	d
Stern	Y	y
Zickzack	–	z
Sternpunkt geerdet	N	n

Transformatoren der Schaltgruppen Yyn, Dyn, Yzn und Dzn können unsymmetrische Lasten problemlos übertragen.

Auswahl von Schaltgruppen

1.1.9 Parallelschalten von Transformatoren

Ausgleichsstrom I_a

Relative Ersatzkurzschlussspannung u_{kers}

Bedingungen für die Parallelschaltung von Transformatoren: Übersetzungsverhältnis muss gleich sein und Schaltgruppen müssen passen, sonst Ausgleichsströme im Leerlauf. Kurzschlussspannungen gleich bei maximaler Abweichung 10 % ($u_{k1} \cong u_{k2}$), sonst unterschiedliche Lastaufteilung. Nennleistungsverhältnis nicht kleiner als 1:3.
Die Zusammenschaltung zweier Transformatoren mit unterschiedlichen Schaltgruppen kann nach VDE 0532 Teil 10 erfolgen.
S_{ges} tatsächlich abgenommene Scheinleistung der Parallelschaltung.
S_1 maximal übertragbare Leistung am Transformator mit der kleinsten relativen Kurzschlussspannung.

$$I_a = \frac{\Delta u}{\left(\left(\frac{u_{k1}}{I_{1N}} \right) + \left(\frac{u_{k2}}{I_{2N}} \right) \right)}$$

$$u_{kers} = \frac{S_{Nges}}{\left\{ \left(\frac{S_{N1}}{u_{k1}} \right) + \left(\frac{S_{N2}}{u_{k2}} \right) + \left(\frac{S_{N3}}{u_{k3}} \right) \right\}}$$

$$S_1 = S_{N1} \cdot \frac{(u_{kers} \cdot S_{ges})}{(u_{k1} \cdot S_{Nges})}$$

1.1.10 Spartransformatoren

Durchgangsleistung S_{ND}

$$S_{ND} = U_{1N} \cdot I_{1N}$$

Eigenleistung S_{NE}

$$S_{NE} = (U_{1N} - U_{2N}) \cdot I_{1N}$$

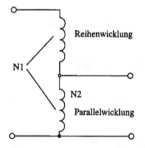

Ersatzschaltbild eines Spartransformators

1.1.11 Drosselspulen

Eigenleistung S_E

$$S_E = 3 \cdot \Delta U_{NStr} \cdot I_N$$

Bauleistung S_D

$$S_D = \sqrt{3} \cdot U_N \cdot I_N$$

Prozentualer Spannungsfall Δu_N

$$\Delta u_N = \frac{\Delta U_{NStr}}{U_N} \cdot \sqrt{3} \cdot 100 \%$$

Feldstärke durch die Drosselspule H

$$H = 0,1 \cdot \frac{I_N \cdot N \cdot D_m}{a^2}$$

Der Abstand von Stahl sowie Eisenarmierung sollte mindestens 500 mm betragen.

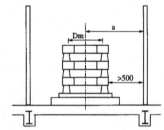

Aufstellung einer Strombegrenzungsspule

1.2 Drehstrom-
maschinen

1.2.1 Asynchronmaschinen

**Aufbau einer Asynchron-
maschine**

Grundaufbau einer vierpoligen
Drehfeldmaschine

**Abhängigkeit
Pole – Drehzahl**

Polpaarzahl	Polzahl	Anzahl der Spulen	Winkel zwischen den Spulen in °	Zeit für eine Umdrehung des Drehfeldes
1	2	3	120	1 T
2	4	6	60	2 T
3	6	9	40	3 T
p	2p	3p	$\dfrac{360°}{3p}$	p T

Drehzahl n

$$n = \frac{f \cdot 60}{p}$$

Schlupf s

$$s = \frac{n_0 - n_L}{n_0} = \frac{f - f_L}{f} = \frac{\Delta f}{f}$$

**Ständerspannungs-
gleichung $\underline{U}_1$**

$$\underline{U}_1 = \underline{I}_1 \cdot (R_1 + jX_{s1}) + \underline{I}_0 \cdot \left\{ \frac{(R_{Fe} \cdot jX_H)}{(R_{Fe} + jX_H)} \right\}$$

**Läuferspannungs-
gleichung $\underline{U}'_2$**

$$\underline{U}'_2 = 0 = -\underline{I}'_2 \cdot \left(\frac{R'_2}{s} + jX'_{s2} \right) + \underline{I}_0 \cdot \left\{ \frac{(R_{Fe} \cdot jX_H)}{(R_{Fe} + jX_H)} \right\}$$

Läuferwirkwiderstand $\dfrac{R'_2}{s}$

$$\frac{R'_2}{s} = R'_2 + \frac{1-s}{s} \cdot R'_2$$

**Aufgenommene Wirk-
leistung P_{zu}**

$$P_{zu} = P_{el} = 3 \cdot U_{Str1} \cdot I_{Str1} \cdot \cos \rho_1$$

Luftspaltleistung P_δ

$$P_\delta = P_{el} - (P_{Cu1} + P_{Fe}) = 3 \cdot U_H \cdot I'_2 \cdot \cos \rho_2$$

**Kupferverlustleistung
im Läufer P_{Cu2}**

$$P_{Cu2} = 3 \cdot I'^2_{2Str} \cdot R'_2$$
$$= s \cdot P_d$$

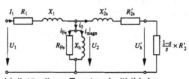

Vollständiges Ersatzschaltbild der
Asynchronmaschine als Käfigläufer

Energietechnik
Elektrische Maschinen

Mechanisch abgebbare Leistung P_{ab}

$$P_{ab} = P_{mech} = P_\delta - P_{Cu2}$$
$$= P_\delta - s \cdot P_\delta = (1-s) \cdot P_\delta$$

Wirkungsgrad η

$$\eta = \frac{P_{ab}}{P_{zu}} =$$

$$= \frac{P_{mech}}{P_\delta + P_{Fe} + P_{Cu1}}$$

$$\cong \frac{P_\delta - P_{Cu2}}{P_\delta}$$

Motormoment M

$$M = \frac{P_{mech}}{2 \cdot p \cdot n}$$

$$M = \frac{P_\delta}{2 \cdot p \cdot n_0}$$

Stromverhältnis beim Stern-Dreieck-Anlauf

$$\frac{I_Y}{I_\Delta}$$

$$\frac{I_Y}{I_\Delta} = \frac{\dfrac{U}{\sqrt{3} \cdot Z}}{\dfrac{\sqrt{3} \cdot U}{Z}} = \frac{1}{3}$$

Momentenverhältnis beim Stern-Dreieck-Anlauf

$$\frac{M_Y}{M_\Delta}$$

$$\frac{M_Y}{M_\Delta} = \frac{\left(\dfrac{U}{\sqrt{3}}\right)^2}{U^2} = \frac{1}{3}$$

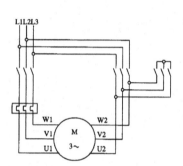

Stern-Dreieck-Anlauf-Stromlaufplan

Bremsgleichstrom I_{BG}

$$I_{BG} \leq k \cdot I_N \cdot 1,5$$

Bremsgleichspannung U_{Gl}

$$U_{Gl} = C \cdot I_{BG} \cdot R_{Str_{warm}}$$

$$U_{Gl} = 1,3 \cdot C \cdot I_{BG} \cdot R_{Str_{kalt}}$$

a)   c)

b)   d)

Schaltung zum Gleichstrombremsen von Asynchronmotoren

Schaltungsart	a	b	c	d
k-Faktor	1,225	1,41	2,21	2,45
C-Faktor	2	1,5	0,667	0,5

Drehstrommotor im Einphasenbetrieb

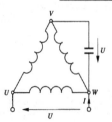

Schaltung eines Asynchronmotors im Einphasenbetrieb

Kapazitätsgröße in Abhängigkeit von der Nennspannung

C_B (μF/kW)	U_N (V)
220	127
70	230
25	380

Steuerung durch Zwischenkreisumrichter

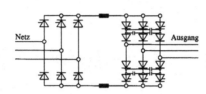

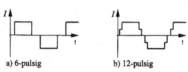

a) 6-pulsig   b) 12-pulsig

Stromzwischenkreisumrichter

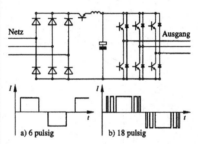

a) 6 pulsig   b) 18 pulsig

Spannungszwischenkreisumrichter

Schleifringläuferasynchronmotoren

Läufervorwiderstand R_v

$$R_v = R_2 \cdot \left(\frac{1}{s_K} - 1 \right)$$

Verluste im Vorwiderstand P_{R_v}

$$P_{R_v} = 3 \cdot I_2^2 \cdot R_v$$

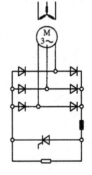

Widerstandsanlassen von Schleifringläufermotoren

Energietechnik
Elektrische Maschinen

Gleichspannung Läufer-
kreis $U_=$

Gleichgerichtete Läufer-
spannung $U_{=s}$

Wechselrichterspannung
$U_{=a}$

Netzspannung $U_{=T}$
Ansteuerwinkelabhängige

$$U_= = \left(\frac{\sqrt{2} \cdot 3}{\pi} \right) \cdot U_L$$

$$U_{=s} = s \cdot U_=$$

$$U_{=s} = -U_{=\alpha}$$
$$\quad\;\; = -U_{=T} \cdot \cos\alpha$$

$$n_0^* = n_0 \cdot \left[1 + \left(\frac{U_{=T}}{U_=} \cdot \cos\alpha \right) \right]$$

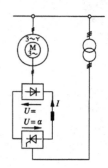

Untersynchrone Kaskade bei
Schleifringläufermotoren

1.2.2 Synchronmaschinen

Polradstellung

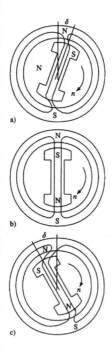

Stellung des Polrades der Synchronmaschine

Drehzahl n	$n = \dfrac{f \cdot 60}{p}$
Polradspannung U_p	$U_P = B \cdot l \cdot v \cdot N$
Ständerspannungs-gleichung U_1	$\underline{U}_1 = \underline{I}_1 \cdot (R_1 + jX_{S1})$ $\qquad + \left[(\underline{I}_1 + \underline{I}_e) \cdot jX_H \right]$
Polradspannungs-gleichung U_p, U_1	$\underline{U}_P = \underline{I}_e \cdot jX_H$ $\underline{U}_1 = \underline{I}_1 \cdot (R_1 + j[X_{S1} + X_H]) + \underline{U}_P$
Aufgenommene Wirk-leistung P	$P = U_1 \cdot I_1$ (ideale Maschine)
Mechanisch abgebbare Leistung P_n	$P_n = P$
Wirkungsgrad η	$\eta = 1$
Motormoment M	$M = \dfrac{P_n}{2\pi \cdot n} \cdot \sin\delta$

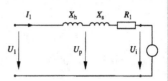

Vollständiges Ersatzschaltbild
der Drehstromsynchronmaschine

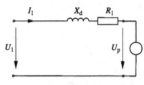

Vereinfachtes Ersatzschaltbild
der Synchronmaschine

1.3 Gleichstrom-maschinen

Induzierte Spannung U_i	$U_i = k_1 \cdot \Phi \cdot n$ k_1 Maschinenkonstante
Motorgleichung (1)	$U = U_i + I \cdot R_a$ (1) R_a Widerstand im Ankerkreis
Generatorgleichung (2)	$U = U_i - I \cdot R_a$ (2)
Motorleistung (3)	$U \cdot I = I \cdot U_i + I^2 \cdot R_a$ (3) $P_{el} = P_{mech} + P_v$ (3)
Generatorleistung (4)	$U \cdot I = I \cdot U_i - I^2 \cdot R_a$ (4) $P_{el} = P_{mech} - P_v$ (4)
Drehmoment M **(5)**	$M = \dfrac{P_{mech}}{2 \cdot \pi \cdot n}$ (5)
Drehzahl n	$n = \dfrac{U - I \cdot R_a}{\Phi \cdot k_1}$
Leerlaufdrehzahl n_0	$n_0 = \dfrac{U_N}{k_1 \cdot \Phi_N}$
Anlaufmoment M_A	$M_A = \dfrac{k_2 \cdot \Phi_N \cdot U_N}{R_a}$

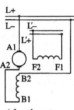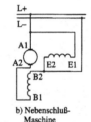

a) fremderregte GS-Maschine b) Nebenschluß-Maschine

Schaltungen von
Gleichstrommaschinen

$$k_2 = \frac{k_1}{2 \cdot \pi}$$

k_2 Maschinenkonstante

Induktionsspannung U_i

$$U_i = k_3 \cdot I \cdot n$$

$$k_3 = k_1 \cdot c^*$$

k_3 Maschinenkonstante

Mechanische Leistung P_{mech}

$$P_{mech} = k_3 \cdot n \cdot I^2$$

Motormoment (6)

$$M = k_4 \cdot I^2 \quad (6)$$

$$k_4 = \frac{k_3}{2 \cdot \pi}$$

k_4 Maschinenkonstante

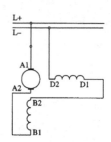

Schaltungen von Gleichstrom-
reihenschlussmaschinen

1.4 Auswahl von Motoren

Bauformen und Baugrößen

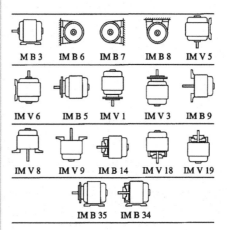

Die gebräuchlichsten Bauformen für Drehstrommotoren

DIN IEC 34	Teil 7	DIN 42950
IM B3	IM 1001	B 3
IM V 5	IM 1011	V 5
IM V 6	IM 1031	V 6
IM B 6	IM 1051	B 6
IM B7	IM 1061	B 7
IM B 8	IM 1071	B 8
IM B 35	IM 2001	B 3/B 5
IM B 34	IM 2101	B 3/B 14
IM B 5	IM 3001	B 5
IM V 1	IM 3011	V 1
IM V 3	IM 3031	V 3
IM B 14	IM 3601	B 14
IM V 18	IM 3611	V 18

DIN IEC 34	Teil 7	DIN 42950
IM V 19	IM 3631	V 19
IM B 10	IM 4001	B 10
IM V 10	IM 4011	V 10
IM V 14	IM 4031	V 14
IM V 16	IM 4131	V 16
IM B 9	IM 9101	B 9
IM V 8	IM 9111	V 8
IM V 9	IM 9131	V 9

Gegenüberstellung der Kurzzeichen für die Bauformen nach DIN IEC 34 Teil 7 und der alten DIN 42950

Schutzart
IP XXBB
X = Kennziffer muss vorhanden sein
B = Buchstabe kann entfallen

1. Kennziffer		2. Kennziffer		3. Buchstabe		4. Buchstabe	
Erklärung		Erklärung		Erklärung		Erklärung	
0	Kein Schutz	0	Kein Schutz				
1	Schutz gegen zufälliges großflächiges Berühren; Schutz gegen Eindringen von Fremdkörpern größer als 50 mm	1	Schutz gegen senkrecht fallendes Wasser	A	Geschützt gegen Zugang mit dem Handrücken (50 mm)	M	Betriebsmittel geprüft auf die schädliche Wirkung durch Eintritt von Wasser, wenn die beweglichen Teile des Betriebsmittels in Betrieb sind
2	Schutz gegen Berühren durch Finger; Schutz gegen Eindringen von Fremdkörper >12,5 mm	2	Schutz gegen Tropfwasser bei Schrägstellung des Gerätes bis zu 15°	B	Geschützt gegen Zugang durch Finger (12 mm Durchmesser, 80 mm Länge)	W	Geeignet zur Verwendung unter festgelegten Wetterbedingungen und ausgestattet mit zusätzlichen schützenden Maßnahmen oder Verfahren
3	Schutz gegen Berühren mit Werkzeugen oder gegen Eindringen von Fremdkörpern von einer Dicke > 2,5 mm	3	Schutz gegen Sprühwasser aus einem Winkel bis zu 60°	C	Geschützt gegen Zugang mit Werkzeug (2,5 mm Durchmesser, 100 mm Länge)	H	Hochspannungsbetriebsmittel
4	Schutz gegen Berühren mit Werkzeugen oder gegen Eindringen von Fremdkörpern von einer Dicke >1 mm	4	Schutz gegen Spritzwasser aus beliebigen Richtungen	D	Geschützt gegen Zugang mit Draht (1,0 mm Durchmesser, 100 mm Länge)	S	Betriebsmittel geprüft auf schädliche Wirkung durch Eindringen von Wasser, wenn die beweglichen Teile im Stillstand sind

1. Kennziffer		2. Kennziffer		3. Buchstabe		4. Buchstabe	
Erklärung		Erklärung		Erklärung		Erklärung	
0	Kein Schutz	0	Kein Schutz				
5	Vollständiger Schutz gegen Berühren; Schutz gegen schädliche Staubablagerungen	5	Schutz gegen Strahlwasser aus allen Richtungen				
6	Vollständiger Schutz gegen Berühren; Schutz gegen Eindringen von Staub	6	Schutz gegen vorübergehende Überflutung, z.B. schwere See				
7		7	Schutz gegen schädliches Eindringen von Wasser beim Eintauchen				
8		8	Schutz gegen jegliches Eindringen von Wasser				

Schutzarten

**Kühlarten
IC XX**

1. Kennziffer	Bedeutung	2. Kennziffer	Bedeutung
0	Maschine mit freiem Lufteinund austritt	0	Selbstkühlung
1	Maschine mit Rohranschluss, ein Einlasskanal	1	Eigenkühlung (Ventilator)
2	Maschine mit Rohranschluss, ein Auslasskanal	2	Eigenkühlung durch eine nicht auf der Welle angebrachten Belüftungseinrichtung
3	Maschine mit Rohranschluss, Ein- und Auslasskanal	3	Fremdkühlung durch eine an die Maschine angebaute Belüftungseinrichtung. Antrieb von der Maschine abhängig
4	Oberflächengekühlte Maschine (Umgebungsluft)	4	
5	Maschine mit eingebautem Wärmetauscher (Kühlmittel Umgebungsluft)	5	Fremdkühlung durch eine eingebaute Belüftungseinrichtung. Antrieb nicht von der Maschine abhängig
6	Maschine mit aufgebautem Wärmetauscher (Kühlmittel Umgebungsluft)	6	Fremdkühlung durch eine an die Maschine angebaute Belüftungseinrichtung. Antrieb nicht von der Maschine abhängig

1. Kenn- ziffer	Bedeutung	2. Kenn- ziffer	Bedeutung
7	Maschine mit eingebautem Wärmetauscher (Kühlmittel ist nicht Umgebungsluft)	7	Fremdkühlung durch eine nicht auf die Maschine aufgebaute Belüftungseinrichtung. Antrieb nicht von der Maschine abhängig oder durch Druckluft aus dem Versorgungsnetz
8	Maschine mit aufgebautem Wärmetauscher (Kühlmittel ist nicht Umgebungsluft)	8	Verdrängungskühlung (Fahrtwind)
9	Maschine mit getrennt aufgestelltem Wärmetauscher		

Kühlungsarten von Motoren

Reduktionsfaktoren für die Nennleistung abhängig von der Höhe der Aufstellung und der Kühlmitteltemperatur

Aufstel- lungshöhe über NN in m	Kühlmitteltemperatur (KT) in °C					
	< 30	30 – 40	45	50	55	60
1000	1,07	1,00	0,96	0,92	0,87	0,82
1500	1,04	0,97	0,93	0,89	0,84	0,79
2000	1,00	0,94	0,90	0,86	0,82	0,77
2500	0,96	0,90	0,86	0,83	0,78	0,74
3000	0,92	0,86	0,82	0,79	0,75	0,70
3500	0,88	0,82	0,79	0,75	0,71	0,67
4000	0,82	0,77	0,74	0,71	0,67	0,63

Grenztemperaturen von Isolierungen

Klasse	Y	A	E	B	F	H	C
Grenztemperatur in °C	90	105	120	130	155	180	> 180

Betriebsarten

S1- Dauerbetrieb	Betrieb mit konstantem Belastungszustand, dessen Dauer ausreicht, den thermischen Beharrungszustand zu erreichen. Vorgabe ist die Leistung. Beispiel: S1; 50 kW
S2- Kurzzeitbetrieb	Betrieb mit konstantem Belastungszustand, der aber nicht so lange dauert, dass der thermische Beharrungszustand erreicht wird. Mit einer nachfolgenden Pause, die so lange besteht, bis die Maschinentemperatur nicht mehr als 2 K von der Temperatur des Kühlmittels abweicht. Vorgabe ist die Leistung und die Betriebsdauer. Beispiel: S2; 20 min; 30 kW
S3- Aussetzbetrieb ohne Einfluss des Anlaufvorganges	Betrieb, der sich aus einer Folge gleichartiger Spiele zusammensetzt, von denen jedes eine Zeit mit konstanter Belastung und eine Pause umfasst. Der Anlaufstrom beeinflusst die Erwärmung nicht merklich. Vorgabe ist die Leistung, die Einschaltzeit t_B und die Spieldauer t_S oder die relative Einschaltdauer t_r. $t_r = t_B/t_S$. Beispiel: S3; 10 %; 50 min; 20 kW
S4- Aussetzbetrieb mit Einfluss des Anlaufvorganges	Betrieb, der sich aus einer Folge gleichartiger Spiele zusammensetzt, von denen jedes eine merkliche Anlaufzeit t_A, eine Zeit mit konstanter Belastung und eine Pause t_{St} umfasst. Vorgabe ist die relative Einschaltdauer, die Zahl der Anläufe pro Stunde und die Leistung. $t_r = (t_A + t_B)/(t_A + t_B + t_{St})$. Beispiel: S4; 35 %; 400 Anläufe; 25 kW.

S5- Aussetzbetrieb mit Einfluss des Anlaufvor- ganges und der elektrischen Bremsung	Betrieb, der sich aus einer Folge gleichartiger Spiele zu- sammensetzt, von denen jedes eine merkliche Anlaufzeit, eine Zeit mit konstanter Belastung, eine Zeit schneller elekt- rischer Bremsung t_{Br} und eine Pause umfasst. Vorgabe wie bei der Betriebsart S4, jedoch mit der Angabe der Bremsart. $t_r = (t_A + t_B + t_{Br})/(t_A + t_B + t_{Br} + t_{St})$. Beispiel: S5; 25 %; 250 Spiele/h Gegenstrombremsung; 40 kW
S6- Durchlaufbetrieb mit Aussetz- belastung	Betrieb, der sich aus einer Folge gleichartiger Spiele zu- sammensetzt, von denen jedes eine Zeit mit konstanter Be- lastung und eine Leerlaufzeit umfasst. Es tritt keine Pause auf. Vorgabe wie Betriebsart S3. $t_r = t_B/t_S$. Beispiel: S6; 20 %; 45 kW.
S7- Ununterbro- chener Betrieb mit Anlauf und elektrischer Bremsung	Betrieb, der sich aus einer Folge gleichartiger Spiele zu- sammensetzt, von denen jedes eine merkliche Anlaufzeit, eine Zeit mit konstanter Belastung und eine Zeit mit schnel- ler elektrischer Bremsung umfasst. Es tritt keine Pause auf. Vorgabe wie Betriebsart S5, jedoch keine relative Einschalt- zeit $t_r = 1$. Beispiel: S7; 10 kW; 300 Reversierungen/h.
S8- Ununterbro- chener Betrieb mit periodischer Drehzahlän- derung	Betrieb, der sich aus einer Folge gleichartiger Spiele zu- sammensetzt. Jedes Spiel umfasst eine Zeit mit konstanter Belastung und bestimmter Drehzahl. Anschließend eine oder mehrere Zeiten mit anderer Belastung, denen unterschiedli- che Drehzahlen entsprechen. Vorgaben wie bei Betriebsart S5, jedoch für jede Drehzahl.
S9- Ununterbroche- ner Betrieb mit nichtperiodi- scher Last- und Drehzahlände- rung	Betrieb, bei dem sich Belastung und Drehzahl innerhalb des zulässigen Betriebsbereiches nichtperiodisch ändern. Es treten häufig Belastungsspitzen auf, die weit über der Nenn- leistung liegen können. Vorgabe ist eine passend gewählte Dauerbelastung, deren Grundlage die Wurzel aus dem qua- dratischen Mittelwert der Leistung oder des Stromes sein sollte. $P = \sqrt{\dfrac{P_1^2 \cdot t_1 + P_2^2 \cdot t_2 + P_3^2 \cdot t_3}{t_1 + t_2 + t_3}}$

Überlastungsschutz von Motoren

Schutzeinrichtung	Überlastschutz			Kurzschluss- schutz		Schalt- häufigkeit
	Lei- tung	Motor (Ständer)	Motor (Läufer)	Motor	Leitung	
Sicherung, Leis- tungsschalter (Überlast; Kurz- schluss)	++	++	++	++	++	–
Sicherung; Schütz; Überlastschutz	++	++	++	++	++	++
Sicherung; Leis- tungsschalter (Überlast); Ther- mistor	+	++	+	++	++	–
Sicherung; Schütz; Thermistor	+	++	+	++	++	++
Sicherung; Schütz; Überlastschutz; Thermistor	++	++	++	++	++	++

Überlastschutzeinrichtungen im Vergleich (++ sehr gut; + gut; – gering)

**Störungen an Gleich-
strommaschinen, ihre
mögliche Ursache und
Behebung**

Gleichstrommaschine		
Störungsart	Ursache	Abhilfe
Motor läuft nicht an	Sicherung defekt	Sicherung ersetzen
	Bürsten liegen nicht auf	Bürstensitz überprüfen, Bürstenhalter reinigen, Bürsten auswechseln
	Lager festgefressen	Lager auswechseln
	Anker- oder Feldwicklung unterbrochen	Durchgang überprüfen, Wicklung ersetzen
Motor läuft schwer an	Körperschluss der Wicklung	Auf Körperschluss prüfen (Kurbelinduktor) Wicklung erneuern
	Erregerwicklung unterbrochen	Erregerwicklung auf Durchgang prüfen
	Bürstenbrücke verstellt	Bürstenbrückenstellung prüfen (Markierung beachten)
Unruhiger Lauf	defekte Kugellager	Kugellager ersetzen
	verspannte Lagerschilder	Befestigungsschrauben gleichmäßig nachziehen
Bürstenfeuer zu stark	Motor überlastet	Belastung verringern
	Kollektor unrund oder verschmutzt	Kollektor abdrehen, Glimmerisolation auskratzen, Kollektor reinigen
	Wendepole falsch geschaltet	Schaltung überprüfen
Motor läuft zu schnell	Erregerwicklung hat Windungsschluss	Wicklung erneuern
	Klemmenspannung zu hoch	Gleichspannung verringern

**Störungen an Asyn-
chronmaschinen, ihre
mögliche Ursache und
Behebung**

Asynchronmotor		
Motor läuft nicht an	Schutz hat angesprochen	Schutzgerät überprüfen, einschalten
	Lager festgefressen	Lager auswechseln
Motor läuft schwer an	Wicklungsstrang im Läufer unterbrochen	Wicklungsstränge auf Durchgang prüfen
	Ständerwicklungen haben Phasen- oder Körperschluss	Wicklungen überprüfen, auswechseln
	Klemmenspannung zu niedrig	Spannungsfall auf Zuleitung überprüfen
Motor wird im Leerlauf zu warm	Windungsschluss	Strangwiderstände messen, defekten Strang austauschen
	falsche Ständerschaltung bei zu hoher Betriebsspannung	Ständer von Dreieck- auf Sternschaltung umschalten
Motor wird im Dauerbetrieb zu warm	Belastung zu hoch	Verringerung der Belastung
	Eine Sicherung hat angesprochen (Zweiphasenlauf)	Klemmenspannung prüfen
	Belüftung fehlt	Motor abstellen, bis Belüftung wieder vorhanden
Motor brummt	Wicklungsstrang des Ständers hat Wicklungsschluss	Wicklung durchmessen, austauschen
	Zweiphasenlauf	Klemmenspannung messen
	Am Klemmbrett sind zwei Phasen und der Mittelleiter angeschlossen	Klemmenspannung messen
Drehzahl sinkt bei Belastung stark ab	Maschine überlastet	Verringerung der Belastung
	Läuferstäbe ausgelötet oder abgerissen	Läuferwicklung prüfen (Brandstellen)
	Läuferblechpaket auf der Welle verschoben	Sitz des Läuferblechpaketes prüfen

2 Elektrische Energietechnik

2.1 Energieträger

Entwicklung der Primärenergieträger, die zur Verstromung eingesetzt werden

Jahr	1955	1973	1991	2000	2002
Steinkohle	54%	34%	28%	25%	23%
Braunkohle	24,3%	25%	29%	26%	27,5%
Wasser	15,8%	5,2%	3%	4%	4,5%
Gas	4,6%	15,8%	7%	9%	9%
Heizöl	1,3%	14,4%	3%	1%	1%
Kernenergie	–	3,9%	27%	30%	28,5%
Wind	–	–	–	2%	3%
Sonstiges	–	1,7%	3%	3%	3,5%

(Quelle: DIW; statistisches Bundesamt; VDEW)

Energieinhalte von verschiedenen Energieträgern

Energieträger	Energieinhalt in SKE
Braunkohle	0,31
Holz	0,5
Steinkohle	1
Erdgas (m^3)	1,08
Rohöl	1,45
Heizöl, leicht	1,45
Benzin	1,48
Kernbrennstoff (Urandioxid, angereichert auf 3,2 %)	84022

Energiereserven und Ressourcen

	Steinkohle	Öl-schiefer	Braunkohle	Erdgas	Erdöl	Uran
Ressourcen	8000	2000	1000	500	400	60
Reserven	800	200	110	200	300	30

2.2 Elektrische Energieerzeugung

Spannungsarten und ihre Anwendung

	Anwendung	Erzeugung
Drehstrom	Energieübertragung, Energieerzeugung, Energieverteilung, Verbraucher mit großen Leistungen, Motoren	Synchrongenerator
Einphasen-Wechselstrom	Haushaltsgeräte, Werkzeuge, Werkzeugmaschinen, Verbraucher mit kleinen Leistungen, Beleuchtung, Frequenz 16 2/3Hz, Fahrmotoren für Bahnen	Entnahme aus dem Drehstromnetz, Synchrongenerator, Umrichter, rotierende Umformer
Gleichstrom	Elektrolyse, Galvanotechnik, Antriebe, Bahnmotore, Erregung von Magneten, Erregung von Synchronmaschinen, Elektrofilter, Farbspritzen, Steuerungen, Computer, Energieübertragung (Hochspannungs-Gleichstrom-Übertragung)	Batterien, Brennstoffzellen, Gleichrichter, Gleichstromgenerator

Gleichstromnetz

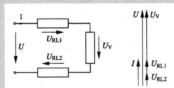

Gleichstromnetz mit Zeigerbild von Strom und Spannung

Wechselstromnetz

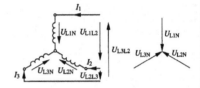

Wechselstromnetz mit Zeigerbild von Strom und Spannung (Leitung nur mit R)

2.2.1 Drehstromnetz

Sternschaltung:
Symmetriebedingung (1)

$U = U_{12} = U_{23} = U_{31}$ (1)

Leiterspannung U

$U = \sqrt{3} \cdot U_{Str}$

Leiterstrom I

$I = I_{Str}$

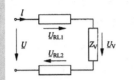

Sternschaltung mit Zeigerbild
der Sternspannungen

Dreieck-Schaltung:
Symmetriebedingung (2)

$I = I_1 = I_2 = I_3$ (2)

Leiterspannung U

$U = U_{Str}$

Leiterstrom I

$I = \sqrt{3} \cdot I_{Str}$

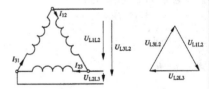

Dreiecksschaltung mit Zeigerbild
der Spannungen

2.2.2 Netzstrukturen

Strahlennetz

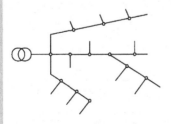

Strahlennetz

Vorteile:
übersichtlich
kostengünstig
einfacher Schutz
Nachteile:
geringer Lastausgleich
geringe Versorgungs-
sicherheit
begrenzt Erweiterbar
selektives Abschalten
nicht möglich

Energietechnik
Elektrische Energietechnik

Ringnetz

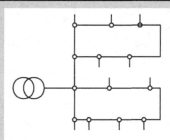

Ringnetz

Vorteile:
Leitungsreserven
höhere Versorgungs-
sicherheit
verbesserter Lastausgleich
selektives Abschalten
möglich
Nachteile:
Versorgung nur über
eine Station
erhöhter Anspruch
an Schutz
kostenintensivere

Maschennetz

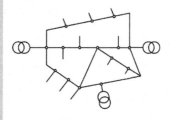

Maschennetz

Vorteile:
sehr hohe Versorgungs-
sicherheit
beliebig erweiterbar
guter Lastausgleich
geringe Spannungs-
schwankungen
Nachteile:
hohe Investitionskosten
sehr hohe Anforderungen
an Schutz
schwierige Netzauslegung
hohe Anforderungen an
Schaltgeräte

2.3 Betriebsmittel der Energietechnik

2.3.1 Kabel

Werkstoffe

a)   b)

c)   d)

Leiterformen

Leitermaterial:
Kupfer
Aluminium
Stahl (Freileitungen)
Isoliermaterial:
Polyvinylchlorid (PVC)
Polyäthylen (PE)
vernetztem Polyäthylen
(VPE)
halogenfreie Isolierun-
gen (HX)

Schirmquerschnitt (PE)

Nennquerschnitt des Außenleiters in mm²	1,5 – 16	25	35 – 240
Nennquerschnitt des Schirms in mm²	gleich dem Außenleiter	16	0,5·Außenleiter

Abmessungen des Schirms bei Niederspannungskabeln

Nennquerschnitt des Außenleiters in mm^2	25 – 120	150 – 300	400 – 500
Nennquerschnitt des Schirms in mm^2	16	25	35

Abmessung des Schirms bei Hochspannungskabeln

Normierte Kurzzeichen für Kabel

Kurzzeichen	Bedeutung
N	Normleitung oder -kabel
A	Aluminiumleiter
Y	Leiter- oder Mantelisolierung aus PVC
2Y	Leiter- oder Mantelisolierung aus Polyäthylen (PE)
2X	Leiter- oder Mantelisolierung aus vernetztem Polyäthylen (VPE)
HX	Leiter- oder Mantelisolierung aus vernetztem halogenfreiem Polymer
F	flache Leitungsform
M	Leitungsmantel für mittlere mechanische Beanspruchung
C	konzentrischer Leiter
CW	wendelförmig aufgebrachter konzentrischer Leiter
–J	Zusatz mit grüngelbem Leiter (Schutzleiter)
–O	Zusatz ohne grüngelben Leiter
RE	eindrähtiger Rundleiter
RM	mehrdrähtiger Rundleiter
SE	eindrähtiger Sektorleiter
SM	mehrdrähtiger Sektorleiter
RF	feindrähtiger Rundleiter

Kurzschlussschutz

Maximale Kurzschlussdauer

$$t = \frac{k^2 \cdot A^2}{I^2}$$

	Werkstoff der Isolierung			
Anfangstemperatur	60 °C	70 °C	90 °C	85 °C
Endtemperatur	200 °C	160 °C	250 °C	220 °C
Leitermaterial	G	PVC	VPE	IIK
Cu	141	115	143	134
Al	87	76	94	89
	Werkstoff der Isolierung			
Anfangstemperatur	e	30 °C	30 °C	30 °C
Endtemperatur	200 °C	160 °C	250 °C	220 °C
Leitermaterial	G	PVC	VPE	IIK
Cu	–	143	176	166
Al	–	95	116	110

Faktor k für verschiedene Isolierwerkstoffe nach VDE 0100 T 540

Kenndaten von Kabeln

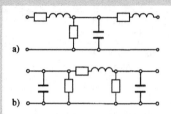

a)

b)

Ersatzschaltbild eines Kabelstücks

Kenndaten von Kabeln

Querschnitt in mm^2	Typ	Wirkwiderstand in Ω/km	Induktiver Widerstand in Ω/km	Kapazität in nF/km
0,4 kV 4 × 35	NYY	0,52	0,09	–
10 kV 3 × 35	Gürtelkabel	0,52	0,12	300
20 kV 3 × 70	Hochstädter	0,27	0,13	280

2.3.2 Leitungen

Mindestquerschnitt in Abhängigkeit von der Verlegeart

Verlegungsart	Mindestquerschnitt in mm^2	
	Cu	Al
feste, geschützte Verlegung	1,5	2,5
Leitungen in Schaltanlagen und Verteilern bei Stromstärken bis 2,5 A	0,5	–
über 2,5 A bis 16 A	0,75	–
über 16 A	1,0	–
bewegliche Leitungen für den Anschluss von Geräten bis 1 A Stromaufnahme, maximale Länge der Leitung 2 m	0,1	–
bewegliche Leitungen für den Anschluss von Geräten bis 2,5 A Stromaufnahme, maximale Länge der Leitung 2 m	0,5	–
bewegliche Leitungen für den Anschluss von Geräten bis 10 A Stromaufnahme	0,75	–
bewegliche Leitungen für den Anschluss von Geräten über 10 A bis 16 A Stromaufnahme, Mehrfachsteckdosen usw.	1,0	–

Kurzübersicht des vereinheitlichten Kennzeichnungssystem

Kennzeichnung	H – harmonisierte Bestimmung	A – anerkannter nationaler Typ	
Nennspannung	03 – 300 / 300 V	05 – 300 / 500 V	07 – 450 / 750 V
Isolierhülle Mantel	V – PVC	R – Natur und/oder synthetischer Kautschuk	S – Silikonkautschuk
Leiterart	-U – eindrähtiger Leiter	-R – mehrdrähtiger Leiter	-F – feindrähtiger Leiter

Strombelastbarkeit von Kupferleitungen und -kabeln für feste Verlegung

Anzahl der be-lasteten Adern	2		3		2		3		2	
Verlegeart	A				B1				B2	
Querschnitt in mm^2	I_Z	I_N	I_Z	I_N	I_Z	I_N	I_Z	I_N	I_Z	I_N
1,5	15,5	13	13	13	17,5	16	15,5	13	15,5	13
2,5	19,5	16	18	16	24	20	21	20	21	20
4	26	25	24	20	32	32	28	25	28	25
6	34	32	31	25	41	40	36	35	37	35
10	46	40	42	40	57	50	50	50	50	50
16	61	63	56	56	76	80	68	63	68	63
25	80	80	73	63	101	100	89	80	90	80
35	99	80	89	80	125	125	111	100	110	100
50	119	100	108	100	151	125	134	125	–	–
70	151	125	136	125	192	160	171	160	–	–
95	182	160	164	160	232	200	207	200	–	–
120	210	200	188	160	269	250	239	250	–	–

Anzahl der be-lasteten Adern	3		2		3		2		3	
Verlegeart	B2		C				E			
Querschnitt in mm^2	I_Z	I_N	I_Z	I_N	I_Z	I_N	I_Z	I_N	I_Z	I_N
1,5	14	13	19,5	16	17,5	16	20	20	18,5	16
2,5	19	16	26	25	24	20	27	25	25	25
4	26	25	35	35	32	32	37	35	34	32
6	33	32	46	40	41	40	48	40	43	40
10	46	40	63	63	57	50	66	63	60	63
16	61	50	85	80	76	63	89	80	80	80
25	77	63	112	100	96	80	118	100	101	100
35	95	80	138	125	119	100	145	125	126	125
50	–	–	–	–	–	–	–	–	153	125
70	–	–	–	–	–	–	–	–	196	160
95	–	–	–	–	–	–	–	–	288	250
120	–	–	–	–	–	–	–	–	–	–

Umrechnungsfaktoren für verschiedene Belastungsarten

Umgebungstemperatur in °C	Faktor f_2
über 20 bis 25	1,06
über 25 bis 30	1,00
über 30 bis 35	0,94
über 35 bis 40	0,87
über 40 bis 45	0,79
über 45 bis 50	0,71
über 50 bis 55	0,61
über 55 bis 60	0,5

$$I_Z = \frac{I_N}{f_1 \cdot f_2}$$

Anzahl der belasteten Leitungen	Faktor f_1
1	1,0
2	0,79
3	0,69
4	0,63
6	0,56
8	0,52

2.3.3 Spannungsfall auf Kabeln und Leitungen

Gleichstrom

$$\Delta U = \frac{2 \cdot l \cdot I}{\chi \cdot A}$$

Zeigerbild der Spannungen bei Gleichstromleitungen/Kabel

Wechselstrom

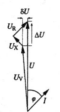

$$\Delta U = \frac{2 \cdot l \cdot I \cdot \cos\rho}{\chi \cdot A}$$

$$\Delta U = 2 \cdot I \cdot \begin{pmatrix} R_\approx \cdot \cos\rho \\ + X_\approx \cdot \sin\rho \end{pmatrix}$$

Zeigerbild der Spannungen bei Wechselstromleitungen/Kabel

Drehstrom

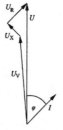

$$\Delta U = \frac{\sqrt{3} \cdot l \cdot I \cdot \cos\rho}{\chi \cdot A}$$

$$\Delta U = \sqrt{3} \cdot I \cdot \begin{pmatrix} R_\approx \cdot \cos\rho \\ + X_\approx \cdot \sin\rho \end{pmatrix}$$

Zeigerbild der Spannungen bei Drehstromleitungen/Kabel

2.4 Kurzschlussstrom-
berechnung

Dreipoliger Kurzschluss I_K

Stoßkurzschluss I_P

Gleichstromkomponente i_{DC}

Systemkomponente κ

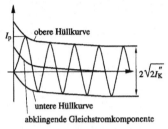

$$I_K = \frac{c \cdot U_N}{\sqrt{3} \cdot Z_K}$$

$$I_P = \kappa \cdot \sqrt{2} \cdot I_k''$$

$$i_{DC} = \sqrt{2} \cdot I_k'' \cdot e^{-2\pi \cdot f \cdot t \cdot (R/X)}$$

$$\kappa = 1{,}02 + \left(0{,}98 \cdot e^{-3(R/X)}\right)$$

Zeitlicher Verlauf eines generatorfernen Kurzschlusses

Netz

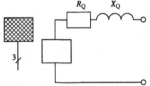

$$Z_Q = \frac{c \cdot U_{QN}^2}{S_{QK}''}$$

Netzersatzschaltung

Transformator

$$Z_T = \frac{u_K \cdot U_{TN}^2}{100\,\% \cdot S_{TN}}$$

$$R_T = \frac{u_R \cdot U_{TN}^2}{100\,\% \cdot S_{TN}}$$

Transformatorersatzschaltung

Leitung

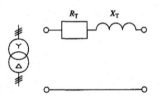

$$R_L = r_L' \cdot l$$

$$X_L = x_L' \cdot l$$

Leitungsersatzschaltung

Synchronmaschine

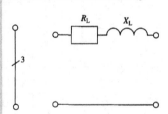

$$X_d'' = \frac{x_d'' \cdot U_N^2}{100\,\% \cdot S_{GN}}$$

$$R_G = k \cdot X_d''$$

Synchronmaschinenersatzschaltung

Faktor k

Generatornennspannung (kV)	Generatornennleistung (MVA)	k
> 1	> 100	0,05
> 1	< 100	0,07
< 1	–	0,15

Asynchronmaschine

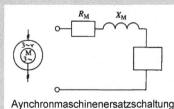

$$Z_M = \frac{I_{MN}}{I_A} \cdot \frac{U_{MN}^2}{S_{MN}}$$

$$R_M \approx 0,42 \cdot Z_M$$

Aynchronmaschinenersatzschaltung

2.5 Kompensations- anlagen

Einzelkompensation

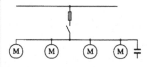

Einzelkompensation

Gruppenkompensation

Gruppenkompensation

Zentralkompensation

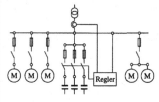

Zentralkompensation

Kondensatorleistung zur Kompensation eines Motors auf cos φ = 0,9 bei Nennlast

Ermittlung der Kompensationsleistung mittels Faktor

Vorhandener cos ρ	gewünschter cos ρ				
	0,80	0,85	0,90	0,92	0,94
0,50	0,98	1,11	1,25	1,31	1,37
0,60	0,58	0,71	0,85	0,91	0,97
0,70	0,27	0,40	0,54	0,60	0,66
0,80	–	0,13	0,27	0,33	0,39
0,82	–	0,08	0,21	0,27	0,33
0,84	–	0,03	0,16	0,22	0,28
0,86	–	–	0,11	0,17	0,23
0,88	–	–	0,06	0,11	0,17
0,90	–	–	–	0,06	0,12
0,92	–	–	–	–	0,06

$Q_C = 0,9 \cdot \sqrt{3} \cdot U \cdot I_0$

I_0 Leerlaufstrom des Motors

$Q_C = P \cdot$ Faktor

Faktor zur Ermittlung der erforderlichen Kompensationsleistung je kW Wirkleistung eines Motors; Erfahrungswerte

Transformatoren- kompensation Kondensatorleistung Q_C Spannungsüberhöhung an der Unterspannungs- seite im Leerlauf Δu

Bemessungs- leistung des Trans- formators in kVA	Transformator mit Oberspannung Kondensatorleistung in kvar		
	5 – 10 kV	15 – 20 kV	25 – 30 kV
25	2	2,5	3
50	3,5	5	6
75	5	6	7
100	6	8	10
160	10	12,5	15
250	15	18	22
315	18	20	24
400	20	22,5	28
630	28	32,5	40

$Q_C = P \cdot$ Faktor

$\Delta u = u_k \cdot \dfrac{Q_C}{S_{NT}}$

1 Begriffe, Grundlagen

Nachricht

Besteht aus der Information und dem Signal. Wird unverändert weitergegeben.

z. B. der Termin „9:00 Uhr".

Information

Sinngehalt der Nachricht (was übertragen werden soll)

Signal

Die physikalische Realisierung der Nachricht (wie es übertragen wird)

z. B. akustisches Signal (durch Rufen)

Daten

Im Gegensatz zur Nachricht weiterverarbeitet und verändert

z. B. Datenverkehr zwischen Flugzeug und Bodenstation

Informationsgehalt I_i eines Zeichens oder Ereignisses i

$$I_i = \text{ld}\ \frac{1}{p_i}\ \text{in bit}$$

ld   Logarithmus zur Basis 2
p_i Wahrscheinlichkeit für das Auftreten des Zeichens oder Ereignisses i

Der Informationsgehalt ist um so größer, je unwahrscheinlicher das Zeichen (Ereignis) ist. Beispiel: Lottospiel „6 aus 49". Das Ereignis „6 Richtige" ist äußerst selten und hat damit einen hohen Informationsgehalt. Das „fast sichere" Ereignis „Nicht 6 Richtige" wird erwartet und hat damit geringen Informationsgehalt.

$I(\text{"6 Richtige"}) =$

$\text{ld}\begin{pmatrix} 49 \\ 6 \end{pmatrix} \approx \text{ld}(14 \cdot 10^6)$

$\approx 23{,}7$ bit

$I(\text{"Nicht 6 Richtige"})$

$\approx 1 \cdot 10^{-7}$ bit

Entropie, mittlerer Informationsgehalt

$$H = \sum_i p_i \cdot \text{ld}\ \frac{1}{p_i}\ \text{in bit};\ p_i\ \text{Wahrscheinlich-}$$

keit für das Auftreten des Zeichens oder Ereignisses i.

Deutsche Sprache, 26 Buchstaben:
$H \approx 1{,}3$ bit (nach Küpfmüller)

Entscheidungsgehalt H_0

Maximalwert der Entropie, ergibt sich, wenn alle Zeichen mit gleicher Wahrscheinlichkeit p_0 auftreten: $p_1 = p_2 = \dots p_n = p_0$:

$$H_0 = H_{max} = \sum_{i=1}^{n} p_{0i} \cdot \text{ld}\ \frac{1}{p_{0i}} = \frac{1}{n} \cdot n \cdot \text{ld}\ \frac{1}{p_0} =$$

$$= \text{ld}\ \frac{1}{p_0}\ \text{in bit}$$

Deutsche Sprache, wenn alle 26 Buchstaben gleich wahrscheinlich wären:
$H_0 \approx 4{,}7$ bit

Redundanz R, „Weitschweifigkeit"

$R = H_0 - H$ in bit; eigentlich überflüssig, da sie keine Information enthält; dient aber z. B. zur Fehlererkennung und -korrektur.

Deutsche Sprache:
$R \approx 3{,}4$ bit

Relative Redundanz r

$$r = \frac{H_0 - H}{H_0} = \frac{R}{H_0};$$

nur 28 % der deutschen Sprache enthält Information. Die Redundanz trägt aber z. B. dazu bei, dass aus Wortfetzen (Fabrikhalle) der Gesamttext mehr oder weniger fehlerfrei gebildet werden kann.

Deutsche Sprache, 26 Buchstaben:
$r \approx 72\ \%$

Nachrichtentechnik
Begriffe, Grundlagen

Informationsfluss F

$F = \dfrac{H}{T_m}$ in bit/s; T_m mittlere Zeit zur Übermittlung eines Nachrichtenelementes. Besteht ein Nachrichtenelement aus mehreren Zeichen, gilt: $T_m = \sum_i p_i \cdot T_i$.

p_i s. Entropie, T_i Übertragungszeit für Zeichen bzw. Element i

Kanalkapazität C

Dynamik D

Maximaler Informationsfluss, der über einen gegebenen Kanal fehlerfrei übertragen werden kann:

$C = F_{max} = \left(\dfrac{H}{T_m}\right)_{max} = 2 \cdot B \cdot D$ in bit/s

$D = \text{ld } N$ in bit
mit N Anzahl der diskreten Amplitudenstufen
B Bandbreite des Signals in Hz

Analoge Signale werden entsprechend digitalisiert

Nachrichtenquader

Zu übertragendes Signal (Nachricht, Daten {block}) wird dargestellt als Quader mit dem „Volumen": $2 \cdot B_{S1} \cdot D_{S1} \cdot T_S$. Jeder Übertragungskanal hat seinen spezifischen Kanalquerschnitt (Kanalkapazität) $C = 2 \cdot B \cdot D$ mit dem „Volumen" $2 \cdot B \cdot D \cdot T$. Das zu übertragende Signal muss so „umgeformt" werden, dass gilt:

$\underbrace{2 \cdot B \cdot D}_{C} = \underbrace{2 \cdot B_{S2} \cdot D_{S2}}_{C_S}$. Dazu kann auch

$T_S \neq T$ gewählt werden.

$C = C_S$: Echtzeitübertragung, $C > C_S$ nicht sinnvoll

$B = B_S$, $D = D_S$: Einseitenbandamplitudenmodulation

$D_S > D$: Frequenz-, Pulskodemodulation

$D_S < D$: Pulskodemodulation

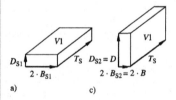

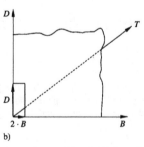

a) gegebenes Signal mit D_{S1}, B_{S1}, T_S
b) Kanal mit gegebenem B, D
c) an den Kanal (b) angepasstes Signal (a)

2 Signale

2.1 Signale im Zeit- und Frequenzbereich

Signaldarstellung im Zeitbereich

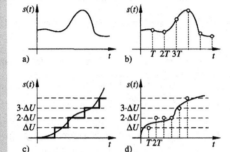

Signaldarstellungen im Zeitbereich
a) zeit- und amplitudenkontinuierlich, analog
b) zeitdiskret, amplitudenkontinuierlich, analog
c) zeitkontinuierlich, amplitudendiskret, digital
d) zeit- und amplitudendiskret, digital

Signaldarstellung im Zeit- und im Frequenzbereich

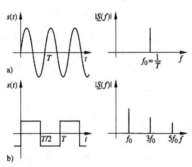

Signaldarstellung periodischer Funktionen im Zeit- und im Frequenzbereich
a) sinusförmiges Signal
b) rechteckförmiges Signal

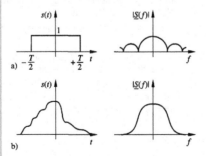

Signaldarstellung nichtperiodischer Funktionen im Zeit- und Frequenzbereich
a) Rechteckimpuls
b) stochastisches Signal

2.2 Zufällige (stochastische) Signale, Rauschen

Zufällige (stochastische) Signale	Kennzeichen: Nicht vorhersagbar. Erscheinungsformen: 1. „Echte" Nachrichten und Daten 2. Rauschen	„echt" im Sinne von nicht vorhersagbar. Rauschen in der Regel als Störsignal.
Äußere Rauschquellen	Atmosphärisches Rauschen: z. B. Blitzentladungen	Bis ca. 10 MHz
	Kosmisches Rauschen: Radiostrahlung entfernter Sterne	Ab ca. 50 MHz
Innere Rauschquellen	1. Widerstands- oder thermisches Rauschen. Entsteht durch Wärmebewegung. $\bar{u}_R$ (Mittelwert der) Rauschspannung $\bar{i}_R$ (Mittelwert des) Rauschstromes p_R (Mittelwert der) Rauschleistung eines rauschenden Widerstandes an einem nicht rauschenden Widerstand bei Leistungsanpassung $k = 1{,}38 \cdot 10^{-23}\,\mathrm{W} \cdot \mathrm{s/K}$ (Boltzmann-Konstante) T absolute (thermodynamische) Temperatur in K B Bandbreite (ausgewerteter oder berücksichtigter Frequenzbereich) in Hz R Widerstand in Ω	$\bar{u}_R = \sqrt{4kTBR}$ $\bar{i}_R = \sqrt{4kTB/R}$ $p_R = \dfrac{\bar{u}_R}{2} \cdot \dfrac{\bar{i}_R}{2} = kTB$
	2. 1/f-Rauschen. Tritt unterhalb 1 kHz auf. Macht sich unangenehm bei Halbleitern (Transistoren) bemerkbar. f Frequenz in Hz	$\bar{u}_R \sim 1/f$
	3. „Popcorn"-Rauschen. Sporadisch auftretend, Dauer im μs-Bereich, Amplituden wesentlich größer als die des übrigen Rauschens.	
	4. Schrotrauschen: Durch ungleichmäßige Ladungsträgerinjektion bzw. -emission in Halbleitern bzw. Röhren. $q_e = 1{,}6 \cdot 10^{-19}$ As (Elementarladung des Elektrons) I Anoden- bzw. Halbleiterstrom in A; B Bandbreite (ausgewerteter oder berücksichtigter Frequenzbereich) in Hz	$\overline{i_S^2} = 2 \cdot q_e \cdot I \cdot B$
	5. Stromverteilungsrauschen. Durch statistische Schwankungen der Stromaufteilung auf Basis und Kollektor beim Transistor bzw. Gitter und Anode bei der Röhre.	
Weißes Rauschen	Im betrachteten bzw. ausgewerteten Frequenzbereich sind, über einen (sehr) großen Zeitbereich betrachtet, alle Frequenzen mit gleicher Amplitude vorhanden.	Betrachteter Frequenzbereich muss endlich sein.

Störabstand S

P_S (mittlere) Signalleistung (engl.: Signal) in W

P_N (mittlere) Rauschleistung (engl.: Noise) in W

$$S = \frac{P_S}{P_N} \text{ bzw.}$$

$$S = 10 \cdot \lg\frac{P_S}{P_N} \text{ in dB}$$

Rauschzahl F

Verhältnis des Störabstandes am Eingang (Index e) eines Systems zu dem am Ausgang (Index a). Kennzeichnet den Rauschanteil des Systems. $F = 1 \Rightarrow$ System ist rauschfrei.

F_Z zusätzliche Rauschzahl des Systems

$$F = \frac{S_e}{S_a} = \frac{(P_S/P_N)_e}{(P_S/P_N)_a}$$

$$F = 1 + F_Z$$

Rauschmaß F_R

Logarithmus $F_R = 0$ dB $\Rightarrow$ System ist rauschfrei.

$$F_R = 10 \cdot \lg\,(F) \text{ in dB}$$

Rauschmaß a_F, Rauschabstand a_r

Werte in dB; z. T. alternative Bezeichnungen.
Formelzeichen siehe Störabstand bzw. Rauschzahl.

$$a_F = 10 \cdot \lg F$$

$$a_r = 10 \cdot \lg\frac{P_S}{P_N}$$

Gesamtrauschzahl F zweistufiger Verstärker

G_1 G_2

Rauschen zweistufiger Verstärker
F_1 bzw. F_2: Rauschzahl des Verstärkers 1 bzw. 2
G_1: Leistungsverstärkung des Verstärkers 1

$$F = F_1 + \frac{F_2 - 1}{G_1};$$

$$F \approx F_1 \text{ für}$$

$$F_1 \gg \frac{F_2}{G_1}$$

Kenngrößen stochastischer Signale

Arithmetischer Mittelwert

$$\bar{s} = \lim_{T \to \infty} \frac{1}{2T} \cdot \int_{-T}^{T} s(t)\,dt$$

Quadratischer Mittelwert

$$\bar{s}^2 = \lim_{T \to \infty} \frac{1}{2T} \cdot \int_{-T}^{T} [s(t)]^2\,dt$$

Effektivwert $s_{eff} = \sqrt{\bar{s}^2}$

Streuung $\sigma^2 = \lim_{T \to \infty} \frac{1}{2T} \cdot \int_{-T}^{T} [s(t) - \bar{s}]^2\,dt$

Standardabweichung $\sigma = +\sqrt{\sigma^2}$

Grenzübergang $T \to \infty$ in der Praxis nicht erreichbar; über Erfahrungswerte für endliches T kann der Wert aber angenähert werden.

Korrelationsfunktionen

Autokorrelationsfunktion (AKF):

$$\Phi_{ss}(\tau) = \lim_{T \to \infty} \frac{1}{2T} \cdot \int_{-T}^{T} s(t) \cdot s(t - \tau)\,dt$$

Kreuzkorrelationsfunktion (KKF):

$$\Phi_{s1s2}(\tau) = \lim_{T \to \infty} \frac{1}{2T} \cdot \int_{-T}^{T} s_1(t) \cdot s_2(t - \tau)\,dt$$

AKF: Ähnlichkeit eines Signals mit sich selber, wenn sie um τ gegeneinander verschoben werden.

KKF: Ähnlichkeit zweier unterschiedlicher Signale, wenn sie um τ gegeneinander verschoben werden.

Nachrichtentechnik
Signale

Spektrale Leistungsdichte	Abhängigkeit der Leistung P eines Signals von der Frequenz f. Angabe in W/Hz.	$\Phi_S(f) = \lim\limits_{\Delta f \to 0} \dfrac{\Delta P}{\Delta f}$
Theorem von Wiener-Khintchine	Die spektrale Leistungsdichte ist die Fouriertransformierte der Autokorrelationsfunktion. F Fouriertransformierte	$F^{-1}\{\Phi_S(f)\} = \Phi_{SS}(\tau)$ $F\{\Phi_{SS}(\tau)\} = \Phi_S(f)$

2.3 Verzerrungen

(Komplexer) Frequenzgang oder (komplexer) Übertragungsfaktor **Dämpfungsmaß** **Phasenmaß**	$\underline{H}(j\omega) = \lvert\underline{H}(j\omega)\rvert \cdot e^{jb(\omega)} = C \cdot e^{a(\omega)} \cdot e^{jb(\omega)} =$ $= R(\omega) + jX(\omega)$ a Dämpfungsmaß b Phasenmaß C Konstante $R(\omega)$ Realteil $X(\omega)$ Imaginärteil	Kennzeichnet die Eigenschaften des Systems: $\underline{U}_{aus}(j\omega) =$ $\underline{U}_{ein}(j\omega) \cdot \underline{H}(j\omega)$
Dämpfungsverzerrungen	Das Dämpfungsmaß ist eine Funktion der Frequenz. Beispiel: Passiver RC-Tiefpaß 1. Ordnung.	$a = f(\omega)$
Phasenverzerrungen	Das Phasenmaß ist eine Funktion der Frequenz. Beispiel: Passiver RC-Tiefpaß 1. Ordnung.	$b = f(\omega)$
Lineare Verzerrungen	Ein- und Ausgangssignal eines Systems haben nicht den gleichen zeitlichen Verlauf; im Ausgangssignal treten gegenüber dem Eingangssignal aber *keine zusätzlichen* Frequenzen auf. Das Eingangssignal ist in der Regel über ein System mit inversem Übertragungsfaktor aus dem Ausgangssignal wiederherstellbar.	Beispiel: Linearer Tiefpaß
Nichtlineare Verzerrungen	Ein- und Ausgangssignal eines Systems haben nicht den gleichen zeitlichen Verlauf; im Ausgangssignal treten gegenüber dem Eingangssignal aber *zusätzliche* Frequenzen auf. Das Eingangssignal ist nicht oder nur mit sehr großem Aufwand wiederherstellbar.	Beispiel: Elemente mit nichtlinearen Kennlinien (z. B. Dioden)
Klirrfaktor	$k = \sqrt{\dfrac{U_2^2 + U_3^2 + U_4^2 + \dots}{U_1^2 + U_2^2 + U_3^2 + U_4^2 + \dots}} = \sqrt{\dfrac{\sum\limits_{i=2}^{\infty} U_i^2}{\sum\limits_{i=1}^{\infty} U_i^2}}$ oder $k' = \dfrac{\sqrt{U_2^2 + U_3^2 + U_4^2 + \dots}}{U_1} = \dfrac{\sqrt{\sum\limits_{i=2}^{\infty} U_i^2}}{U_1}$ U_i Effektivwert der i-ten Harmonischen	Es gibt 2 Definitionen. Zusammenhang: $k = \dfrac{k'}{\sqrt{1 + k'^2}}$ $k \approx k'$ für $k, k' \ll 1$ Anwendung: Maß für die Verzerrungen von Niederfrequenzverstärkern; Eingangsgröße ist ein (nahezu) ideales Sinussignal.

3 Kenngrößen einer Übertragungs- strecke / eines Systems

Allgemein

Zur Bildung der logarithmischen Maße sind stets positive Werte einzusetzen, in der Regel die Effektivwerte von U, I.

Dämpfungsfaktor D

Leistungsdämpfungsfaktor $D_P = \dfrac{P_1}{P_2}$

Spannungsdämpfungsfaktor $D_U = \dfrac{U_1}{U_2}$

Stromdämpfungsfaktor $D_I = \dfrac{I_1}{I_2}$

P_1, U_1, I_1 Eingangs-, P_2, U_2, I_2 Ausgangs- größen des Systems. $D > 1$ bedeutet Dämpfung, $D < 1$ bedeutet Verstärkung.

Übertragungsfaktor, Verstärkungsfaktor T

Leistungsübertragungsfaktor $T_P = \dfrac{P_2}{P_1}$

Spannungsübertragungsfaktor $T_U = \dfrac{U_2}{U_1}$

Stromübertragungsfaktor $T_I = \dfrac{I_2}{I_1}$

Kehrwert des Dämp- fungsfaktors. $T < 1$ bedeutet Dämp- fung, $T > 1$ bedeutet Ver- stärkung.

Dämpfungsmaß a

Leistungsdämpfungsmaß

$$a_P = 10 \cdot \lg \frac{P_1}{P_2} \text{ in dB}$$

Spannungsdämpfungsmaß

$$a_U = 10 \cdot \lg \frac{U_1^2}{Z_1} \cdot \frac{Z_2}{U_2^2} \text{ in dB}$$

$$a_U = 20 \cdot \lg \frac{U_1}{U_2} \text{ in dB für } Z_1 = Z_2$$

Stromdämpfungsmaß

$$a_I = 10 \cdot \lg \frac{I_1^2 \cdot Z_1}{I_2^2 \cdot Z_2} \text{ in dB}$$

$$a_I = 20 \cdot \lg \frac{I_1}{I_2} \text{ in dB für } Z_1 = Z_2$$

Formelgrößen siehe Dämpfungsfaktor. Z_1 Widerstand am Eingang, reell; Z_2 Widerstand am Ausgang, reell.

Übertragungsmaß, Verstärkungsmaß v

Leistungsübertragungsmaß

$$v_P = -a_P = 10 \cdot \lg \frac{P_2}{P_1} \text{ in dB}$$

Spannungsübertragungsmaß

$$v_U = -a_U = 10 \cdot \lg \frac{U_2^2}{Z_2} \cdot \frac{Z_1}{U_1^2} \text{ in dB}$$

$$v_U = 20 \cdot \lg \frac{U_2}{U_1} \text{ in dB für } Z_1 = Z_2$$

$v > 0$ dB bedeutet Verstärkung, $v < 0$ dB bedeutet Dämpfung.

Stromdämpfungsmaß

$$v_I = -a_I = 10 \cdot \lg \frac{I_2^2 \cdot Z_2}{I_1^2 \cdot Z_1} \text{ in dB}$$

$$v_I = 20 \cdot \lg \frac{I_2}{I_1} \text{ in dB für } Z_1 = Z_2$$

Pegel

Verhältnis einer Größe (Spannung, Strom, Leistung) zu einer Bezugsgröße. Die Bezugsgröße muss eindeutig erkennbar sein bzw. angegeben werden.

Allgemein verwendet, z. B. Schallpegel, Wasserstandspegel.

Absoluter Pegel L, bezogen auf Telefon-Kenndaten

Absoluter Leistungspegel

$$L_{P\,abs} = 10 \cdot \lg \frac{P_S}{1 \text{ mW}} \text{ in dBm}$$

Absoluter Spannungspegel

$$L_{U\,abs} = 20 \cdot \lg \cdot \frac{U_S}{775 \text{ mV}} \text{ in dB}$$

Absoluter Strompegel

$$L_{I\,abs} = 20 \cdot \lg \frac{I_S}{1,29 \text{ mA}} \text{ in dB}$$

Abgeleitet vom Telefon:
1 mW an 600 Ω für Sprachverständlichkeit;
Zusatz „m" kennzeichnet die Bezugsgröße 1 mW.
1 mW an 600 $\Omega \Rightarrow U = 775$ mV; $I = 1,29$ mA.
Es gilt Leistungsanpassung.

Absoluter Pegel L, bezogen auf 1 W bzw. 1 V

Absoluter Leistungspegel

$$L_{P\,(abs)} = 10 \cdot \lg \frac{P_S}{1 \text{ W}} \text{ in dBW}$$

Absoluter Spannungspegel

$$L_{U\,(abs)} = 20 \cdot \lg \cdot \frac{U_S}{1 \text{ V}} \text{ in dBV}$$

Es gilt Leistungsanpassung.
Der Zusatz „abs" entfällt häufig.

Absoluter Pegel L, bezogen auf 1 µV (Antennentechnik)

Absoluter Spannungspegel

$$L_{U\,(abs)} = 20 \cdot \lg \cdot \frac{U_S}{1 \text{ µV}} \text{ in dB (µV)}$$

Es gilt Leistungsanpassung. Der Zusatz „abs" entfällt häufig.

Relativer Pegel L

Relativer Leistungspegel

$$L_P = 10 \cdot \lg \frac{P}{P_0} \text{ in dBr}$$

Relativer Spannungspegel

$$L_U = 20 \cdot \lg \frac{U}{U_0} \text{ in dBr}$$

Es gilt Leistungsanpassung.
Die Bezugsgrößen P_0, U_0 müssen angegeben werden.

4 Zweitore, Vierpole

4.1 Grundbegriffe

Passive und aktive Zweitore

Passives Zweitor: Die am Ausgang entnehmbare Leistung ist kleiner oder höchstens gleich der am Eingang eingespeisten Leistung. Aktives Zweitor: Die am Ausgang entnehmbare Leistung ist größer als die am Eingang eingespeiste Leistung.

Lineare und nichtlineare Zweitore

Lineares Zweitor: In den einzelnen Zweigen des Zweitores gilt, dass das Verhältnis von Spannung zu Strom nicht vom Strom bzw. der Spannung abhängt. *Nichtlineares Zweitor:* In mindestens einem Zweig ist das Verhältnis von Spannung zu Strom von der Spannung bzw. dem Strom abhängig. Beispiel: Das Zweitor enthält Dioden.

Zweitor, Ein- und Ausgangsgrößen

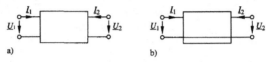

a)

b)

a) Zweitor allgemein
b) gemeinsamer Anschluss für Ein- und Ausgang

4.2 Zweitorgleichungen und Zusammenschaltung von zwei Zweitoren

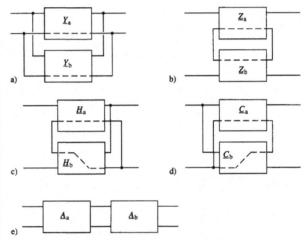

Zusammenschaltung von Zweitoren a) Parallel-Parallel-Schaltung, b) Reihen-Reihen-Schaltung, c) Reihen-Parallel-Schaltung, d) Parallel-Reihen-Schaltung, e) Kettenschaltung

Name der Parameter, Zweitorgleichungen	Art der Zusammenschaltung zweier Zweitore	Zugehörige Parameteroperationen; Zweitor 1: Index a, Zweitor 2: Index b
Zweitorgleichungen in Leitwertform: Y-Parameter $$I_1 = \underline{Y}_{11} * \underline{U}_1 + \underline{Y}_{12} * \underline{U}_2$$ $$I_2 = \underline{Y}_{21} * \underline{U}_1 + \underline{Y}_{22} * \underline{U}_2$$	Parallel-Parallel-Schaltung: Eingänge parallel, Ausgänge parallel	$\underline{Y}_{11} = \underline{Y}_{11a} + \underline{Y}_{11b}$ $\underline{Y}_{12} = \underline{Y}_{12a} + \underline{Y}_{12b}$ $\underline{Y}_{21} = \underline{Y}_{21a} + \underline{Y}_{21b}$ $\underline{Y}_{22} = \underline{Y}_{22a} + \underline{Y}_{22b}$
Zweitorgleichungen in Impedanzform: Z-Parameter $$\underline{U}_1 = \underline{Z}_{11} * I_1 + \underline{Z}_{12} * I_2$$ $$\underline{U}_2 = \underline{Z}_{21} * I_1 + \underline{Z}_{22} * I_2$$	Reihen-Reihen-Schaltung: Eingänge in Reihe, Ausgänge in Reihe	$\underline{Z}_{11} = \underline{Z}_{11a} + \underline{Z}_{11b}$ $\underline{Z}_{12} = \underline{Z}_{12a} + \underline{Z}_{12b}$ $\underline{Z}_{21} = \underline{Z}_{21a} + \underline{Z}_{21b}$ $\underline{Z}_{22} = \underline{Z}_{22a} + \underline{Z}_{22b}$

Name der Parameter, Zweitorgleichungen	Art der Zusammenschaltung zweier Zweitore	Zugehörige Parameteroperationen; Zweitor 1: Index a, Zweitor 2: Index b
Zweitorgleichungen in Reihen-Parallel- oder Hybrid-Form: $\underline{H}$-Parameter $\underline{U}_1 = \underline{H}_{11} * \underline{I}_1 + \underline{H}_{12} * \underline{U}_2$ $\underline{I}_2 = \underline{H}_{21} * \underline{I}_1 + \underline{H}_{22} * \underline{U}_2$ Alternative Schreibweise: $\underline{h}$-Parameter $\underline{U}_1 = \underline{h}_{11} * \underline{I}_1 + \underline{h}_{12} * \underline{U}_2$ $\underline{I}_2 = \underline{h}_{21} * \underline{I}_1 + \underline{h}_{22} * \underline{U}_2$ siehe z. B. Trasistor-Kenndaten	**Reihen-Parallel-Schaltung:** Eingänge in Reihe, Ausgänge parallel. Achtung: Zweites Zweitor muss am Ausgang „gedreht" werden, siehe Bild.	$\underline{H}_{11} = \underline{H}_{11a} + \underline{H}_{11b}$ $\underline{H}_{12} = \underline{H}_{12a} + \underline{H}_{12b}$ $\underline{H}_{21} = \underline{H}_{21a} + \underline{H}_{21b}$ $\underline{H}_{22} = \underline{H}_{22a} + \underline{H}_{22b}$ $\underline{h}_{11} = \underline{h}_{11a} + \underline{h}_{11b}$ $\underline{h}_{12} = \underline{h}_{12a} + \underline{h}_{12b}$ $\underline{h}_{21} = \underline{h}_{21a} + \underline{h}_{21b}$ $\underline{h}_{22} = \underline{h}_{22a} + \underline{h}_{22b}$
Zweitorgleichungen in Parallel-Reihen-Form: $\underline{C}$-Parameter $\underline{I}_1 = \underline{C}_{11} * \underline{U}_1 + \underline{C}_{12} * \underline{I}_2$ $\underline{U}_2 = \underline{C}_{21} * \underline{U}_1 + \underline{C}_{22} * \underline{I}_2$	Eingänge parallel, Ausgänge in Reihe. Achtung: Zweites Zweitor muss am Ausgang „gedreht" werden, siehe Bild.	$\underline{C}_{11} = \underline{C}_{11a} + \underline{C}_{11b}$ $\underline{C}_{12} = \underline{C}_{12a} + \underline{C}_{12b}$ $\underline{C}_{21} = \underline{C}_{21a} + \underline{C}_{21b}$ $\underline{C}_{22} = \underline{C}_{22a} + \underline{C}_{22b}$
Zweitorgleichungen in Kettenform: $\underline{A}$-Parameter $\underline{U}_1 = \underline{A}_{11} * \underline{U}_2 + \underline{A}_{12} * (-\underline{I}_2)$ $\underline{I}_1 = \underline{A}_{21} * \underline{U}_2 + \underline{A}_{22} * (-\underline{I}_2)$	Kettenschaltung	$\begin{bmatrix} \underline{A}_{11} & \underline{A}_{12} \\ \underline{A}_{21} & \underline{A}_{22} \end{bmatrix} =$ $\begin{bmatrix} \underline{A}_{11a} & \underline{A}_{12a} \\ \underline{A}_{21a} & \underline{A}_{22a} \end{bmatrix} *$ $* \begin{bmatrix} \underline{A}_{11b} & \underline{A}_{12b} \\ \underline{A}_{21b} & \underline{A}_{22b} \end{bmatrix}$ Matrizenmultiplikation; Index a: linker Vierpol Index b: rechter Vierpol

Definitionsgleichungen und Bezeichnungen der Zweitorparameter

$\underline{Y}$-Parameter

$$\underline{Y}_{11} = \left.\frac{\underline{I}_1}{\underline{U}_1}\right|_{U_2=0} \qquad \text{Kurzschluss-Eingangsadmittanz}$$

$$\underline{Y}_{12} = \left.\frac{\underline{I}_1}{\underline{U}_2}\right|_{U_1=0} \qquad \text{Kurzschluss-Übertragungsadmittanz rückwärts}$$

$$\underline{Y}_{21} = \left.\frac{\underline{I}_2}{\underline{U}_1}\right|_{U_2=0} \qquad \text{Kurzschluss-Übertragungsadmittanz vorwärts}$$

$$\underline{Y}_{22} = \left.\frac{\underline{I}_2}{\underline{U}_2}\right|_{U_1=0} \qquad \text{Kurzschluss-Ausgangsadmittanz}$$

Z-Parameter

$$\underline{Z}_{11} = \left.\frac{\underline{U}_1}{\underline{I}_1}\right|_{\underline{I}_2=0} \qquad \text{Leerlauf-Eingangsimpedanz}$$

$$\underline{Z}_{12} = \left.\frac{\underline{U}_1}{\underline{I}_2}\right|_{\underline{I}_1=0} \qquad \text{Leerlauf-Übertragungsimpedanz rückwärts}$$

$$\underline{Z}_{21} = \left.\frac{\underline{U}_2}{\underline{I}_1}\right|_{\underline{I}_2=0} \qquad \text{Leerlauf-Übertragungsimpedanz vorwärts}$$

$$\underline{Z}_{22} = \left.\frac{\underline{U}_2}{\underline{I}_2}\right|_{\underline{I}_1=0} \qquad \text{Leerlauf-Ausgangsimpedanz}$$

H-Parameter

$$\underline{H}_{11} = \left.\frac{\underline{U}_1}{\underline{I}_1}\right|_{\underline{U}_2=0} \qquad \text{Kurzschluss-Eingangsimpedanz}$$

$$\underline{H}_{12} = \left.\frac{\underline{U}_1}{\underline{U}_2}\right|_{\underline{I}_1=0} \qquad \text{Leerlauf-Spannungsrückwirkung}$$

$$\underline{H}_{21} = \left.\frac{\underline{I}_2}{\underline{I}_1}\right|_{\underline{U}_2=0} \qquad \text{Kurzschluss-Stromübersetzung vorwärts}$$

$$\underline{H}_{22} = \left.\frac{\underline{I}_2}{\underline{U}_2}\right|_{\underline{I}_1=0} \qquad \text{Leerlauf-Ausgangsadmittanz}$$

C-Parameter

$$\underline{C}_{11} = \left.\frac{\underline{I}_1}{\underline{U}_1}\right|_{\underline{I}_2=0} \qquad \text{Leerlauf-Eingangsadmittanz}$$

$$\underline{C}_{12} = \left.\frac{\underline{I}_1}{\underline{I}_2}\right|_{\underline{U}_1=0} \qquad \text{Kurzschluss-Stromrückwirkung}$$

$$\underline{C}_{21} = \left.\frac{\underline{U}_2}{\underline{U}_1}\right|_{\underline{I}_2=0} \qquad \text{Leerlauf-Spannungsübersetzung}$$

$$\underline{C}_{22} = \left.\frac{\underline{U}_2}{\underline{I}_2}\right|_{\underline{U}_1=0} \qquad \text{Kurzschluss-Ausgangsimpedanz}$$

A-Parameter

$$\underline{A}_{11} = \left.\frac{\underline{U}_1}{\underline{U}_2}\right|_{\underline{I}_2=0} \qquad \text{reziproke Leerlauf-Spannungsübersetzung vorwärts}$$

$$\underline{A}_{12} = \left.\frac{\underline{U}_1}{-\underline{I}_2}\right|_{\underline{U}_2=0} \qquad \text{negative reziproke Kurzschluss-Übertragungsadmittanz vorwärts}$$

$$\underline{A}_{21} = \left.\frac{\underline{I}_1}{\underline{U}_2}\right|_{\underline{I}_2=0} \qquad \text{reziproke Leerlauf-Übertragungsimpedanz vorwärts}$$

$$\underline{A}_{22} = \left.\frac{\underline{I}_1}{-\underline{I}_2}\right|_{\underline{U}_2=0} \qquad \text{negative reziproke Kurzschluss-Stromübersetzung vorwärts}$$

Parameter der Elementarvierpole „T-Zweitor" und „p-Zweitor"

T-Zweitor	π-Zweitor
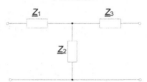	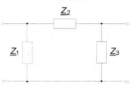

Y-Parameter

$$Y_{11} = \frac{Z_2 + Z_3}{Z_1 Z_2 + Z_1 Z_3 + Z_2 Z_3}$$

$$Y_{12} = \frac{-Z_2}{Z_1 Z_2 + Z_1 Z_3 + Z_2 Z_3}$$

$$Y_{21} = \frac{-Z_2}{Z_1 Z_2 + Z_1 Z_3 + Z_2 Z_3}$$

$$Y_{22} = \frac{Z_1 + Z_2}{Z_1 Z_2 + Z_1 Z_3 + Z_2 Z_3}$$

$$Y_{11} = \frac{1}{Z_1} + \frac{1}{Z_2}$$

$$Y_{12} = -\frac{1}{Z_2}$$

$$Y_{21} = -\frac{1}{Z_2}$$

$$Y_{22} = \frac{1}{Z_2} + \frac{1}{Z_3}$$

Z-Parameter

$$Z_{11} = Z_1 + Z_2$$
$$Z_{12} = Z_2$$
$$Z_{21} = Z_2$$
$$Z_{22} = Z_2 + Z_3$$

$$Z_{11} = \frac{Z_1(Z_2 + Z_3)}{Z_1 + Z_2 + Z_3)}$$

$$Z_{12} = \frac{Z_1 Z_3}{Z_1 + Z_2 + Z_3)}$$

$$Z_{21} = \frac{Z_1 Z_3}{Z_1 + Z_2 + Z_3)}$$

$$Z_{22} = \frac{Z_3(Z_1 + Z_2)}{Z_1 + Z_2 + Z_3)}$$

H-Parameter

$$H_{11} = \frac{Z_1 Z_2 + Z_1 Z_3 + Z_2 Z_3}{Z_2 + Z_3}$$

$$H_{12} = \frac{Z_2}{Z_2 + Z_3}$$

$$H_{21} = \frac{-Z_2}{Z_2 + Z_3}$$

$$H_{22} = \frac{1}{Z_2 + Z_3}$$

$$H_{11} = \frac{Z_1 Z_2}{Z_1 + Z_2}$$

$$H_{12} = \frac{Z_1}{Z_1 + Z_2}$$

$$H_{12} = \frac{-Z_1}{Z_1 + Z_2}$$

$$H_{22} = \frac{Z_1 + Z_2 + Z_3}{Z_3(Z_1 + Z_2)}$$

C-Parameter

$$C_{11} = \frac{1}{Z_1 + Z_3}$$

$$C_{12} = \frac{-Z_2}{Z_1 + Z_2}$$

$$C_{21} = \frac{Z_2}{Z_1 + Z_2}$$

$$C_{22} = \frac{Z_1 Z_2}{Z_1 + Z_2}$$

$$C_{11} = \frac{Z_1 + Z_2 + Z_3}{Z_1(Z_2 + Z_3)}$$

$$C_{12} = \frac{-Z_3}{Z_2 + Z_3}$$

$$C_{21} = \frac{Z_2}{Z_2 + Z_3}$$

$$C_{22} = \frac{Z_2 Z_3}{Z_2 + Z_3}$$

$\underline{A}$-Parameter

$$\underline{A}_{11} = 1 + \frac{\underline{Z}_1}{\underline{Z}_2}$$

$$\underline{A}_{12} = \underline{Z}_1 + \underline{Z}_3 + \frac{\underline{Z}_1\underline{Z}_3}{\underline{Z}_2}$$

$$\underline{A}_{21} = \frac{1}{\underline{Z}_2}$$

$$\underline{A}_{22} = 1 + \frac{\underline{Z}_3}{\underline{Z}_2}$$

$$\underline{A}_{11} = 1 + \frac{\underline{Z}_2}{\underline{Z}_3}$$

$$\underline{A}_{12} = \underline{Z}_2$$

$$\underline{A}_{21} = \frac{1}{\underline{Z}_1} + \frac{1}{\underline{Z}_3} + \frac{\underline{Z}_2}{\underline{Z}_1\underline{Z}_3}$$

$$\underline{A}_{22} = 1 + \frac{\underline{Z}_2}{\underline{Z}_1}$$

4.3 Betriebskenngrößen mit Lastadmittanz $\underline{Y}_a = 1/\underline{Z}_a$ bzw. Eingangsadmittanz $\underline{Y}_e = 1/\underline{Z}_e$

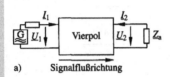

a) Signalflußrichtung

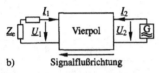

b) Signalflußrichtung

Zweitor mit Lastadmittanz $\underline{Y}_a$; Signalflussrichtung:
a) Vorwärtsrichtung, b) Rückwärtsrichtung

Betriebskenngröße im Vorwärtsbetrieb	Definition	Betriebskenngröße im Rückwärtsbetrieb	Definition
Eingangsadmittanz	$\underline{Y}_{in} = \frac{\underline{I}_1}{\underline{U}_1}$	Ausgangsadmittanz	$\underline{Y}_{out} = \frac{\underline{I}_2}{\underline{U}_2}$
Eingangsimpedanz	$\underline{Z}_{in} = \frac{\underline{U}_1}{\underline{I}_1}$	Ausgangsimpedanz	$\underline{Z}_{out} = \frac{\underline{U}_2}{\underline{I}_2}$
Übertragungsadmittanz vorwärts	$\underline{Y}_{üf} = \frac{\underline{I}_2}{\underline{U}_1}$	Übertragungsadmittanz rückwärts	$\underline{Y}_{ür} = \frac{\underline{I}_1}{\underline{U}_2}$
Übertragungsimpedanz vorwärts	$\underline{Z}_{üf} = \frac{\underline{U}_2}{\underline{I}_1}$	Übertragungsimpedanz rückwärts	$\underline{Z}_{ür} = \frac{\underline{U}_1}{\underline{I}_2}$
Spannungsübersetzung vorwärts	$\underline{v}_{uf} = \frac{\underline{U}_2}{\underline{U}_1}$	Spannungsübersetzung rückwärts	$\underline{v}_{ur} = \frac{\underline{U}_1}{\underline{U}_2}$
Stromübersetzung vorwärts	$\underline{v}_{if} = \frac{\underline{I}_2}{\underline{I}_1}$	Stromübersetzung rückwärts	$\underline{v}_{ir} = \frac{\underline{I}_1}{\underline{I}_2}$

Nachrichtentechnik
Zweitore, Vierpole

Betriebskenngrößen im Vorwärtsbetrieb mit Lastadmittanz $Y_a = 1/Z_a$

	Y-Parameter	Z-Parameter	H-Parameter	C-Parameter	A-Parameter
Y_{in}	$\dfrac{\det Y + Y_{11}\cdot Y_a}{Y_{22}+Y_a}$	$\dfrac{1+Z_{22}\cdot Y_a}{Z_{11}+Y_a\cdot\det Z}$	$\dfrac{H_{22}+Y_a}{\det H + H_{11}\cdot Y_a}$	$\dfrac{C_{11}+Y_a\cdot\det C}{1+C_{22}\cdot Y_a}$	$\dfrac{A_{21}+A_{22}\cdot Y_a}{A_{11}+A_{12}\cdot Y_a}$
Z_{in}	$\dfrac{Y_{22}+Y_a}{\det Y + Y_{11}\cdot Y_a}$	$\dfrac{Z_{11}+Y_a\cdot\det Z}{1+Z_{22}\cdot Y_a}$	$\dfrac{\det H + H_{11}\cdot Y_a}{H_{22}+Y_a}$	$\dfrac{1+C_{22}\cdot Y_a}{C_{11}+Y_a\cdot\det C}$	$\dfrac{A_{11}+A_{12}\cdot Y_a}{A_{21}+A_{22}\cdot Y_a}$
$Y_{üf}$	$\dfrac{Y_{21}\cdot Y_a}{Y_{22}+Y_a}$	$\dfrac{-Z_{21}\cdot Y_a}{Z_{11}+Y_a\cdot\det Z}$	$\dfrac{H_{21}\cdot Y_a}{\det H + H_{11}\cdot Y_a}$	$\dfrac{-C_{21}\cdot Y_a}{1+C_{22}\cdot Y_a}$	$\dfrac{-Y_a}{A_{11}+A_{12}\cdot Y_a}$
$Z_{üf}$	$\dfrac{-Y_{21}}{\det Y + Y_{11}\cdot Y_a}$	$\dfrac{Z_{21}}{1+Z_{22}\cdot Y_a}$	$\dfrac{-H_{21}}{H_{22}+Y_a}$	$\dfrac{C_{21}}{C_{11}+Y_a\cdot\det C}$	$\dfrac{1}{A_{21}+A_{22}\cdot Y_a}$
v_{uf}	$\dfrac{-Y_{21}}{Y_{22}+Y_a}$	$\dfrac{Z_{21}}{Z_{11}+Y_a\cdot\det Z}$	$\dfrac{-H_{21}}{\det H + H_{11}\cdot Y_a}$	$\dfrac{C_{21}}{1+C_{22}\cdot Y_a}$	$\dfrac{1}{A_{11}+A_{12}\cdot Y_a}$
v_{if}	$\dfrac{Y_{21}\cdot Y_a}{\det Y + Y_{11}\cdot Y_a}$	$\dfrac{-Z_{21}\cdot Y_a}{1+Z_{22}\cdot Y_a}$	$\dfrac{H_{21}\cdot Y_a}{H_{22}\cdot +Y_a}$	$\dfrac{-C_{21}\cdot Y_a}{C_{11}+Y_a\cdot\det C}$	$\dfrac{-Y_a}{A_{21}+A_{22}\cdot Y_a}$

Betriebskenngrößen im Rückwärtsbetrieb mit Eingangsadmittanz $Y_e = 1/Z_e$

	Y-Parameter	Z-Parameter	H-Parameter	C-Parameter	A-Parameter
Y_{out}	$\dfrac{\det Y + Y_{22}\cdot Y_e}{Y_{11}+Y_e}$	$\dfrac{1+Z_{11}\cdot Y_e}{Z_{22}+Y_e\cdot\det Z}$	$\dfrac{H_{22}+Y_e\cdot\det H}{1+H_{11}\cdot Y_e}$	$\dfrac{C_{11}+Y_e}{\det C + C_{22}\cdot Y_e}$	$\dfrac{A_{21}+A_{11}\cdot Y_e}{A_{22}+A_{12}\cdot Y_e}$
Z_{out}	$\dfrac{Y_{11}+Y_e}{\det Y + Y_{22}\cdot Y_e}$	$\dfrac{Z_{22}+Y_e\cdot\det Z}{1+Z_{11}\cdot Y_e}$	$\dfrac{1+H_{11}\cdot Y_e}{H_{22}+Y_e\cdot\det H}$	$\dfrac{\det C + C_{22}\cdot Y_e}{C_{11}+Y_e}$	$\dfrac{A_{22}+A_{12}\cdot Y_e}{A_{21}+A_{11}\cdot Y_e}$
$Y_{ür}$	$\dfrac{Y_{12}\cdot Y_e}{Y_{11}+Y_e}$	$\dfrac{-Z_{12}\cdot Y_e}{Z_{22}+Y_e\cdot\det Z}$	$\dfrac{-H_{12}\cdot Y_e}{1+H_{11}\cdot Y_e}$	$\dfrac{C_{12}\cdot Y_e}{\det C + C_{22}\cdot Y_e}$	$\dfrac{-Y_e\cdot\det A}{A_{22}+A_{12}\cdot Y_e}$
$Z_{ür}$	$\dfrac{-Y_{12}}{\det Y + Y_{22}\cdot Y_e}$	$\dfrac{Z_{12}}{1+Z_{11}\cdot Y_e}$	$\dfrac{H_{12}}{H_{22}+Y_e\cdot\det H}$	$\dfrac{-C_{12}}{C_{11}+Y_e}$	$\dfrac{\det A}{A_{21}+A_{11}\cdot Y_e}$
v_{ur}	$\dfrac{-Y_{12}}{Y_{11}+Y_e}$	$\dfrac{Z_{12}}{Z_{22}+Y_e\cdot\det Z}$	$\dfrac{H_{12}}{1+H_{11}\cdot Y_e}$	$\dfrac{-C_{12}}{\det C + C_{22}\cdot Y_e}$	$\dfrac{\det A}{A_{22}+A_{12}\cdot Y_e}$
v_{ir}	$\dfrac{Y_{12}\cdot Y_e}{\det Y + Y_{22}\cdot Y_e}$	$\dfrac{-Z_{12}\cdot Y_e}{1+Z_{11}\cdot Y_e}$	$\dfrac{-H_{12}\cdot Y_e}{H_{22}\cdot +Y_e\cdot\det H}$	$\dfrac{C_{12}\cdot Y_e}{C_{11}+Y_e}$	$\dfrac{-Y_e\cdot\det A}{A_{21}+A_{11}\cdot Y_e}$

Folgende Abkürzungen wurden verwendet:

$\det Z = Z_{11}\cdot Z_{22} - Z_{12}\cdot Z_{21}$; $\det Y = Y_{11}\cdot Y_{22} - Y_{12}\cdot Y_{21}$; $\det C = C_{11}\cdot C_{22} - C_{12}\cdot C_{21}$;

$\det H = H_{11}\cdot H_{22} - H_{12}\cdot H_{21}$; $\det A = A_{11}\cdot A_{22} - A_{12}\cdot A_{21}$.

4.4 Spezielle Zweitore

4.4.1 Allgemein

Übertragungssymmetrische Zweitore

$\underline{Y}_{12} = \underline{Y}_{21}$	$\underline{Z}_{12} = \underline{Z}_{21}$	$\underline{H}_{12} = -\underline{H}_{21}$	$\underline{C}_{12} = -\underline{C}_{21}$	det $\underline{A} = 1$	Es gilt der Kirchhoffsche Umkehrsatz
Widerstandssymmetrische Zweitore					
$\underline{Y}_{11} = \underline{Y}_{22}$	$\underline{Z}_{11} = \underline{Z}_{22}$	det $\underline{H} = 1$	det $\underline{C} = 1$	$\underline{A}_{11} = \underline{A}_{22}$	
Längssymmetrische Zweitore					
$\underline{Y}_{11} = \underline{Y}_{22}$ $\underline{Y}_{12} = \underline{Y}_{21}$	$\underline{Z}_{11} = \underline{Z}_{22}$ $\underline{Z}_{12} = \underline{Z}_{21}$	det $\underline{H} = 1$ $\underline{H}_{12} = -\underline{H}_{21}$	det $\underline{C} = 1$ $\underline{C}_{12} = -\underline{C}_{21}$	$\underline{A}_{11} = \underline{A}_{22}$ det $\underline{A} = 1$	Vor- und Rückwärtsbetrieb gleichwertig
Rückwirkungsfreie Zweitore					
$\underline{Y}_{12} = 0$	$\underline{Z}_{12} = 0$	$\underline{H}_{12} = 0$	$\underline{C}_{12} = 0$	det $\underline{A} = 0$	Einsatz von aktiven Zweitoren

4.4.2 Wellenparameter längssymmetrischer passiver Zweitore

Wellenwiderstand

$$\underline{Z} = \sqrt{\underline{A}_{12} / \underline{A}_{21}}$$

In Analogie zur elektrischen Leitung

Übertragungsmaß

$$g = \ln(\underline{A}_{11} + \sqrt{\underline{A}_{12} \cdot \underline{A}_{21}}) \text{ in Np}$$
$$= a + jb \text{ ; mit}$$

a Dämpfungsmaß
b Phasenmaß

Zweitor mit Wellenwiderstand abgeschlossen. Gilt für Spannung und Strom.

4.4.3 Häufig verwendete Zweitore

Doppel-T-Filter

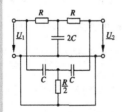

Bandsperre

$$|\underline{v}_{uf}| = \left|\frac{U_2}{U_1}\right|$$

$$= \frac{(1 - \omega^2 R^2 C^2)^2}{(1 - \omega^2 R^2 C^2)^2 + 16\omega^2 R^2 C^2}$$

$\underline{v}_{uf}$ ist (theoretisch) Null für

$\omega = 1/RC$. In der Praxis: Relative Abweichung der Bauelementewerte voneinander $< 10^{-3}$.

Kreuzschaltung

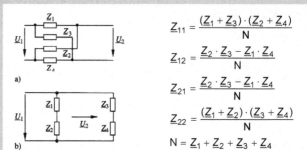

$$\underline{Z}_{11} = \frac{(\underline{Z}_1 + \underline{Z}_3) \cdot (\underline{Z}_2 + \underline{Z}_4)}{N}$$

$$\underline{Z}_{12} = \frac{\underline{Z}_2 \cdot \underline{Z}_3 - \underline{Z}_1 \cdot \underline{Z}_4}{N}$$

$$\underline{Z}_{21} = \frac{\underline{Z}_2 \cdot \underline{Z}_3 - \underline{Z}_1 \cdot \underline{Z}_4}{N}$$

$$\underline{Z}_{22} = \frac{(\underline{Z}_1 + \underline{Z}_2) \cdot (\underline{Z}_3 + \underline{Z}_4)}{N}$$

$$N = \underline{Z}_1 + \underline{Z}_2 + \underline{Z}_3 + \underline{Z}_4$$

a) Schaltung mit Z-Parametern
b) umgezeichnet zur *Wheatstoneschen* Brückenschaltung

Frequenzkompensierter Spannungsteiler

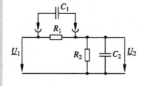

$$\underline{v}_{uf} = \frac{\underline{U}_2}{\underline{U}_1} = \frac{1}{1 + \dfrac{R_1}{R_2} \cdot \dfrac{1 + j\omega R_2 C_2}{1 + j\omega R_1 C_1}} \; ;$$

$$\underline{v}_{uf}\big|_{R_1 C_1 = R_2 C_2} = \frac{1}{1 + \dfrac{R_1}{R_2}} = \frac{R_2}{R_1 + R_2}$$

$$\neq f(\omega)$$

5 Leitungen, Kabel

5.1 Anordnungen, Leitungsbeläge

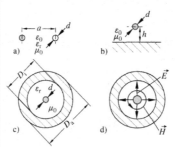

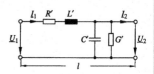

Ersatzschaltbild einer elektrischen Leitung

Anordnungen von Zweidraht-Leitungen
a) Zweidraht-Leitung
b) Eindraht-Leitung, Erde als idealer Rückleiter
c) Koaxial-Leitung
d) Feldverläufe in der Koaxial-Leitung, (-Kabel)

Leitungs-Kenngrößen

R   (Verlust)-Widerstand, i. a. Ohmscher Leiterwiderstand
L   Induktivität (Leitung als Leiterschleife)
C   Kapazität (Leiter als „Kondensatorplatten")
G   Leitwert (Isolationswiderstand)

Leitungsbeläge

Die auf eine Länge l (m oder km) bezogenen Leitungskenngrößen R, L, C und G einer Leitung. Die Werte für eine Leitung mit der Länge l_0 ergeben sich durch Multiplikation mit l_0. Nachfolgende Tabellenangaben nach Küpfmüller.

$R' = R/l$; $L' = L/l$;
$C' = C/l$; $G' = G/l$.

$R_{l_0} = R' \cdot l_0$; $L_{l_0} = L' \cdot l_0$;
$C_{l_0} = C' \cdot l_0$; $G_{l_0} = G' \cdot l_0$

Widerstandsbelag R'

Anordnung	Niedrige Frequenzen	hohe Frequenzen
Zweidraht-Leitung	$R' \approx 2 \cdot \dfrac{\rho \cdot l}{A} \cdot \dfrac{1}{l} = 2 \cdot \dfrac{\rho}{A}$ $\approx 2 \cdot \dfrac{l}{\gamma \cdot A} \cdot \dfrac{1}{l} = 2 \cdot \dfrac{1}{\gamma \cdot A}$	$R' \approx 2 \cdot \dfrac{1}{\gamma \cdot A} \cdot \dfrac{d}{4} \cdot \sqrt{\pi \cdot f \cdot \gamma \cdot \mu}$ für $\dfrac{d}{4} \cdot \sqrt{\pi \cdot f \cdot \gamma \cdot \mu} \gg 1$
Eindraht-Leitung, Erde als idealer Rückleiter	$R' \approx \dfrac{\rho}{A}$ $\approx \dfrac{1}{\gamma \cdot A}$	$R' \approx \dfrac{1}{\gamma \cdot A} \cdot \dfrac{d}{4} \cdot \sqrt{\pi \cdot f \cdot \gamma \cdot \mu}$ für $\dfrac{d}{4} \cdot \sqrt{\pi \cdot f \cdot \gamma \cdot \mu} \gg 1$
Koaxial-Leitung, (-Kabel)	$R' \approx \dfrac{1}{\gamma \cdot \dfrac{d^2 \cdot \pi}{4}} + \dfrac{1}{\gamma \cdot \pi \cdot \dfrac{D_a^2 - D_l^2}{4}}$	$R' \approx \dfrac{\sqrt{\pi \cdot f \cdot \gamma \cdot \mu}}{2 \cdot \pi \cdot \gamma \cdot \dfrac{d}{2}} + \dfrac{\sqrt{\pi \cdot f \cdot \gamma \cdot \mu}}{2 \cdot \pi \cdot \gamma \cdot \dfrac{D_a}{2}}$

Induktivitätsbelag L'

Zweidraht-Leitung	$L' \approx \dfrac{\mu_0}{\pi} \cdot \ln\dfrac{2 \cdot a}{d}$	$L' \approx 2{,}3 \cdot \dfrac{\mu_0}{\pi} \cdot \ln\dfrac{2 \cdot a}{d}$
Eindraht-Leitung, Erde als idealer Rückleiter	$L' \approx \dfrac{\mu_0}{2 \cdot \pi} \cdot \ln\dfrac{4 \cdot h}{d}$	$L' \approx 1{,}15 \cdot \dfrac{\mu_0}{\pi} \cdot \ln\dfrac{4 \cdot h}{d}$
Koaxial-Leitung, (-Kabel)	$L' \approx \dfrac{\mu_0}{2 \cdot \pi} \cdot \ln\dfrac{D_l}{d}$	$L' \approx \dfrac{\mu_0}{4 \cdot \pi} \cdot \ln\dfrac{D_l}{d}$

Kapazitätsbelag C'

Zweidraht-Leitung	$C' \approx \dfrac{\pi \cdot \varepsilon_0 \cdot \varepsilon_r}{\ln\dfrac{2 \cdot a}{d}}$	$C' \approx \dfrac{\pi \cdot \varepsilon_0 \cdot \varepsilon_r}{\ln\dfrac{2 \cdot a}{d}}$
Eindraht-Leitung, Erde als idealer Rückleiter	$C' \approx \dfrac{2 \cdot \pi \cdot \varepsilon_0}{\ln\dfrac{4 \cdot h}{d}}$	$C' \approx \dfrac{2 \cdot \pi \cdot \varepsilon_0}{\ln\dfrac{4 \cdot h}{d}}$
Koaxial-Leitung, (-Kabel)	$C' \approx \dfrac{2 \cdot \pi \cdot \varepsilon_0 \cdot \varepsilon_r}{\ln\dfrac{D_l}{d}}$	$C' \approx \dfrac{2 \cdot \pi \cdot \varepsilon_0 \cdot \varepsilon_r}{\ln\dfrac{D_l}{d}}$

Leitwertbelag G'

Zweidraht-Leitung	$G' \approx \dfrac{\pi \cdot \gamma}{\ln\dfrac{2 \cdot a}{d}}$	$G' \approx \dfrac{\pi \cdot \gamma}{\ln\dfrac{2 \cdot a}{d}}$
Eindraht-Leitung, Erde als idealer Rückleiter	$G' \approx \dfrac{2 \cdot \pi \cdot \gamma}{\ln\dfrac{4 \cdot h}{d}}$	$G' \approx \dfrac{2 \cdot \pi \cdot \gamma}{\ln\dfrac{4 \cdot h}{d}}$
Koaxial-Leitung, (-Kabel)	$G' \approx \dfrac{2 \cdot \pi \cdot \gamma}{\ln\dfrac{D_l}{d}}$	$G' \approx \dfrac{2 \cdot \pi \cdot \gamma}{\ln\dfrac{D_l}{d}}$

Bedeutung der Formelzeichen

ρ	spezifischer elektrischer Widerstand in $\Omega \cdot m$	γ	elektrische Leitfähigkeit in $1/(\Omega \cdot m)$; $\gamma = 1/\rho$
A	Fläche des Leiters in m^2	f	Frequenz in Hz
ε_0	elektrische Feldkonstante $\approx 8{,}86 \cdot 10^{-12} \dfrac{A \cdot s}{V \cdot m}$	μ_0	magnetische Feldkonstante $\approx 4 \cdot \pi \cdot 10^{-7} \dfrac{V \cdot s}{A \cdot m}$
ε_r	Permittivitätszahl (Dielektrizitätszahl)	μ_r	Permeabilitätszahl, materialabhängig
ε	Permittivität (Dielektrizitätskonstante), $\varepsilon = \varepsilon_0 \cdot \varepsilon_r$	μ	Permeabilität, $\mu = \mu_0 \cdot \mu_r$
d, a, h, D_l, D_a	siehe Bild		

5.2 Leitungsgleichungen, Lösungen

Leitungsgleichungen

$$\frac{\partial^2 u}{\partial x^2} = R' \cdot G' \cdot u + (R' \cdot C' + L' \cdot G')\frac{\partial u}{\partial t}$$

$$+ L' \cdot C'\frac{\partial^2 u}{\partial t^2}$$

$$\frac{\partial^2 i}{\partial x^2} = R' \cdot G' \cdot i + (R' \cdot C' + L' \cdot G')\frac{\partial i}{\partial t}$$

$$+ L' \cdot C'\frac{\partial^2 i}{\partial t^2}$$

Partielle Differenti-algleichung, Abhängigkeit vom Weg und der Zeit

Allgemeine Lösung für sinusförmige Spannungen und Ströme

$$u(x,t) = u_1 \cdot e^{-\alpha x} \cdot \cos(\omega t - \beta x)$$
$$+ u_2 \cdot e^{\alpha x} \cdot \cos(\omega t + \beta x)$$
$$i(x,t) = i_1 \cdot e^{-\alpha x} \cdot \cos(\omega t - \beta x) + i_2 \cdot e^{\alpha x}$$
$$\cdot \cos(\omega t + \beta x)$$

Zeigerdarstellung (i. a. Amplitude längs der Leitung interessant):

$$\underline{U}(x) = \underline{U}_1 \cdot e^{-\gamma x} + \underline{U}_2 \cdot e^{\gamma x}$$

$$\underline{I}(x) = \frac{1}{\underline{Z}}\left(\underline{U}_1 \cdot e^{-\gamma x} + \underline{U}_2 \cdot e^{\gamma x}\right)$$

u_1, u_2, i_1, i_2: Integrationskonstanten
$\alpha, \beta, \gamma, \underline{Z}$: siehe 5.3 unten
$\underline{U}_1, \underline{U}_2, \underline{I}_1, \underline{I}_2$: Integrationskonstanten

Lösung für sinusförmige Spannungen und Ströme, wenn $\underline{U}_a$, $\underline{I}_a$ am Leitungsanfang ($x = 0$) vorgegeben sind

$$\underline{U}(x) = \frac{\underline{U}_a + \underline{Z} \cdot \underline{I}_a}{2} \cdot e^{-\gamma x} + \frac{\underline{U}_a - \underline{Z} \cdot \underline{I}_a}{2} \cdot e^{\gamma x}$$

$$\underline{I}(x) = \frac{\frac{\underline{U}_a}{\underline{Z}} + \underline{I}_a}{2} \cdot e^{-\gamma x} - \frac{\frac{\underline{U}_a}{\underline{Z}} - \underline{I}_a}{2} \cdot e^{\gamma x}$$

Überlagerung aus hin- (1. Summand, vom Leitungsanfang zum Ende) und zurücklaufender Welle (2. Summand, vom Leitungsende zum Anfang)

Lösung für sinusförmige Spannungen und Ströme, wenn $\underline{U}_e$, $\underline{I}_e$ am Leitungsende ($x = l$) vorgegeben sind

$$\underline{U}(x) = \frac{\underline{U}_e + \underline{Z} \cdot \underline{I}_e}{2} \cdot e^{\gamma(l-x)} + \frac{\underline{U}_e - \underline{Z} \cdot \underline{I}_e}{2}$$
$$\cdot e^{-\gamma(l-x)}$$

$$\underline{I}(x) = \frac{\frac{\underline{U}_e}{\underline{Z}} + \underline{I}_e}{2} \cdot e^{\gamma(l-x)} - \frac{\frac{\underline{U}_e}{\underline{Z}} - \underline{I}_e}{2} \cdot e^{-\gamma(l-x)}$$

Überlagerung aus hin- (1. Summand, vom Leitungsanfang zum Ende) und zurücklaufender Welle (2. Summand, vom Leitungsende zum Anfang)

5.3 Leitungskenngrößen

Wellenwiderstand $\underline{Z}$

R', L', C', G': Leitungsbeläge nach 5.1. Koaxialkabel: $\underline{Z} \approx (50...75)\ \Omega$; Telefon-Zweidrahtleitung: $\underline{Z} \approx 600\ \Omega$; 20-kV-Erdkabel: $\underline{Z} \approx 35\ \Omega$; alle nahezu reell.

$$\underline{Z} = \sqrt{\frac{R' + j\omega L'}{G' + j\omega C'}}$$

Ausbreitungskoeffizient γ

$$\underline{\gamma} = \sqrt{(R' + j\omega L') \cdot (G' + j\omega C')} = \alpha + j\beta$$

α Realteil, β Imaginärteil des Ausbreitungskoeffizienten

α Dämpfungskoeffizient
β Phasenkoeffizient

Phasengeschwindigkeit v	β Phasenkoeffizient, f Signalfrequenz	$v = \dfrac{\omega}{\beta} = \dfrac{2 \cdot \pi \cdot f}{\beta}$
Gruppengeschwindigkeit v_{gr}	β Phasenkoeffizient f Signalfrequenz	$v_{gr} = \dfrac{d\omega}{d\beta}$

5.4 Leitungen mit beliebiger Lastimpedanz am Leitungsende

Reflexionsfaktor $\underline{r}$

$\underline{Z}_e$ Lastimpedanz am Ende der Leitung

$\underline{Z}$ Wellenwiderstand der Leitung

$\underline{U}_h$ auf das Leitungsende zulaufende Welle

$\underline{U}_r$ in Richtung Leitungsanfang reflektierte Welle

$\underline{r} = 0$: Die Lastimpedanz am Ende der Leitung ist gleich dem Wellenwiderstand der Leitung, $\underline{Z}_e = \underline{Z}$. In der Lastimpedanz wird die maximal mögliche Leistung umgesetzt.

$\underline{r} = 1$: Leerlauf am Ende der Leitung, $\underline{Z}_e \rightarrow \infty$

$\underline{r} = -1$: Kurzschluss am Ende der Leitung,

$$\underline{Z}_e = 0$$

$$\underline{r} = \left. \frac{\underline{U}_r}{\underline{U}_h} \right|_{x=l}$$

$$= \frac{\underline{Z}_e - \underline{Z}}{\underline{Z}_e + \underline{Z}}$$

Alternative Darstellung:

$$\underline{r} = \frac{\dfrac{\underline{Z}_e}{\underline{Z}} - 1}{\dfrac{\underline{Z}_e}{\underline{Z}} + 1} = \frac{\underline{z} - 1}{\underline{z} + 1}$$

Spannungs-, Strom-Übertragungsfaktor

$\ddot{u}_u$ Spannungsübertragungsfaktor

$\ddot{u}_i$ Stromübertragungsfaktor

$\underline{U}_{h1}$, $\underline{I}_{h1}$ vom Generator auf das Leitungsende zulaufende Welle

$\underline{U}_{h2}$, $\underline{I}_{h2}$ an der Impedanz $\underline{Z}_e$ wirksame Welle

$\underline{U}_{r1}$, $\underline{I}_{r1}$ in Richtung Leitungsanfang reflektierte Welle

Am Leitungsende gilt:

$$\underline{U}_{h1} + \underline{U}_{r1} = \underline{U}_{h2}$$

$$\underline{I}_{h1} - \underline{I}_{r1} = \underline{I}_{h2}$$

$$\ddot{u}_u = \frac{\underline{U}_{h2}}{\underline{U}_{h1}} = \frac{2\underline{Z}_e}{\underline{Z}_e + \underline{Z}}$$

$$\ddot{u}_i = \frac{\underline{I}_{h2}}{\underline{I}_{h1}} = \frac{2\underline{Z}}{\underline{Z}_e + \underline{Z}}$$

Eingangsimpedanz $\underline{Z}_a$

$$\underline{Z}_a = \underline{Z} \cdot \frac{\underline{Z}_e + \underline{Z} \cdot \tanh \gamma\, l}{\underline{Z} + \underline{Z}_e \cdot \tanh \gamma\, l}$$

$\underline{Z}_a$ am Leitungsanfang vorhandene Impedanz einer Leitung, die mit der Lastimpedanz $\underline{Z}_e$ abgeschlossen ist

$\underline{Z}_a \approx \underline{Z}$ für

$\gamma \cdot l > 3$

5.5 Sonderfälle

„Unendlich lange" Leitung

$$\underline{U}(x) \approx \underline{U}_a \cdot e^{-\gamma x} \; ; \; \underline{I}(x) \approx \underline{I}_a \cdot e^{-\gamma x} \; ; \; \underline{I}_a = \frac{\underline{U}_a}{\underline{Z}}$$

Die rücklaufende Welle entfällt.

Anpassung: $\underline{Z}_e = \underline{Z}$

$$\underline{U}(x) = \underline{U}_a \cdot e^{-\gamma x} \; ; \; \underline{I}(x) = \underline{I}_a \cdot e^{-\gamma x} \; ; \; \underline{I}_a = \frac{\underline{U}_a}{\underline{Z}}$$

Die rücklaufende Welle entfällt, unabhängig von der Leitungslänge.

Verzerrungsfreie Leitung

Dämpfungskoeffizient α und Phasengeschwindigkeit v sind unabhängig von der Frequenz.

$$\alpha = R' \cdot \sqrt{\frac{C'}{L'}} \; ; \; \underline{Z} = \sqrt{\frac{L'}{C'}} \; ; \; \beta = \omega \cdot \sqrt{L'C'}$$

Bedingung:

$$\frac{R'}{L'} = \frac{G'}{C'}$$

Verlustlose Leitung

$$\underline{Z}_{vL} = \sqrt{\frac{L'}{C'}}; \; \beta_{vL} = \omega\sqrt{L'C'};$$

$$v_{vL} = \frac{\omega}{\beta} = \frac{\omega}{\omega\sqrt{L'C'}} = \frac{1}{\sqrt{L'C'}}$$

Bedingung: Exakt
$R' = 0; \; G' = 0$;

Näherung:
$R' \approx 0; \; G' \approx 0$

Elektrisch kurze Leitung

Reflexionen bei Fehlanpassung am Leitungsende ($\underline{Z}_e \neq \underline{Z}$) und am Leitungsanfang treten nicht störend in Erscheinung.

Bedingung:

$$\frac{l}{\lambda} = \frac{l}{v/f} < 0{,}1$$

Leitung als Transformator

$l = \dfrac{\lambda}{4}$ d. h. $\beta \cdot l = \dfrac{\pi}{2} \Rightarrow \underline{Z}_a = \dfrac{\underline{Z}^2}{\underline{Z}_e} \; ; \; \dfrac{\lambda}{4} -$

Transformator

$l = \dfrac{\lambda}{2}$ d. h. $\beta \cdot l = \pi \Rightarrow \underline{Z}_a = \underline{Z}_e \; ; \; \dfrac{\lambda}{2} -$

Transformator

Voraussetzung:
Verlustlose Leitung

5.6 Daten von Leitungen

Leitungstyp	R' in Ω/km	L' in mH/km	G' in μS/km	C' in nF/km
Freileitungen (Energieversorgung, f = 50 Hz)	0,2	1,5	0,5	5
Fernsprechleitung (f = 1 kHz)	5	2,2	0,8	6
Fernsprechkabel (f = 1 kHz)	60	0,6	1,0	50

Bedingung	α	β	$\underline{Z}$	Beispiel
$R' = G' = 0$	0	$\omega\sqrt{L'C'}$	$\sqrt{\dfrac{L'}{C'}}$	Verlustlose Leitung
$G' \ll \omega C'$ $R' \ll \omega L'$	$\dfrac{R'}{2}\sqrt{\dfrac{C'}{L'}} + \dfrac{G'}{2}\sqrt{\dfrac{L'}{C'}}$ mit $G' \approx 0$ folgt $\dfrac{R'}{2}\sqrt{\dfrac{C'}{L'}}$	$\omega\sqrt{L'C'}$	$\sqrt{\dfrac{L'}{C'}}$	Freileitung allgemein
$\dfrac{R'}{L'} = \dfrac{G'}{C'}$	$R'\sqrt{\dfrac{C'}{L'}}$	$\omega\sqrt{L'C'}$	$\sqrt{\dfrac{L'}{C'}}$	Verzerrungsfreie Leitung
$\omega L' \ll R'$ $G' \approx 0$	$\sqrt{\dfrac{\omega C'R'}{2}}$	$\sqrt{\dfrac{\omega C'R'}{2}}$	$\sqrt{\dfrac{R'}{j\omega C'}}$	Leitung mit geringem Querschnitt bei tiefen Frequenzen

5.7 Hochfrequenz-leitungen

5.7.1 Hochfrequenz-Koaxialkabel

Wellenwiderstand $\underline{Z}$

Wellenwiderstand $\underline{Z}$ bei geringen Verlusten α_r mit d Durchmesser Innenleiter, D Durchmesser Außenleiter und Permittivitätszahl ε_r:

$$\alpha_r = \frac{R_F \cdot \sqrt{\varepsilon_r}}{2 \cdot \pi \cdot 60 \cdot D} \cdot \frac{1 + \dfrac{D}{d}}{\ln \dfrac{D}{d}}; \qquad \underline{Z} = \frac{60}{\sqrt{\varepsilon_r}} \cdot \ln \frac{D}{d}.$$

Flächenwiderstand R_F
Eindringtiefe δ
Skineffekt

Geringe Dämpfungen werden durch den *Flächenwiderstand* $R_F = \rho/\delta$, d. h. spezifischer Widerstand ρ durch *Eindringtiefe* δ, beschrieben. Für Kupfer (Cu) gilt die vom *Skineffekt* bewirkte Eindringtiefe δ_{Cu} ; für Silber (Ag) gilt δ_{Ag} :

$$\frac{\delta_{Cu}}{\mu m} = \frac{66}{\sqrt{\dfrac{f}{MHz}}}; \qquad \frac{\delta_{Ag}}{\mu m} = \frac{64}{\sqrt{\dfrac{f}{MHz}}}.$$

Abhängigkeit des mit $\sqrt{\varepsilon_r}$ normierten Wellenwiderstandes und der Hilfsfunktion $(1 + D/d)/(\ln (D/d))$ vom Durchmesserverhältnis D/d siehe Bild.

Kabeldämpfung α_r

Wie das Diagramm zeigt, wird die *Kabeldämpfung* für $D/d = 3{,}6$ minimal, für $D/d = 2{,}7$ wird die höchste Spannungsfestigkeit erreicht.

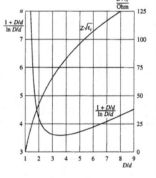

Wellenwiderstand und Hilfsfunktion $\dfrac{1 + D/d}{\ln D/d}$ als Funktion von D/d

Aus diesen Zahlenwerten sind Gründe für die Standardwerte 50, 60, und 75 Ω ersichtlich, siehe Tabelle.

Typ	Wellen-widerstand Z/Ω	Nenngröße	Isola-tion	C' pF/m	P_{mittel} 1 GHz in kW	Dämpfung dB/100 m 100 MHz	Dämpfung dB/100 m 1 GHz
HCF	50 ± 2	¼"	PE-	82	0,26	5,8	19,5
HCF	$50 \pm 1{,}5$	½"	Sch	82	0,78	2,59	11,2
CF	75 ± 3	¼"	a	54	0,33	4,2	14,2
LCF	50 ± 1	½"	u	76	1,18	2,16	7,2
LCF	50 ± 1	1¼"	m	78	3,6	0,85	3,1

Daten einiger ausgewählter CELLFLEX-Kabel von RFS kabelmetal. Typ-Code: CF=CELLFLEX-Kabel, LCF=Low Loss CELLFLEX-Kabel, HCF=hochflexibles CELLFLEX-Kabel, PE=Polyäthylen, C' = Kapazitätsbelag, P_{mittel} = zulässige mittlere Leistung (die maximalen Spitzenleistungen liegen wesentlich höher).

5.7.2 Hohlleiter

Querschnittsformen

Für Frequenzen oberhalb etwa 3 GHz werden bevorzugt Hohlleiter eingesetzt, deren wesentliche *Querschnittsformen* und Verlauf des elektrischen Feldes das Bild zeigt.

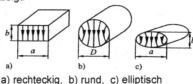

a) rechteckig, b) rund, c) elliptisch

Hohlleiterbezeichnungen

Hohlleiterindizes

Hohlleiter werden nach ihren Komponenten in Ausbreitungsrichtung bezeichnet:
Nach DIN 47301 werden die Wellen zusätzlich durch zwei *Indizes* gekennzeichnet, die der **Zahl der Maxima** der elektrischen Feldstärke $\vec{E}$ entsprechen:
Rechteckhohlleiter:
1. Index Anzahl Maxima längs der Breitseite
2. Index Anzahl Maxima längs der Schmalseite
Rund- und elliptischer Hohlleiter:
1. Index halbe Anzahl Maxima längs des Umfangs
2. Index Anzahl Maxima in radialer Richtung (Maximum in der Achse zählt mit).

Komponente in Ausbreitungs-richtung	Bezeichnung deutsch	Bezeichnung englisch bzw. amerikanisch
Elektrisches Feld	E-Welle	TM-Welle Transversal-magnetische Welle
Magnetisches Feld	H-Welle	TE-Welle Transversal-elektrische Welle

Gruppengeschwindigkeit
Phasengeschwindigkeit

Stellt man sich die mit Lichtgeschwindigkeit c im Hohlleiter ausbreitende und von den gut leitenden Wänden reflektierte Welle vor, so ergeben sich in Ausbreitungsrichtung die *Gruppengeschwindigkeit* v_g und *Phasengeschwindigkeit* v_p. Wie der *Ausbreitungskoeffizient* γ zeigt, wird die Hohlleiterwelle λ erst oberhalb einer *kritischen Wellenlänge* λ_{kr} technisch nutzbar. Der (Feld-)Wellenwiderstand Z_F ist frequenzabhängig, mit Z_0 dem Wellenwiderstand des freien Raumes, der Grenzfrequenz f_{kr} und der Hohlleiterfrequenz f.

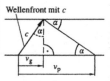

Wellenfront mit c

$$v_g = c \cdot \sin\alpha$$

$$v_p = \frac{c}{\sin\alpha}$$

$$\gamma = \alpha + j\beta$$

$$= 2\pi\sqrt{\frac{1}{\lambda_{kr}^2} - \frac{1}{\lambda^2}}$$

$$Z_F = \frac{Z_0}{\sqrt{1 - \left(\frac{f_{kr}}{f}\right)^2}}$$

5.7.3 Streifenleitungen

Streifenleitung

Gedruckte Schaltungen haben bei hohen Frequenzen zum Leitungstyp der *Streifenleitung* geführt. Darunter ist ein flacher leitender Streifen zu verstehen, der durch ein Dielektrikum von einer großflächigen Gegenelektrode getrennt ist.

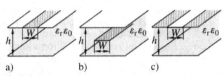

Streifenleitungen
a) Microstrip-Leitung, b) Triplate-Leitung, c) Schlitzleitung
W = Streifenbreite, *h* = Dicke des Dielektrikums

Mikrostreifenleitung

Mikrostreifenleitung im engeren Sinne ist dabei die Ausführung a) im Bild. Die Feldkomponenten $\vec{E}$ und $\vec{H}$ verlaufen, ähnlich wie bei TEM-Wellen, weitgehend senkrecht zur Ausbreitungsrichtung, so dass man von *Quasi-TEM-Wellen* spricht. Wichtig bei der Untersuchung derartiger Systeme ist neben der relativen Permittivität ε_r und der daraus folgenden effektiven Permittivität ε_{eff} des Substrates das Verhältnis *w/h*, d. h. Streifenbreite zu Substratdicke. Allgemein gilt, dass niederohmige Leitungen breit und hochohmige Leitungen schmal (dünn) ausfallen.

Quasi-TEM-Welle

Wellenwiderstand von Streifenleitungen

Nach *Hammerstad* gilt für Streifenleitungen:

$$\frac{Z}{\Omega} = \frac{60 \cdot \ln\left(\frac{8h}{w} + \frac{w}{4h}\right)}{\sqrt{\varepsilon_{\text{eff}}}} \quad \text{für } \frac{w}{h} < 1 \,; \; \varepsilon_{\text{eff}} = 0{,}5 \cdot (\varepsilon_r + 1) + 0{,}5 \cdot (\varepsilon_r - 1) \cdot F$$

$$\frac{Z}{\Omega} = \frac{120 \cdot \pi}{\sqrt{\varepsilon_{\text{eff}}}\left(\frac{w}{h} + 1{,}393 + 0{,}667 \cdot \ln\left(\frac{w}{h} + 1{,}44\right)\right)} \quad \text{für } \frac{w}{h} > 1 \,;$$

$$F = \frac{1}{\sqrt{1 + 12\dfrac{h}{w}}} + 0{,}04 \cdot \left(1 - \frac{w}{h}\right)^2 \quad \text{für } \frac{w}{h} < 1 \,; \; F = \frac{1}{\sqrt{1 + 12\dfrac{h}{w}}} \quad \text{für } \frac{w}{h} > 1$$

Mit dem reellen *Wellenwiderstand Z* gelten für kurzgeschlossene Leitungen ($\underline{Z}_k$) bzw. leerlaufende Leitungen ($\underline{Z}_l$) : $\underline{Z}_k = j \cdot Z \cdot \tan \beta l$ und $\underline{Z}_l = -j \cdot Z \cdot \cot \beta l$. Für Werte von $l/\lambda \leq 0{,}25$ bedeutet dieses induktives Verhalten von kurzgeschlossenen Leitungen und kapazitives Verhalten bei Leerlauf.
Für niederohmige Leitungsabschnitte gilt näherungsweise:
$\omega C \approx 1/Z \cdot \sin \beta l$,
und für hochohmige Leitungsabschnitte näherungsweise:
$\omega L \approx Z \cdot \sin \beta l$,
mit $\beta = 2\pi\lambda$ und l = Leitungslänge.

Streifenleitungsfilter

Diese Näherungen sind für den Entwurf von *Streifenleitungsfiltern* wichtig.

5.8 s-Parameter

Scatter-Parameter

Normierte Leistungswellen

Wie die Leitungsgleichungen zeigen, sind allgemein auf Leitungen hin- und rücklaufende Wellen wirksam. Dies macht sich besonders bei hohen Frequenzen bemerkbar, was durch eine veränderte Betrachtunsweise mit Hilfe der *Scatter-Parameter,* auch *Streuparameter* oder kurz *s-Parameter* berücksichtigt werden kann.

Es werden nicht mehr Ströme und Spannungen, sondern *normierte Leistungswellen* $A = U / \sqrt{R}$ bzw. $I \cdot \sqrt{R}$ zur Bewertung benutzt. Eine hinlaufende Welle wird dann $a = A \cdot e^{-\gamma x}$ und mit der normierte Leistungswelle B wird die rücklaufende Welle zu $b = B \cdot e^{\gamma x}$. Am Eingang eines Vierpols tritt eine Welle b_1 auf, die aus reflektierten Anteilen von a_1 und a_2 besteht, und entsprechend am Ausgang b_2. Den Zusammenhang zwischen diesen Größen liefern die s-Parameter. Die s-Parameter können mittels Richtkoppler flussrichtungsabhängig als Spannungsverhältnisse gemessen werden. Als Reflexionsfaktoren sind die s-Parameter dimensionslos und werden im allgemeinen als komplexe Größen dargestellt. Gelegentlich findet man auch eine Darstellung nach Real- und Imaginärteil. Echte Reflexionsfaktoren sind aber nur die Parameter s_{11} und s_{22}, die im Allgemeinen im *Smith-* oder *Kreisdiagramm* dargestellt werden

$$b_1 = s_{11} \cdot a_1 + s_{12} \cdot a_2$$
$$b_2 = s_{21} \cdot a_1 + s_{22} \cdot a_2$$

s_{11} = Eingangsreflexionsfaktor
s_{12} = Rückübertragungsfaktor
s_{21} = Vorwärtsübertragungsfaktor
s_{22} = Ausgangsreflexionsfaktor

5.8.1 Signalfluss-diagramm

Die Anwendung der s-Parameter führt zu einer veränderten Betrachtung von Schaltungen in Form von Signalflussdiagrammen.

Die Größen a sind dem Knoten zufließende und b entsprechende abfließende Leistungswellen. Die s-Parameter bilden die Verkopplung.

Das Signalflussdiagramm des *belasteten Generators* weist jetzt die Generatorleistung abfließende normierte Leistungswelle b_q aus, die dann mit b dem Verbraucher als zufließend, d. h. als a zur Verfügung steht.

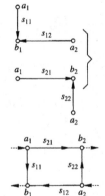

Signalflussdiagramm eines Vierpols.
a = zufließende Wellen
b = abfließende Wellen
s_{xx} = s-Parameter

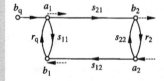

Signalflussdiagramm des beschalteten Vierpols. b_q = normierte Leistungswelle der Quelle, r_q = Reflexionsfaktor der Quelle, r_2 = Reflexionsfaker Last, a: hinlaufende Wellen, b: ablaufende Wellen, s_{xx}: s-Parameter.

Im optimalen Falle soll die von der Last aufgenommene Leistungswelle a (a_2 im Bild oben) gleich der vom Generator (Quelle) abgegebenen Leistungswelle b sein. Daraus folgt für die in der Praxis ausschließlich wichtige Wirkleistung P_w.

Die maximal mögliche entnehmbare Wirkleistung P_{wmax} bei einem Generator mit komplexem Innenwiderstand erfordert eine Anpassung mit konjugiert komplexem Abschlusswiderstand.

Überträgt man diese Überlegungen auf den beschalteten Vierpol (Bild oben), so interessiert die an r_2, d. h. an der Last, abgegebene Wirkleistung P_{w2}

a)

oder

b)

Signalflussdiagramm des belasteten Generators.

b_a = normierte Leistungswelle der Quelle

r_a = Reflexionsfaktor der Quelle

r_2 = Reflexionsfaktor der Last

$$P_w = |b_q|^2 \frac{1 - |r_2|^2}{|1 - r_2 \cdot r_q|^2} \; ; \; P_{wmax} = |b_q|^2 \frac{1}{1 - |r_q|^2} \; ;$$

$$P_{w2} = b_2 \cdot b_2^* - a_2 \cdot a_2^* = |b_2|^2 \cdot \left(1 - |r_2|^2\right)$$

5.8.2 Leistungs-
verstärkung

Leistungsverstärkung G

Für die praktische Anwendung ist es zweckmäßig, die obigen Betrachtungen auf Transistoren und ihre s-Parameter umzusetzen. Dabei ist es sinnvoll, die Betrachtung zu relativieren, d. h. die *Leistungsverstärkung G* = P_{w2}/P_{wmax} zu bilden, um die Daten des aktiven Systems, also des Transistors, bewerten zu können. Unter Vernachlässigung des gegen Null gehenden Rückübertragungsreflexionsfaktors s_{12} und geeigneter Umformung ergibt sich G. Die einzelnen Komponenten haben folgende Bedeutung: G_1 = *Wirkleistungsverstärkung am Eingangstor*, maximal für $r_q = s_{11}^*$. Die *Wirkleistungsverstärkung* des Vierpols im engeren Sinne ist G_0. Am Ausgangstor wird die Wirkleistungsverstärkung G_2 auch maximal für konjugiert komplexe Anpassung $r_2 = s_{22}^*$, somit G_{2max}.

Die maximale Leistungsverstärkung des im Eingang und Ausgang konjugiert komplex angepassten Vierpols ist dann G_{max} = *MAG* = *Maximum Available Gain*

Wirkleistungsverstärkung am Eingangstor G_1
Wirkleistungsverstärkung G_0
Wirkleistungsverstärkung am Ausgangstor G_2

Maximum Available Gain MAG

$$G = G_1 \cdot G_0 \cdot G_2$$

$$= \frac{1 - |r_q|^2}{|1 - s_{11} \cdot r_q|^2} |s_{21}|^2$$

$$\frac{1 - |r_2|^2}{|1 - s_{22} \cdot r_2|^2}$$

$$G_{1max} = \frac{1}{1 - |s_{11}|^2}$$

$$G_0 = |s_{21}|^2$$

$$G_{2max} = \frac{1}{1 - |s_{22}|^2}$$

$$MAG = G_{1max} \cdot G_0 \cdot G_{2max} = \frac{|s_{21}|^2}{\left(1 - |s_{11}|^2\right) \cdot \left(1 - |s_{22}|^2\right)}$$

5.9 Kreisdiagramm

5.9.1 Grundlagen

Buscheck-Diagramm

**Kreisdiagramm
Smith-Diagramm**

**Transformations-
gleichung**

Doppeldiagramm

Komplexe Widerstände werden i. a. in der komplexen Ebene dargestellt (Bild rechts oben). Werden darin Kreise für konstante Anpassungsfaktoren $m = U_{min}/U_{max}$ und Kurven für konstante l/λ-Werte aufgetragen, entsteht das *Buschbeck-Diagramm*, das, wegen der unendlich großen komplexen Ebene, gleichfalls unendlich groß ist. Da der komplexe Reflexionsfaktor $\underline{r}$ für passive Systeme nur Beträge zwischen Null und Eins annehmen kann, gehört dazu lediglich eine Kreisebene mit dem Radius 1. Es entsteht das *Kreis-* oder *Smithdiagramm* (Bild rechts unten). Berücksichtigt man auch negative Reflexionsfaktoren, die dann außerhalb des Radius 1 liegen, bleibt die unendliche Ausdehnung der komplexen Ebene erhalten. Die Umrechnung zum Kreisdiagramm erfolgt über die *Transformationsgleichung* für $\underline{r}$ mit $\underline{z}$ auf den Wellenwiderstand Z normierten komplexen Widerstand. Der komplexe Reflexionsfaktor bildet in diesem Diagramm konzentrische Kreise um den Nullpunkt mit einer, außen aufgetragenen, zirkularen Gradskala. Eingetragen im Diagramm sind aber Kreise für konstante Wirkanteile und Kurven für konstante Blindanteile. Kreise für Reflexionsfaktoren können jederzeit leicht mit einem Zirkel nachgetragen werden.

Für die Praxis ist neben dem Kreisdiagramm für Widerstände die Inversion dazu, das Kreisdiagramm für Leitwerte, wichtig. Es kann jederzeit durch 180°-Drehung des Widerstandsdiagrammes gewonnen werden.

Im Bild unten ist eingetragen, wie sich in Serienschaltungen Wirk- und Blindwiderstände entlang der verschiedenen Kurven verändern, entsprechend sind im Teil b die Bedeutungen der Kurven bei Parallelschaltungen für Wirk- und Blindleitwerte aufgeführt.

Für Schaltungsentwürfe im Kreisdiagramm muss oft zwischen Widerstands- und Leitwertdiagramm gewechselt werden. Die praktisch bequeme Lösung dazu ist das *Doppel(kreis)diagramm*, das in zwei verschiedenen Farben beide Diagramme übereinander gedruckt aufweist.

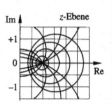

Buschbeck-Diagramm mit Kreisen für m und Kurven für l/λ

$$\underline{r} = \frac{\underline{z} - 1}{\underline{z} + 1}$$

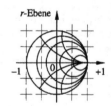

Komplexe Reflexionsfaktorebene mit Radius 1, Kreisdiagramm

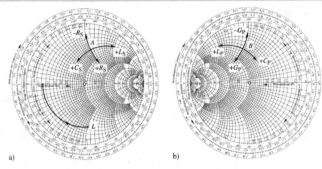

Kreisdiagramme a) für Widerstände, b) für Leitwerte

5.9.2 *s*-Parameter im Kreisdiagramm

Verstärkung bei Fehl-anpassung

Für MAG-Werte waren bei den Größen G_{1max} und G_{2max} konjugiert komplexe Reflexionsfaktoren gefordert. Diese sind im Kreisdiagramm leicht durch Vorzeichenumkehr des Phasenwinkels darstellbar. Nach Unterlagen von Hewlett-Packard gibt es eine einfache Möglichkeit zu zeigen, welche Verstärkungen sich ergeben, wenn die Anpassbedingungen bei einem Transistor nicht genau erfüllt sind. Die Ortskurven für konstante Werte von G_1 und G_2 lassen sich als Kreise im Kreisdiagramm darstellen, deren Mittelpunkte auf einer Geraden vom Zentrum des Kreisdiagramms zum Punkt s_{11}^{*} bzw. s_{22}^{*}, d. h. den konjugiert komplexen *s*-Parametern, liegt.

Mit der normierten Verstärkung g_1 beträgt, für eine vorgegebene konstante Verstärkung G_1, der Radius des Kreises R_G.

$$g_1 = \frac{G_1}{G_{1max}} = \frac{G_1}{1 - |s_{11}|^2}$$

Der Abstand des Kreismittelpunktes vom Zentrum des Kreisdiagramms in Beträgen des Reflexionsfaktors gemäß Diagrammmaßstab beträgt D_G.

$$R_G = \frac{\sqrt{1 - g_1} \cdot \left(1 - |s_{11}|^2\right)}{1 - (1 - g_1) \cdot |s_{11}|^2}$$

Die für die Eingangsseite mit s_{11} angeschriebenen Gleichungen gelten sinngemäß mit s_{22}- und G_{22}-Werten für die Ausgangsseite eines Transistors. Die Verstärkungen G bzw. G_{max} sind in absoluten Zahlen einzusetzen, auch wenn sie allgemein in dB angegeben werden.

$$D_G = \frac{g_1 \cdot |s_{11}|}{1 - (1 - g_1) \cdot |s_{11}|^2}$$

6 Modulation

6.1 Grundlagen

Modulation

Ziel: Transformation des Basisbandes (Frequenzbereich des Nutzsignals, modulierendes Signal; z. B. Sprache, Musik) in einen anderen Frequenzbereich (siehe Träger), um ihn optimal (über große Entfernungen, mehrere eindeutig wieder trennbare Signale gleichzeitig) übertragen zu können. Übertragungsmedien: Elektrische Leiter, Lichtleiter, elektromagnetische Wellen (im Raum, Hohlleiter). Dabei wird häufig die Signalform geändert, um z. B. eine störungsarme Übertragung zu erreichen (Datenübertragung, Digitalisierung von Analogsignalen).

Anwendung: Rundfunk- und Fernsehübertragung, analog und digital; Datenübertragung; Telefonverkehr.

Verwendete Begriffe, Formelzeichen

$s_M(t)$ Basisbandsignal, Nutzsignal, modulierendes Signal. Hat i. a. einen vorgegebenen Frequenzbereich, z. B. 15 Hz bis 15 kHz für Sprache und Musik bei der Rundfunkübertragung auf UKW.

$s_T(t)$ Träger, sinusförmig, mit einer Frequenz im kHz-...GHz-Bereich. Es gibt unterschiedliche Verfahren, ihm das Basisbandsignal geeignet aufzumodulieren.

$$s_M(t) = \hat{s}_M \cdot \sin(\omega_M t + \varphi_M)$$
$$s_T(t) = \hat{s}_T \cdot \sin(\omega_T t + \varphi_T)$$

Hier: $s_M(t)$ sinusförmig, eine Frequenz $\Rightarrow$ übersichtliche Darstellung möglich.

6.2 Sinusträger, mit Analogsignal moduliert

Übersicht

$\hat{s}_T = f(s_M(t))$: Amplitudenmodulation, AM

$\omega_T = f(s_M(t))$: Frequenzmodulation, FM

$\varphi_T = f(s_M(t))$: Phasenmodulation, PM

$$s_T(t) = \underbrace{\hat{s}_T}_{AM} \cdot \sin\left(\underbrace{\omega_T t}_{FM} + \underbrace{\varphi_T}_{PM}\right)$$

Sammelbegriff für FM und PM: Winkelmodulation

Zweiseitenband-Amplitudenmodulation AM

Modulationsgrad m

Unteres (US) und oberes (OS) Seitenband

Bandbreite B

Zur Signalrückgewinnung erforderlich: Träger und US *oder* Träger und OS (siehe ESB, SSB).

Ansatz: $s_T^*(t) = \hat{s}_T + s_M \cdot \sin(\omega_M t)$; $\varphi_M = 0$ gesetzt.

1. Modulation durch Multiplikation: Trägeramplitude

$$s_{AM}(t) = s_T^*(t) \cdot \sin(\omega_T t)$$

$$s_{AM} = \hat{s}_T \cdot$$

$$\cdot \left\{ \sin \omega_T t + \frac{m}{2} \cdot \begin{bmatrix} -\cos(\omega_T + \omega_M) \cdot t \\ +\cos(\omega_T - \omega_M) \cdot t \end{bmatrix} \right\}$$

m Modulationsgrad

$$m = \frac{\hat{s}_M}{\hat{s}_T} = \frac{\hat{s}_{M\,US} + \hat{s}_{M\,OS}}{\hat{s}_T}$$

$m > 0$, sonst Phasensprung.

$\hat{s}_{M\,US}$ Trägeramplitude des unteren Seitenbandes (US) mit der Frequenz $f_T - f_M$;

$\hat{s}_{M\,OS}$ Trägeramplitude des oberen Seitenbandes (OS) mit der Frequenz $f_T + f_M$.

Häufig verwendete Modulation, da nur die 3 Frequenzen f_T, $f_T + f_M$ und $f_T - f_M$ entstehen.

2. Modulation an einer quadratischen Kennlinie:
Es entstehen die Frequenzen f_M, $2f_M$, $2f_T$, f_T, $f_T - f_M$, $f_T + f_M$.
Die ersten 3 Frequenzanteile müssen unterdrückt werden.

3. Modulation an einer nichtlinearen nichtquadratischen Kennlinie: Es entstehen, je nach Kennlinie, weitere unerwünschte Frequenzen, die unterdrückt werden müssen.

Erforderliche Bandbreite
B_{AM} : $B_{AM} = 2 \cdot f_{M\,max}$;
$f_{M\,max}$: Maximale Frequenz des Basisbandes.

Modulierter Träger bei AM

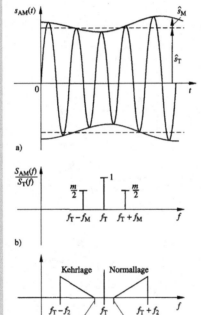

Modulierter Träger
a) Zeitverlauf, b) Spektrum
c) Normal- und Kehrlage

Einseitenband-Amplitudenmodulation ESB, SSB

Ausgesendet werden nur Träger und US oder Träger und OS. Geringstmögliche Bandbreite; Unterdrückung des OS bzw. US problematisch, besonders, wenn $f_{M\,min} = 0$, erfordert unendlich steile Filterflanken. Die Trägerleistung eines Seitenbandes kann für das andere Seitenband verwendet werden.

Erforderliche Bandbreite
B_{ESB} : $B_{ESB} = f_{M\,max}$
$f_{M\,max}$, $f_{M\,min}$: Maximale bzw. minimale Frequenz des Basisbandes.

Nachrichtentechnik
Modulation

Restseitenband-Amplitudenmodulation RM, VSB

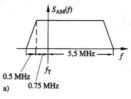

a)

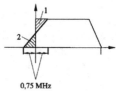

b) 0,75 MHz

$f_{M\,min} = 0$
Anwendung: Fernseh-Bildübertragung.
Bandbreite B_{RM} allgemein:
$$2 \cdot f_{M\,max} > B_{RM} > f_{M\,max}$$
Die Flächen 1 und 2 sind gleich.

Restseitenbandübertragung (Fernsehen)
a) Frequenzspektrum des Senders, b) Durchlasskurve des Empfängers

Leistung von Träger und Seitenbändern bei AM

$$P_{ges\,AM} = P_T + P_{US} + P_{OS} =$$

$$\underbrace{\frac{\hat{u}_T^2}{2 \cdot Z}}_{\text{Träger}} + \underbrace{\frac{\hat{u}_T^2}{2 \cdot Z} \cdot \frac{m^2}{2}}_{\substack{\text{beide} \\ \text{Seiten-} \\ \text{bänder}}} = \frac{\hat{u}_T^2}{2 \cdot Z} \cdot \left(1 + \frac{m^2}{2}\right)$$

Z: Lastwiderstand, den die Trägerspannung speist
$m = 0,8 \Rightarrow P_T =$
$= 0,75 \cdot P_{ges\,AM}$
$P_{OS} = P_{US} = 0,12 \cdot P_{ges\,AM}$

Demodulation von AM

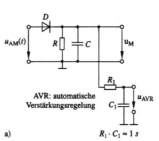

AVR: automatische Verstärkungsregelung

a) $R_1 \cdot C_1 \approx 1\,s$

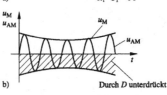

b)   Durch D unterdrückt

a) Schaltung, b) Betrachtung im Zeitbereich

Betrachtung im Frequenzbereich:
$$\hat{s}_T \cdot \sin \omega_T t +$$
$$\hat{s}_T \cdot \frac{m}{2} \cdot (-\cos\left(\omega_T + \omega_M\right) \cdot t)$$
$$+\hat{s}_T \cdot \frac{m}{2} \cdot (\cos\left(\omega_T - \omega_M\right) \cdot t)$$
(siehe oben) ergibt an einer nichtlinearen Kennlinie u. a. das Basisbandsignal f_M. Alle anderen Frequenzanteile, z. B. f_T, $2f_T$, ... werden durch den RC-Tiefpass (Grenzfrequenz f_g) unterdrückt:
$$f_{M\,max} < f_g = 1/(2\pi RC)$$
$$\ll f_T$$

Winkelmodulation:

FM und PM

Spektrum

Allgemein:
$$s_T(t) = \hat{s}_T \cdot \sin \underbrace{\left(\omega_T t + \varphi_T\right)}_{\Phi(t)}$$

FM: $\Phi(t) = \underbrace{\left[\omega_T + \alpha_F \cdot s_M(t)\right]}_{\Omega(t)} \cdot t + \varphi_T$;

PM: $\Phi(t) = \omega_T t + \underbrace{\alpha_P \cdot s_M(t)}_{\varphi(t)}$

Zusammenhang:
$$\Omega(t) = \frac{d\Phi(t)}{dt} \approx \frac{\Delta\Phi(t)}{\Delta t}$$

Spektrum der FM:
f_T, $f_T \pm f_M$, $f_T \pm 2f_M$,
$f_T \pm 3f_M$, $f_T \pm 4f_M$, ...

Amplituden: Besselfunktionen,
$f_T \rightarrow J_0(\eta)$,
$f_T \pm f_M \rightarrow J_1(\eta)$,
$f_T \pm 2f_M \rightarrow J_2(\eta)$, ...
η: Modulationsindex bei FM

Kenngrößen bei FM, PM:

Phasenhub $\Delta\Phi$

(Kreis)-Frequenzhub $\Delta\Omega$

Modulationsindex η

Phasenhub: $\text{FM} \to \Delta\Phi = \dfrac{\alpha_F \cdot \hat{s}_M}{\omega_M}$;

$\text{PM} \to \Delta\Phi = \alpha_P \cdot \hat{s}_M$

(Kreis)-Frequenzhub:

$\text{FM} \to \Delta\Omega = \alpha_F \cdot \hat{s}_M$; $\text{PM} \to \alpha_P \cdot \hat{s}_M \cdot \omega_M$

Modulationsindex bei FM:

$$\eta = \Delta\Phi = \frac{\Delta\Omega}{\omega_M} = \frac{\Delta F}{f_M}$$

ΔF Spitzenhub

Allgemein: $\eta = f(f_M)$

Beispiel UKW-Rundfunk:

$f_{M\,max} = 15$ kHz,

$\Delta F = 75$ kHz

$\Rightarrow \eta = \eta_{min} = 5$

$\eta_{max} = \eta(f_M = 15$ Hz$)$

$= 5000$

Bandbreite bei FM

Bandbreite theoretisch unendlich groß, muss in der Praxis begrenzt werden.

Schmalband-FM: $B_{FM} = 2B_M = 2f_{M\,max}$

Breitband-FM: $B_{FM} = 2(\Delta F + f_{M\,max})$

(Carson-Formel), ergibt Klirrfaktor

$k \leq 1\%$.

Breitband-FM angewendet beim UKW-Rundfunk:

$B_{FM,UKW} = 2(75 + 15)$ kHz

$= 180$ kHz

Niederfrequentes Störverhältnis bei FM

Preemphase

Deemphase

$$a_{FM,NF} = \frac{\hat{u}_N}{\hat{u}_{NF}} \approx \frac{\hat{u}_N}{\hat{u}_S} \cdot \frac{|f_T - f_N|}{\Delta f_T}$$

$\hat{u}_N$ Amplitude des Störsignalträgers in V

$\hat{u}_{NF}$ Amplitude des Niederfrequenzsignals in V

$\hat{u}_S$ Amplitude des Nutzsignalträgers in V

$|f_T - f_N|$ Frequenzabstand zwischen Nutz- und Störsignalträger in Hz

Δf_T Frequenzhub in Hz

$\alpha_{FM,NF}$ ist maximal für

$f_{M\,max}$:

$$\alpha_{FM,NF}\big|_{max} \approx \frac{\hat{u}_N}{\hat{u}_S} \cdot \frac{1}{\eta_{min}}$$

Anhebung der Amplituden des Basisbandsignals mit steigender Frequenz (Preemphase) vor der Modulation und entsprechende Absenkung im Empfänger nach der Demodulation (Deemphase).

Beispiel: Erzeugung und Demodulation bei FM

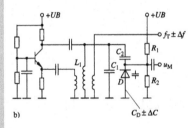

FM mit Kapazitätsdiode

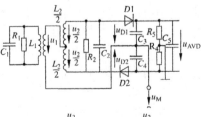

Demodulation mit Ratiodetektor

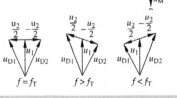

6.3 Sinusträger, mit Digitalsignal moduliert

Amplitudenumtastung ASK
(amplitude shift keying)

Frequenzumtastung FSK
(frequency shift keying)

Phasenumtastung PSK
(phase shift keying)

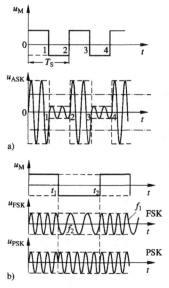

a) Amplitudenumtastung
b) Frequenzumtastung und Phasenumtastung

Beispiel für ASK:
Zeit- und Normal-
frequenzsender DCF 77
der PTB, Braunschweig:
f_T = 77,5 kHz;
Umtastung der Trägeram-
plitude zwischen 100 % und
25 %, die Information steckt
im Beginn der Trägerab-
senkung (Beginn der Se-
kunde) und in der Dauer:
0,1 s → logisch 0,
0,2 s → logisch 1.

Phasenumtastung:
Neben der 2-Phasen-
umtastung (0° ⇔ 180°)
findet auch die n-Phasen-
Umtastung (n = 8, 16, 32,
64) Anwendung. Damit
lassen sich Kodierungen
mit 3 bis 6 bit erreichen,
allerdings nimmt der Ein-
fluss von Störsignalen mit
wachsendem n zu.

6.4 Pulsträger-modulation, Träger uncodiert

Pulsamplituden-Modulation (PAM)

Pulsfrequenz-Modulation (PFM)

Pulsphasen-Modulation (PPM)

Pulsdauer-Modulation (PDM)

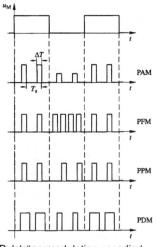

Pulsträgermodulation uncodiert
(Pulse unipolar)

T_a: vorgegeben durch
das Abtasttheorem von
Shannon.

ΔT: sollte so klein wie möglich gewählt werden, da
dann in die Lücken weitere
Signale eingefügt werden
können ⇒ Multiplexver-
fahren.

PPM: relativ unempfindlich
gegenüber Amplitudenstö-
rungen.

PDM: nur geringe Bedeu-
tung.

Pulscodemodulation PCM

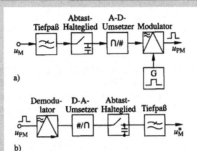

a)

b)

Pulscodemodulation
a) Sender, b) Empfänger

Bevorzugt eingesetzt bei Pulsmodulation.

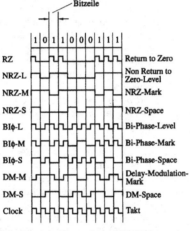

Verwendete Formate bei der Pulscodemodulation (nach [6.1])

Zielsetzungen für das kodierte Signal:
1. Kein Gleichanteil (galvanische Trennung über Transformatoren)
2. Übertragene Frequenz(en) so niedrig wie möglich
3. Rückgewinnung der Sendertaktfrequenz aus der übertragenen Impulsfolge
DM-Verfahren (auch Miller-Code, D von Delay): Optimales Verfahren, erfüllt obige 3 Forderungen
DM-M: Binär-Eins durch Wechsel der Signalpolarität in Taktmitte, Binär-Null nach Binär-Eins kein Polaritätswechsel, Binär-Null nach Binär-Null Polaritätswechsel zum Taktbeginn.

Übertragenes Signal weist Redundanz auf, da sich benachbarte Abtastwerte i. a. nur geringfügig unterscheiden.

Deltamodulation DM

DM: Ein Bit übertragen, das das Vorzeichen der Änderung zum vorhergehenden Wert enthält. Ist die Änderung größer als 1 Bit, gibt es eine Steigungsüberlastung (slope overload).

Delta-Sigma-Modulation

Delta-Sigma-Modulation: Das analoge Basissignal wird zunächst integriert. Damit werden die Differenzen benachbarter Abtastwerte verringert und damit die Gefahr der Steigungsüberlastung. Im Empfänger muss durch ein Differenzierglied der Originalverlauf wiederhergestellt werden.

Differenz-Pulscode-modulation DPCM

DCPM: Je nach Differenz zweier benachbarter Abtastwerte wird auch mit mehr als einem Bit kodiert.

DPCM: Anwendung vorwiegend in der Fernsehbildübertragung.

7 Filter

7.1 Begriffe

Frequenzgang

Amplitudengang

Phasengang

Tiefpassfilter

Hochpassfilter

Bandpassfilter

Bandsperre

Grenzfrequenz

Durchlassbereich

Sperrbereich

Phasenwinkel φ_g
Grad (Ordnung) n
eines Filters

**Steigung des Amplituden-
ganges**

- *Frequenzgang:* Darstellung des Amplitudenverhältnisses von Aus-
gangs- zu Eingangsspannung in Abhängigkeit von der Frequenz.
- *Amplitudengang:* Doppelt-logarithmische Darstellung des Verhält-
nisses von Ausgangs- zu Eingangsspannung. Für die Ordinaten-
beschriftung gilt: $20 \cdot \lg\left(\left|\underline{U}_{aus} / \underline{U}_{ein}\right|\right)$ in dB.
- *Phasengang:* Darstellung des Phasenwinkels von Ausgangs- zu
Eingangsspannung in Abhängigkeit von der Frequenz. Die Fre-
quenzachse ist logarithmisch, die Phasenachse ist linear geteilt.
Je nachdem, wie die Frequenzanteile des Originalsignals das
Filter passieren, spricht man von:
- *Tiefpassfilter,* wenn die im Signal enthaltenen Frequenzanteile von
Gleichspannung bis zur Grenzfrequenz durchgelassen werden;
- *Hochpassfilter,* wenn ab der Grenzfrequenz die im Signal enthal-
tenen Frequenzanteile durchgelassen werden;
- *Bandpassfilter,* wenn nur die im Signal enthaltenen Frequenzan-
teile eines meist eng begrenzten Frequenzbereiches durchgelas-
sen werden;
- *Bandsperre,* wenn alle im Signal enthaltenen Frequenzanteile
außer denen in einem meist eng begrenzten Frequenzbereich
durchgelassen werden.

Der Übergang vom Sperr- in den Durchlassbereich und umgekehrt
wird in der Praxis durch die Angabe der Grenzfrequenz bzw. der Resonanzfrequenz als scharf begrenzt angenommen, obwohl es sich um
einen allmählichen Übergang handelt. Kenngrößen für die praktische
Anwendung sind:

- *Grenzfrequenz* fg: Frequenz, bis zu der (Tiefpass) bzw. ab der
(Hochpass) die im Signal enthaltenen Frequenzanteile durchgelassen werden. Bei den Filtern erster Ordnung gilt: 1. Der Betrag
des Verhältnisses Ausgangs- zu Eingangsspannung ist vom Ma-
ximalwert auf das 0,707fache des Maximalwertes abgesunken.
2. Der Phasenwinkel zwischen Ein- und Ausgangsspannung be-
trägt – 45° (Tiefpass) bzw. +45° (Hochpass).
- *Durchlassbereich:* Frequenzbereich bis zu f_g (Tiefpass) bzw. ab f_g
(Hochpass) bzw. innerhalb der Bandbreite B (Bandpass).
- *Sperrbereich:* Frequenzbereich ab f_g (Tiefpass) bzw. bis zu f_g
(Hochpass) bzw. innerhalb der Bandbreite B (Bandsperre).
- *Phasenwinkel* φ_g: Phasenwinkel bei der Grenzfrequenz f_g.
- *Grad (Ordnung) n eines Filters:* Höchster im Nenner vorkommen-
der Exponent der Kreisfrequenz ω für das Verhältnis von Aus-
gangs- zu Eingangsspannung, wenn der Zähler eine Konstante
ist. Er wird vorwiegend für Hoch- und Tiefpassfilter angegeben.
Beispiel: Tiefpassfilter 3. Grades

$$\underline{U}_{aus} / \underline{U}_{ein} = A_0 / (-j\omega^3 - B\omega^2 + Dj\omega + E) \; ;$$

A_0, B, D, E, Konstante, dimensionslos oder Kombinationen aus
R, L und C.
- *Steigung des Amplitudenganges:* Sie wird im Sperrbereich angegeben und ist ein Maß für die Fähigkeit, Frequenzanteile außerhalb des Durchlassbereiches zu unterdrücken. Sie wird bestimmt
durch den Grad n des Filters und in dB/Dekade angegeben.

Allgemein gilt: Steigung eines Filters n-ten Grades: $-n \cdot 20\,\text{dB}$ / Dekade für einen Tiefpass bzw. $+n \cdot 20\,\text{dB}$ / Dekade für einen Hochpass.

Bandbreite B

- *Bandbreite B:* Frequenzbereich, der durchgelassen (Bandpass) bzw. gesperrt (Bandsperre) wird. Sie ist bestimmt durch den Bereich, in dem die Ausgangsgröße beim Bandpass zwischen Maximalwert und $0{,}707$ Maximalwert liegt bzw. bei der Bandsperre zwischen Minimalwert und $1{,}41$ Minimalwert liegt.

Güte Q

- *Güte Q:* Maß für die Eigenschaften von Bandpass bzw. Bandsperre im Durchlass- bzw. Sperrbereich.

Dämpfungsmaß d
Resonanzfrequenz f_0

- *Dämpfungsmaß d:* d=1/Q
- *Resonanzfrequenz* f_0: Frequenz, die ein Bandpassfilter optimal durchlässt bzw. eine Bandsperre maximal unterdrückt.

Für die zuletzt genannten Kenngrößen besteht folgende Beziehung:
$$f_0 = B \cdot Q$$

7.2 Passive R-C-Tiefpassfilter

Passive R-C-Tiefpassfilter erster, zweiter und dritter Ordnung

Frequenzgang

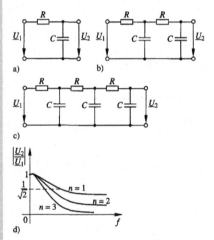

R-C-Tiefpassfilter a) erster, b) zweiter, c) dritter Ordnung, d) Frequenzgang

Tiefpass erster Ordnung (n=1)				
$\dfrac{\underline{U}_2}{\underline{U}_1}$	φ	f_g	φ_g	Steigung
$\dfrac{1}{1+j\omega RC}$	$-\arctan \omega RC$	$\dfrac{1}{2\pi RC}$	-45°	
Näherung für $\omega \ll 1/RC$				
≈ 1	≈ 0			≈ 0
Näherung für $\omega \gg 1/RC$				
$\approx \dfrac{1}{j\omega RC}$	$= -\arctan \omega RC$ $\approx -90^\circ$			$\approx \dfrac{-20\,\text{dB}}{\text{Dekade}}$

Tiefpass zweiter Ordnung (n=2)		
$\dfrac{\underline{U}_2}{\underline{U}_1}$	φ	Steigung
$\dfrac{1}{1+3j\omega RC-\omega^2R^2C^2}$	$-\arctan\dfrac{3\omega RC}{1-\omega^2R^2C^2}$ [1]	
Näherung für $\omega \ll 1/RC$		
≈ 1	$\approx 0°$	≈ 0
Näherung für $\omega \gg 1/RC$		
$\approx\dfrac{-1}{\omega^2R^2C^2}$	$\approx -180^0 + \arctan\dfrac{3}{\omega RC}$ [1,2] $\approx -180^0$ [1,3]	$\approx\dfrac{-40\text{ dB}}{\text{Dekade}}$
Tiefpass dritter Ordnung (n=3)		
$\dfrac{\underline{U}_2}{\underline{U}_1}$	φ	Steigung
$1/(1+6j\omega RC$ $-5\omega^2R^2C^2$ $-j\omega^3R^3C^3)$	$-\arctan\dfrac{6\omega RC-\omega^3R^3C^3}{1-5\omega^2R^2C^2}$ [1]	
Näherung für $\omega \ll 1/RC$		
≈ 1	$\approx 0°$	≈ 0
Näherung für $\omega \gg 1/RC$		
$\approx\dfrac{-1}{j\omega^3R^3C^3}$	$\approx -180°-\arctan\dfrac{\omega RC}{5}$ [1,2] $\approx -270°$ [1,3]	$\approx\dfrac{-60\text{ dB}}{\text{Dekade}}$

1) tan (x) periodisch in 180°; 2) erste Näherung, 3) zweite, grobe Näherung, meist zulässig

7.3 Passive R-C-Hoch-passfilter

Passive R-C-Hochpassfilter erster, zweiter und dritter Ordnung

Frequenzgang

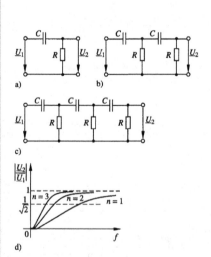

R-C-Hochpassfilter a) erster, b) zweiter, c) dritter Ordnung, d) Frequenzgang

Hochpass erster Ordnung (n=1)				
$\dfrac{U_2}{U_1}$	φ	f_g	φ_g	Steigung
$\dfrac{j\omega RC}{1+j\omega RC}$	90° $-\arctan \omega RC$	$\dfrac{1}{2\pi RC}$	45°	
Näherung für $\omega \ll 1/RC$				
$\approx j\omega RC$	$\approx 90^\circ$			$\approx \dfrac{20 \text{ dB}}{\text{Dekade}}$
Näherung für $\omega \gg 1/RC$				
≈ 1	$= 90^\circ$ $-\arctan \omega RC$ ≈ 0			≈ 0

Hochpass zweiter Ordnung (n=2)		
$\dfrac{U_2}{U_1}$	φ	Steigung
$\dfrac{-\omega^2 R^2 C^2}{1+3j\omega RC - \omega^2 R^2 C^2}$	$180^\circ -\arctan\dfrac{3\omega RC}{1-\omega^2 R^2 C^2}$ [1]	
Näherung für $\omega \ll 1/RC$		
$\approx -\omega^2 R^2 C^2$	$\approx 180^\circ -\arctan 3\omega RC$ [1,2] $\approx 180^\circ$ [1,3]	$\approx \dfrac{40 \text{ dB}}{\text{Dekade}}$
Näherung für $\omega \gg 1/RC$		
≈ 1	$\approx \arctan \dfrac{3}{\omega RC}$ [1,2] ≈ 0 [1,3]	≈ 0

Hochpass dritter Ordnung (n = 3)		
$\dfrac{U_2}{U_1}$	φ	Steigung
$(-j\omega^3 R^3 C^3)/(1 +5j\omega RC - 6\omega^2 R^2 C^2 -j\omega^3 R^3 C^3)$	$270^\circ -\arctan\dfrac{5\omega RC-\omega^3 R^3 C^3}{1-6\omega^2 R^2 C^2}$ [1]	
Näherung für $\omega \ll 1/RC$		
$\approx -j\omega^3 R^3 C^3$	$\approx 270^\circ -\arctan 5\omega RC$ [1,2] $\approx 270^\circ$ [1,3]	$\approx \dfrac{60 \text{ dB}}{\text{Dekade}}$
Näherung für $\omega \gg 1/RC$		
≈ 1	$\approx 90^\circ -\arctan \dfrac{\omega RC}{6}$ [1,2] ≈ 0 [1,3]	≈ 0

[1] tan (x) periodisch in 180°; [2] erste Näherung, [3] zweite, grobe Näherung, meist zulässig

7.4 Schwingkreis als Bandpass und Bandsperre

Allgemeine Beziehung	Reihenschwingkreis als Bandsperre, bezogen auf $\underline{I}$	Parallelschwingkreis als Bandpass, bezogen auf $\underline{U}$
	$$\underline{I} = \frac{\underline{U}_0}{R_r + j\left(\omega L - \dfrac{1}{\omega C}\right)}$$	$$\underline{U} = \underline{I}_0 \frac{1}{\dfrac{1}{R_p} + j\left(\omega C - \dfrac{1}{\omega L}\right)}$$
	Speisung aus einer Spannungsquelle mit der Spannung $\underline{U}_0$	Speisung aus einer Stromquelle mit dem Strom $\underline{I}_0$
Resonanz für Imaginärteil von $\underline{Z} = 0$: $\Rightarrow$ $$\omega_0 = \frac{1}{\sqrt{LC}}$$	$$\underline{I}(\omega_0) = \frac{\underline{U}_0}{R_r}$$ $$\underline{U}_R = \underline{U}_0;\ \underline{U}_C = \frac{\underline{U}_0}{R_r j\omega_0 C};$$ $$\underline{U}_L = \frac{\underline{U}_0}{R_r} \cdot j\omega_0 L$$ $$|\underline{U}_C| = |\underline{U}_L|$$	$$\underline{U} = \underline{I}_0 \cdot R_p$$ $$\underline{I}_R = \underline{I}_0;\ \underline{I}_C = \underline{I}_0 \cdot R_p \cdot j\omega_0 C;$$ $$\underline{I}_L = \underline{I}_0 \cdot R_p \frac{1}{j\omega_0 L}$$ $$|\underline{I}_C| = |\underline{I}_L|$$
Güte Q	$$Q_r = \frac{\omega_0 L}{R_r} = \frac{1}{R_r \omega_0 C}$$ $$= \frac{1}{R_r}\sqrt{\frac{L}{C}}$$	$$Q_p = \frac{R_p}{\omega_0 L} = R_p \omega_0 C$$ $$= R_p \sqrt{\frac{C}{L}}$$
Dämpfungsmaß d	$d = 1/Q$	$d = 1/Q$
Bandbreite B	$$B = \frac{f_0}{Q}$$	$$B = \frac{f_0}{Q}$$

7.5 Bandfilter

Bandfilter **Kopplungsfaktor k** **Dämpfungsmaß d**	Zwei magnetisch oder kapazitiv gekoppelte Filter, i. a. zwei Schwingkreise M Gegeninduktivität in H L_1, L_2 Induktivität der Primär- bzw. Sekundärwicklung in H σ Streufaktor	$$k = \frac{M}{\sqrt{L_1 \cdot L_2}}$$ $$k = \sqrt{1-\sigma}$$ $$d = 1/Q$$
Kopplungsarten	Unterkritische Kopplung k_{un} Überkritische Kopplung $k_{üb}$ Kritische Kopplung k_{kr} $(d_1 = d_2 = d)$ Kritische Kopplung $(d_1 \neq d_2)$: als transitionale Kopplung bezeichnet Dämpfungsmaß d $(d_1 \neq d_2)$; d_1, d_2 Dämpfungsmaß des Primär- bzw. Sekundärschwingkreises	$k = k_{un} < d$ $k = k_{üb} > d$ $k = k_{kr} = d$ $$k_{tr} = \sqrt{\frac{1}{2}(d_1^2 + d_2^2)}$$ $$d = \sqrt{d_1 \cdot d_2}$$

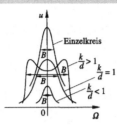

Resonanzkurven bei unter-
schiedlicher Kopplung

Normierte Verstimmung Ω

$$\Omega = Q \cdot v = Q\left(\frac{f}{f_o} - \frac{f_0}{f}\right)$$

$$\Omega \approx Q \cdot \frac{2\Delta f}{f_0} = Q \cdot \frac{B}{f_0}$$

v Verstimmung

Bandbreite

Unterkritische Kopplung B_{un}
Überkritische Kopplung $B_{üb}$
Kritische Kopplung B_{kr}

$B_{un} \approx 0,64 \cdot f_0 / Q$

$B_{üb} \approx 3 \cdot f_0 / Q$

$B_{kr} \approx 1,4 \cdot f_0 / Q$

8 Empfänger-
schaltungstechnik

Überlagerungsempfänger

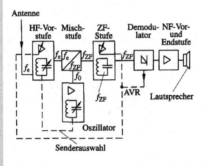

$f_{ZF} = f_0 - f_e$

f_0 Frequenz des einge-
bauten Oszillators, wird
mit der Frequenz des zu
empfangenden Senders
f_e so geändert, dass stets
gilt: f_{ZF} = konst.
Beispiel: f_{ZF} = 10,7 MHz
beim UKW-Rundfunk.

AVR: Automatische Ver-
stärkungsregelung: Ver-
stärkung im HF- und ZF-
Bereich wird über die
Amplitude von f_e so eingestellt, dass das demo-
dulierte Signal nahezu
konstante Amplitude hat.

9 Ton- und Bildübertragung

9.1 Rundfunk-Stereoübertragung

Stereo-Mikrofonanordnungen

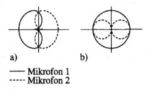

—— Mikrofon 1
----- Mikrofon 2

Mikrofonanordnungen mit Richtcharakteristik
a) X-Y-Stereofonie (Links-Rechts)
b) M-S-Stereofonie (Mitte-Seiten)

Stereo-Rundfunkübertragung

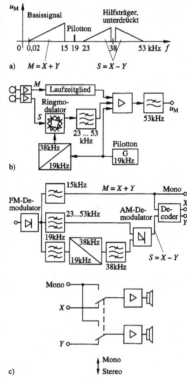

a) Spektrum des Stereosignals (senderseitig)
b) Erzeugung des Modulationssignals (senderseitig)
c) Stereo-Empfänger (ab Demodulator)

Einsatz von Richtmikrofonen
Zusammenhang:
$M = X + Y$; $S = X - Y$ bzw.
$X = M + S$; $Y = M - S$

Sender:
Aufnahme und Übertragung in M-S-Technik. Damit steht das M-Signal für Mono-Empfänger direkt zur Verfügung.

S-Signal: Auf Hilfsträger 38 kHz in Zweiseitenband-AM aufmoduliert (Einseitenband-AM ergäbe technische Probleme); Hilfsträger mit Ringmodulator unterdrückt (sonst Störungen). Hilfsträger zur Demodulation phasenrichtig erforderlich, deshalb Pilotton („Hilfsträger" 19 kHz mit geringer Amplitude) übertragen.

Laufzeitglied: gleicht Laufzeiten im Ringmodulator und Bandpassfilter aus.

Empfänger:
$M = X + Y \rightarrow$ Monosignal; Empfängerdecoder bildet Summe und Differenz:
$M + S = (X + Y) + (X - Y)$
$= 2X \rightarrow$ linker Kanal,
$M - S = (X + Y) - (X - Y) = 2Y \rightarrow$ rechter Kanal.
Phasenrichtiger Hilfsträger über Frequenzverdopplerschaltung aus Pilotton 19 kHz erzeugt.

9.2 Fernseh-Bildübertragung

9.2.1 Farbfernseh-Bildübertragung (analog)

FBAS

Helligkeits- oder Leuchtdichte- oder Luminanz- oder Y-Signal („Grauwerte")

Farbart- oder Chrominanzsignal: enthält den Farbton (z. B. Gelb), die Farbsättigung ist bereits im Y-Signal enthalten

Farbhilfsträger: 4,4296875 MHz; quadraturmoduliert Amplitude → Farbsättigung Phase → Farbart

Synchronisation über Burst-Signal (ca. 6...8 Schwingungen) des Senders

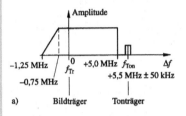

a)   Bildträger   Tonträger

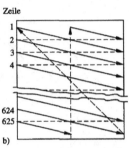

b)

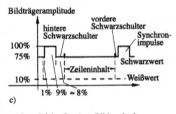

c)

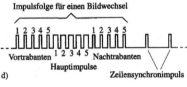

d)

Frequenzverkämmung
(nicht maßstäblich)
a) Spektrum des Y-Signals
b) Spektrum von Y-Signal und Farbhilfsträger (nach unten geklappt)

FBAS: Farb-Bild-Austast-Synchron-Signal

Zu übertragende Signale: Helligkeit und Farbart (z. B. gelb)

Die Kamera nimmt die Farben Rot (R), Grün (G) und Blau (B) auf. Übertragen werden die Signale (R-Y) · 0,88 und (B-Y) · 0,49 mit der Wichtung:
R = 0,30
G = 0,59
B = 0,11

Auf die zunächst erwartete höhere Bandbreite konnte (unter gewissen Einbußen) verzichtet werden, da nur in seltenen Fällen die theoretisch vorhandene Bandbreite bei Schwarz-Weiß-Übertragung auch tatsächlich ausgenutzt wird. Diese Lücken werden mit Farbinformationen gefüllt: Frequenzverkämmung. Ein Farbhilfsträger mit der Frequenz 4,4296875 MHz wird mit der Farbinformation moduliert.
f_Z Zeilenfrequenz, 15625 Hz

PAL-Verfahren

Mehrkanalton

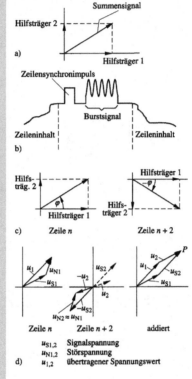

Farbfernsehübertragung
a) Farbhilfsträger, Quadraturmodulation
b) Burst-Signal
c) PAL-Verfahren
d) Störungsunterdrückung beim PAL-Verfahren

PAL: phase alternation line

Farbhilfsträger: Summensignal aus Hilfsträger 1 und Hilfsträger 2 (um 90° voreilend)

Burst-Signal: Synchronisiert den Farbhilfsträger im Farbfernseh-Empfänger (über Quarz erzeugt) phasenrichtig. Erforderlich, da in seiner Phase die Farbart enthalten ist.

PAL-Verfahren: Der Bildinhalt der Zeile n wird normal (d. h. mit dem Winkel φ zwischen Hilfsträger 1 und dem Farbhilfsträger) übertragen und auf eine Verzögerungsleitung mit τ = 64 µs (1/(15625 Hz)) gegeben. Für den Inhalt der Zeile n + 2 wird der Winkel des Farbhilfsträgers negiert (− φ). Der Empfänger macht die Negierung rückgängig und addiert die Information der Zeile n + 2 zu der (verzögerten und jetzt zeitlich richtigen) Information der Zeile n. Dieses Signal wird angezeigt. Die Störungen auf den Zeilen n und n + 2 unterscheiden sich in den meisten Fällen kaum voneinander, durch die senderseitige Drehung und empfängerseitige Rückdrehung heben sich die Amplituden der Störsignale weitgehend oder nahezu völlig auf.

Mehrkanalton: Unterschiedliche Nutzung der zwei Stereokanäle:
1. Beide Kanäle Mono
2. Stereoübertragung,
3. Zweiton: ein Kanal Sprache 1 der andere Kanal Sprache 2

9.2.2 Farbfernsehbildübertragung (digital)

DVB-T

DVB-C

DVB-S

MPEG-2

Gleichwellennetz
Fehlerschutz,
REED-SOLOMON

Coderate

Schutzintervall,
guard interval

4-stufige Phasenumtastung, Quarternary Phase Shift Keying, Q-PSK, 4-PSK

16-stufige (64-stufige) Quadratur-Amplituden-Phasenumtastung, 16-QAPSK (64-QAPSK) Coded Orthogonal Frequency Division Multiplex, COFDM

Statistischer Multiplex

DVB-T: Terrestrische Übertragung; DVB-C: Kabelübertragung; DVB-S: Satellitenübertragung. Unterschiede in der Quellen- und Kanalcodierung, optimal an die jeweiligen Übertragungswege angepasst.
Beispiel: DVB-T: Die Digitalisierung des Fernsehbildes erfordert eine Datenrate von ca. 170 Mbit/s, der Ton ca. 1,4 Mbit/s. Daraus ergibt sich die Forderung nach einer Datenreduzierung mit vertretbaren Einbußen bei der Bild- und Tonqualität. Verwendet wird die MPEG-2-(Quellen-) Codierung. Das ergibt eine Mindest-Datenrate von (2,5...4) Mbit/s für das Bild einschließlich Ton. Angestrebt wird ein Gleichwellennetz, d. h. mehrere benachbarte Sender senden auf gleicher Frequenz mit synchroner Datenrate, daraus folgt i. a. eine Erhöhung der Signalamplitude beim Empfänger (Addition der Gleichkanalsignale). Fehler durch mögliche Signalauslöschungen und andere auftretende Nutzsignalverfälschungen (Echosignale) werden durch einen Fehlerschutz verringert: Angewendet wird der REED-SOLOMON-Code RS (204,188), der an ein Codewort von 188 Byte ein Korrekturwort mit 16 Byte anhängt. Damit können maximal 8 fehlerhafte Bytes erkannt und korrigiert werden. Das Verfahren führt allerdings zur Verringerung der Nutzdatenrate. Coderate: Verhältnis Nutzdatenrate/(Nutzdatenrate + Fehlerschutzbitrate). Schutzintervall: Um möglichst viele Gleichkanalsignale und Reflexionen zur Erhöhung der Empfangsfeldstärke zu nutzen, die nicht gleichzeitig eintreffen, wird der Beginn des Nutzsignals nicht als solches verwendet. Dieses Schutzintervall wird auf eine Dauer von 1/4, 1/8, 1/16 oder 1/32 der Symboldauer eingestellt. Moduliert wird mit 4-stufiger Phasenumtastung und 16- bzw. 64-stufiger Quadratur-Amplituden-Phasenumtastung. Die gesamte zu übertragende Bitfolge wird in Gruppen aufgeteilt und einer Vielzahl von parallelen Trägern (theoretisch 2048 bzw. 8192) aufmoduliert. Die Träger haben einen Abstand von ca. 4,4 kHz bzw. 1,1 kHz. Bei der 4-PSK kann damit ein 2-bit-Symbol je Träger übertragen werden, bei der 16-QAPSK ein 4-bit-Symbol pro Träger und bei der 64-QAPSK ein 6-bit-Symbol pro Träger. Die Kanalbandbreite beträgt insgesamt 8 MHz. Durch geeignete Wahl der Trägerfrequenzen und des Trägerabstandes fallen die Maxima und die Nullstellen benachbarter Frequenzspektren zusammen und stören sich nicht gegenseitig, was für den Aufbau eines Gleichwellennetzes spricht. Bei DVB-T gibt es 2 Modi. Beim 2k-Modus stehen real 1512 Träger für Nutzdaten zur Verfügung (2048 theoretisch, 1705 praktisch für Nutzdaten und Zusatzdienste), beim 8k-Modus real 6048 Träger (8192 theoretisch, 6817 für Nutzdaten und Zusatzdienste). Beim 2k-Modus müssen wegen der geringeren Anzahl von Trägern Symbole mit mehr Bit pro Zeiteinheit und damit kürzerer Bit-Dauer aufmoduliert werden. Das Schutzintervall muss kürzer sein, deshalb müssen die Sender bei Gleichwellennetzen im 2k-Modus einen geringeren Abstand haben als im 8k-Modus. Beispiel: 8,4 km zu 33,6 km bei einer Schutzintervalldimensionierung von 1/8. Beim statistischen Multiplex bilden z. B. 4 Programme die Einheit, auf die die übertragene Datenrate dynamisch zugewiesen wird. Erfordert ein Programm wegen eines Bildwechsels kurzzeitig eine höhere Datenrate, wird sie von Bildern mit momentan geringerer erforderlicher Datenrate abgezweigt. Das verbessert die Bildqualität bei schnellen Wechseln, kann aber zu „Bildruckeln" führen, wenn die Gesamtdatenrate kurzzeitig nicht für die 4 Programme ausreicht.

| | | Datenrate in Mbit/s | |
| | | Schutzintervalldimensionierung | |
Modulation	Coderate	1/4	1/32
4-PSK	2/3	6,6	8
4-PSK	7/8	8,7	10,5
16-QAPSK	2/3	13,2	16,1
16-QAPSK	7/8	17,4	21,1
64-QAPSK	2/3	20	24,1
64-QAPSK	7/8	26,1	31,6

Datenrate in Abhängigkeit von der Modulationsart, der Coderate und der Schutzintervalldimensionierung

10 Mehrfachübertragung – Multiplexverfahren

Zeitmultiplexverfahren:

Analog und digital kodierte Signale

Abtastfrequenz

Bandbreite

Zykluszeit eines Schalterumlaufes

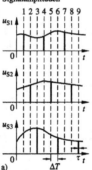

Aufeinanderfolge der übertragenenen diskreten Signalamplituden

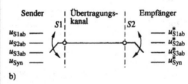

Signalflußrichtung

c)

Analoge Übertragung
a) Drei Signalverläufe
b) Prinzip der Übertragung
c) Signalverlauf auf dem Übertragungskanal

Voraussetzung: Alle Signale müssen frequenzbandbegrenzt (Grenzfrequenz f_g) sein. Abtasttheorem von Shannon ergibt die Abtastfrequenz:

$$f_{ab} \geq 2,2 \cdot n \cdot f_g \text{ in Hz}$$

n Zahl der Kanäle

f_g Grenzfrequenz aller Kanäle (hier als gleich angenommen)

Analog kodierte Signale:
Erforderliche Bandbreite des Kanals:

$$B \geq 2,2 \cdot n \cdot f_g + f_{syn} \text{ in Hz}$$

f_{syn} Frequenz des Synchronisationssignals in Hz, dient zur Synchronisation der Schalterstellungen bei Sender und Empfänger.

$$\Delta T = 1/f_{ab}$$

τ Dauer der Signalabtastung in s

τ so klein wie möglich, es muss gelten: $\tau < \Delta T$

Zykluszeit eines Schalterumlaufes:

$$t_{um} = n \cdot \tau + n \cdot t_{sch} + t_{syn} \text{ in } s$$

t_{sch} Zeit zum Weiterschalten auf den nächsten Kanal

t_{syn} Zeitdauer für die Schaltersynchronisation in s

Digital kodierte Signale:

$B \geq n \cdot k \cdot f_g + f_{syn}$ in Hz

k Zahl der Bits pro Abtastwert

Es muss gelten:

$\Delta T > k \cdot T_{bit}$.

T_{bit} Zeitdauer für ein Bit in s

Frequenzmultiplex-verfahren am Beispiel Fernsprechnetz

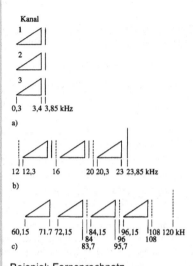

Beispiel: Fernsprechnetz
a) Drei Fernsprechkanäle
b) Bildung der Vorgruppe
c) Grundprimärgruppe

Basissignale: 300 Hz bis 3,4 kHz, Sicherheitsabstand bis 3,85 kHz zur Kanaltrennung.

Kanal 1 wird Träger mit 12 kHz, Kanal 2 Träger mit 16 kHz und Kanal 3 Träger mit 20 kHz in Einseitenband-Amplituden-Modulation mit unterdrücktem Träger in Normallage aufmoduliert: Vorgruppe mit Frequenzbereich 12,3 bis 23,85 kHz.

Vier Vorgruppen werden Trägern mit 84, 96, 108 bzw. 120 kHz in Einseitenband-Amplituden-Modulation in Kehrlage aufmoduliert: Grundprimärgruppe. Sie überträgt 12 Gespräche im Frequenzbereich 60,15 bis 107,7 kHz gleichzeitig.

Erforderliche Kanalbandbreite:

$B \geq n \cdot B_S + n \cdot \Delta f$

n Zahl der Basissignale

B_S Bandbreite eines Basissignals in Hz

Δf Sicherheitsabstand zur Kanaltrennung in Hz

11 Richtfunktechnik

Kennzeichen

Sender und Empfänger ortsfest. Frequenzbereich 300 MHz bis 30 GHz. Quasioptische Übertragung, bis etwa 100 km. Zwischenstationen (Relaisstationen) bei größeren Entfernungen. Mehrfachnutzung der verwendeten Frequenz möglich. Verringert die Ausfallrate einer Verbindung bei Parallelbetrieb zur Kabelverbindung. Relativ geringer Aufwand erforderlich. Verwendung von Parabolantennen als Richtantennen.

Frequenzdiversity, Raumdiversity

Dienen zur Erhöhung der Übertragungssicherheit.
Frequenzdiversity: Es wird das gleiche Signal über zwei parallele Übertragungskanäle mit unterschiedlichen Frequenzen übertragen.
Raumdiversity: Die Übertragung geschieht räumlich auf zwei unterschiedlichen Wegen, wobei auch die Empfänger örtlich voneinander getrennt sind.

Scatterverbindung	Keine optische Sicht zwischen Sender und Empfänger. Zwischenstationen (Relaisstationen) nicht möglich (Telefonverkehr Bundesrepublik-Westberlin zu Zeiten der DDR). Sende- und Empfangsantenne werden auf einen gemeinsamen Punkt in der Troposphäre (1 bis 2 km hoch) ausgerichtet. Inhomogenitäten des Brechwertes reflektieren einen sehr geringen Anteil in Richtung Empfangsantenne. Es sind sehr große Sendeleistungen erforderlich.
Freiraumdämpfung	*Freiraumdämpfung*: Dämpfung zwischen Sende- und Empfangsantenne, wenn beide als Kugelstrahler ausgebildet sind.

Freiraumdämpfungsmaß $a_0 = 20 \cdot \lg \dfrac{4\pi \cdot l}{\lambda}$ in dB

l Entfernung in m, λ Wellenlänge in m

Antennengewinnmaß	*Antennengewinnmaß* $G = 10 \cdot \lg \dfrac{4r^2\pi^2 q}{\lambda^2}$ dB

r Radius der Antenne in m; q Flächenausnutzungsfaktor, $q \approx 0{,}6$; λ Wellenlänge in m

Gesamt-Systemdämpfung	*Gesamt-Systemdämpfungsmaß*: $a_{ges} = a_0 + a_L - (G_S + G_E)$

a_0 Freiraumdämpfungsmaß in dB, siehe oben; a_L Zuleitungsdämpfungsmaß in dB; G_S, G_E Antennengewinnmaß der Sende- bzw. Empfangsantenne, siehe oben

Antennen	Parabolantennen mit Durchmesser < 4,5 m. *Halbwertsbreite*: Winkel gegenüber der Hauptstrahlrichtung, bei der der Antennengewinn auf die Hälfte (–3 dB) abgesunken ist. Bei Parabolantennen liegt der Winkel zwischen 0,5° und 4°. Die Halbwertsbreite sinkt mit steigendem Antennendurchmesser, so dass große Antennen eine größere Richtwirkung besitzen als kleine.
Schwund	Störungen der Ausbreitungsbedingungen. *Interferenzschwund*: Überlagerung von direkt empfangener und reflektierter Welle und damit teilweise oder totale Auslöschung. *Absorptions- und Streuverluste*: Streuung und Dämpfung durch Wassertropfen und Wasserdampf, besonders für Frequenzen ab 10 GHz.

12 Nachrichten-
übertragung
über Satellit

Transponder

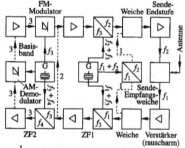

--1-- HF-Durchschaltung
--2-- ZF-Durchschaltung
--3-- Basisband-Durchschaltung

ZF-Durchschaltung: Umsetzung in eine deutlich niedrigere Frequenz (Zwischenfrequenz, ZF), damit einfachere und energiesparendere Verstärkung möglich.

Basisband-Durchschaltung: Signal wird demoduliert, dadurch Änderung der Modulationsart möglich.

Antennen: Parabol- oder Cassegrain-Antennen.

Polarisation: Horizontal und vertikal, dadurch zwei Signale auf der gleichen Frequenz übertragbar.

Energieversorgung: Solarzellen mit Pufferakkus.

$$G = q \cdot \left(\frac{2 \cdot \pi \cdot r}{\lambda} \right)^2$$

G Antennengewinn
q Flächenausnutzungsfaktor, $q \approx 0,6$
r Radius der Antenne in m
λ Wellenlänge in m

Antennengewinn

Footprint

Darstellung der vom Satelliten auf die einzelnen Punkte der Erdoberfläche abgestrahlten Leistung einschließlich des Antennengewinns. Es werden Linien gleicher Leistung eingetragen. Damit kann die Leistungsabnahme vom Zentrum zu den Außenzonen abgelesen werden. Die Beschriftung dieser Linien kann z. B. in *EIRP, equivalent isotropically radiated power,* in logarithmischem Maßstab mit der „Einheit" dBW erfolgen.

GPS

GPS: Global Positioning System. Geografisches Positionsbestimmungssystem. Etwa 25 Satelliten umkreisen die Erde in ca. 20.000 km Höhe, die Umlaufzeit beträgt etwa 12 Stunden. Damit stehen immer mindestens 4 Satelliten zum Empfang zur Verfügung. Sie senden ihre Position und die genaue Zeit aus, so dass ein Empfänger auf der Erde daraus seine genaue momentane Position bestimmen kann. Dieses System ist zunächst für militärische Zwecke und Spezialanwendungen entwickelt worden, und die Positionsbestimmung ist mit einem Fehler < 1 m möglich. Für den Privatanwender liegt der Fehler bei etwa (30...100) m.

DGPS

DGPS: Differential Global Positioning System. Um den Fehler des GPS zu verringern, wird an einem ganz genau vermessenen Ort ein GPS-Empfänger aufgestellt. Er vergleicht seinen genau bekannten Standort mit den Satellitendaten und gibt einen Korrekturwert an andere Empfänger weiter, so dass der Fehler der Positionsbestimmung auf wenige Meter sinkt. Einige Rundfunksender der ARD haben auf UKW die Übermittlung dieser DGPS-Daten eingeführt, ebenso Deutschlandradio auf Langwelle. DGPS wird z. B. angewendet zur Positionsbestimmung und zur Verkehrsleitung von Autofahrern (Navigationssysteme).

13 Lichtwellenleiter (LWL)

Akzeptanzwinkel α_A

Numerische Apertur
$A_N = \sin \cdot \alpha_A$

Relative Brechzahl-differenz Δ

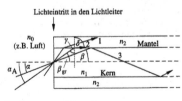

Reflexion und Brechung

1. $\alpha > \alpha_A \Rightarrow$ Strahl 1, keine Übertragung mögich

2. $\alpha = \alpha_A \Rightarrow$ Grenzfall mit

$$\sin \alpha_A = \frac{n_1}{n_0} \sqrt{1 - \frac{n_2^2}{n_1^2}} = A_N$$

n_i Brechzahlen, siehe Bild

3. $\alpha < \alpha_A \Rightarrow$ Strahl 3, Licht wird am Mantel reflektiert.

$$\Delta \approx \frac{n_1 - n_2}{n_1}$$

Moden

Moden: Diejenigen Lichtwellen, die im Lichtleiter ausbreitungsfähig sind. Ihre Zahl hängt ab vom Kerndurchmesser, von der Lichtwellenlänge und der numerischen Apertur.

Modendispersion, Impulsverbreiterung

Modendispersion, Impulsverbreiterung: Zeitliche Verbreiterung des Ausgangssignals gegenüber dem Eingangssignal durch die unterschiedlichen Laufzeiten der Lichtwellen bei den möglichen Eintrittswinkeln α in den Lichtleiter ($0 \le \alpha \le \alpha_A$). Bei impulsförmigem Lichtsignal am Lichtleitereingang spricht man auch von *Impulsverbreiterung*.

Mehrmoden-Stufenindex

Mehrmoden-Gradientenindex

Einmoden-Stufenindex

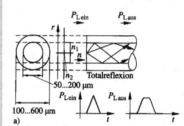

a) Mehrmoden-Stufenindex:
   Ausbreitungsfähige Moden:

$$M_S = 2 \cdot \left(\frac{\pi \cdot r_0}{\lambda} \right)^2 \cdot \left(n_1^2 - n_2^2 \right)$$

Impulsverbreiterung:

$$\Delta t_S \approx \frac{l}{c} \cdot n_1 \cdot \Delta$$

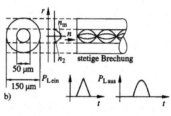

b) Mehrmoden-Gradientenindex:
   Die Brechzahl n im Kern hängt vom Radius r ab:

$$n(r) = n_M \left[1 - 2\Delta \left(\frac{r}{R} \right)^x \right]^{1/2}$$

Ausbreitungsfähige Moden:
$$M_G = M_S / 2$$

   Impulsverbreiterung:

$$\Delta t_G \approx \frac{l}{c} \cdot n_1 \cdot \frac{\Delta^2}{2}$$

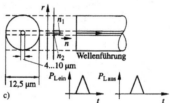

Lichtwellenleitertypen
a) Mehrmoden-Stufenindex
b) Mehrmoden-Gradientenindex
c) Einmoden-Stufenindex

c) Einmoden-Stufenindex:
   Ausbreitungsfähige Moden:

$$M_E = 1$$

   Impulsverbreiterung:
$$\Delta t_E \approx M_\lambda \cdot \Delta\lambda \cdot l$$

Formelzeichen:
λ Lichtwellenlänge im m
c Lichtgeschwindigkeit in m/s
l Lichtleiterlänge in m
r_0 größter Kernradius in m
$\Delta\lambda$ Linienbreite der Lichtquelle in m
M_λ Dispersion in s/(m²), hängt von λ ab

Daten von Lichtwellenleiterkabeln						
Leiterart	Kern-durch-messer in µm	Mantel-durch-messer außen, in µm	Dämp-fung bei 850 nm in dB/km	Disper-sion in ns/km	Bitrate bei 1 km Länge in Mbit/s	Impulsver-breiterung bei 1 km Länge in ns
Mehrmoden-Stufenindex	50...200	100...600	5...30	40...50	≈ 60	10...100
Mehrmoden-Gradienten-index	50	150	3...10	1...2	≈ 600	0,1...1
Einmoden-Stufenindex	4...10	12,5	2...5	0,1...0,2	≈ 1000	< 0,005

14 Funkmess-technik – Radar

Radarquerschnitt S_e

Auch Rückstreu- oder Echoquerschnitt. Strahlungsdichte in W/m² am reflektierenden Körper (Gegenstand), verursacht durch die vom Sender ausgesendete Leistung P_S.

g Antennengewinn
P_S Senderleistung in W
r Abstand Sender – Körper in m

$$S_e = \frac{g \cdot P_S}{4 \cdot \pi \cdot r^2} \text{ in } \frac{W}{m^2}$$

Radarquerschnitt A_e

λ Wellenlänge des Radarsignals in m.
Vor.: Reflektierender Körper mit ebener Fläche A_{pl} und Abmessungen >> λ, Radarstrahl trifft senkrecht auf.

$$A_e \approx \frac{4\pi \cdot A_{pl}^2}{\lambda^2}$$

Reflektierte Strahlungs-dichte an der Sende-antenne

Anteil von S_e, der vom Körper reflektiert wird und an der Sendeantenne ankommt.

$$S_S = \frac{A_e \cdot S_e}{4 \cdot \pi \cdot r^2} \text{ in } \frac{W}{m^2}$$

Reichweite

P_S Senderleistung in W
A_e Radarquerschnitt in m²
A Wirkfläche der Empfangsantenne in m²
λ Wellenlänge des Radarsignals in m
k Boltzmann-Konstante
T absolute (thermodynamische) Temperatur in K
B Bandbreite des Radarsignals in Hz
F Rauschzahl des Empfängers
S_r Störabstand

$$r_{max} \sqrt[4]{\frac{P_S A_e A^2}{4\pi\lambda^2 kTBFS_r}}$$

Primärradar

Der Körper reflektiert passiv den Radarstrahl.

Geringe Amplitude

Sekundärradar

Ein im Körper eingebauter Transponder antwortet auf ein Codewort des Senders mit einem eigenen Sender.

Sichere Signalerkennung, geringere Ortungsgenauigkeit

15 Elektroakustik – Grundbegriffe

Schall	Mechanische Energie in Form von Schwingungen und Wellen eines elastischen Mediums	
Hörschall, Infraschall, Ultraschall	Hörschall: Schall im Frequenzbereich des menschlichen Hörens, ca. 16 Hz bis 16 kHz Infraschall: Schall unterhalb ca. 16 Hz Ultraschall: Schall oberhalb ca. 16 kHz	
Geräusch	Schallsignal, das meistens ein nicht zweckbestimmtes Schallereignis charakterisiert	Beispiel: Maschinengeräusch
Schall-Kennimpedanz W_0; Wellenwiderstand	Widerstand, den das Medium der Schallwelle entgegensetzt c Schallgeschwindigkeit in m/s ρ Dichte in kg/m^3 $W_0 = 413$ (N s)/m^3 in Luft bei Normaldruck und 20 °C. Die Schallkennimpedanz heißt Wellenwiderstand, wenn das Medium verlustfrei ist (Wellenwiderstand reell).	$W_0 = c \cdot \rho$ in $\dfrac{\text{kg}}{\text{m}^2 \cdot \text{s}}$
Schalldruck in N/m^2	Durch die Schallschwingung hervorgerufener Wechseldruck p. Der Praxis angepasst: Angabe in µbar.	$1\ \mu\text{bar} = 10^{-1}\text{N/m}^2$ $= 10^{-1}\text{Pa}$
Schallschnelle v	Geschwindigkeit, mit der sich die Atome bzw. Moleküle durch den Schalldruck um ihre Ruhelage bewegen. ω Kreisfrequenz in 1/s s Schwingweg der Schallquelle in m p Schalldruck in N/m^2 W_0 Schallkennimpedanz in kg/(s m^2)	$v = \omega \cdot s = \dfrac{p}{W_0}$ in $\dfrac{\text{m}}{\text{s}}$
Schallgeschwindigkeit c	Geschwindigkeit, mit der sich die Schallwelle fortpflanzt. E Elastizitätsmodul in N/m^2 ρ Dichte in kg/m^3 $c = 340$ m/s in Luft (Normaldruck, 20 °C)	$c = \sqrt{\dfrac{E}{\rho}}$ in m/s
Schallintensität J	Produkt aus Schallschnelle und Schalldruck oder Quotient aus Schalleistung und Fläche.	$J = v \cdot \rho = \dfrac{p^2}{W_0}$ in W/m^2
Schalleistung P_{ak}	Produkt aus Schallintensität J und Fläche A.	$P_{ak} = J \cdot A$ in W

Hörschwelle	Die Hörschwelle ist der Schalldruck, den das Ohr gerade noch wahrnehmen kann. 1 Pa = 10 µbar.	$p_0 = 2 \cdot 10^{-4}$ µbar
Schallpegel	Logarithmisches Verhältnis des tatsächlichen Schalldruckes p_1 zu einem *Bezugs-Schalldruck* p_b. Die Bezugsgröße p_b ist anzugeben.	
Schalldruckpegel L_p	Logarithmisches Verhältnis des tatsächlichen Schalldruckes p_1 zum Schalldruck der Hörschwelle $p_0 = 2 \cdot 10^{-4}$µbar	$L_p = 20 \cdot \lg \dfrac{p_1}{p_0}$ in dB
Elektroakustischer Übertragungsfaktor für Schallsender (Lautsprecher) B_S	p Schalldruck in Pa U elektrische Spannung in V	$B_S = \dfrac{p}{U}$ in $\dfrac{\text{Pa}}{\text{V}}$
Elektroakustischer Übertragungsfaktor für Schallempfänger (Mikrofone) B_E	p Schalldruck in Pa U elektrische Spannung in V. Maß für die „Empfindlichkeit", z. B. Kondensatormikrofon: $B_E \approx 1$ mV/Pa	$B_E = \dfrac{U}{p}$ in $\dfrac{\text{V}}{\text{Pa}}$

16 Vermittlungstechnik – Verkehrstheorie

Verkehrsmenge Y	c Zahl der Belegungen T_m mittlere Belegungsdauer in s	$Y = c \cdot T_m$ in Erl h
Verkehrswert y_v	T Beobachtungsdauer in s	$y_v = Y/T = c \cdot T_m/T$ in Erl
Angebot A	C_A Zahl der Belegungen bzw. Belegungsversuche T_m mittlere Belegungsdauer in s	$A = C_a \cdot T_m$
Leistung y	Maximaler Verkehrswert einer Anlage. C_y Zahl der maximal möglichen Belegungen T_m mittlere Belegungsdauer in s	$y = C_y \cdot T_m$
Verlustsystem, Restverkehr R	Das Angebot übersteigt die Leistung.	$R = A - y = (C_a - C_y) \cdot T_m$
Verlust V		$V = R/y$
Mittlere Wartedauer T_W	*Wartezeitsystem*: Eine momentan nicht herstellbare Belegung wird solange in einer Warteschleife gespeichert, bis sie durch eine freiwerdende Einrichtung durchgeführt werden kann. T_{wges} Wartezeit aller wartenden Belegungen zusammen C_W Anzahl der verzögerten Belegungen	$T_w = T_{wges}/C_w$

17 Kommunikations- und Datennetze

17.1 Lokale Kommunikations- und Datennetze, LAN

Netzstrukturen

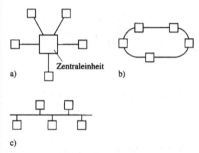

a) Stern, b) Ring, c) Bus

Eigenschaften

Sternstruktur	
Kennzeichen	Zentralrechner (Server) und Einzelrechner
Vorteile	Relativ hohe Übertragungsrate – Keine Systemstörung, wenn Einzelrechner oder Leitung ausfällt – Mit wenig Aufwand um weitere Einzelrechner erweiterbar
Nachteile	Bei Ausfall des Zentralrechners fällt gesamte Anlage aus – Der Zentralrechner muss bei großen Netzen sehr leistungsfähig sein.
Maximale Übertragungsrate	2...100 Mbit/s, auch abhängig vom verwendeten Verbindungskabeltyp
Maximale Zahl der Teilnehmer	>> 100, hängt von der Leistungsfähigkeit des Zentralrechners ab.
Verbindungskabel	Koaxialkabel; UTP; STP; Lichtwellenleiter [1]
Steuerung	Zentralrechner

Ringstruktur	
Kennzeichen	Einzelrechner in geschlossener Ringform miteinander verbunden
Vorteile	Kein Zentralrechner erforderlich – Zugriff auf andere Einzelrechner relativ einfach
Nachteile	Störung des Betriebes bei Ausfall eines Einzelrechners oder Kabels (lässt sich mit einigem Aufwand minimieren).
Maximale Übertragungsrate	ca. 16 Mbit/s (theoretisch), 1Mbit/s praktisch (kritisch: Übergang Ring auf Rechner)
Maximale Zahl der Teilnehmer	ca. 100
Verbindungskabel	Koaxialkabel; UTP; STP [1]
Steuerung	Token-Ring-Struktur

Busstruktur ohne File-Server	
Kennzeichen	Anschluss der Einzelrechner an einen Systembus, kein Zentralrechner
Vorteile	Zusätzliche Einzelrechner leicht einfügbar
Nachteile	Zunehmende Zahl von Einzelrechnern verringert die Übertragungsrate – Bei Kabeldefekt fällt gesamte Anlage aus.
Maximale Übertragungsrate	10 Mbit/s; 100 Mbit/s vorgesehen
Maximale Zahl der Teilnehmer	ca. 100
Verbindungskabel	UTP; STP [1]; Koaxialkabel [2]
Steuerung	Einzelrechner untereinander. Ethernet-Spezifikation

Busstruktur mit File-Server	
Kennzeichen	Anschluss der Einzelrechner an einen Systembus, mit File-Server (Zentralrechner)
Vorteile	Zusätzliche Einzelrechner leicht einfügbar – File-Server stellt häufig benötigte Daten zur Verfügung, d. h. Anlage einfach erweiterbar mit neuen Daten.
Nachteile	Zunehmende Zahl von Einzelrechnern verringert die Übertragungsrate – Bei Kabel- und Server-Defekt fällt gesamte Anlage aus.
Maximale Übertragungsrate	10 Mbit/s; 100 Mbit/s vorgesehen
Maximale Zahl der Teilnehmer	ca. 100
Verbindungskabel	UTP; STP [1]; Koaxialkabel [2]
Steuerung	File-Server und Einzelrechner. Ethernet-Spezifikation

[1] UTP: Verdrillte Doppelader, nicht abgeschirmt, bis 4 Mbit/s; STP: Verdrillte Doppelader, abgeschirmt, bis 20 Mbit/s.

[2] Bei den Koaxialkabeln haben sich für Ethernet bei Normalanwendungen die 50-Ω-Kabel UG-274 (Thinnet-Cable), doppelt abgeschirmt, und RG 58 (Cheapernet Cable), einfach abgeschirmt, durchgesetzt.

17.2 Öffentliche Kommunikations- und Datennetze (Auswahl)

Fernsprechnetz

Historisch ältestes Kommunikationsnetz, zunächst zur Sprachübertragung eingesetzt; heute kombiniertes Kommunikations- und Datennetz (Sprachübertragung, Telefax, Internet, ...). Auf der Teilnehmerseite leitungsgebunden oder in einem eng begrenzten Bereich (Umkreis ca. 300 m) leitungslos („Schnurlos-Telefon").

Nachrichtentechnik
Optimierte Nachrichten- und Datenübertragung

ISDN

Integrated services digital network. Eigenschaften, Kenngrößen: Digitales Netz zur Übertragung von Sprache, Daten, Bilder, Text usw. Übertragung mit 64 kbit/s (s.u.) über vorhandenes Fernsprechnetz. Ev. erforderliche A-D- bzw- D-A-Umsetzer sind an der Schnittstelle Teilnehmer / Fernsprechnetz in die dort vorhandenen Endgeräte integriert. Basisanschluss: Zwei B-Kanäle mit je 64 kbit/s für die Kommunikation und die Daten, ein D-Kanal mit 16 kbit/s als Signalisierungskanal. Die drei Kanäle werden im Zeitmultiplexverfahren bereitgestellt. Durch Anhängen einer speziellen Ziffer an die Rufnummer kann ein Endgerät gezielt angesprochen werden. Es sind u. a. folgende Zusatzdienste integriert: Automatischer Rückruf, Anrufweiterschaltung, Rückfrage.

Mobilfunknetz

Besondere Bedeutung hat das Funktelefonnetz. Aktuelle länderübergreifende Funktelefonnetze: D1, D2, E1 (E-plus), O_2. Ziel: Weltweite Erreichbarkeit des Teilnehmers zu jedem Zeitpunkt. Übermittlung von Sprache, Text, Bildern und Daten. Kombinierter Sender-Empfänger klein und handlich: „Handy".

Internet

Größtes Datennetz, auch zur Kommunikation geeignet. Protokoll: TCP/IP. Kein „Zentralcomputer", kein „Hauptkabel". Alle Server sind gleichwertig und gleichberechtigt. Beispiele für Leistungen: a) Elektronische Post (electronic mail, kurz: E-Mail): Beim Server wird ein persönlicher Briefkasten eingerichtet, in dem die für den Empfänger bestimmte Post abgelegt wird und vom Empfänger jederzeit abgerufen werden kann. b) Laden von Datenblättern, Programmen und Programm-Updates in den eigenen Rechner. c) Datenbanken nach Informationen zu einem bestimmten Begriff durchsuchen. Um die Suche zu erleichtern, gibt es spezielle „Suchmaschinen" (z. B. Google). d) Diskussionsforen. e) Spiele laden und mit anderen Teilnehmern spielen. f) Ware einkaufen.

18 Optimierte Nachrichten- und Daten- übertragung

18.1 Quellenkodierung

Ziel, Maßnahmen

Die Information der Quelle enthält neben der „eigentlichen" Information noch zwei weitere Anteile:
1. Redundanz;
2. Irrelevante Information. Sie entsteht als Nebenprodukt und hat keinerlei Verknüpfung mit der eigentlichen Information.
Aufgabe der Quellenkodierung ist zunächst die Beseitigung der irrelevanten Information. Anschließend wird die vorhandene Redundanz so weit wie möglich reduziert, weil sie in der Regel zur Fehlererkennung und -korrektur nicht *optimal* geeignet ist. Dazu wird die mittlere Kodewortlänge durch die folgenden zwei Maßnahmen minimiert:
1. Je größer die Auftrittswahrscheinlichkeit eines Zeichens oder einer Zeichengruppe ist, desto kürzer ist die Kodewortlänge.
2. Es werden nicht einzelne Zeichen, sondern Zeichengruppen kodiert.

Mittlere Kodewortlänge l_m

l_i Kodewortlänge (Anzahl der Binärstellen) des Zeichens bzw. der Zeichenfolge x_i in bit

$p(x_i)$ Wahrscheinlichkeit für das Auftreten des Zeichens x_i

$$l_m = \sum_{i=1}^{k} l_i \cdot p(x_i) \text{ in bit}$$

Bedingungen für die Kodierung

Ungleichung von *Kraft*

1. *Eindeutigkeit*: Den einzelnen Zeichen oder Zeichengruppen dürfen nur solche Kodierungen zugeordnet werden, die *Endpunkte* im Kodebaum sind. Andernfalls kann die empfangene Bitfolge nicht eindeutig dekodiert werden.

2. *Existenz:* Ein dekodierbarer Kode existiert genau dann, wenn die Ungleichung von *Kraft* erfüllt ist.

Ungleichung von *Kraft*:

$$\sum_{i=1}^{k} 2^{-l_i} \leq 1 \text{ für Binärkode}$$

l_i Kodewortlänge (Zahlenwert)

Optimalkode nach *Fano*

1. Die Zeichen oder Zeichengruppen werden nach abnehmender Wahrscheinlichkeit sortiert.

2. Die Liste wird durch einen ersten Teilstrich so in zwei Teile zerlegt, dass die Summe der Wahrscheinlichkeiten je Teil etwa 0,5 ist. Die Elemente des einen Listenteils erhalten eine 0 als erstes Bit, die anderen eine 1.

3. Die Elemente des Listenteils mit der 0 werden wiederum durch einen zweiten Teilstrich in zwei Teile geteilt, so dass beide etwa die gleiche Wahrscheinlichkeitssumme erhalten. Der eine Teil erhält als zweite Kodierung eine 0, der andere eine 1. Mit dem Teil, der als erstes Bit eine 1 erhalten hat, wird genauso verfahren.

4. Das Prinzip wird solange fortgesetzt, bis nach einer Teilung nur noch Einzelelemente übrig sind.

18.2 Kanalkodierung

Grundlagen

- *Hamming-Distanz h*: Sie gibt an, in wieviel Stellen sich die einzelnen (gleichlangen) Kodewörter *minimal* unterscheiden.
- *Gewicht eines Kodewortes*: Anzahl der Einsen im Kodewort.
- *Gleichgewichtige Kodes*: Jedes Kodewort enthält die gleiche Anzahl von Einsen.
- *Fehlererkennende Kodes*: Es wird erkannt, dass ein übertragenes Bitmuster falsch ist, es kann aber nicht ermittelt werden, welches Bit falsch ist. Es muss deshalb eine erneute Übertragung gestartet werden.
- *Fehlerkorrigierende Kodes*: Das falsch übertragene Bitmuster wird als falsch erkannt und korrigiert. Eine erneute Übertragung ist nicht erforderlich.

Die Anzahl der erkennbaren bzw. korrigierbaren Fehler ergibt sich aus der Hamming-Distanz h:

- Zahl der erkennbaren Fehler (ohne Korrektur): $h - 1$.
- *Zahl der selbständig korrigierbaren Fehler:* $\dfrac{h-1}{2}$ für h = 1, 3, 5, ...;

$\dfrac{h}{2} - 1$ für h = 2, 4, 6, ...

Bei einem Kode mit h = 3 kann man entweder zwei Fehler erkennen, ohne sie zu korrigieren, oder einen Fehler erkennen und korrigieren.

- *Blockkodes*: Alle Kodewörter sind gleich lang.
- *Faltungskodes*: Die Kontrollbits werden nicht zu jedem einzelnen Kodewort hinzugefügt, sondern während der Übertragung der Daten gebildet und in geeigneter Form eingebaut. Die Eigenschaften dieser Kodes werden in der Regel durch Simulation erfasst, weil die mathematische Darstellung umfangreich ist.

- *Systematische Kodes*: Die ersten Stellen sind stets die Informationsstellen, die restlichen enthalten die Prüfbits. Diese Kodes sind vom Aufbau her übersichtlich.
- *Zyklische Kodes*: Die Kodewörter werden nach Rechenvorschriften mit sogenannten
- *Generatorpolynomen* gebildet. Sie sind nicht übersichtlich, haben aber den Vorteil, dass besonders bei langen Kodewörtern die Kodierung und Dekodierung durch die Verwendung mathematischer Algorithmen mit relativ niedrigem Aufwand möglich ist.

Maximum-Likelihood-Bedingung

Der Empfänger empfängt das Zeichen y_i und ordnet ihm das Zeichen $x_i = x_{i\text{-opt}}$ mit der größten vorhandenen Wahrscheinlichkeit zu.

$$p\left(y_j \middle| x_{i\text{-opt}}\right) \geq p\left(y_j \middle| x_{i \neq i\text{-opt}}\right)$$

Optimalfilter

Beispiel: Tiefpassfilter. Durch Verwendung dieses Filters wird der Frequenzbereich für das Nutz- und das Störsignal eingeschränkt.

1. $\overline{\delta_S^2}$: Durch die Begrenzung der Signalfrequenzen auf den Bereich $0...f_g$ wird das ungestörte Signal $u_S(t)$ verfälscht, und zwar um so mehr, je kleiner f_g gewählt wird.

2. $\overline{\delta_N^2}$: Der Bereich der Störfrequenzen wird ebenfalls auf den Bereich $0...f_g$ begrenzt. Je kleiner f_g gewählt wird, desto geringer sind die Verfälschungen von $u_S(t)$ durch das Störsignal.

Optimierungsvorschrift:

$$\overline{\delta_{ges}^2} = \overline{\delta_S^2} + \overline{\delta_N^2} = \text{Minimum}$$

mit

$$\overline{\delta_S^2} = 2 \cdot \int_{f_g}^{\infty} \Phi_S(f)\, df;$$

$$\overline{\delta_N^2} = 2 \cdot \int_{0}^{f_g} \Phi_N(f)\, df$$

1 Einführung

Bezeichnungen

System: z. B. Verstärker, Signal-Übertragungsstrecke.

$h(t)$ Systemeigenschaften in Abhängigkeit von der Zeit

Systemeigenschaften in Abhängigkeit von der Frequenz:

$H(f)$ bei der Fouriertransformation
$H(s)$ bei der Laplacetransformation
$H(z)$ bei der z-Transformation
$s_1(t)$ Eingangsgröße in Abhängigkeit von der Zeit
$\underline{S}_1(f)$ Eingangsgröße in Abhängigkeit von der Frequenz, Fouriertr.
$F_1(s)$ Eingangsgröße in Abhängigkeit von der Frequenz, Laplacetr.
$S_1(z)$ Eingangsgröße in Abhängigkeit von der Frequenz, z-Transf.
$s_2(t)$ Ausgangsgröße in Abhängigkeit von der Zeit
$\underline{S}_2(f)$ Ausgangsgröße in Abhängigkeit von der Frequenz, Fouriertr.
$F_2(s)$ Ausgangsgröße in Abhängigkeit von der Frequenz, Laplacetr.
$S_2(z)$ Ausgangsgröße in Abhängigkeit von der Frequenz, z-Transf.

Auch verwendete Schreibweisen:

$S(f)$; $\underline{S}(j\omega)$;
$H(f)$; $\underline{H}(j\omega)$

Laplacetransformation: Wegen Verwechslungsgefahr
1. $F(s)$ statt $S(s)$;
2. $f(t)$ statt $s(t)$

Verknüpfung von Eingangs- und Ausgangsgrößen

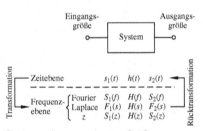

System mit zugeordneten Größen

$\underline{S}_2(f) = \underline{H}(f) \cdot \underline{S}_1(f)$
$F_2(s) = H(s) \cdot F_1(s)$
$S_2(z) = H(z) \cdot S_1(z)$
$s_2(t) = h(t) * s_1(t)$
* Symbol für „Faltung"

2 Grundbegriffe

Linearität eines Systems

Für zwei Einzelsignale soll gelten:
$s_{1a}(t) \;\bullet\!\!-\!\!\bullet\; s_{2a}(t)$; $s_{1b}(t) \;\bullet\!\!-\!\!\bullet\; s_{2b}(t)$
dann gilt für das Summensignal:
$s_{1a}(t) + s_{1b}(t) \;\bullet\!\!-\!\!\bullet\; s_{2a}(t) + s_{2b}(t)$
Übertragungseigenschaft unabhängig von der Amplitude

$\bullet\!\!-\!\!\bullet$
allgemein für Zuordnung
Index 1: Eingangsgröße
Index 2: Ausgangsgröße des Systems

Stabilität eines Systems

$\lim\limits_{t\to\infty} (s_2(t)) = 0$ für $\lim\limits_{t\to\infty} (s_1(t)) = 0$

Zeitinvarianz eines Systems

Für die Zuordnung $s_1(t) \;\bullet\!\!-\!\!\bullet\; s_2(t)$ folgt:
$s_1(t + \tau) \;\bullet\!\!-\!\!\bullet\; s_2(t + \tau)$.
Übertragungseigenschaft unabhängig von der Zeit

τ beliebige Zeitverschiebung

Signal- und Systemtheorie
Periodische nichtsinusförmige zeitkontinuierliche Signale

Übertragungsfunktion	Sie enthält die Eigenschaften des Systems in Abhängigkeit von der Frequenz, unabhängig vom Eingangssignal.	Definiert für die Fourier-, Laplace- und z-Transformation

$$\underline{H}(f) = \frac{\underline{S}_2(f)}{\underline{S}_1(f)}; \quad H(s) = \frac{F_2(s)}{F_1(s)}; \quad H(z) = \frac{F_2(z)}{F_1(z)}$$

Spektralfunktion		Verknüpfung von Zeit- und Frequenzebene
Spektraldichte $\underline{S}(f)$		

$$\underline{S}(f) = \int\limits_{-\infty}^{+\infty} s(t) \cdot e^{-j\omega t} dt \,,$$

siehe Fouriertransformation

Leistungsspektral-funktion $S_{ss}(f)$

$$\underline{S}_{ss}(f) = \lim_{\Delta t \to \infty} \frac{1}{\Delta t} \left| \underline{S}(f) \right|^2$$

3 Periodische nichtsinusförmige zeitkontinuierliche Signale

Reelle Fourierreihe	$s(t) = a_0 + \sum\limits_{k=1}^{\infty} (a_k \cdot \cos k\omega t + b_k \cdot \sin k\omega t)$	a_0 Gleichanteil $k = 1$: Grundschwingung oder 1. Harmonische $k = 2$: 1. Oberschwingung oder 2. Harmonische usw.

$$= \sum\limits_{k=0}^{\infty} \hat{s}_k \cdot \sin(k\omega t + \varphi_k)$$

Umrechnung:

$$\hat{s}_k = \sqrt{a_k^2 + b_k^2}; \quad \varphi_k = \arctan \frac{a_k}{b_k}$$

An Sprungstellen (z. B. Rechteckverlauf) geht der Wert der Fourierreihe gegen den arithmetischen Mittelwert aus rechts- und linksseitigem Grenzwert

$$a_0 = \frac{1}{T} \cdot \int\limits_0^T s(t) \, dt \,;$$

$$a_k = \frac{2}{T} \cdot \int\limits_0^T s(t) \cdot \cos k\omega t \, dt \,;$$

$$b_k = \frac{2}{T} \cdot \int\limits_0^T s(t) \cdot \sin k\omega t \, dt$$

Symmetrie-Eigenschaften

1. Gerade Funktion, d. h. $s(t) = s(-t)$:

$$\Rightarrow 1. \; b_k = 0 \text{ für alle } k \,; \quad 2. \; a_0 = \frac{2}{T} \int\limits_0^{T/2} s(t) \, dt \,;$$

$$3. \; a_k = \frac{4}{T} \int\limits_0^{T/2} s(t) \cdot \cos k\omega t \, dt$$

2. Ungerade Funktion, d. h. $s(t) = s(-t)$:

$$\Rightarrow 1. \; a_0 = 0 \,; \quad 2. \, a_k = 0 \text{ für alle } k \,; \quad 3. \; b_k = \frac{4}{T} \int\limits_0^{T/2} s(t) \cdot \sin k\omega t \, dt$$

3. $s(t + T/2) = -s(t)$:

$\Rightarrow$ 1. $a_{2k} = 0$ und $b_{2k} = 0$ für alle k;

2. $a_{2k+1} = \dfrac{4}{T} \displaystyle\int_0^{T/2} s(t) \cdot \{\cos(2k+1)\,\omega t\}\, dt$

3. $b_{2k+1} = \dfrac{4}{T} \displaystyle\int_0^{T/2} s(t) \cdot \{\sin(2k+1)\,\omega t\}\, dt$; 4. $a_0 = 0$.

4. Gleichzeitig erfüllt: $s(t) = s(-t)$ und $s(t + T/2) = -s(t)$:

$\Rightarrow$ 1. $b_k = 0$ und $a_{2k} = 0$ für alle k,

2. $a_{2k+1} = \dfrac{8}{T} \displaystyle\int_0^{T/4} s(t) \cdot \{\cos(2k+1)\,\omega t\}\, dt$

5. Gleichzeitig erfüllt: $s(t) = -s(-t)$ und $s(t + T/2) = -s(t)$:

$\Rightarrow$ 1. $a_0 = 0$, $a_k = 0$ und $b_{2k} = 0$ für alle k;

2. $b_{2k+1} = \dfrac{8}{T} \displaystyle\int_0^{T/4} s(t) \cdot \{\sin(2k+1)\,\omega t\}\, dt$

Komplexe Fourierreihe

$$s(t) = \sum_{-\infty}^{+\infty} \underline{C}_k \cdot e^{jk\omega t} \ \text{ mit } \ \underline{C}_k = \frac{1}{T}\int_0^T s(t) \cdot e^{-jk\omega t}\, dt$$

(Komplexes) Amplituden-spektrum

$$\left|\underline{C}_k\right| = \frac{1}{2} \cdot \sqrt{a_k^2 + b_k^2} \ ; \ a_k = 2\cdot\mathrm{Re}\big(\underline{C}_k\big); \ b_k = -2\cdot\mathrm{Im}\big(\underline{C}_k\big)$$

(Komplexes) Phasen-spektrum

$$\Phi_k = \varphi_k - \frac{\pi}{2} \ ; \ \ \varphi_k = \arctan \frac{a_k}{b_k}$$

4 Nichtperiodische zeitkontinuierliche Signale

4.1 Fourier-transformation

Fouriertransformation

$$\underline{S}(f) = \int_{-\infty}^{+\infty} s(t) \cdot e^{-j\omega t}\, dt \ ,$$

siehe Spektralfunktion

Symbolische Schreibweise:

$\underline{S}(f) \ \bullet\!\!-\!\!\!-\!\!\bullet \ s(t)$

Fourierrücktransformation

$$s(t) = \int_{-\infty}^{+\infty} \underline{S}(f) \cdot e^{j2\pi ft}\, df$$

Symbolische Schreibweise:

$s(t) \ \bullet\!\!-\!\!\!-\!\!\bullet \ \underline{S}(f)$

Amplitudenspektrum, Phasenspektrum

$$\left|\underline{S}(f)\right| ; \ \varphi(f) = \arctan\frac{X(f)}{R(f)}$$

$X(f)$ Imaginärteil und $R(f)$ Realteil von $\underline{S}(f)$

Signal- und Systemtheorie
Nichtperiodische zeitkontinuierliche Signale

Eigenschaften

1. Multiplikation mit einer Konstanten k: $k \cdot s(t) \bullet\!\!-\!\!\bullet k \cdot \underline{S}(f)$
2. Addition zweier Funktionen: $s_1(t) + s_2(t) \bullet\!\!-\!\!\bullet \underline{S}_1(f) + \underline{S}_2(f)$
3. Zeitverschiebung: $s(t) \bullet\!\!-\!\!\bullet \underline{S}(f) \Rightarrow s(t - t_0) \bullet\!\!-\!\!\bullet \underline{S}(f) \cdot e^{-j\omega t_0}$
4. Frequenzverschiebung: $\underline{S}(f) \bullet\!\!-\!\!\bullet s(t) \Rightarrow \underline{S}(f - f_0) \bullet\!\!-\!\!\bullet s(t) \cdot e^{j\omega_0 t}$

Korrespondenztabelle

$s(t)$	$S(f)$
$\delta(t)$: Stoßfunktion, δ-Funktion, Dirac-Impuls	1
1	$\delta(f)$, Dirac-Impuls
$\sigma(t)$: Sprungfunktion	$\dfrac{1}{2} \cdot \delta(f) + \dfrac{1}{j2\pi \cdot f}$
$\sin \omega_0 t$	$\dfrac{1}{2j}\big(\delta(f - f_0) - \delta(f + f_0)\big)$
$\cos \omega_0 t$	$\dfrac{1}{2} \cdot \big(\delta(f - f_0) + \delta(f + f_0)\big)$
$\sigma(t) \cdot \sin \omega_0 t$	$\dfrac{f_0 \cdot 2\pi}{(2\pi \cdot f_0)^2 - (2\pi \cdot f)^2}$ $+ \dfrac{1}{4j} \cdot \big(\delta(f - f_0) - \delta(f + f_0)\big)$
$\sigma(t) \cdot \cos \omega_0 t$	$\dfrac{j \cdot f \cdot 2\pi}{(2\pi \cdot f_0)^2 - (2\pi \cdot f)^2}$ $+ \dfrac{1}{4} \cdot \big(\delta(f - f_0) + \delta(f + f_0)\big)$
$\sigma(t) \cdot e^{-t/T} \cdot \sin \omega_0 t \,(\ )$	$T \cdot \dfrac{2\pi \cdot f_0 \cdot T}{(j2\pi \cdot f \cdot T + 1)^2 + (2\pi \cdot f_0 \cdot T)^2}$ $\mathrm{Re}(T) > 0$ *)
$\sigma(t) \cdot e^{-t/T} \cdot \cos \omega_0 t$	$T \cdot \dfrac{j2\pi \cdot f \cdot T + 1}{(j2\pi \cdot f \cdot T + 1)^2 + (2\pi \cdot f_0 \cdot T)^2}$ $\mathrm{Re}(T) > 0$ *)
$s(t) = 1$ für $-T < t < T$ $s(t) = 0$ für $t < -T,\ t > T$ Rechteckimpuls	$2 \cdot \dfrac{\sin(2\pi \cdot f \cdot T)}{2\pi \cdot f}$
$s(t) = 1 - \dfrac{|t|}{T};\ |t| < T$ $s(t) = 0;\ |t| > T$ Dreieckimpuls	$\dfrac{4}{T} \cdot \left\{ \dfrac{\sin(\pi \cdot f \cdot T)}{2\pi \cdot f} \right\}^2$
$s(t) = \cos^2\!\left(\dfrac{\pi \cdot t}{2 \cdot T}\right);\ |t| < T$ $s(t) = 0;\ |t| > T$ $\cos^2 x$-Impuls	$\dfrac{\sin 2\pi \cdot f \cdot T}{2\pi \cdot f} \cdot \dfrac{1}{1 - (2 \cdot f \cdot T)^2}$
$s(t) = e^{-t/T};\ t > 0$ $s(t) = 0;\ t < 0$ Exponentialimpuls	$\dfrac{T}{1 + j2\pi \cdot f \cdot T}$, $\mathrm{Re}(T) > 0$ *)

Beispiele für Impuls- antwort

Idealer Tiefpass, Grenzfrequenz f_g

Impulsantwort	$\underline{S}(f)$
$2U_0 \cdot f_g \cdot \dfrac{\sin 2\pi \cdot f_g \cdot (t - t_0)}{2\pi \cdot f_g \cdot (t - t_0)}$ $= 2U_0 \cdot f_g \cdot \text{si}\left(2\pi \cdot f_g \cdot \{t - t_0\}\right)$ *)	$\underline{S}(f) = U_0 \cdot e^{-j2\pi \cdot f \cdot t_0}; |f| < f_g$ $\underline{S}(f) = 0 \ : \ |f| > f_g$ Idealer Tiefpass, Grenz- frequenz f_g
$\delta(t - t_0) - 2U_0 \cdot f_g \cdot$ $\cdot \dfrac{\sin 2\pi \cdot f_g \cdot (t - t_0)}{2\pi \cdot f_g \cdot (t - t_0)}$ $= \delta(t - t_0) - 2U_0 \cdot f_g \cdot \text{si}$ $\left(2\pi \cdot f_g \cdot (t - t_0)\right)$ *)	$\underline{S}(f) = U_0 \cdot e^{-j2\pi \cdot f \cdot t_0}; |f| > f_g$ $\underline{S}(f) = 0; |f| < f_g$ Idealer Hochpass, Grenz- frequenz f_g
$\dfrac{2U_0}{\pi \cdot (t - t_0)} \cdot \sin\left\{\pi \cdot (f_{g2} - f_{g1}) \cdot (t - t_0)\right\}$ $\cdot \left[\cos\left\{\pi \cdot (f_{g2} + f_{g1}) \cdot (t - t_0)\right\}\right]$	$\underline{S}(f) = U_0 \cdot e^{-j2\pi \cdot f \cdot t_0};$ $f_{g1} < f < f_{g2}$ $-f_{g2} < -f < -f_{g1}$ $\underline{S}(f) = 0$ im übrigen Be- reich Idealer Bandpass, Grenzfrequenzen f_{g1}, f_{g2}

Idealer Hochpass, Grenzfrequenz f_g

Idealer Bandpass, Grenz- frequenzen f_{g1} und f_{g2}

4.2 Laplace- transformation

Laplacetransformation

$$F(s) = \int_{0_+}^{\infty} f(t) \cdot e^{-s \cdot t} \, dt$$

0_+: Die untere Integrationsgrenze ist der rechtsseitige Grenzwert von $f(t)$ für $t \to 0$.

Symbolische Schreibweisen:
$F(s) \bullet\!\!-\!\!\bullet f(t)$
$F(s) = \text{L}\{f(t)\}$

Laplacerücktransformation

$$f(t) = \frac{1}{2j\pi} \cdot \int_{\alpha - j\infty}^{\alpha + j\infty} F(s) \cdot e^{s \cdot t} \, ds$$

Symbolische Schreibweisen:
$f(t) \bullet\!\!-\!\!\bullet F(s)$
$f(t) = \text{L}^{-1}\{F(s)\}$

Eigenschaften

1. Multiplikation mit einer Konstanten K: $\text{L}\{K \cdot f(t)\} = K \cdot \text{L}\{f(t)\}$

2. Transformierte der Summe zweier Zeitfunktionen
$\text{L}\{f_1(t) + f_2(t)\} = \text{L}\{f_1(t)\} + \text{L}\{f_2(t)\} = F_1(s) + F_2(s)$

3. Laplacetransformierte einer in der Zeitebene abgeleiteten Funktion:
$\text{L}\left\{\dfrac{df(t)}{dt}\right\} = s \cdot \text{L}\{f(t)\} - f(0_+) = s \cdot F(s) - f(0_+)$

4. Laplacetransformierte der n-ten Ableitung in der Zeitebene:
$\text{L}\left\{\dfrac{d^n f(t)}{dt^n}\right\} = s^n \cdot F(s) - s^{n-1} \cdot f(0_+) - s^{n-2} \cdot \left.\dfrac{d f(t)}{dt}\right|_{0_+} - \ldots - \left.\dfrac{d f^{n-1}}{dt^{n-1}}\right|_{0_+}$

5. Laplacetransformierte des Integrals in der Zeitebene:
$\text{L}\left\{\displaystyle\int_{0}^{t} f(t) \, dt\right\} = \dfrac{1}{s} \cdot \text{L}\{f(t)\} - \dfrac{f(0_+)}{s}$

6. Produkt zweier Funktionen in der s-Ebene:

$$F_1(s) \cdot F_2(s) = L\left\{\underbrace{f_1(t) * f_2(t)}_{\text{Faltung}}\right\} = L\left\{\underbrace{\int_0^t f_1(\tau) \cdot f_2(t-\tau)\, d\tau}_{\text{Faltungsintegral}}\right\}$$

7. Dämpfung in der Zeitebene

$$L\{f(t)\} = F(s) \;\Rightarrow\; L\{f(t) \cdot e^{-a \cdot t}\} = F(s+a)$$

8. Zeitliche Verschiebung um T_0:

$$L\{f(t)\} = F(s) \;\Rightarrow\; L\{f(t-T_0)\} = e^{-T_0 \cdot s} \cdot F(s)$$

9. Endwert:

$$\lim_{t \to \infty} f(t) = \lim_{s \to 0} s \cdot F(s)$$

10. Anfangswert:

$$\lim_{t \to 0} f(t) = \lim_{s \to \infty} s \cdot F(s)$$

Korrespondenztabelle

$F(s)$	$f(t \geq 0_+)$
1	$\delta(t)$: Stoßfunktion, δ-Funktion, Dirac-Impuls
$e^{-a \cdot s} \quad a > 0$	$\delta(t-a)$
$\dfrac{1}{s}$	1, d. h. Sprungfunktion $\sigma(t)$
$\dfrac{1}{s^2}$	t
$\dfrac{1}{s^{n+1}} \quad n = 0, 1, 2,$	$\dfrac{t^n}{n!}$
$\dfrac{1}{s+a}$	e^{-at}
$\dfrac{1}{(s+a)^2}$	$t \cdot e^{-at}$
$\dfrac{1}{(s+a)^{n+1}}$	$\dfrac{t^n}{n!} \cdot e^{-at}$
$\dfrac{1}{(s+a) \cdot (s+b)}; \; a \neq b$	$\dfrac{1}{b-a}\left(e^{-at} - e^{-bt}\right)$
$\dfrac{1}{(s+a) \cdot (s+b) \cdot (s+c)} \quad a \neq b \neq c$	$\dfrac{e^{-a \cdot t}}{(b-a) \cdot (c-a)} + \dfrac{e^{-b \cdot t}}{(a-b) \cdot (c-b)} + \dfrac{e^{-c \cdot t}}{(a-c) \cdot (b-c)}$
$\dfrac{1}{s(s+a)}$	$\dfrac{1}{a} \cdot \left(1 - e^{-at}\right)$
$\dfrac{1}{s^2 \cdot (s+a)}$	$\dfrac{1}{a^2} \cdot \left(e^{-a \cdot t} + a \cdot t - 1\right)$

$F(s)$	$f(t \geq 0_+)$
$\dfrac{1}{s(s+a)^2}$	$\dfrac{1 - e^{-at} - a \cdot t \cdot e^{-at}}{a^2}$
$\dfrac{1}{s^2(s+a)^2}$	$\dfrac{t}{a^2} - \dfrac{2}{a^3} + \dfrac{t \cdot e^{-a \cdot t}}{a^2} + \dfrac{2 \cdot e^{-a \cdot t}}{a^3}$
$\dfrac{1}{s(s+a)(s+b)}$ $\quad a \neq b$	$\dfrac{1}{ab} + \dfrac{b \cdot e^{-at} - a \cdot e^{-bt}}{a \cdot b(a-b)}$
$\dfrac{1}{s^2 + a^2}$	$\dfrac{\sin a \cdot t}{a}$
$\dfrac{1}{s^2 - a^2}$	$\dfrac{\sinh a \cdot t}{a}$
$\dfrac{1}{s \cdot (s^2 + a^2)}$	$\dfrac{1 - \cos a \cdot t}{a^2}$
$\dfrac{1}{(s+a) \cdot (s^2 + b^2)}$	$\dfrac{1}{a^2 + b^2}\left[e^{-a \cdot t} + \dfrac{a}{b} \cdot \sin b \cdot t - \cos b \cdot t\right]$
$\dfrac{1}{(s^2 + a^2) \cdot (s^2 + b^2)}$ $\quad a \neq b$	$\dfrac{1}{b^2 - a^2}\left[\dfrac{\sin a \cdot t}{a} - \dfrac{\sin b \cdot t}{b}\right]$
$\dfrac{1}{(s+a)^2 + b^2}$	$\dfrac{e^{-a \cdot t} \cdot \sin b \cdot t}{b}$
$\dfrac{1}{(s+a)(s+b)^2}$ $\quad a \neq b$	$\dfrac{e^{-a \cdot t}}{(a-b)^2} + \dfrac{(a-b) \cdot t - 1}{(a-b)^2} \cdot e^{-b \cdot t}$
$U \cdot \dfrac{e^{-a \cdot s}}{s}; \quad U$ Konstante	$U(t-a)$
$\dfrac{s}{s^2 + a^2}$	$\cos a \cdot t$
$\dfrac{s}{s^2 - a^2}$	$\cosh a \cdot t$
$\dfrac{s}{(s^2 + a^2)(s^2 + b^2)}; \quad a \neq b$	$\dfrac{\cos a \cdot t - \cos b \cdot t}{b^2 - a^2}$
$\dfrac{s}{(s^2 + a^2)^2}$	$\dfrac{t}{2a} \cdot \sin at$
$\dfrac{s+d}{s(s+a)}$	$\dfrac{d - (d-a) \cdot e^{-a \cdot t}}{a}$
$\dfrac{s+d}{(s+a)(s+b)}; \quad a \neq b$	$\dfrac{(d-a) \cdot e^{-a \cdot t} - (d-b) \cdot e^{-b \cdot t}}{b-a}$
$\dfrac{s+d}{s(s+a)(s+b)}; \quad a \neq b$	$\dfrac{d}{a \cdot b} + \dfrac{(a-d) \cdot e^{-a \cdot t}}{a \cdot (b-a)} + \dfrac{(b-d) \cdot e^{-b \cdot t}}{b \cdot (a-b)}$

$F(s)$	$f(t \geq 0_+)$
$\dfrac{s+d}{(s+a)\left(s^2+b^2\right)}$	$\dfrac{(d-a)\cdot e^{-a\cdot t}}{a^2+b^2} + \sqrt{\dfrac{\left(b^2+d^2\right)}{\left(a^2\cdot b^2+b^4\right)}} \cdot$ $\cdot \sin\,(b\cdot t + \Phi)$ $\Phi = \arctan\,\dfrac{a}{b} - \arctan\,\dfrac{d}{b}$

5 Spezielle Signale

$\delta(t)$:
Stoßfunktion, δ-Funktion,
Dirac-Impuls

Als Eingangsgröße $F_1(s)$ an ein Systems angelegt, ergibt die Ausgangsgröße $F_2(s)$ direkt die Übertragungsfunktion des Systems:
$$F_1(s) = L\{\delta(t)\} = 1 \Rightarrow H(s) = F_2(s)/1$$
In der Technik nur näherungsweise realisierbar, enthält ein sehr ausgedehntes Frequenzspektrum, deshalb z. B. zur Erkennung von System-Eigenschwingungen eingesetzt.
Verknüpfung mit der Sprungfunktion:
$$\delta(t) = \frac{d\,(\sigma(t))}{d\,t}$$

Definition:
$\delta(t) \to \infty$ für $t = 0$;
$\delta(t) = 0$ für $t \neq 0$;
$$\int_{-\infty}^{+\infty} \delta(t)\,dt = 1$$
L Laplacetransformierte

$\delta(t)$:
Sprungfunktion

In der Technik nur näherungsweise realisierbar. Dient z. B. zur Erfassung der Systemreaktion auf die größtmögliche Eingangsgrößenänderung pro Zeiteinheit.
Verknüpfung mit der Stoßfunktion:
$$\sigma(t) = \int_{-\infty}^{t} \delta(\tau)\,d\tau$$

Definition:
$\sigma(t) = 0$ für $t < 0$;
$\sigma(t) = 1$ für $t > 0$

Harmonische
Schwingungen

Orthogonales Funktionensystem mit den Eigenschaften:
$$\int_{0}^{T} (\cos m\omega_0 t)\cdot(\cos n\omega_0 t)\,dt = 0 \text{ für } m \neq n$$
$$\int_{0}^{T} (\sin m\omega_0 t)\cdot(\sin n\omega_0 t)\,dt = 0 \text{ für } m \neq n$$
$$\int_{0}^{T} (\sin m\omega_0 t)\cdot(\cos n\omega_0 t)\,dt = 0 \text{ für alle } m, n$$

Darstellung nach Euler in der komplexen Zahlenebene:
$$e^{j\omega_0 t} = \cos\,(\omega_0 t) + j\cdot\sin\,(\omega_0 t)$$

Darstellungen:
$s_1(t) = \hat{s}_1 \cdot \sin\,\omega_0 t$
bzw.
$s_2(t) = \hat{s}_2 \cdot \cos\,\omega_0 t$

mit $\omega_0 = \dfrac{2\pi}{T}$.

T: Periodendauer
$m = 1, 2, 3, \ldots$
$n = 1, 2, 3, \ldots$
Es gilt:
$\cos\,\varphi = \sin\,(\varphi + \pi/2)$

6 Leistung

Spannung und Strom periodisch, sinusförmig

Wirkleistung $P = U \cdot I \cdot \cos \varphi$

U, I Effektivwert der Spannung bzw. des Stromes

φ Winkel zwischen $\underline{U}$ und $\underline{I}$

Spannung und Strom nicht sinusförmig, periodisch

Wirkleistung $P = \dfrac{1}{T} \cdot \int\limits_0^T u(t) \cdot i(t)\, dt$

Wirkleistung

$$P = U_0 \cdot I_0 + \sum_{k=1}^{\infty} U_k \cdot I_k \cdot \cos \varphi_k$$

T Periodendauer von $u(t)$, $i(t)$

U_0, I_0 Gleichanteil

U_k, I_k Effektivwert der k-ten Harmonischen

7 Faltungsintegral

Faltungsintegral

Definition: $s(t) = \int\limits_0^t s_1(t - \tau) \cdot s_2(\tau)\, d\tau$

Anwendung: Die multiplikative Verknüpfung von Funktionen in der Frequenzebene (alternativ Zeitebene) entspricht der Verknüpfung über das Faltungsintegral in der Zeitebene (alternativ Frequenzebene). Beispiel Laplacetransformation:

$F_1(s) \cdot F_2(s)$ •—•

$$\int\limits_0^t s_1(t - \tau) \cdot s_2(\tau)\, d\tau = s_1(t) * s_2(t)$$

$s_1(t) \cdot s_2(t)$ •—•

$$\int\limits_0^s F_1(s - p) \cdot F_2(p)\, dp = F_1(s) * F_2(s)$$

Kurzschreibweise:

$s_1(t) * s_2(t)$

* Symbol für Faltung

Mit:

$F_1(s)$ •—• $s_1(t)$

$F_2(s)$ •—• $s_2(t)$

8 Abtasttheorem

Abtasttheorem (Shannon)

Das abzutastende Signal darf nur (sinusförmige) Frequenzanteile bis f_g enthalten, erreichbar über Tiefpassfilter, so genanntes Antialiasing-Filter. Für die Abtastfrequenz f_{ab} gilt dann:

$f_{ab} = 2 \cdot f_g$ theoretisch

$f_{ab} \geq (2{,}2 \ldots 4) \cdot f_g$ praktisch

Das abgetastete Signal kann ohne Informationsverlust wiederhergestellt werden.

f_g höchste Signalfrequenz

f_{ab} Abtastfrequenz

Es muss gelten: Dauer der Abtastung

$\ll 1/f_{ab}$.

9 Nichtkontinuierliche (zeitdiskrete) Signale

9.1 Diskrete Fouriertransformation (DFT)

Diskrete Fouriertransformation, DFT	N-maliges Abtasten im Zeitbereich $0...T$ im Abstand T_{ab}: $$S\left(\frac{2\pi \cdot m}{N \cdot T_{ab}}\right) = \sum_{n=0}^{N-1} s(n \cdot T_{ab}) \cdot e^{-(j2\pi \cdot m \cdot n)/N}$$	$T_{ab} = T/N$; $m,n = 0,1,\,...,\,N-1$ Abtastdauer $\ll T_{ab}$

DFT, Rücktransformation	$$s(n \cdot T_{ab}) = \frac{1}{N} \sum_{m=0}^{N-1} S\left(\frac{2\pi \cdot m}{N \cdot T_{ab}}\right) \cdot e^{(j2\pi \cdot m \cdot n)/N}$$	$m,n = 0,1,\,...,\,N-1$

Verknüpfung von Stoßfunktion $\delta(t)$ und Sprung $\sigma(t)$ am Ausgang	Signal am Systemausgang: $$s_2(n \cdot T_{ab})_\delta = s_2(n \cdot T_{ab})_\sigma - s_2((n-1) \cdot T_{ab})_\sigma$$ $$s_2(n \cdot T_{ab})_\sigma = \sum_{\mu=-\infty}^{n} s_2(\mu \cdot T_{ab})_\delta$$	Index δ: Stoßfunktion am Eingang Index σ: Sprungfunktion am Eingang

Übertragungsfunktion	$$H(f)_{n \cdot T_{ab}} = \frac{s_2(n \cdot T_{ab})}{s_1(n \cdot T_{ab})}\bigg|_{s_1(n \cdot T_{ab}) = e^{jn\omega T_{ab}}}$$	i. a. gilt: $H(f) \neq f(n \cdot T_{ab})$

Übertragungsfunktion	$$H(f)_{n \cdot T_{ab}} = \sum_{n=-\infty}^{+\infty} \underbrace{s_2(n \cdot T_{ab})_\delta}_{*)} \cdot e^{-jn\omega T_{ab}}$$	*) Systemausgangssignal bei Stoß am Eingang

Darstellung in reeller Form	$$a_0 = \frac{1}{N} \cdot \sum_{m=0}^{N-1} s_m$$ $$a_k = \frac{2}{N} \cdot \sum_{m=0}^{N-1} s_m \cdot \cos\left(k \cdot \frac{2\pi}{N} \cdot m\right)$$ $$b_k = \frac{2}{N} \cdot \sum_{m=0}^{N-1} s_m \cdot \sin\left(k \cdot \frac{2\pi}{N} \cdot m\right)$$ $1 \leq k \leq k_{max}$; $k = 1, 2, ...$	f_g höchste vorkommende Signalfrequenz f_{ab} Abtastfrequenz T betrachteter Zeitbereich $\Rightarrow k_{max} = f_g \cdot T$

Summenformeln	$$\sum_{\mu=0}^{\infty} a^\mu = \frac{1}{1-a} \text{ für } |a| < 1; \quad \sum_{\mu=0}^{k} a^\mu = \frac{a^{k+1}-1}{a-1}$$ für $a \neq 1$ $$\sum_{\mu=k}^{\infty} a^\mu = \frac{a^k}{1-a} \text{ für } |a| < 1$$

9.2 z-Transformation

Zweiseitige z-Transformation

$$S(z) = \sum_{n=-\infty}^{+\infty} s(nT_{ab}) \cdot z^{-n}$$

$S(z) \bullet\!\!-\!\!\bullet s(n \cdot T_{ab})$

Einseitige z-Transformation

$$S(z) = \sum_{n=0}^{+\infty} s(nT_{ab}) \cdot z^{-n}$$

$S(z) \bullet\!\!-\!\!\bullet s(n \cdot T_{ab})$

Rücktransformation

$$s(nT_{ab}) = \frac{1}{2j\pi} \cdot \oint S(z) \cdot z^{n-1}\, dz$$

$s(n \cdot T_{ab}) \bullet\!\!-\!\!\bullet S(z)$

Stabilität

Übertragungsfunktion $H(z) = \dfrac{P(z)}{Q(z)}$; $P(z)$ Zähler-, $Q(z)$ Nennerpolynom

System stabil, wenn gilt: 1. Zählergrad $\leq$ Nennergrad, 2. Nullstellen von $Q(z)$ innerhalb des Einheitskreises

Eigenschaften

1. Multiplikation mit einer Konstanten K: $K \cdot s(n \cdot T_{ab}) \bullet\!\!-\!\!\bullet$

$K \cdot S(z)$

2. Addition zweier Zeitfunktionen: $s_1(n \cdot T_{ab}) + s_2(n \cdot T_{ab}) \bullet\!\!-\!\!\bullet$

$S_1(z) + S_2(z)$

3. Verschiebung: $s(n \cdot T_{ab}) \bullet\!\!-\!\!\bullet S(z)$; $\rightarrow s((n-\mu) \cdot T_{ab}) \bullet\!\!-\!\!\bullet$

$z^{-\mu} \cdot S(z)$

4. Faltung:

$$s_1(n \cdot T_{ab}) * s_2(n \cdot T_{ab}) = \sum_{\substack{n=-\infty \\ (n=0)}}^{+\infty} s_1(\tau \cdot T_{ab}) \cdot s_2((n-\tau) \cdot T_{ab}) \bullet\!\!-\!\!\bullet$$

$S_1(z) \cdot S_2(z)$

Korrespondenzen		
$f(t)$	$F(s)$	$F(z)$; $t \rightarrow n \cdot T$
$\sigma(t)$	$\dfrac{1}{s}$	$\dfrac{z}{z-1}$
t	$\dfrac{1}{s^2}$	$T \cdot \dfrac{z}{(z-1)^2}$
t^2	$\dfrac{2}{s^3}$	$T^2 \cdot z \cdot \dfrac{z+1}{(z-1)^3}$
e^{at}	$\dfrac{1}{s-a}$	$\dfrac{z}{z-e^{aT}}$
$t \cdot e^{at}$	$\dfrac{1}{(s-a)^2}$	$T \cdot e^{aT} \cdot \dfrac{z}{(z-e^{aT})^2}$
$\sin(\omega_0 \cdot t)$	$\dfrac{\omega_0}{s^2 + \omega_0^2}$	$z \cdot \dfrac{\sin(\omega_0 \cdot T)}{z^2 - 2 \cdot z \cdot \cos(\omega_0 \cdot T) + 1}$

Korrespondenzen		
$f(t)$	$F(s)$	$F(z)$; $t \rightarrow n \cdot T$
$\cos(\omega_0 \cdot t)$	$\dfrac{s}{s^2 + \omega_0^2}$	$z \cdot \dfrac{z - \cos(\omega_0 \cdot T)}{z^2 - 2 \cdot z \cdot \cos(\omega_0 \cdot T) + 1}$
$e^{at} \cdot \sin(\omega_0 \cdot t)$	$\dfrac{\omega_0}{(s-a)^2 + \omega_0^2}$	$z \cdot \dfrac{e^{aT} \cdot \sin(\omega_o \cdot T)}{z^2 - 2 \cdot z \cdot e^{aT} \cdot \cos(\omega_0 \cdot T) + e^{2aT}}$
$e^{at} \cdot \cos(\omega_0 \cdot t)$	$\dfrac{s-a}{(s-a)^2 + \omega_0^2}$	$z \cdot \dfrac{z - e^{aT} \cdot \cos(\omega_o \cdot T)}{z^2 - 2 \cdot z \cdot e^{aT} \cdot \cos(\omega_0 \cdot T) + e^{2aT}}$
$\delta(t - nT)$	e^{-nTs}	z^{-n}

10 Zufällige (stochastische, nichtdeterministische) Signale

Funktionale Abhängigkeit

Funktionale Abhängigkeiten können entweder nicht aufgestellt oder nur mit den Gesetzen der Statistik beschrieben werden. Bei einem Rauschsignal lässt sich der arithmetische Mittelwert für einen „sehr großen" Beobachtungszeitraum angegeben. „Sehr groß": Idealwert $\rightarrow \infty$; in der Praxis $< \infty$, d. h. technisch realisierbar mit vertretbarer Unsicherheit. Eine Aussage darüber, ob bei einer Datenübertragung das momentan gesendete Zeichen fehlerhaft ist, kann nur mit einer gewissen Wahrscheinlichkeit erfolgen. Zur Gewinnung der statistischen Daten wird die Beobachtung über längere Zeiträume eingesetzt.

Beschreibung

Statistik, Wahrscheinlichkeitsrechnung.

Verteilung, Stichprobe

Verteilung: Funktionale Abhängigkeit. Verlauf und Kenngrößen durch sehr häufiges Messen relativ gesichert. Beispiel: 5 % fehlerhafte Geräte bei der Fertigung.
Stichprobe: Es sind nur einige wenige Werte aus einer Gesamtmenge vorhanden, daraus ist ein Schluss auf gewisse statistische Eigenschaften der Gesamtmenge möglich. Beispiel: 100 willkürlich ausgewählte Geräte aus einer Fertigung von 10000 Stück, davon sind 2 fehlerhaft; wie wahrscheinlich ist der Schluss „2 % Ausschuss bei der gesamten Fertigung"?

Wahrscheinlichkeitsdichte(-funktion), Häufigkeit

$h(x)$: Relative Häufigkeit für das Auftreten des Wertes x, gegeben als diskrete Werte oder stetige Funktion.

Summenfunktion, Summenhäufigkeitsfunktion

$H(x)$: Wahrscheinlichkeit, dass die Zufallsgröße $x = x_0$ bzw. $N = x_0$ kleiner oder höchstens gleich dem betrachteten Wert x ist.

$$w(x_0 \leq N) = H(N) = \sum_{x=0}^{N} h(x) \text{ für diskretes } h(x) \text{ bzw.}$$

$$w(x_0 \leq x) = H(x) = \int_{y=-\infty}^{x} f(y) \, dy \text{ für stetiges } h(x)$$

Werte oberhalb der Summenfunktion: $w(x_0 > x)$ bzw. $w(x_0 > N)$	$w(x_0 > N) = 1 - w(x_0 \le N) = 1 - \displaystyle\sum_{x=0}^{N} h(x)$ bzw. $w(x_0 > x) = 1 - \displaystyle\int_{y=-\infty}^{x} f(y)\,\mathrm{d}y$
Linearer Mittelwert oder Erwartungswert $\bar{x}$ **einer Verteilung**	$\bar{x} = \dfrac{1}{N}\displaystyle\sum_{x=0}^{N} x \cdot h(x)$ bzw. $\bar{x} = \displaystyle\int_{-\infty}^{+\infty} x \cdot h(x)\,\mathrm{d}x$
Linearer Mittelwert oder Erwartungswert $\bar{x}$ **einer Stichprobe**	$\bar{x} = \dfrac{1}{N}\displaystyle\sum_{n=1}^{N} x_n$
Geometrischer Mittelwert $\bar{x}_g$	$\bar{x}_g = \sqrt[N]{x_1 \cdot x_2 \cdot \ldots \cdot x_N}$ für diskrete Werte $x_i,\; 1 \le i \le N$
Median oder Zentralwert	Die diskreten Werte sind der Größe nach geordnet. Ungerade Anzahl von Werten: Der in der Mitte liegende Wert ist der Median. Gerade Anzahl von Werten: Der arithmetische Mittelwert der beiden mittleren Werte ist der Median.
Varianz σ^2 **einer Verteilung**	$\sigma^2 = \displaystyle\sum_{x=0}^{N} (x - \bar{x}) \cdot h(x)$ bzw. $\sigma^2 = \displaystyle\int_{-\infty}^{+\infty} (x - \bar{x})^2 \cdot h(x)\,\mathrm{d}x$
Varianz σ^2 **einer Stichprobe**	$s^2 = \dfrac{1}{N-1}\displaystyle\sum_{n=1}^{N} (x - \bar{x})^2$
Standardabweichung s	$s = +\sqrt{s^2}$
Stationärer Prozess	$h(x)\big|_{t=t_1} = h(x)\big|_{t=t_2}$ Die Wahrscheinlichkeitsdichte und die Mittelwerte sind unabhängig vom Zeitpunkt ihrer Bildung.
Ergodischer Prozess	Mehrere gleichzeitig ablaufende Prozesse ergeben zu einem gemeinsamen Zeitpunkt die gleiche Wahrscheinlichkeitsdichte wie ein einzelner Prozess zu mehreren Zeitpunkten $\rightarrow$ stationärergodisch. Voraussetzung: Zahl der Proben sehr groß. Beispiel: Ein Wurf mit sechs Würfeln oder sechs Würfe mit einem Würfel. Der Mittelwert der Augenzahl ist (nahezu) gleich, wenn sehr oft gewürfelt wird.
Autokorrelationsfunktion (AKF) Φ_{ss}	Ähnlichkeit eines Signals $s(t)$ mit sich selber in Abhängigkeit von der gegenseitigen Verschiebung τ: $\Phi_{ss}(\tau) = \lim_{T \to \infty} \dfrac{1}{2T} \cdot \displaystyle\int_{-T}^{T} s(t) \cdot s(t+\tau)\,\mathrm{d}t$ $\Phi_{ss}(\tau) = 0$ für $s(t)$ orthogonal zu $s(t+\tau)$ $\Phi_{ss}(\tau = 0) = \overline{s^2} \sim P$, P: im Signal enthaltene mittlere Gesamtwirkleistung

Signal- und Systemtheorie
Zufällige (stochastische, nichtdeterministische) Signale

$$\Phi_{ss}(\tau = 0) \geq \Phi_{ss}(\tau \neq 0), \text{ Maximum bei } \tau = 0$$

$$\lim_{\tau \to \infty} \Phi_{ss}(\tau) = \overline{s}^2, \text{ Quadrat des zeitlichen Mittelwertes}$$

Parsevalsche Gleichung

$$\int_{-\infty}^{+\infty} |s(t)|^2 \, dt = \int_{-\infty}^{+\infty} |\underline{S}(f)|^2 \, df \Rightarrow \overline{s^2} = \lim_{T \to \infty} \frac{1}{2T} \cdot \int_{-T}^{+T} [\underline{S}(f)]^2 \, df$$

Spektrale Leistungs-dichte $S_{ss}(f)$

$$\lim_{T \to \infty} \frac{1}{2T} \cdot |\underline{S}(f)|^2 = S_{ss}(f)$$

$$\overline{s^2} = \int_{-\infty}^{+\infty} S_{ss}(f) \, df$$

Theorem von Wiener-Khintchine

$$\mathrm{F}\{S_{ss}(f)\} = \Phi_{ss}(\tau) \text{ bzw. } \mathrm{F}^{-1}\{\Phi_{ss}(\tau)\} = S_{ss}(f)$$

F Fouriertransformierte, F^{-1} Inverse Fouriertransformierte
Die Fouriertransformierte der spektralen Leistungsdichte ist gleich der Autokorrelationsfunktion und umgekehrt.

Kreuzkorrelations-funktion (KKF) Φ_{s1s2}

Ähnlichkeit des Signals $s_1(t)$ mit dem Signal $s_2(t)$ in Abhängigkeit von der gegenseitigen Verschiebung τ.

$$\Phi_{s1s2}(\tau) = \lim_{T \to \infty} \frac{1}{2T} \cdot \int_{-T}^{T} s_1(t) \cdot s_2(t + \tau) \, dt$$

$\Phi_{s1s2}(\tau) = 0$ für alle τ $\Rightarrow$ Signale voneinander unabhängig (unkorreliert). Beispiel: Zwei Rauschsignale aus unterschiedlichen Quellen.
Φ_{s1s2} maximal, wenn für $\tau = \tau_0$ gilt: $s_1(t) \sim s_2(t + \tau_0)$.
Anwendung: Gewinnung eines Nutzsignals aus einem verrauschten Gesamtsignal bei Mehrfachübertragung (Bilder der Marssonde).

Verteilungen

Binomialverteilung

Kennzeichen: Zwei sich einander ausschließende Ereignisse möglich: $E, \overline{E}$. Wahrscheinlichkeit für das Auftreten von E: $w(E) = p$; für das Auftreten von $\overline{E}$: $w(\overline{E}) = 1 - p = q$.

Wahrscheinlichkeit dafür, dass bei N-Proben (Versuchen) das Ereignis E mit der Wahrscheinlichkeit $w(E) = p$ genau x-mal eintrifft:

$$w(x_0 = x) = h(x) = \binom{N}{x} \cdot p^x \cdot q^{(N-x)}$$

Summenfunktion: $w(x_0 \leq x) = H(x) = \sum_{m=0}^{N} \binom{N}{m} p^m \cdot q^{(N-m)}$

Mittelwert: $\overline{x} = \sum_{x=0}^{N} x \cdot \binom{N}{x} \cdot p^x \cdot q^{(N-x)} = N \cdot p$

Standardabweichung: $s = \sqrt{N \cdot p \cdot q}$

Beispiel: Fertigung mit 5 % Ausschuss. 50 Geräte einzeln entnommen, geprüft und zurückgestellt. Gesucht ist die Wahrscheinlichkeit, genau 5 fehlerhafte Geräte zu finden. $N = 50$, $p = 0,05$, $q = 0,95$, $x_0 = 5$

$$w(x_0 = 5) = h(5) = \binom{50}{5} \cdot 0,05^5 \cdot 0,95^{45} = 0,0658 \ .$$

Poissonverteilung

Wahrscheinlichkeit, dass in einem Zeitintervall genau x_0 Ereignisse stattfinden: $w(x_0 = x) = h(x) = \dfrac{a^x}{x!} \cdot e^{-a}$; *Kennzeichen*: $a = \overline{x}$.

$$H(x) = \sum_{m=0}^{x} \frac{a^m}{m!} \cdot e^{-a}$$

Beispiel: Übertragung von Bitfolgen. Im Mittel wird jede Millisekunde ein Bit übertragen ($a = \overline{x} = 1$; $\overline{x}$: Mittelwert, Erwartungswert). Es soll die Poissonverteilung gelten.

a) Wahrscheinlichkeit, dass in 1 ms kein Bit übertragen wird:

$$w(x_0 = 0) = h(0) = \frac{1^0}{0!} \cdot e^{-1} = 0,37 \ .$$

b) Wahrscheinlichkeit, dass in 1 ms genau 2 Bit übertragen werden:

$$w(x_0 = 2) = h(2) = \frac{1^2}{2!} \cdot e^{-1} = 0,18 \ .$$

c) Wahrscheinlichkeit, dass in 1 ms mehr als 3 Bit übertragen werden:
$$w(x_0 > 3) = 1 - w(x_0 \le 3) = 1 - H(3) = 1 - 0,98 = 0,02$$

Normal- oder Gaußverteilung

Häufig angewendet. Es sind viele unterschiedliche Einflussgrößen wirksam, die sich gegenseitig nicht beeinflussen. Siehe dazu unten: Zentraler Grenzwertsatz der Statistik. Es gibt zwei Arten der Darstellung: Symmetrisch zum Mittelwert $\overline{x}$: $(\overline{x}, \sigma)$ -Normalverteilung; symmetrisch zum Koordinatenursprung: (0,1)-Normalverteilung.

$(\overline{x}, \sigma)$ -Normal- oder Gaußverteilung

$$h(x) = \frac{1}{\sigma \cdot \sqrt{2\pi}} \cdot e^{-\frac{1}{2}\left(\frac{x-\overline{x}}{\sigma}\right)^2}$$

$$w(x_0 \le x) = H(x) = \frac{1}{\sigma \cdot \sqrt{2\pi}} \cdot \int_{y=-\infty}^{x} e^{-\frac{1}{2}\left(\frac{y-\overline{x}}{\sigma}\right)^2} dy$$

$\overline{x}$ Erwartungswert; σ Standardabweichung.

(0,1)-Normal- oder Gaußverteilung

$$h^*(x) = \frac{1}{\sqrt{2\pi}} \cdot e^{-\frac{1}{2} \cdot y^2} \quad \text{mit } y = \frac{x - \overline{x}}{\sigma}$$

$$H^*(y) = \frac{1}{\sqrt{2\pi}} \int_{-\infty}^{y} e^{-v^2/2} \, dv$$

Wendepunkte bei $\pm y$.
Im Bereich $-1 \le y \le +1$ liegen 68,3 % der Werte (σ-Grenze);
im Bereich $-2 \le y \le +2$ liegen 95,5 % der Werte (2σ-Grenze);
im Bereich $-3 \le y \le +3$ liegen 99,7 % der Werte (3σ-Grenze).

Zentraler Grenzwertsatz der Statistik

Die Summe aus N voneinander unabhängigen stochastischen Vorgängen mit untereinander gleicher, aber beliebiger Wahrscheinlichkeitsdichte strebt für $N \to \infty$ gegen die Gaußverteilung.

Signal- und Systemtheorie
Zufällige (stochastische, nichtdeterministische) Signale

Rauschquellen

Rauschen

Aufteilung eines rauschenden Widerstandes in einen rauschfreien Widerstand mit Rauschspannungsquelle in Reihe oder Rauschstromquelle parallel, siehe Bild.

Rauschspannung am Widerstand $\bar{u}_R = \sqrt{4kTBR}$

Rauschstrom im Widerstand $\bar{i}_R = \sqrt{4kTB/R}$

k Boltzmann-Konstante $1{,}38 \cdot 10^{-23}$ Ws/K, T absolute (thermodynamische) Temperatur in K

B Bandbreite (ausgewerteter oder berücksichtigter Frequenzbereich) in Hz

R Widerstand in Ω

Schrotrauschen $\overline{i_s^2} = 2 \cdot q_e \cdot I \cdot B$

q_e Elementarladung des Elektrons, $1{,}6 \cdot 10^{-19}$ As; I Anoden- bzw. Halbleiterstrom in A

B Bandbreite (ausgewerteter oder berücksichtigter Frequenzbereich) in Hz

Zusammenschaltung von Rauschquellen

Grundsätzlich werden die *Quadrate* der Rauschspannungen bzw. –ströme addiert, deshalb gibt der Spannungs- bzw. Strompfeil (siehe Bild) nicht die Richtung der Größe an.

Beispiel 1: Widerstandsrauschen und Schrotrauschen

Gesamt-Rauschstrom $\overline{i_g^2} = \overline{i_s^2} + \overline{i_R^2} = 2q_e IB + 4kTB/R$

Beispiel 2: Reihenschaltung von Widerständen. Gesamtwiderstand (rauschfrei):

$R_g = R_1 + R_2$; Gesamtrauschspannung $\overline{u_{Rg}^2} = \overline{u_{R1}^2} + \overline{u_{R2}^2}$; siehe Bild.

Beispiel 3: Parallelschaltung von Widerständen. Gesamtwiderstand (rauschfrei):

$R_g = R_1 \cdot R_2 /(R_1 + R_2)$; Gesamtrauschstrom $\overline{i_{Rg}^2} = \overline{i_{R1}^2} + \overline{i_{R2}^2}$

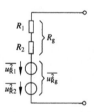

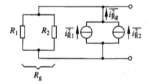

11 Signalerkennung bei gestörter Übertragung

Periodizitäten des Nutzsignals bei gestörten Kanälen

Das Gesamtsignal $s_g(t)$ besteht aus der Summe von Nutzsignal $s(t)$ und Störsignal $n(t)$: $s_g(t) = s(t) + n(t)$. Das Nutzsignal ist periodisch. Beispiel: Mehrfachübertragung von Signalen über gestörte Kanäle (Bilder von der Marssonde). Die Autokorrelationsfunktion von $s_g(t)$ führt zu: $\Phi_{s_g s_g}(\tau) = \Phi_{ss}(\tau) + \Phi_{nn}(\tau) + \Phi_{sn}(\tau) + \Phi_{ns}(\tau)$.

$\Phi_{sn}(\tau)$, $\Phi_{ns}(\tau)$: Kreuzkorrelationsfunktionen, gehen wegen Unkorreliertheit von Nutz- und Störsignal mit wachsendem τ gegen Null.

Φ_{nn} geht mit wachsendem τ gegen Null, sofern „echtes" Zufallssignal.

Φ_{ss} hat konstanten Wert im Abstand von der Periodendauer. Damit nimmt das Verhältnis Nutz- zu Störsignal mit wachsendem τ zu.

Signalangepasste Filter matched filter Optimalfilter

Der Signalverlauf ist bekannt.

$\underline{H}(f) = k \cdot \underline{S}_1^*(f)$, d. h., die Spektralfunktion vom Signal und die Übertragungsfunktion vom Filter müssen, bis auf eine dimensionsbehaftete Konstante k mit dem Betrag 1, konjugiert komplex zueinander sein.

Sachwortverzeichnis

A

AB-Betrieb, Verstärker 117
Abbildung durch Linsen 62
Abbildungsmaßstab 63
Abgeleitete SI-Einheiten 218
Ablaufkette 209
Ablaufsprache AS nach S7-GRAPH,
  SPS 216
Ablaufsprache AS, SPS 215
Ablaufsteuerungen mit SPS 208
Abschirmung 228
Abschnürspannung, FET 102 f.
Absoluter Pegel 264
Abtastfrequenz 300
Abtasttheorem 321
Abweichungsfortpflanzung 219
Abweichungsgrenzen 219
Access Time, Speicher 186
AC-Eingangswiderstand, Bipolar-Transistor
  98
8051, Anschlussbelegung 191
8051, Funktionsbild 191
8051, Speicherorganisation 192
8085 CPU 182
actio = reactio 53
Addierer, OP 119
Addition, Dualzahlen 163
Adressbus 180
Adresse 180, 185
Aiken-Code 164
Akkumulator 181
Aktionen, SPS 210
Aktionsblock, SPS 210
Aktionsgesetz 53
Aktor-Sensor-Interface, ASI 231
Akzeptanzwinkel 303
Akzeptor 72
Algebraische Form 5
Algebraische Funktion 25
Allgemeine Gleichung idealer Gase 58
Alternierende Folge 41
Alternierende Reihe 43
ALU 181
Amorphe Metalle 77
Amplitudengang 290

Amplitudenspektrum 315
Amplitudenumtastung 288
Analoge Messverfahren 218
Analoge Regler 199
Analyse 67
Analytische Geometrie 36
Anfangspermeabilität 76
Angebot 307
Anionen 67
Ankathete 31
Anlaufmoment, Gleichstrommaschine 241
Anorganische Stoffe 67
Anpassung 275
Anschlussbelegung 8051, Mikrocontroller
  191
Anschlussbelegung, IC 172
Anschlüsse 8051, Mikrocontroller 190
Anschlussplan, Drahtbruchsicherheit, SPS
  207
Antennen 302
Antennengewinn 303
Antennengewinnmaß 302
Antiferromagnetismus 74
Anweisungsliste AWL, SPS 202
A-Parameter 267
Äquivalente Umformungen 7
Arbeit 54
Arbeitsaufgaben, SPS 212
Arbeitspunkteinstellung
− , Bipolar-Transistor 108
− , FET 113
Arbeitspunktstabilisierung
− , Bipolar-Transistor 108
− , FET 113
Argument 5
Arithmetik 1
Arithmetische Folge 41
Arithmetische Reihe 43
Arithmetischer Mittelwert 219 f.
Arithmetisches Mittel 4
Arkusfunktionen 34
Arkuskosinus 34
Arkuskotangens 34
Arkussinus 34

Arkustangens 34
ARON-Schaltung 224
Arten von Ablaufsteuerungen 209
ASCII-Code 165
ASIC 175
Astabile Kippstufe
– , OP 125
– , Transistor 123
Asynchroner BCD-Zähler 171
Asynchroner Dualzähler 170
Asynchronmaschine 256
– , Kurzschluss 237
Asynchronzähler 170
Atombau 65
Atom-Bindung 66
Atomhülle 65
Atomkern 65
Aufgenommene Wirkleistung
– , Asynchronmaschine 237
– , Synchronmaschine 241
Auftrieb 57
Auftriebskraft 57
Ausbreitungskoeffizient 274
Ausdehnungskoeffizient 58
Ausdehnung von Stoffen 58
Ausgangsgröße, Steuerungstechnik 199
Ausgangskennlinien, Bipolar-Transistor 98
Ausgangsleitwert, FET 104
Ausgangsreflexionsfaktor 280
Ausgangsspannung, OP 118
Ausgleichsstrom 236
Außenwinkel 11
Austauschkräfte 74
Autokorrelationsfunktion 261, 325
Avogadro-Konstante 64

B
Ba-Ferrite 77
Bahngeschwindigkeit 53
Bahnmoment 73
Bandbreite 284, 291, 300
Bandfilter 294
Bandpassfilter 290
Bandsperre 290
Barometrische Höhenformel 57
Basen 67
Basis 2
Basisband-Durchschaltung 302
Basisschaltung, Bipolar-Transistor
    101, 107

Basiswinkel 15
Bauformen
– , Elektronikbauteile 142
– , Motoren 242
Baugrößen, Motoren 242
Bausteinaufruf im OB1, SPS 216
B-Betrieb, Verstärker 117
BCD-Code 164
Befehlsausgabe, SPS 210
Befehlsvorrat 182
Befehlszähler 182
Befehlszyklus 182
Belastung, Transformator 233
Belastungsarten 254
Beleuchtungsstärke 225
Bemaßungsarten nach DIN 406 134
Bemaßung und Darstellung von Körpern
    134
Berichtigter Messwert 218
Bernoulli-Gleichung 57
Beschaltung einer SPS 201
Beschleunigung 52
Beschränkte Folge 41
Beschränkte Funktion 25
Beschränkte Intervalle 4
Bestimmtes Integral 48
Bestimmungsgleichung 7
Bestimmungszeichen für Aktionen, SPS 210
Betrag 9
Betriebsarten
– bei Ablaufsteuerungen 209
– , Motoren 245
Betriebsgrößen
– , Bipolar-Transistor 106
– des Vierpoles, FET 104
Betriebskenngrößen 269
Betriebsmittel der Energietechnik 250
Beugung 61
Beweglichkeit 68
Bewegungsenergie 55
Bijektive Funktion 25
Bildmenge 24
Bildweite 63
Binäre Logarithmen 3
Binäres System 157
Binomialverteilung 326
Binomische Formeln 1
Biot-Savartsches Gesetz 88
Bipolare Logikfamilien 176
Bipolar-Transistor als Verstärker 105

Bistabile Kippstufe 122
– , OP 126
Bit 157
Bitorganisierter Speicher 185
Blechbemaßung 135
Blindwiderstand der Hauptinduktivität,
  Transformator 234
Blockkodes 311
Blockkondensator 86
Blocksymbol nach DIN 149
Bogenlänge 49
Bogenmaß 17
Bohrsches Atommodell 65
Bohrsches Magneton 73
Boltzmann-Konstante 64
Brechkraft 63
Brechung 61
Brechungsgesetz 61
Brechungsindex 62
Brechzahldifferenz 303
Bremsgleichspannung, Asynchronmaschine
  238
Bremsgleichstrom, Asynchron-
  maschine 238
Brennweite 63
– einer Linse in Luft 62
Brönsted 67
Bruchgleichungen 8
Bruchrechnung 1
Brückengleichrichter 95
– , B2 129
Brückenschaltung B 129
Burst-Signal 297
Buscheck-Diagramm 282
Bussystem 180, 229
Byte 157

C

Cardanische Formel 7
Cassegrain-Antennen 302
Cavalierisches Prinzip 22
CELLFLEX-Kabel 277
Celsius 58
Chlophene 80
Chrominanzsignal 297
CMOS-Familie 177
CMOS-Logikfamilien 176
CMOS-Schaltungen 174
Coderate 299
Codes 164

Control-Flag 196
Cooper-Paare 70
Coulombsches Gesetz 85
Counter 196
C-Parameter 267
Curie-Temperatur 74, 90

D

Dämpfungsfaktor 263
Dämpfungskoeffizient 274
Dämpfungsmaß 262 f., 291, 294
Dämpfungsverzerrungen 262
Darstellung und Bemaßung von Körpern 134
Daten 180, 257
Datenbus 180
Datennetze 308
Dauerkurzschlussstrom, Transformator 234
Dauermagnete 77
DC-Eingangswiderstand, Bipolar-Transistor
  98
Deckfläche 20
Deemphase 287
Defektelektronen 69
Defektelektronenleitung 72
Definitionsbereich 24
Deformationspolarisation 78
Dehnung 226
Dehnungsmessstreifen, DMS 226
Dekadische Logarithmen 3
δ-Funktion 320
Deltamodulation 289
Delta-Sigma-Modulation 289
Demodulation 286
– bei FM 287
Demultiplexer 157, 167
Dezimalzahlen 162
D-Flipflop 168
DGPS 303
Diagonalen 13
Diagramme, Darstellung 148
Diamagnetismus 74, 90
Diamantgitter 66
Dielektrika 77, 79
Dielektrischer Verlustfaktor 79
Dielektrizitätskonstante 78
Dielektrizitätszahl 226
Differenzialrechnung 41
Differenziationsregeln 45
Differenzierbare Funktion 45
Differenzierer, OP 120

Differenz-Pulscodemodulation 289
Differenzspannung, OP 118
Digitale Messverfahren 218
Digitale Regler 199
Digitalmultimeter 221
Digitaltechnik 157
Dimensionierung von Schaltungen
– , Bipolar-Transistor 109
– , FET 113
Dimetrische Darstellung 137
DIN-Messbus 232
Dioden 93
Diodenschalter 94
Dioptrie 63
Dirac-Impuls 320
Direkte Einzelelement-Variablen, SPS 202
Direkte Kopplung 116
Disjunktive Form, SPS 203, 205
Disjunktive Normalform 159
Diskrete Fouriertransformation 322
Dissoziation 67
Divergente Folge 41
Divergente unendliche Reihe 42
Dividend 1
Dividieren komplexer Zahlen 6
Division 1
– , Dualzahlen 163
Divisor 1
Dodekaeder 22
Doppeldiagramm 282
Doppel-Kreis-Diagramm 282
Doppel-T-Filter 271
Dotieren 71
Dotierung 69
Drachen 13
Drainschaltung 114
Drain-Source-Spannung 102
Drainstrom 102
DRAM 188
Dreheisenmessinstrument 221
Drehfrequenzmessung 227
Drehimpuls 54
Drehimpulserhaltungssatz 54
Drehmoment 56
– , Gleichstrommaschine 241
Drehspulmessinstrument 221
Drehstrommaschinen 237
Drehstrommotor im Einphasenbetrieb,
    Asynchronmaschine 238
Drehstromnetz 249

Drehstromtransformatoren 235
Drehzahl
– , Asynchronmaschine 237
– , Gleichstrommaschine 241
– , Synchronmaschine 241
Drehzahlmessung 227
Dreiecke 11
Dreieck-Schaltung 249
Dreieck-Stern-Umwandlung 84
Dreiecksungleichungen 11
3-Excess-Code 164
Dreipoliger Kurzschluss 255
Dreipulsmittelpunktschaltung 129 f.
Driftgeschwindigkeit 68
Drosselspulen 236
Druck 57
Dual-Code 164
Duale Logarithmen 3
Dualzahlen 162
Dunkelwiderstand 126
Dünner Ring 56
Durchbruchspannung 93
– , Bipolar-Transistor 99
Durchflusswandler 131
Durchflutung 87
Durchflutungsgesetz 87
Durchlassbereich 290
Durchlassspannung 93
Durchlassstrom 93
Durchschlagfestigkeit 79
Durchschnitt zweier Mengen 1
DVB-C 299
DVB-S 299
DVB-T 299
Dynamik 53, 258
Dynamischer Durchlasswiderstand 93

E
ECL Emitter Coupled Logic 176
EEPROM 189
Effektive Permittivität 279
Effektivwert 220
Eichen 217
Eigenleitfähigkeit 71
Eigenschaften des bestimmten Integrals 49
Ein/Ausgabe 180
1-aus-4-Decoder 166
Eindringtiefe 277
Einerkomplement, Dualzahlen 163
Eingangsgröße, Steuerungstechnik 199

Eingangsimpedanz 275
Eingangskennlinie, Bipolar-Transistor 98
Eingangsleitwert, FET 104
Eingangsreflexionsfaktor 280
Eingangsspannung, OP 118
Einheit 51, 217 f.
Einheitskreis 32
Einkristall 66
Einmoden-Stufenindex 304
Einphasen- Wechselstrom 248
Einpuls-Mittelpunktschaltung 130
Einseitenband-Amplitudenmodulation 285
Einseitige Grenzwerte 43
Einweggleichrichter 94 f., 129
Einwegschaltung 129
Einzelkompensation 256
EIRP 303
Eisen 76
Eisenkern mit Luftspalt 91
Eisenverlustleistung, Transformator 234
Eisenverluststrom, Transformator 234
Eisenverlustwiderstand, Transformator 234
E-Kupfer 71
Elastische Energie einer Feder 55
Elektret 78
Elektrische Betriebsmittel 151
Elektrische Feldkonstante 64, 85
Elektrische Feldstärke 85
Elektrische Flussdichte 86
Elektrische Jahresarbeit, Transformator 235
Elektrische Leitfähigkeit 68
Elektrische Maschinen, Transformator 233
Elektrischer Fluss 86
Elektrischer Schwingkreis 59
Elektrisches Feld 85
Elektroakustik 306
Elektroakustischer Übertragungsfaktor 307
Elektrobleche 76
Elektrochemie 67
Elektrochemische Spannungsreihe 67
Elektro-Installationsplan 156
Elektrolyse 67
Elektron 83
Elektronengas 68
Elektronenpolarisation 78
Elektronische Schalter, Transistor 121
Elektronische Steller 131
Elementare Funktion 25
Elementarladung 64
Elementarzelle 66

Ellipse 39
Ellipsengleichung 39
Elliptischer Hohlleiter 278
Emitterschaltung, Bipolar-Transistor 101, 106
Empfindlichkeit 217
Endliche Folge 41
Endstufen 117
Energie 54, 85
– der Gasmoleküle 59
– im Kondensator 86
– in einer Spule 92
Energiebänder 68
Energieerhaltungssatz 55
Energieerzeugung 248
Energieinhalte von Energieträgern 248
Energieprodukt 77
Energiereserven 248
Energietechnik 248
Energieträger 248
Entmagnetisierung 75
Entmanetisierungskurve 77
Entropie 257
Entscheidungsgehalt 257
Epoxidharze 80
EPROM 189
Erdbeschleunigung 54
Erdung 228
Ergodischer Prozess 325
Ersatzbild mit h-Parameter, Bipolar-Transistor 100
Ersatzschaltbild mit y-Parameter, FET 104
Ersatzteilbeschaffung 139
Erster Strahlensatz 18
Erwartungswert 219
Erweitern eines Bruchs 2
Erzwungene Schwingungen 60
Eulerscher Polyedersatz 22
Exclusiv ODER, SPS 203, 205
Exponent 2
Exponentialfunktion 29
Exponentialgleichungen 8
Extremwerte von Funktionen 46

F
Fadenpendel 59
Fahrenheit 58
Faktor 1
Faktor k, Kurzschluss 255
Fallzeit 52

Faltungsintegral 321
Faltungskodes 311
Fan In 173
Fan Out 173
Farbartsignal 297
Farbcode 142
Farbfernsehbildübertragung 299
– , (analog) 297
Farbhilfsträger 297
FBAS 297
FBS-, AWL-Sprache, SPS 213 f.
Federpendel 59
Fehlererkennende Kodes 311
Fehlerfortpflanzung 219
Fehlerkorrigierende Kodes 311
Fehlerschutz 299
Feld
– einer Ringspule 87
– eines Leiters 87
Feldeffekttransistoren 102
Feldplatte 70
Fermifunktion 68
Ferminiveau 69
Fernseh-Bildübertragung 297
Fernsprechnetz 309
Ferrimagnetismus 74
Ferrite 76 f.
Ferroelektrika 78
Ferromagnetismus 74, 90
Festwertspeicher 188
FET-Transistor als Verstärker 112
Filter 290
Flächeninhalt 11, 13
Flächenwiderstand 277
Flagregister 181
Flags 195
Flash-EPROM 189
Flipflop 168, 185
Flüchtige (volatile) Speicher 185
Flughöhe 52
Flugweite 52
Flugzeit 52
Flüssigkeiten 57
Folgen 41
Footprint 303
Fotodiode 126
Fotoelement 126
Fototransistoren 127
Fotowiderstand 126
Fouriertransformation 315

Freier Fall 52
Freiraumdämpfung 302
Frequenz 53, 59
Frequenzabhängigkeit der Verstärkung,
    Bipolar-Transistor 100
Frequenzdiversity 301
Frequenzgang 262, 290 f.
Frequenzhub 287
Frequenzkompensierter Spannungsteiler
    272
Frequenzmultiplexverfahren 301
Frequenzteiler 171
Frequenzumtastung 288
Funkmesstechnik 305
Funktionen 24
Funktionsablaufplan, SPS 212
Funktionsbaustein FB10, SPS 213 ff.
Funktionsbausteinsprache FBS, SPS 202
Funktionsbild 8051, Mikrocontroller 191
Funktionsblöcke einer SPS 201
Funktionsgleichung 7, 24
Funktionskennzeichen 157
Funktionswerte 24

G
GAL 179
Ganze rationale Funktion 26
Ganze Zahlen 1
Gase 57, 79
Gateschaltung 115
Gate-Source-Spannung 102
Gatter, IC 172
Gatterlaufzeit, IC 172
Gaußsche Zahlenebene 5
Gaußverteilung 220, 327
Gebrochene lineare Funktion 26
Gebrochene rationale Funktion 26, 28
Gedämpfte Schwingungen 60
Gegenkathete 31
Gegenstandsweite 63
Gegentakt-Verstärker, AB-Betrieb 117
Generatorgleichung, Gleichstrommaschine
    241
Generatorleistung, Gleichstrommaschine
    241
Generatorpolynomen 312
Geometrische Folge 41
Geometrische Reihe 43
Geometrischer Mittelwert 325
Geometrisches Mittel 4

Gerade Funktion 24
Geraden 9, 37
Geradengleichung 37
Geräusch 306
Gesamtkraft 57
Gesamtrauschzahl 261
Gesamt-Systemdämpfung 302
Gesamtverlustleistung, Bipolar-Transistor 99
Geschwindigkeit 51 f.
Gesetz nach Stefan-Boltzmann 63
Gestreckter Winkel 9
Gewinde 138
Gitterfehler 66
Glättung 95
Glättungsfaktor 96
Gleichförmige Bewegung 51
Gleichgerichtete Läuferspannung 240
Gleichgewichtige Kodes 311
Gleichmäßig beschleunigte Bewegung 51
Gleichrichter 94
– , OP 120
Gleichschenklige Dreiecke 11
Gleichseitige Dreiecke 11
Gleichspannung, Läuferkreis 240
Gleichstrom 248
Gleichstromkomponente, Kurzschluss 255
Gleichstromkreis 83
Gleichstrommaschinen 241
Gleichstromnetz 249
Gleichstromsteller 131
Gleichstromumrichter 128
Gleichstromverstärkung, Bipolar-
   Transistor 98
Gleichtaktspannung, OP 118
Gleichtaktunterdrückung, OP 118
Gleichtaktverstärkung, OP 118
Gleichung 7, 24
Gleichungsarten 7
Gleichwellennetz 299
Glimmer 79
GPS 303
Grad eines Filters 290
Gradmaß 9
Graph 24
Grauwerte 297
Gravitationsgesetz 54
Gravitationskonstante 54, 64
Gravitationskraft 54
Gray-Code 164
Grenzdaten, IC 172

Grenzflächenpolarisation 78
Grenzfrequenz 290
– , OP 118
Grenztemperaturen, Isolierungen 245
Grenzwert
– , Bipolar-Transistor 99
– einer Folge 41
– im Unendlichen 44
– von Funktionen 43
Größe 51
Größenwert 217
Grundfläche 20
Grund-Flipflop 168
Grundrechenarten 1
Grundschaltungen des bipolaren Transistors
   106
Grundverknüpfungen 158
Gruppengeschwindigkeit 275, 278
Gruppenkompensation 256
Güte 291
Gütefaktor 60, 224

H
Halbaddierer 166
Halbbrücke 223
Halbgerade 9
Halbgesteuerter Stromrichter 129 f.
Halbgleichliegende Winkel 10
Halbleiter 69, 71
Halbleiterspeicher 184
Halbmetalle 65
Halbwertsbreite 302
Halleffekt 70, 89
Hallgenerator 70
Hallkonstante 70
Hallspannung 70
Hallwinkel 70
Hammerstad 279
Hamming-Distanz 311
Hangabtriebskraft 53
Hardware-Interrupts 184
Harmonische Reihe 43
Harmonische Schwingungen 59 f.
Harmonisches Mittel 4
Hartmagnetika 77
Häufigkeit 324
Häufigkeitsverteilungen 220
Hauptform oder Normalform
   der Geradengleichung 37
Hauptgruppen 65

Hauptquantenzahl 65
Hauptsatz der Differenzial- und
    Integralrechnung 48
Hauptwerte 35
Hazardimpuls 174
Helligkeitssignal 297
Hellwiderstand 126
Hessesche Normalform 37
Hexadezimalzahlen 162
HIGH-Pegel 157
Hochfrequenz-Koaxialkabel 277
Hochfrequenzleistungen 277
Hochpassfilter 290
Hochzahl 2
Höhe 12
Höhensatz 12
Höhere Ableitungen 45
Hohlleiter 278
Hohlleiterbezeichnungen 278
Hohlleiterfrequenz 278
Hohlleiterindizes 278
Hohlleiterwelle 278
Hohlzylinder 20, 56
Hörschall 306
Hörschwelle 307
H-Parameter 267
− , Bipolar-Transistor 100
Hydrodynamik 57
Hydrostatischer Druck 57
Hydroxide 67
Hyperbel 40
Hyperbelgleichung 40
Hypotenuse 31
Hysteresekurve 75
Hysteresespannung, OP 124
Hysterese-Verlustleistung 75

I
IC 171
Ideale Gase 58
IEC-Bus 229
III-V-Verbindungen 72
Ikosaeder 22
Imaginärteil 5
Impedanzmessung 222
Impedanzwandler, OP 119
Impuls 53, 54
Impulserhaltungssatz 54
Impulsverbreiterung 304
Induktion 91

Induktionsgesetz 91
Induktionsspannung, Synchronmaschine 242
Induktive Aufnehmer 226
Induktivität
− , Transformator 234
− von Spulen 91
Induzierte Spannung, Gleichstrommaschine
    241
Information 257
Informationseinheiten 157
Informationsfluss 258
Informationsgehalt 257
− , mittlerer 257
Infraschall 306
Injektive Funktion 25
Inkreis 11
Innere Reibung 58
Insulated-Gate-FET 103
Integralrechnung 41, 47
Integrationsregeln 47
Integrierer, OP 120
Integrierter Schaltkreis, IC 171
Internet 310
Interrupt 182, 195 f.
Intervalle 4
Intrinsicdichte 71
Inverse Funktion 25
Inverse trigonometrische Funktionen 34
Invertierender Komparator, OP 124
Ionenbindung 66
Ionenkonzentrationen 67
Ionenpolarisation 78
Ionenprodukt 67
Ionisierungsfeldstärke 79
Irrationale Funktion 26, 29
Irreversible Drehungen 75
ISDN 310
Isolation 277
Isolationszeitkonstante 79
Isolator 69, 78
Isometrische Darstellung 137
ISO-Toleranzsystem 136

J
Jahres-Leerlaufarbeit, Transformator 235
Jahreswirkungsgrad, Transformator 235
Jahres-Wirkverlustarbeit, Transformator 235
J-FET 102
JK-Flipflop 169
Justieren 217

K

Kabel 250, 254, 272
Kabeldämpfung 277
Kalibrieren 217
Kaltleiter 71
Kanalkapazität 258
Kanalkodierung 311
Kapazität 86
– , Speicher 186
Kapazitive Aufnehmer 226
Kapazitive Kopplung 116
Karnaugh-Veitch-Tabellen 161
Kartesisches Koordinatensystem 24, 36
Kathete 31
Kathetensatz 12
Kationen 67
Kegel 21
Kegelschnitt 38 f.
Kehrwert eines Bruchs 2
Kelvin 58
Kenndaten
– , IC 172
– von Kabeln 252
Kennzeichnung
– von Kondensatoren 142
– von Widerständen 142
Kennzeichnungssystem, Kabel 252
K-Faktor 226
Kinematik 51
Kinetische Energie 55
Kippschaltungen mit Operationsverstärker 124
Kippstufen, Transistor 121
Kirchhoffsche Gesetze 83
Klasse 220
Kleinsignalverstärkung, Bipolar-Transistor 98
Klirrfaktor 262
Knotenregel oder 1. Kirchhoffsches Gesetz 83
Koerzitivfeldstärke 75 ff.
Kollektorschaltung, Bipolar-Transistor 101, 107
Kommunikationsnetze 308
Kommutierungskurve 75
Komparator 166
– mit Hysterese, OP 124 f.
Kompensationsanlagen 256
Komplementwinkel 10
Komplexe Fourierreihe 315

Komplexe Funktion 25
Komplexe Zahlen 1, 5
Kondensator 79, 86
– , Laden, Entladen 87
Kondensatorleistung, Kompensation 256
Kongruenz 12
Kongruenzsatz 12
Konjugiert komplexe Zahlen 5
Konjunktive Form, SPS 203, 205
Konjunktive Normalform 159
Konstante Folge 41
Konstante Funktion 26
Konstruktionselemente 139
Kontaktbenennungen nach DIN 141
Kontakte nach DIN 141
Kontaktplan KOP, SPS 202
Kontinuitätsgleichung 57
Konventionell richtiger Wert 218
Konvergente Folge 41
Konvergente unendliche Reihe 42
Konvexes Polyeder 22
Koordinatenkreuz 24
Koordinatensysteme 36
Kopplungsarten, Bandfilter 294
Kopplungsfaktor 294
Korrektion 218
Korrelationsfunktionen 261
Korrespondenztabelle 316
Kosinus 31
Kosinuskurve 33
Kosinussatz 34
Kotangens 31
Kotangenskurve 33
Kraft 53, 226
Kräfte
– auf Ladungen 88
– auf Leiter 89
– auf Schiefen Ebenen 53
– im Magnetfeld 88
Kreisabschnitt 16
Kreisausschnitt 16
Kreisbahn eines Elektrons 89
Kreisbewegung 53
Kreisdiagramm 280, 282
Kreise 15, 38
Kreisfläche 16
Kreisfrequenz 53, 59 f.
Kreisgleichung 38
Kreissegment 16
Kreissektor 16

Kreisumfang 16
Kreiszahl π 16
Kreiszylinder 20
Kreuzkorrelationsfunktion 261, 326
Kreuzschaltung 272
Kriechspuren 79
Kriechströme 79
Kristallgitter 66
Kritische Kopplung 294
Kritische Stromdichte 70
Kubische Funktion 26 f.
Kubische Gleichungen 7
Kugelgleichung 38
Kugelkappe 23
Kugelkondensator 86
Kugeln 23, 38
Kugeloberfläche 23
Kugelschalen 65
Kugelsegment 23
Kugelsektor 23
Kugelvolumen 23
Kühlarten
–, Motoren 244
–, Transformator 233
Kühlmittel, Transformator 233
Kühlmittelbewegung, Transformator 233
Kupferverlustleistung, Asynchron-
   maschine 237
Kurve 24
Kürzen eines Bruchs 2
Kurzschlussblindwiderstand, Transformator
   234
Kurzschlussimpedanz, Transformator 234
Kurzschlussschutz 251
Kurzschlussstromberechnung 255
Kurzschlussversuch, Transformator 234
Kurzschlusswiderstand, Transformator 234
Kurzzeichen für Kabel 251
KV-Tabellen, Diagramme 161

L
Ladungsträgerbeweglichkeit 72
Lageenergie 54
LAN 308
Länge 9
Längssymmetrische Zweitore 271
Laplacerücktransformation 317
Laplacetransformation 317
Lastfaktoren 173

Läuferspannungsgleichung, Asynchron-
   maschine 237
Läufervorwiderstand, Asynchronmaschine
   239
Läuferwirkwiderstand, Asynchronmaschine
   237
LDR-Light-Dependent-Resistor 126
LED 127
Leerlauf, Transformator 233
Leerlaufdrehzahl, Gleichstrommaschine 241
Leerlauf-Primärspannung, Transformator
   233
Leerlauf-Sekundärspannung, Transformator
   233
Leerlaufspannungsverstärkung, OP 118
Leerlaufversuch, Transformator 234
Leistung 55, 85, 307
Leistungsanpassung 85
Leistungselektronik 128
Leistungsspektrafunktion 314
Leistungsverstärkung 281
Leistungswelle 281
Leiter 1. Ordnung 68
Leitfähigkeit 68
Leitkupfer 71
Leitung 252, 272
–, Kurzschluss 255
Leitungsband 68
Leitungsbeläge 272
Leitungsgleichungen 274
Leitungskenngrößen 274
Leitungsmechanismus 68
Leitungsverbindungen 155
Leitwert 83
Leuchtdichtesignal 297
Leuchtdioden 127
Lichtgeschwindigkeit 278
– im Vakuum 64
Lichtwellenleiter 303
Limes einer Folge 41
Lineare Ausdehnung 58
Lineare Funktion 26
Lineare Gleichungen 7
Lineare Gleichungssysteme 8
Linearer Mittelwert 325
Lineare Verzerrungen 262
Linien nach DIN EN ISO 128 134
Linsenformel 63
Löcher 69

Logarithmen 3
Logarithmische Gleichungen 8
Logarithmusfunktion 30
Logikfamilien, bipolar, CMOS 176
Lokale Netze, LAN 308
Lorentzkraft 88
Lösungsdruck 67
LOW-Pegel 157
Luftspaltleistung, Asynchronmaschine 237
Luminanzsignal 297

M
MAG 281
Magnetfeld 226
Magnetika 76
Magnetische Feldkonstante 64, 87
Magnetische Flussdichte 88, 226
Magnetische Kreise 90
Magnetische Leitfähigkeit 73
Magnetische Polarisation 73, 89
Magnetischer Dipol 73
Magnetischer Fluss 88
Magnetischer Widerstand 91
Magnetisches Feld 87
Magnetisches Moment 73
Magnetische Spannung 90
Magnetische Suszeptibilität 89
Magnetisierung 73, 75, 89
Magnetisierungskurve 75
Magnetisierungsstrom, Transformator 234
Mantellinien 20
Maschennetz 250
Maschenregel oder 2. Kirchhoffsches Gesetz 83
Masken-ROM 188
Maßeintragungen 136
Maßlinienbegrenzung 135
Maßstäbe nach DIN ISO 5455 134
Maßzahl 51
Master-Slave-FF 167
matched filter 329
Materialeinteilung 78
Materie im Magnetfeld 89
Maximal übertragbare Frequenz, OP 118
Maximale Ausgangsspannung, OP 118
Maximale Kurzschlussdauer 251
Maximale relative Abweichungen 219
Maximum Available Gain MAG 281
Maximum-Likelihood-Bedingung 312
Maxterm 159

Mechanik 51
Mechanisch abgebbare Leistung
– , Asynchronmaschine 238
– , Synchronmaschine 241
Mechanische Leistung, Synchronmaschine 242
Median 12, 325
Mehrfachübertragung 300
Mehrkanalton 298
Mehrmoden-Gradientenindex 304
Mehrmoden-Stufenindex 304
Mehrstufige Verstärker 116
Mengen 1
Messabweichung 218, 222
Messbereich 217
Messbereichserweiterung 84
Messdatenaufbereitung 227
Messen 217
Messergebnis 217
Messfehler 218
Messgerät 217
Messprinzip 217
Messsysteme 228
Messumformer 217
Messumsetzer 218
Messung von L, C 224
Messverfahren 217
Messverstärker 229
Messwandler 217
Messwert 217
Metallgläser 77
Metallische Bindung 66
Metalloxide 80
Metrisches ISO-Gewinde 145
Microstrip-Leitung 279
Mikrocomputersystem 180
Mikrocontroller 190
Mikroprozessor 180, 182
Mikrostreifenleitung 279
Mindestquerschnitt von Kabeln 252
Minterm 159
Minuend 1
Minuten 9
Mittelpunktschaltung 94, 129
Mittelpunktswinkel 16
Mittelsenkrechte 11
Mittelwerte 4, 220
Mittlere Kodewortlänge 310
Mittlere Wartedauer 307
Mobilfunknetz 310

Moden 304
Modendispersion 304
Modul 5
Modulation 284
Modulationsgrad 284
Modulationsindex 287
Moivresche Formel 6
Monostabile Kippstufe
– , OP 125
– , Transistor 122
Monotone Folge 41
Monotone Funktion 24
Monotonieintervall 34
MOS-FET 103
Motorgleichung, Gleichstrommaschine 241
Motorleistung, Gleichstrommaschine 241
Motormoment
– , Asynchronmaschine 238
– , Synchronmaschine 241 f.
MPEG-2 299
MS-JK-Flipflop 169
Multiplexer 157, 167
Multiplexverfahren 300
Multiplikation 1
– , Dualzahlen 163
Multiplizieren komplexer Zahlen 6
Muttern 144

N
Nachricht 257
Nachrichtenquader 258
NAND 158
Naturkonstante 64
Natürliche Logarithmen 3
Natürliche Zahlen 1
n-Dotierung 72
Nebengruppen 65
Nebenquantenzahl 65
Nebenwinkel 10
Néel-Temperatur 74
Negative Flanke, SPS 203, 205
Negative Logik 157
Negative verbotene Zone 69
Nenner 1
Nenn-Kurzschlussspannung, Transformator
    234
Nenn-Kurzschlussverluste, Transformator
    234
Nenn-Leerlaufstrom, Transformator 234
Nennstrangleistung, Transformator 235

Nennstrangspannung, Transformator 235
Nennstrangstrom, Transformator 235
Netz, Kurzschluss 255
Netzspannung 240
Netzstrukturen 249
Neutronen 65
Newtonsche Axiome 53
Nibble 157
NICHT 158
Nicht beschränkte Intervalle 5
Nichtdeterministische Signale 324
Nichtflüchtige (nonvolatile) Speicher 185
Nichtinvertierender Komparator, OP 124
Nichtinvertierender OP 119
Nichtlineare Verzerrungen 262
Nichtmetalle 65
N-Kanal-JFET 102
N-Kanal-Typ 103
n-Leitung 72
NOR 158
Normale 38
– am Kreis 38
Normalform 7, 28
Normalleiter 69, 71
Normalparabel 26
Normalprojektion 137
Normalverteilung 220, 327
Normen für Technische Zeichnungen 133
Normierte Leistungswellen 280
Normierte Verstimmung 295
Normschrift nach DIN 6776 ISO 3098 134
Normteile 139
– , Maschinenbau 144
NTC-Widerstand 225
Nullfolge 41
Nullstelle 28
Nullwinkel 9
Numerische Apertur 303
NVRAM 189

O
Oberes Seitenband 284
Oberflächenwiderstand 79
ODER 158
– , NEGATION, SPS 203 f.
Ohmsches Gesetz 83
Oktaeder 22
Öle 80
OP als Verstärker 118
Open Collector 174

Operationsverstärker, OP 118
Operatoren der Anweisungsliste, SPS 202
Optik 62
Optimaler Wirkungsgrad, Transformator 235
Optimalfilter 312, 329
Optimalkode nach Fano 311
Optoelektronik 126
Orbitalmodell 65
Ordinatenachse 24
Ordnungspolarisation 78
Organisation, Speicher 186
Organische Stoffe 67
Oxydation 67

P

Paarungen 136
PAL 179
PAL-Verfahren 298
Papier 80
Parabel 40
Parabelgleichung 40
Parabolantennen 302
Parallelen 9
Parallelepiped 19
Parallelogramm 13
Parallelprojektion 10
Parallelschalten von Transformatoren 236
Parallelschaltung
– von Kondensatoren 87
– von Spannungsquellen 85
– von Spulen 92
– von Widerständen 84
Paramagnetismus 74, 90
Parsevalsche Gleichung 326
Partialbruchzerlegung 29
Partialsummen 42
Passsystem 136
Pauli 65
Pauling 67
p-Dotierung 72
Pegel 264
– , Digitaltechnik 157
– , IC 172
Periodendauer 53
Periodensystem 65
Periodische Funktion 25
Peripheriewinkel 16
Permeabilität 73, 76
– , permanente 76
Permittivitätszahl 78, 277

Phasengang 290
Phasengeschwindigkeit 61, 275, 278
Phasenhub 287
Phasenkoeffizient 274
Phasenmaß 262
Phasenspektrum 315
Phasenumtastung 288
Phasenverzerrungen 262
Phasenwinkel 290
Phenoplaste 80
Photometrie 63
pH-Wert 67
Piezoelektrika 78
P-Kanal-JFET 103
P-Kanal-Typ 104
Plancksche Strahlungsformel 63
Plancksches Wirkungsquantum 63 f.
Planimetrie 9
Platonische Körper 22
Plattenkondensator 86, 226
p-Leitung 72
PN-FET 102
Poissonverteilung 327
Pol 28, 44
Polar 78
Polarisation 77
Polarisationskurve 77
Polarisationsstrom 78
Polarkoordinatensystem 36
Polradspannung, Synchronmaschine 241
Polradspannungsgleichung, Synchronmaschine 241
Polradstellung 240
Polyeder 22
Polyesterharze 80
Polyethylen 80
Polygonschaltung P 129
Polykristall 66
Polynome 8
Polystyrol 80
Polyvinylchlorid 80
Portregister 194
Ports 194
Portstruktur 194
Porzellane 80
Positive Flanke, SPS 203, 205
Positive Logik 157
Potenz 2
Potenzfunktion 28

Potenzial 85
Potenzielle Energie 54
Potenzieren 3
– einer Potenz 2
– komplexer Zahlen 6
Potenzrechnung 2
Preemphase 287
Primärenergieträger 248
Primärradar 305
Primär-Schaltnetzteil 131
Primärspannung, Transformator 233
Prismen 19
Produkt 1
Program Status Word, PSW 195
Programmabarbeitung, SPS 201
Programmbeispiel
– , SPS 211
– , Wendeschützschaltung, SPS 206
Programmierbare Logikbausteine 178
Programmiersprachen, SPS 202
– Programmierung 201
Programmverwirklichung, Steuerungstechnik
   200
Projektion 10, 137
PROM 188
Proportionalfunktion 26
Protolyse 67
Protonen 65
Prozessablauf, SPS 211
PSE 65
PSW 182, 195
PTC 71
PTC-Widerstand 225
Pulsamplituden-Modulation 288
Pulscode-Modulation 289
Pulsdauer-Modulation 288
Pulsfrequenz-Modulation 288
Pulsphasen-Modulation 288
Pulsträger-Modulation 288
Punktmasse 56
Punktsteigungsform 37
Punktsymmetrie 17
Pyramiden 20
Pyroelektrika 78
Pyroelektrisch 78

Q
Quader 19
Quadrat 13
Quadratische Funktion 26

Quadratische Gleichungen 7
Quadratische Säule 19
Quadratisches Mittel 4
Quadratwurzel 3
Quarz 79
Quasi-TEM-Welle 279
Quellenkodierung 310
Querschnittsformen 278
Querschnittsverhältnis 72
Querstrom 78
Quotient 1

R
Radar 305
Radarquerschnitt 305
Radikal 67
Radikand 3
Radizieren 3
– komplexer Zahlen 6
RAM 187
Rationale Funktion 25
Rationale Zahlen 1
Raumdiversity 301
Rauschabstand 261
Rauschen 260
Rauschmaß 261
Rauschquellen 328
– , äußere 260
– , innere 260
Rauschzahl 261
Reaktionsgleichung 67
Realteil 5
Rechenwerk 181
Rechteck 13
Rechteckhohlleiter 278
Rechter Winkel 9
Rechtwinklige Dreiecke 11
Redox-Reaktion 67
Reduktion 67
Reduktionsfaktoren, Nennleistung 245
Reduktionsformeln 33
Redundanz 257
REED-SOLOMON 299
Reelle Fourierreihe 314
Reelle Funktion 25
Reelle Zahlen 1
Reflexion 61
Reflexionsfaktor 275, 281
Reflexionsgesetz 61
Regelkreis 199

Regeln 199
Regelung 199
Register 181, 185
Registerbankauswahl 195
Reguläre n-Ecke 14
Reibungsenergie 55
Reibungskraft 54
Reibungszahl 54
Reihen 42
Reihenschaltung
– von Kondensatoren 87
– von Spannungsquellen 84
– von Spulen 92
– von Widerständen 84
Relative Abweichungen 219
Relative Ersatzkurzschlussspannung 236
Relative Kurzschlussspannung,
    Transformator 234
Relative Messabweichung 218
Relative Permeabilität 89
Relative Redundanz 257
Relativer Messfehler 218
Relatives Leerlaufstromverhältnis,
    Transformator 234
Remanenzflussdichte 75
Resonanz 60
Resonanzfrequenz 291
Resonator 79
Ressourcen 248
Restseitenband-Amplitudenmodulation 286
Restströme, Bipolar-Transistor 99
Restverkehr 307
Reversible Drehungen 75
Reversible Permeabilität 76
Rhombus 13
Richtfunktechnik 301
Richtkoppler 280
Ringnetz 250
ROM 188
Rotation 53, 55
RS-Flipflop 168
RS-Speicherfunktion, SPS 203, 205
Rückstellkraft einer Feder 53
Rückübertragungsfaktor 280
Rückübertragungsreflexionsfaktor 281
Rückwärtsbetrieb 269
Rückwärtsrichtung 93
Rückwärtszähler 170
Rückwirkungsfreie Zweitore 271

Ruhemasse
– des Elektrons 64
– des Protons 64
Rundfunk-Stereoübertragung 296
Rundhohlleiter 278
Satellit 302
Sättigungsstrom, FET 102
Satz
– des Pythagoras 12
– von Brahmagupta 13
– von Ptolemäus 13
– von Steiner 56
– von Viëta 7
Säuren 67
Scatter-Parameter 280
Scatterverbindung 302
Schall 306
Schalldruck 306
Schalldruckpegel 307
Schallleistung 306
Schallgeschwindigkeit 306
Schallintensität 306
Schall-Kennimpedanz 306
Schallpegel 307
Schallschnelle 306
Schaltalgebra, Gesetze, Regeln 159
Schalter, OP 124
Schaltgeräte 140
Schaltglieder 140
Schaltgruppen, Transformator 235
Schaltleistung 94
Schaltnetze 166
Schaltnetzteile 131
Schaltungsunterlagen 147
– der Energietechnik 154
Schaltwerke 167
Schaltzeichen 140
– nach DIN 149
Schaubild 24
Scheitelform der quadratischen Funktion 27
Scheitelwinkel 10
Schieberegister 157, 169
Schiefer Wurf 52
Schirmquerschnitt, Kabel 250
Schleifendarstellung von Ablaufketten, SPS
    210
Schleifringläuferasynchronmotoren,
    Asynchronmaschine 239
Schleusenspannung 93
Schlitzleitung 279

Schlupf, Asynchronmaschine 237
Schmitt-Trigger 123
Schnitte 138
Schrauben 138, 144
Schreib-Lese-Speicher 187
Schutzarten, Motoren 243
Schutzintervall 299
Schutzmaßnahmen 139
Schweredruck 57
Schwingkreis
– , Bandpass 294
– , Bandsperre 294
Schwund 302
Sechspulsbrückenschaltung B6   130
Sehnensatz 17
Sehnenviereck 13
Seitenhalbierende 12
Sekantensatz 17
Sekantentangentensatz 17
Sekundärradar 305
Sekundär-Schaltnetzteil 131
Sekundärspannung, Transformator 233
Sekunden 9
Selbstleitender IG-FET 103
Selbstsperrender IG-FET 103
Seltene-Erden 72
Selten-Erd-Magnete 77
Senkrechter Wurf 52
Serielle Schnittstelle 197
Serien-Gegentakt-Verstärker, B-Betrieb 117
Serviceplan 139
SFR SCON 197
Shannon 321
SI-Basiseinheiten 51, 218
SI-Basisgrößen 51
7-Segment-Code 164
Siebfaktor 96
Siebung 95
Signal 257
Signalangepasste Filter 329
Signaldarstellung 259
Signale 259
Signalflussdiagramm 280
Signalleitungen 228
Signalverarbeitung, Steuerungstechnik 200
Siliconelastomere 81
Siliconharze 81
Siliconkautschuke 81
Siliconöle 81
Silikone 81

Silizium-Temperatursensoren 225
Sinus 31
Sinuskurve 33
Sinussatz 34
Sinusträger 284
SI-System 51
Skalare 51
Skineffekt 277
Smith-Diagramm 280, 282
Software Interrupt 184
Sourceschaltung 113
Spannung 83
Spannungsfall
– , Kabel 254
– , Leitungen 254
Spannungsfestigkeit 277
Spannungsquelle 84
Spannungsrückwirkung, Bipolar-Transistor
   99
Spannungs-Spannungs-Gegenkopplung
   117
Spannungsstabilisierung 96
Spannungs-Strom-Kopplung, Bipolar-
   Transistor 109
Spannungsüberhöhung, Kompensation 256
Spannungsverstärkung, FET 104
s-Parameter 280
– im Kreisdiagramm 283
Spartransformatoren 236
Spat 19
Speichereinheit 180
Speichermatrix 185
Speicherorganisation 185
– 8051, Mikrocontroller 192
Speicherprogrammierbare Steuerung, SPS
   201
Speicherstruktur 185
Speichersysteme 189
Speicherwerk 180
Spektraldichte 314
Spektrale Leistungsdichte 262, 326
Spektrale Strahldichte 63
Spektralfunktion 314
Sperrbereich 290
Sperrschicht-FET 102
Sperrspannung 93
Sperrstrom 93
Sperrwandler 131
Spezielle Gasgleichung 58
Spezielle Gaskonstante 58

Spin 65
Spinmoment 73
Spitzer Winkel 9
Spitzwinklige Dreiecke 11
Sprung von Ablaufketten, SPS 210
Sprungfunktion 320
Sprungstelle 44
Sprungtemperatur 70
SPS 201
– , Programmbeispiel 211
SPS-Norm 201
Spule 226
– , Ein- und Ausschalten 92
SRAM 187
SR-Speicherfunktion, SPS 203, 205
ST, SPS 202
Stab 56
Stabilisierung durch Gegenkopplung 108
Stabilisierungsfaktor 97
Stabilität 323
Stammfunktion 47
Standardabweichung 219
Ständerspannungsgleichung
– , Asynchronmaschine 237
– , Synchronmaschine 241
Stationärer Prozess 325
Statistischer Multiplex 299
Stefan-Boltzmann-Gesetz 63
Stefan-Boltzmann-Konstante 63 f.
Stehende Wellen 61
STEP 7, SPS 204
Stereometrie 19
Stereo-Mikrofonanordnungen 296
Stereo-Rundfunkübertragung 296
Stern-Dreieck-Umwandlung 84
Sternschaltung 249
Stetig differenzierbare Funktion 45
Stetigkeit einer Funktion 44
Steuerbus 180
Steuerkette 199
Steuern 199
Steuerung 199
Steuerungsablauf 200
Steuerungsarten 200
Steuerungsprogramm
– mit Selbsthaltung, SPS 208
– mit SR-Speicher, SPS 208
– , SPS 216
Steuerungstechnik 199
Steuerwerk 180

Stichprobe 324
Stochastische Signale 260, 324
Stoffe 65
Stoffmagnetismus 90
Störabstand 261
– , IC 172
Störsicherheit, IC 172
Störungen
– an Asynchronmaschinen 247
– an Gleichstrommaschinen 247
Stoßfunktion 320
Stoßkurzschluss 255
Strahl 9
Strahlennetz 249
Strecke 9
Streifenleitungen 279
Streifenleitungsfilter 279
Streublindwiderstand
– , Primärkreis, Transformator 234
– , Sekundärkreis, Transformator 234
Streuparameter 280
Strombelastbarkeit, Kabel 253
Stromdichte 83
Stromlaufplan 155
Stromrichter 129
Strom-Spannungs-Kopplung, Bipolar-
Transistor 108
Stromstärke 83
Stromsteuerkennlinie, Bipolar-Transistor 98
Strom-Strom-Gegenkopplung 117
Stromübersetzungsverhältnis, Transformator
233
Stromverstärkung, FET 104
Struktur
– einer Ablaufsteuerung 209
– einer Anweisung, SPS 202
Strukturierte Programmierung, SPS 201
Strukturierter Text, SPS 202
Stufenwinkel 10
Stumpfer Winkel 9
Stumpfwinklige Dreiecke 11
Substrate 279
Subtrahend 1
Subtrahieren komplexer Zahlen 6
Subtrahierer 157
– , OP 120
Subtraktion 1
– , Dualzahlen 163
Summand 1
Summenfunktion 324

Supplementwinkel 10
Supraleiter 70, 72
Surjektive Funktion 25
Suszeptibilität 73
Symmetrie 17
Symmetrische Funktion 24
Synchroner BCD-Zähler 171
Synchronmaschine 240
– , Kurzschluss 255
Synchronzähler 170
Synthese 67
Systematische Abweichungen 218
Systematische Kodes 312
Systemkomponente, Kurzschluss 255

T
Taktflankengesteuertes FF 167
Taktzustandsgesteuertes FF 167
Tangens 31
Tangenskurve 33
Tangente 38
– am Kreis 38
Tangentenviereck 14
Technische Zeichnungen 133
Technologieschema, SPS 211
Teilsummen 42
Temperaturabhängigkeit des elektrischen
    Widerstandes 83
Temperaturskalen 58
Tetrade 157
Tetraeder 22
TE-Welle 278
Textilstoffe 80
T-Flipflop 168
Theorem von Wiener-Khintchine 262
Thermischer Durchschlag 69
Thermodynamik 58
Thermoumformer 221
Tiefpassfilter 290
Timer 196
TM-Welle 278
Toleranzfelder 136
Totale Verlustleistung 93
Totempole-Endstufe 174
Trägheitsgesetz 53
Trägheitsmoment 56
Transformationsgleichung 282
Transformator 233
– , Kurzschluss 255
Transformatorenkompensation 256

Transistor
– als Vierpol, Bipolar-Transistor 100
– , (bipolar) 97
Transitfrequenz, OP 118
Translation 55
Transponder 302
Transversal-elektrische Welle 278
Transversal-magnetische Welle 278
Transzendente Funktionen 25, 29
Transzendente Gleichungen 8
Trapez 13
Trigger, OP 124
Trigonometrie 31
Trigonometrische Form 5
Trigonometrische Funktionen 32
Trigonometrische Gleichungen 8
Triplate-Leitung 279
Tri-State 173
TTL-Familie 177

U
UART 197
Übergangselemente 65
Überkritische Kopplung 294
Überlagerungsempfänger 295
Überlagerungspermeabiltät 76
Überlastungsschutz von Motoren 246
Übersetzungsverhältnis, Transformator 233
Übersichtsplan 156
Übersichtsschaltplan 155
Überstumpfer Winkel 9
Übertrager 77
Übertragungsfaktor 262 f.
Übertragungsfunktion 314
Übertragungsmaß 263, 271
Übertragungssymmetrische Zweitore 271
Ultraschall 306
Umfang 11, 13
Umfangsgeschwindigkeit 53
Umfangswinkel 16
Umkehrfunktion 25
Umkreis 11
Umrechnung 254
Umwandlung von Zahlensystemen 162
Unbestimmtes Integral 47
UND 158
– , NEGATION, SPS 203 f.
Unendliche Folge 41
Unendliche Reihe 42
Unendlichkeitsstelle 44

Ungedämpfte Schwingungen 59
Ungerade Funktion 24
Ungleichung 13
– von Kraft 311
Unipolare Transistoren 102
Universelle Gaskonstante 58, 64
Unstetigkeitsstellen 44
Unteres Seitenband 284
Unterkritische Kopplung 294

V

Valenzband 68
Van-der-Waals-Bindung 66
Varianz 219
– einer Stichprobe 325
– einer Verteilung 325
VDE-Bestimmungen 147
Vektoren 51
Verbindungshalbleiter 72
Verbotene Zone 68
Verdopplerschaltung D 129
Verdrahtungsplan 155
Vereinigung zweier Mengen 1
Verkehrsmenge 307
Verkehrstheorie 307
Verkehrswert 307
Verlust 307
– im Vorwiderstand, Asynchronmaschine
  239
Verlustfaktor 224
Verlustfläche 75
Verlustkennziffer 79
Verlustsystem 307
Verlustwinkel 224
Verlustzahl 79
Vermittlungstechnik 307
Verstärker
– , FET 112
– , OP 118
Verstärkung bei Fehlanpassung 283
Verstärkungsfaktor 263
Verstärkungsmaß 263
Verteilung 324
Vertrauensbereich 220 f.
Vertrauensgrenzen 221
Vertrauensniveau 221
Vervielfacherschaltung V 129
Verzerrungen 262
Verzweigte Ablaufketten 210
Vierecke 12

Vierpole 264
Vier-Quadranten-Kennlinienfeld, Bipolar-
  Transistor 99
Viertelbrücke 223
Volladdierer 166
Vollbrücke 223
Vollwinkel 9
Vollzylinder 56
Volumenausdehnung 58
Vor-Rückwärts-Zähler, SPS 204, 206
Vorspannung, FET 113
Vorwärtsbetrieb 269
Vorwärtsrichtung 93
Vorwärtssteilheit, FET 104
Vorwärtsübertragungsfaktor 280
Vorwärtszähler 170

W

Wahrer Wert 218
Wahrscheinlichkeitsdichte 324
Wandverschiebungen 75
Wärmeenergie 59
Wärmeleitung 59
Wärmestrahlung 59
Wärmewiderstand 93
Wechselfeldpermeabilität 76
Wechselrichter 128
– mit IGBT 128
Wechselrichterspannung 240
Wechselstrom-Ersatzschaltbild, Bipolar-
  Transistor 101
Wechselstromnetz 249
Wechselstromumrichter 128
Wechselstromwiderstand 93
Wechselwegschaltung W 129
Wechselwinkel 10
Wechselwirkungsgesetz 53
Wegmessung 227
Weichmagnetika 76
Weißes Rauschen 260
Weiss'sche Bezirke 74
Wellen 61
Wellenparameter 271
Wellenwiderstand 271, 274, 277 f., 306
– von Streifenleitungen 279
Wellenzahl 61
Werkstoffe 65
– , Kabel 250
Wertebereich 24
Wertetabelle 24

Wheatstonesche Messbrücke 222
Widerstand 83
– , Primärkreis, Transformator 234
– , Sekundärkreis, Transformator 234
– , Transformator 234
Widerstandsaufnehmer 225
Widerstandsgeber 227
Widerstandsmessung 222
Widerstandssymmetrische Zweitore
  271
Wiensches Verschiebungsgesetz 63
Winkelbeschleunigung 53
Winkelgeschwindigkeit 53
Winkelhalbierende 12
Winkelmessung 227
Winkelmodulation 286
Winkelsätze am Kreis 17
Winkelsumme 11, 13
Wirbelstromverluste 75
Wirkleistung 281
Wirkleistungsmessung 223
Wirkleistungsverstärkung
– am Ausgangstor 281
– am Eingangstor 281
Wirkungsgrad 55, 85, 235
– , Asynchronmaschine 238
– , Synchronmaschine 241
Wortbreite 186
Wortorganisierter Speicher 185
Würfel 19, 22
Wurzel 3
Wurzelfunktion 29
Wurzelgleichungen 8
Wurzelrechnung 2

X
XOR, Antivalenz 158

Y
Y-Parameter 266
Y-Signal 297

Z
Zahlenmengen 1
Zahlensysteme 162
Zahlenwert 217
Zähler 1, 170
Z-Diode 96

Zehnerlogarithmen 3
Zeichnerische Darstellung 133
Zeit
– als Ausschaltverzögerung, SPS 204, 206
– als Einschaltverzögerung, SPS 204, 206
– als Impuls, SPS 204, 205
Zeitgeber/Zähler, Timer/Counter 196
Zeitkonstante 60
Zeitmultiplexverfahren 300
Zellulose-Kunststoffe 80
Zentraler Grenzwertsatz 327
Zentralkompensation 256
Zentralprojektion 10
Zentralwert 325
Zentrifugalkraft 54
Zentrische Streckung 18
Zentriwinkel 15 f.
ZF-Durchschaltung 302
Z-Parameter 267
z-Transformation 323
Zufällige Abweichungen 219
Zufällige Signale 260, 324
Zugriffzeit, Speicher 186
Zuordnung 24
Zuordnungsliste, SPS 207, 212
Zurückgelegter Weg 52
Zweierkomplement, Dualzahlen 163
Zweier-Logarithmen 3
Zweipuls-Brückenschaltung 130
Zweipunkteform 37
Zweiseitenband-Amplitudenmodulation 284
Zweiter Strahlensatz 18
Zweitore 264
– , aktive 264
– , passive 264
– , lineare 265
– , nichtlineare 265
Zweitorgleichungen 265
Zweiwegschaltung 129
Zweiwertige Logik 157
Zwischenkreisumrichter, Asynchronmaschine
  239
Zyklische Kodes 312
Zyklometrische Funktionen 34
Zykluszeit eines Schalterumlaufes 300
Zylinder 19
Zylinderkondensator 86
Zylinderspule, Feld 88

Lizenz zum Wissen.

Sichern Sie sich umfassendes Technikwissen mit Sofortzugriff auf tausende Fachbücher und Fachzeitschriften aus den Bereichen: Automobiltechnik, Maschinenbau, Energie + Umwelt, E-Technik, Informatik + IT und Bauwesen.

Exklusiv für Leser von Springer-Fachbüchern: Testen Sie Springer für Professionals 30 Tage unverbindlich. Nutzen Sie dazu im Bestellverlauf Ihren persönlichen Aktionscode **C0005406** auf *www.springerprofessional.de/buchaktion/*

Jetzt 30 Tage testen!

Springer für Professionals.
Digitale Fachbibliothek. Themen-Scout. Knowledge-Manager.

🔍 Zugriff auf tausende von Fachbüchern und Fachzeitschriften

⊙ Selektion, Komprimierung und Verknüpfung relevanter Themen durch Fachredaktionen

✎ Tools zur persönlichen Wissensorganisation und Vernetzung

www.entschieden-intelligenter.de

Springer für Professionals   △ Springer